Kentucky
1850 Agricultural Census

Transcribed and Compiled by
Linda L. Green

WILLOW BEND BOOKS
2012

WILLOW BEND BOOKS
AN IMPRINT OF HERITAGE BOOKS, INC.

Books, CDs, and more—Worldwide

For our listing of thousands of titles see our website
at
www.HeritageBooks.com

Published 2012 by
HERITAGE BOOKS, INC.
Publishing Division
100 Railroad Ave. #104
Westminster, Maryland 21157

Copyright © 2003 Linda L. Green

All rights reserved. No part of this book may be reproduced or transmitted in any form or by any means, electronic or mechanical, including photocopying, recording or by any information storage and retrieval system without written permission from the author, except for the inclusion of brief quotations in a review.

International Standard Book Numbers
Paperbound: 978-1-58549-865-9
Clothbound: 978-0-7884-8983-9

Table of Contents

County	Page
Letcher	1
Lewis	5
Lincoln	13
Livingston	21
Logan	27
McCracken	41
Madison	46
Marion	61
Marshall	73
Mason	78
Meade	90
Mercer	96
Monroe	108
Montgomery	116
Morgan	127
Muhlenberg	134
Nelson	144
Index	154

Introduction

The year 1850 brought a new kind of census. Not only was it the first U.S. Census to name all people in a household on the regular census, but also this was the first time the Agricultural and Manufacturing Census was taken on a widespread basis. Although this second census names only the head of household, often times when an individual was missed on the regular census, he would appear on this census. So, if you can't find a relative on the regular U.S. Census, try the Agricultural Census. Unfortunately, many of these have not survived, but they do yield unique information about how people lived. There are 46 columns of information. I chose to transcribe only six of the columns. The six are: name of owner, improved acreage, unimproved acreage, cash value of the farm, value of farm implements and machinery, and value of livestock. Included is a listing of the other types of information available on the agricultural census.

Linda L. Green
13950 Ruler Court
Woodbridge VA 22193
703-680-4071

Other Data Columns
On the 1850 Agricultural Census

Column/Title
- 6. Horses
- 7. Asses and Mules
- 8. Milch Cows
- 9. Working Oxen
- 10. Other Cattle
- 11. Sheep
- 12. Swine
- 14. Wheat, bushels of
- 15. Rye, bushels of
- 16. Indian Corn, bushels of
- 17. Oats, bushels of
- 18. Rice, lbs of
- 19. Tobacco, lbs of
- 20. Ginned Cotton, bales of 400 lbs each
- 21. Wool, lbs of
- 22. Peas and Beans, bushels of
- 23. Irish Potatoes, bushels of
- 24. Sweet Potatoes, bushels of
- 25. Barley, bushels of
- 26. Buchwheat, bushels of
- 27. Value of Orchard Products in dollars
- 28. Wine, gallons of
- 29. Value of Produce of Market Gardens
- 30. Butter, lbs of
- 31. Cheese, lbs of
- 32. Hay, tons of
- 33. Clover Seed, bushels of
- 34. Other Grass Seeds, bushels of
- 35. Hops, lbs of
- 36. Dew Rotten Hemp, tons of
- 37. Water Rotted Hemp, tons of
- 38. Flax, lbs of
- 39. Flaxseed, bushels of
- 40. Silk Cocoons, lbs of
- 41. Maple Sugar, lbs of
- 42. Cane Sugar, hnds of 1,000 lbs
- 43. Molasses, gallons of
- 44. Beeswax and Honey, lbs of
- 45. Value of Home Made Manufactures
- 46. Value of Animals Slaughtered

Letcher County Kentucky
1850 Agricultural Census

The Agricultural Census for 1850 was filmed for the University of North Carolina from original records at Duke University in Durham North Carolina.

The following are the items represented and separated by a comma: for example, John Doe, 25, 25, 10, 5, 100. This represents:

Column 1 Owner
Column 2 Acres of Improved Land
Column 3 Acres of Unimproved Land
Column 4 Cash Value of Farm
Column 5 Value of Farm Implements and Machinery
Column 13 Value of Livestock

The following symbol is used to maintain spacing where there are no numbers: (-) In addition, the left margin has been bound too close to the edge causing some first names or initials to not be completely visible.

Thos. Dickson, 35, 100, 600, 300, 264
James Dickson, 12, 238, 300, 10, 142
James Sumner, 50, 350, 800, 30, 250
Henry Pratt, 35, 165, 250, 25, 205
Wilbern Hampton, 25, 40, 150, 6, 203
John Sumner, 25, 100, 300, 4, 175
Caleb Hampton, 15, 120, 100, 2, 30
Jas. Caudill, 4, 46, 100, 4, 50
Turner Hampton, 30, 20, 175, 15, 110
Stephen Caudill, 30, 140, 300, 10, 125
Wm. P. Eldridge, 10, 140, 250, 5, 50
Mathew Caudill, 8, 68, 100, 4, 60
Wm. Caudill, 50, 200, 400,15, 100
Wm. Caudill, 12, -, 50, 15, 28
Levi Eldridge, 50, 325, 600, 10, 175
Benj. Eldridge, 2, 40, 100, 10, 40
Henry Back, 80, 500, 1000, 20, 285
John Back, 1, 199, 200, 10, 164
Isom Caudill, 1, 50, 50, 8, 86
Henry Back, 10, 92, 100, 8, 100
David Day, 6, 494, 200, 12, 200
Preston Blair, 9, 64, 75, 5, 62
Moses Adams, 100, 600, 1500, 25, 275
Stephen Adams, 40, 200, 400, 10, 200
Isaac Stamper, 80, 920, 1500, 30, 300
James Caudill, 5, 45, 50, 3, 40
Charles Collins, 20, 30, 200, 5, 40
Isaac Sexton, 8, 30, 50, 5, 40
Wm. Sexton, 7, 43, 50, 5, 50
Stufly Moore, 3, 147, 50, 5, 50
Nat. Collins, 100, 1900, 1500, 150, 300
Goolsby Childers, 12, 160, 250, 5, 45
Saml. Ewing, 14, 160, 250, 5, 40
Thos. Collins, 10, 40, 250, 10, 50
Thos. Collins, 10, 90, 150, 5, 40
Berdine Collins, 10, 100, 100, 10, 100
Bicurst Collins, 25, 225, 500, 20, 200
Namon Kison, 15, 100, 200, 4, 35
Preston Breeding, 10, 240, 200, 10, 75
Huldy Sexton, 4, 46, 90, 2, 60
Isoah Sexton, 21, 30, 200, 5, 35
Moses Adams, 10, 180, 300, 15, 60
Wm. Collins, 30, 200, 250, 10, 78
James Collins, 100, 1314, 1500, 100, 378
Mary Bentley, 50, 600, 700, 5, 200
Wm. Bentley, 13, 89, 150, 3, 75
Jas. Hall, 60, 200, 1000, 12, 3000
John W. Hall, 25, 125, 200, 5, 50
Wm. Morgan, 23, 75, 300, 4, 125
Isom Morgan, 40, 150, 600, 5, 300
Hiram Hall, 15, 135, 300, 8, 175
Wm. Isaacs, 5, 145, 200, 3, 65
John Hall, 20, 75, 250, 5, 125
Jacob Hargis, 40, 360, 450, 3, 100
Jonathan Hall, 50, 150, 600, 12, 70
James Morgan, 35, 156, 350, 45, 125
Wm. Sexton, 20, 250, 150, 20, 100
Eligha Adams, 9, 166, 175, 5, 100
Elisha Breeding, 200, 1700, 2160, 100, 300
Nimrod Kisor, 18, 332, 300, 5, 175
Rolin Burgery, 30, 200, 300, 5, 175
Alfred Burgery, 100, 150, 400, 6, 150
Washington Johnson, 125, 775, 800, 25, 375
Wm. Smith, 125, 1700, 1500, 25, 200
Rachal Moden, 40, 450, 600, 20, 178

Wm. Moden, 6, 144, 150, 15, 125
James Moden, 7, 100, 100, 10, 85
John Mullins, 30, 260, 400, 10, 200
Simeon France, 30, 320, 500, 15, 100
Thos. France, 75, 200, 2000, 20, 178
John V. Higgins, 10, 200, 100, 5, 100
Jesse Arstrop, 10, 200, 80, 3, 80
Samuel France, 60, 650, 1200, 100, 200
Lucinda Stamper, 50, 650, 500, 200, 250
Wm. B. Smith, 50, 450, 850, 100, 270
John B. Smith, 20, 230, 300, 10, 150
Andrew Smith, 3, 97, 100, 5, 100
John A. Pigman, 15, 185, 200, 5, 175
Silas Calihan, 9, 170, 150, 8, 80
Wesley Pigman, 12, 88, 200, 15, 100
Wilbern Ambergy, 75, 525, 1000, 50, 200
Robert Ambergy, 40, 160, 400, 10, 150
Ely Collins, 15, 85, 100, 5, 167
Isiah Phipps, -, 100, 50, 5, 43
James H. Handby, 80, 52, 395, 5, 275
Hiram Hogg, 125, 775, 3000, 150, 802
John C. Adams, 30, 70, 300, 5, 185
James Bates, 20, 205, 300, 15, 252
Moses Sexton, -, -, -, 5, 50
Jesse Bates, 20, 120, 300, 100, 300
Soloman Frazier, 30, 210, 350, 35, 300
Henry Baker, 15, 135, 300, 100, 240
Alfred Hall, 12, 38, 100, 10, 109
Isaac Adams, 20, 180, 200, 10, 167
John Adams, 2, 98, 100, 3, 38
Moses Adams, 50, 248, 700, 20, 219
Edward Polly, 8, 292, 200, 5, 85
David Polly, 30, 120, 400, 5, 160
Randolph Polly, -, -, -, 5, 45
George Adams, 50, 380, 1100, 150, 520
James Caudill, 10, 40, 100, 5, 80
James Williams, 75, 200, 1000, 20, 160
Isaac Williams, 25, 100, 1000, 10, 145
John Adams, 12, 138, 200, 5, 125
Harry Craft, 15, 85, 250, 8, 160
Archealous Craft, 35, 165, 500, 20, 115
Martin Hammons, -, -, -, 3, 22
Jesse Adams, 10, 90, 200, 5, 87
Archaelous Craft, 30, 170, 400, 15, 110
Benjamin Craft, 13, 112, 200, 10, 156
Nehemiah Craft, 10, 15, 100, 5, 70
Charity Pritchet, 15, 35, 50, 5, 65
William Craft, 20, 130, 250, 50, 211
Samuel V. Hargis, 53, 247, 80, 50, 211
William Vanobor, 12, 38, 200, 5, 130
Aaron Lucas, 6, 24, 50, 2, 20
John Adams, 8, 100, 150, 8, 72
Spencer Adams, 5, 45, 100, 5, 80
Archaelous Craft, 50, 375, 500, 20, 259
Jesse Adams, 15, 85, 200, 6, 78

Benjamin Adams, 75, 275, 600, 25, 310
Jesse Adams, 20, 50, 100, 10, 161
John Adams, 20, 120, 300, 10, 165
Abel Caudill, 30, 220, 250, 20, 107
Sarah Caudill, 15, 100, 200, -, 50
Silvester Hampton, -, -, -, 5, 80
Richard Collier, 20, 80, 350, 10, 248
Joseph Hampton, 15, 135, 300, 15, 188
Teague Quillen, 30, 45, 300, 5, 40
Teague Quillen, -, -, -, 3, 77
Levicy McCray (McCroy), 25, 75, 150, 5, 135
Solomon T. Yonts, 30, 100, 300, 25, 174
Elijah Baker, -, -, -, -, 12
William Quillen, 15, 85, 250, 10, 168
Allen Hall, 8, 35, 125, 5, 75
William Yonts, 25, 160, 250, 10, 269
Benjamin Bentley, 60, 540, 900, 25, 402
Simeon Bentley, 10, 100, 100, -, -
JohnWright, -, -, -, 5, 58
Stephen Caudill, 5, 45, 50, 5, 30
Rheuben Hall, 15, 122, 250, 5, 80
Henry Quillen, 10, 40, 150, 10, 167
Susanah Wright, 30, 70, 200, 10, 97
Fredrick Fleming, 20, 30, 100, 5, 75
James Wright, 40, 160, 300, 10, 185
Isaac Potter, 40, 210, 300, 15, 343
John Bentley, 75, 425, 1000, 35, 805
Andrew Wright, 10, 40, 100, 5, 40
Daniel Bentley, 35, 315, 300, 10, 282
William Bentley, 6, 94, 100, -, -
Joseph Bentley, 12, 88, 100, 5, 110
Sarah Bates, 50, 100, 600, 25, 300
Robin Bates, 20, 300, 400, -, 170
Henderson Bates, 20, 200, 200, -, -
Uriah Bates, 20, 130, 250, 5, 220
John Hughs, 20, 50, 125, 5, 70
Thomas Bentley, 30, 500, 500, 10, 130
Joel Wright, 20, 180, 300, 15, 130
Joseph Craft, 25, 275, 400, 15, 193
Randolph Holebrooks, 5, 45, 100, 2, 60
Enoch A. Webb, 30, 120, 200, 10, 140
Larkin Hammons, 8, 42, 100, 3, 40
Benjamin Webb, 20, 54, 400, 60, 157
William Day, 30, 120, 200, 10, 182
Stephen Whiteker, -, -, -, 2, 41
Kelly Hogg, 13, 597, 400, 10, 575
Henry Caudill, 10, 30, 50, 5, 118
William Caudill, -, -, -, 6, 65
Preston Gilly, 8, 148, 75, 5, 86
Gideon Evridge, 5, 445, 150, 5, 90
Stephen Cosnett (Cornett), -, -, -, 5, 2
George Day, -, -, -, 2, 24
Helby Whiteker, 40, 210, 400, 10, 200
Stephen Hogg, 100, 500, 1200, 50, 678
George W. Mitchell, -, 150, 100, 5, 20

William Fields, -, -, -, 20, 40
James Hogg, 300, 2000, 3000, 30, 690
James Hogg, -, 200, 100, 5, 175
Jesse Caudill, 35, 175, 500, 10, 171
Mary Banks, -, -, -, -, -
Wilburn Caudill, 20, 130, 250, 5, 155
Daniel Ingle, 30, 120, 350, 12, 160
Randolph Adams, 100, 300, 1000, 100, 660
James W. Hogg, -, -, -, 5, 124
Isaac Fields, 52, 3000, 500, 75, 260
John Q. Brown, 75, 300, 520, 10, 213
Stephen Brown, 25, -, 100, -, 70
William Caudill, 12, 137, 150, 5, 65
Henry Maggard, 30, 170, 300, 7, 193
Benjamin Johnson, -, -, -, 5, -
Bartley T. Estus, 12, 138, 200, 5, 41
Joseph Blair, 12, 138, 200, 5, 75
William Banks, 8, 92, 100, 10, 93
Elihu Blair, 15, 400, 150, 5, 65
David Sergent, 100, 900, 475, 25, 291
John R. Blair, 40, 160, 250, 15, 130
Lewis Lamptor, 2, 75, 100, 2, 10
Sarah Lamptor, -, -, -, 2, 12
Joshua C. Perkins, 20, 1800, 100, 60, 125
James Maggard, 25, 125, 150, 15, 223
William Gross, -, -, -, 1, 2
Randolph Collier, 15, 85, 200, 10, 100
Wilson Lewis, 28, 125, 500, 15, 230
William R. Collier, 65, 150, 700, 35, 512
Charles Blair, 85, 415, 1020, 10, 188
Samuel Maggard, -, -, -, 4, 26
Randolph Maggard, -, -, -, 4, 65
Samuel Maggard, 35, 235, 500, 25, 260
Moses Maggard, 50, 290, 600, 20, 284
David Maggard, 100, 430, 1000, 80, 319
John H. Maggard, 30, 120, 300, 10, 225
Samuel Caudill, 80, 452, 700, 50, 425
Henry Caudill, -, -, -, 8, 92
Isom Caudill, 40, 150, 400, 20, 142
Isaac Maggard, 25, 175, 250, 60, 150
James Caudill, -, -, -, 5, 57
John Wilson, 100, 900, 1000, 100, 215
Alexander Hall, 35, 180, 350, 60, 240
Andrew Sturgill, 15, 53, 150, 2, 65
Francis Sturgill, 125, 1475, 2100, 125, 644
John Sturgill, -, 100, 150, 2, 90
Alfred Caudill, 12, 138, 300, 5, 169
Micager Estus, -, -, -, 2, 40
Joseph Musselwhite, -, -, -, 10, 22
David Sturgill, 50, 450, 450, 15, 348
Henry Caudill, 8, 100, 150, 5, 72
Francis Sturgill, 14, 71, 150, 5, 100
James Maggard, 4, 76, 100, 6, 95
Robert Wilson, 12, 138, 150, 10, 130
Isaac D. Coldiron, 10, 90, 200, 12, 100
Samuel Maggard, 20, 80, 200, 10, 138
Henry Banks, 30, 270, 350, 12, 218
Stephen Polly, 10, 120, 150, 5, 75
Alfred Banks, 30, 50, 100, 5, 150
Elizabth Frazier, 30, 250, 300, 5, 90
Soloman Frazier, 12, 50, 100, 5, 175
Squire Frazier, 3, 195, 600, 12, 256
George Frazier, 8, 50, 100, 5, 90
George Isom, 150, 900, 1200, 25, 397
Parker Lewis, 50, 475, 300, 10, 194
Robert Collins, 30, 470, 350, 15, 155
Jacob Harris, -, -, -, 20, 115
Jason L. Webb, 10, 90, 200, 5, 128
Fredrick Kinser, -, -, -, 2, 53
Simpson Adams, 14, 36, 125, 5, 115
William Adams, 50, 150, 300, 25, 215
Simpson Adams, 40, 275, 500, 10, 193
William Adams, 5, 10, 100, 10, 110
Miles M. Webb, 15, 135, 300, 10, 205
Henry Polly, 50, 200, 1000, 27, 303
Edward Combs, 10, 50, 100, 5, 70
Moses Adams, -, -, -, 5, 150
William Adams, 50, 100, 500, 15, 270
Gilbert Adams, 12, 88, 250, 20, 106
John Hany (Harry), 10, 40, 100, 10, 40
Absalom D. Adams, 35, 65, 400, 10, 147
James Polly, 30, 125, 350, 15, 150
William Young, 10, 90, 200, 10, 200
Edward Polly, 25, 129, 300, 10, 65
Wesley Combs, 50, 450, 600, 15, 250
James Rowark, 15, 35, 200, 5, 77
Shaderick Combs, 25, 125, 250, 15, 182
Stephen Adams, 12, 100, 150, 10, 150
Benjamin Brown, 25, 525, 500, 5, 140
Joseph B. Cornett (Comett), 50, 600, 500, 25, 250
Watson Caudill, 40, 105, 500, 35, 235
John Adams, 30, 70, 300, 10, 140
Abner Fields, 15, 300, 200, 5, 135
Jesse Adams, 100, 1200, 1250, 265
William Raleigh, 30, 200, 500, 10, 145
James Collier, 20, 130, 300, 15, 106
Joseph Day, 50, 630, 600, 20, 409
John N. Day, 15, 100, 300, 15, 45
John B. Day, 22, 150, 400, 10, 151
James Caudill, 10, 25, 100, 10, 75
Joshua Mullins, 75, 600, 1000, 30, 645
David Parsons, 10, 250, 225, 10, 95
Abel Boggs, 30, 270, 400, 30, 300
William M. Stamper, 15, 100, 250, 10, 85
John Caudill, 100, 300, 1500, 100, 458
Stephen Caudill, -, -, -, 5, 50
William Caudill, 15, 235, 300, 10, 131

Benjamin Caudill, 8, 92, 200, 5, 60
David Tyre, -, -, -, 5, 40
Perin Power, 50, 50, 300, 15, 178
Preston H. Wallen, 18, 32, 200, 5, 80
William Bowen, 40, 310, 500, 10, 200
Henry Blair, 30, 220, 300, 25, 125
William B. Holebrooks, 30, 270, 400, 25, 261
Elizabeth Holebrooks, 80, 70, 600, 5, 75
Benjamin Holebrooks, 30, 120, 250, 10, 70
James Hanbill, 1, 150, 200, 5, 20
James Bowlin, 40, 100, 1200, 50, 200
Douglas I. Vermillion, 1, -, 340, 5, 70

Thomas Strong, 5, 145, 300, 10, 35
James Higgins, 20, 255, 375, 100, 325
Thomas Cassaday, -, -, -, 10, 55
John M. Barns (Burns), 20, 50, 500, 5, 75
John H. N. Maddocks, 20, 150, 500, 20, 400
Joseph Farchild, 5, 50, 500, 10, 87
Carter Collins, 35, 215, 350, 60, 175
Ezekiel Brashears, 25, 500, 1000, 50, 120
Preston H. Collier, 55, 400, 1000, 25, 200

Lewis County Kentucky
1850 Agricultural Census

The Agricultural Census for 1850 was filmed for the University of North Carolina from original records at Duke University in Durham North Carolina.

The following are the items represented and separated by a comma: for example, John Doe, 25, 25, 10, 5, 100. This represents:

Column 1 Owner
Column 2 Acres of Improved Land
Column 3 Acres of Unimproved Land
Column 4 Cash Value of Farm
Column 5 Value of Farm Implements and Machinery
Column 13 Value of Livestock

The following symbol is used to maintain spacing where there are no numbers: (-) In addition, the left margin has been bound too close to the edge causing some first names or initials to not be completely visible. Where some numbers are not legible (?) was used.

Mathew Johnson, 15, 20, 300, 10, 110
John Boyle, 25, 25, 600, 60, 425
Patrick Henry Clay Bruce, 20, 98, 1800, 45, 250
Richard Bagby, 30, 79, 1000, 20, 200
William Elliott, 100, 40, 3000, 200, 350
John Bruce, 400, 1000, 25000, 100, 745
John W. Leitch, 25, 575, 600, 100, 300
Thomas Bruce, 5, 100, 300, 55, 275
John McAlister, 25, -, 600, 10, 170
John W. Leitch Sr., 60, 400, 1000, -, 200
Samuel Hill, 50, 60, 2000, 100, 188
Robert V. Parker, 25, -, 258, 20, 30
Patrick Fitzpatrick, 50, -, 500, 70, 325
Shedrick Mitchell, 100, -, 2000, 15, 200
Henry Campbell, 100, -, 2000, 50, 395
Uriah Gandee, 65, -, 1200, 20, 150
Lindsey B. Ruggles, 80, 84, 800, 100, 233
James Hamlin, 65, 150, 500, 75, 165
Reddin Turner, 130, 320, 2000, 150, 500
William Sparks, 40, -, 600, 10, 45
Alexr. Meenach, 20, 30, 200, 5, 60
George M. Herer, 35, 15, 200, 10, 120
James Henderson, 150, 200, 1500, 125, 400
Jackson M. Everett, 100, 179, 3000, 178, 550
Asher Saxton, 70, 56, 1000, 70, 185
Daniel Saxton, 20, 40, 500, 10, 135
Thomas Pool, 70, 140, 600, 80, 315
Alexr. Irwin, 50, 61, 400, 20, 175
Josiah Burriss, 65, 52, 2000, 150, 330
William Hillis, 65, 35, 700, 40, 220
Andrew C. Henderson, 50, 78, 500, 50, 225
Samuel Hughes, 25, 68, 200, 15, 150
Samuel Cogan, 20, -, 400, 35, 80
Wm. H. Walker, 40, 45, 500, 20, 100
Davis Comes, 22, 28, 500, 8, 20
Henry Parker, 18, 22, 200, -, 10
Benhamin B. Biven, 30, 40, 200, 30, 130
Charles Biven, 25, 40, 400, 10, 70
Henry N. Biven, 35, 143, 600, 50, 230
Edward B. McCann, 30, 50, 400, 15, 180
Wm. N. Frizzell, 40, 40, 800, 30, 180
Wm. K. McKinney, 60, 90, 1000, 200, 450
Cornelius Clark, 45, 200, 600, 90, 90
George Clark, 12, 28, 150, 5, 88
Henry Brightman, 7, 20, 75, 15, 150
Robert W. Robb, 62, 78, 2000, 50, 90
Andrew M. Orcall (Oscall), 17, 148, 600, 10, 110
Wm. Swearingen, 30, 270, 60, 15, 105
Wm. Brightman, 16, 34, 100, 10, 75
Aaron Kornes (Gomez), 20, 30, 100, 35, 40
Elijah Clark, 10, 11, 30, 10, 60
John Lewis, 12, 35, 75, 5, 45
Darius McKinney, 15, 20, 50, 10, 30
Stephen Lewis, 15, 25, 150, 25, 120
Jason Miller, 25, 125, 400, 5, 180
Eli Hinton, 35, 85, 200, 10, 80
Fielding Lewis, 35, 35, 300, 10, 140
Nancy Shaw, 50, 50, 200, -, 10

Wm. Goodwin, 16, 84, 100, 10, 60
George W. McKinney, 45, 55, 200, 18, 160
Uriah Miller, 30, 39, 200, 50, 25
John Norris, 70, 70, 600, 100, 250
Robert Hurst, 35, -, 200, 5, 100
James Hurst, 12, -, 60, 5, 15
Jackson Norris, 30, 20, 200, 12, 195
Peola Stilwell, 17, 20, 100, 5, 20
Basil Liles, 16, 40, 140, 50, 220
Mathias Meredilb, 12, 38, 200, 10, 60
John Morgan, 30, 220, 400, 15, 80
Edward Roe, 15, 120, 300, 5, 105
Wm. Blankenship, 34, 166, 500, 65, 240
Thomas Stone, 100, 600, 2000, 40, 428
William Stafford, 15, 35, 150, 7, 130
Andrew Morgan, 12, 38, 150, 10,95
James Horsely, 16, 58, 100, 5, 40
Obed.. J. Bloomfield, 12, 48, 200, 5, 65
John Ulett, 35, 165, 300, 20, 153
Henry Bloomfield, 70, 280, 600, 100, 215
Joseph W. Staggs, 16, 74, 200, 5, 50
Joseph Staggs, 50, 50, 500, 50, 145
Henry Bloomfield, 25, 75, 150, 7, 165
John Gully, 16, 44, 75, 10, 55
Howd. Gully, 40, 110, 500, 100, 200
Wm. Dyer, 12, 12, 70, 10, 70
Henry Rose, 40, 100, 400, 10, 75
Francis Dyer, 40, 40, 150, 5, 105
George Stampers, 30, 70, 200, 10, 90
Elijah Thomas, 14, 26, 100, 5, 65
William Stephens, 15, 85, 100, 5, 70
Ale Jones, 30, 70, 150, 5, 50
Jacob Rose, 15, 85, 100, 5, 50
William Gilliams, 25, 25, 100, 5, 100
Benj. Raburer, 40, 110, 440, 10, 105
Juliam Emoy, 40, 60, 600, 100, 200
Samuel Moore, 15, 300, 150, 10, 125
Moses Logan, 40, 85, 400, 15, 245
Nathaniel Hamilton, 25, 75, 150, 5, 80
Stephen Nolin, 40, 160, 300, 40, 160
William Somars, 35, 15, 100, 10, 80
Wm. R. G. Smith, 30, 20, 150, 15, 190
Isaac Nolin, 15, 35, 150, 15, 190
Cogans Cooper, 30, 50, 350, 5, 70
Hiram B. Cooper, 20, 80, 150, 10, 150
James Bilderback, 70, 136, 1300, 100, 560
Wm. Gasaway, 70, -, 1400, 30, 125
John A. Osburn, 25, 70, 500, 15, 78
Frances F. Osburn, 24, 24, 600, 10, 80
Samuel D. Ireland, 70, 158, 3000, 65, 120
Richeson Morrison, 25, 125, 3500, 150, 335

Franklin Davis, 40, -, 1000, 15, 40
James Stout, 500, 600, 18700, 260, 750
Thomas E. Reddin, 100, 200, 6500, 300, 435
Thomas H. Mitchell, 40, -, 600, 40, 440
James Heath, 55, 45, 800, 60, 350
Lucy Bragg, 40, 255, 1000, 50, 175
Judith Bedinger, 100, 400, 5000, 150, 350
Chas. Caines, 320, 460, 3000, 175, 520
David Irwin, 60, 160, 800, 123, 150
Wm. H. Pool, 65, 135, 600, 150, 300
Mason T. Davis, 20, 13, 125, 50, 150
Henry Pell, 100, 230, 2000, 125, 675
John Kennard, 15, 240, 800, 600, 100
R. H. Shaw, 60, 460, 1000, 75, 200
Chas. K. Burriss, 110, 294, 7000, 250, 450
Elias Aills, 30, 400, 1000, 60, 425
Ambrose D. Parker, 60, 115, 1500, 100, 200
Mary A. Burris, 10, 120, 1500, 70, 150
Plummer T. Parker, 6, -, 100, 20, 50
Joshua Foster, 97, 140, 4000, 100, 290
Rawler, F. Bullock, 60, 40, 2000, 30, 145
Rodney Sulivan, 60, 80, 2000, 100, 225
Thomas Young, 20, -, 400, 25, 98
Emily Jeffreys, 40, 60, 2500, 50, 240
Samuel Agnew, 150, 150, 5000, 130, 515
George Truitt, 150, 127, 4500, 100, 400
Jabez Truitt, 120, 50, 3000, 150, 585
George W. Johnson, 50, -, 300, 20, 140
Wheeler Woodworth, 25, -, 1000, 100, 95
William E. Scott, 9, 10, 200, 10, 60
Laban Woodworth, 18, 32, 1000, 25, 160
Leroy S. Moore, 25, 25, 1000, 20, 130
John Brownlee, 40, -, 400, 10, 250
John G. Turner, 130, 150, 2000, 250, 410
Jeremia Hubbard, 18, -, 200, 20, 190
William Estill, 30, 420, 200, -, 45
John Warring, 140, 360, 6000, 110, 535
Jacob Scott, 19, -, 300, 20, 135
John Scott, 57, 50, 2500, 75, 185
Alexr. K. Thompson, 60, 287, 3000, 100, 360
Wm. Marshall, 18, -, 900, 5, 120
Jesse L. Bagby, 18, 5, 500, 50, 180
John Bagby, 30, 250, 500, 20, 155
Elijah T. Thomas, 25, 375, 2000, 100, 310
Jonathan Sanders, 40, 45, 800, 10, 70
James Thompson, 25, 5, 300, 15, 175

Henderson Burr, 25, 63, 350, 10, 75
Shepson Johnson, 30, 20, 150, 15, 100
John Cox, 40, 400, 1600, 75, 265
James P. Guin, 16, -, 160, 10, 90
Peter Shicklett, 30, 80, 250, 10, 185
David W. Davis, 30, -, 600, 100, 115
Daniel Martin, 6, -, 150, 10, 50
Chas. Cox, 30, -, 600, 50, 135
Frederick B. Fulkerson, 4, -, 80, 25, 20
Joseph Filch, 23, -, 450, 6, 70
Theopulus, P. Barrett, 30, -, 700, 50, 175
John Deemis, 60, 144, 6000, 10, 430
Jacob Allstadt, 150, 100, 6500, 125, 770
John Stallings, 100, 360, 4600, 150, 460
Henry D. Dickson, 75, 400, 1500, 400, 170
James Jarvis, 40, 260, 600, 12, 100
William McCann, 50, 46, 400, 20, 300
John K. Carr, 100, 100, 1000, 15, 215
Thomas Oliver, 50, 50, 600, 25, 160
James Dickson, 50, 100, 700, 85, 250
Elbridge Kennard, 25, 16, 100, 8, 55
Chas. Wood, 100, 2000, 6000, 115, 310
Abraham Bilyon, 20, 39, 250, 10, 85
Wm. Bilyiew (Bilyon), 25, 25, 300, 200, 140
Eli Bilyiew, 25, 70, 350, 70, 100
Samuel Bilyiew, 15, 40, 100, 5, 55
John D. Reed, 50, 50, 300, 75, 150
Rebecca Dozier, 50, 150, 1000, 75, 170
Jesse Markland, 11, 17, 1000, 90, 180
Ezekiel Berryman, 50, 80, 1500, 100, 161
Thomas Davis, 25, 80, 600, 20, 50
James H. Sparks, 20, -, 300, 12, 300
Alexr. Smith, 50, 50, 1700, 20, 140
Moses Pollard, 12, -, 150, 5, 45
George Anderson, 30, 34, 900, -, 500
Samuel Howard, 70, 80, 3000, 60, 400
Samuel C. Pitts, 60, 84, 3000, 10, 250
Samuel Cox, 100, 450, 5500, 100, -
Uriah Thatcher, 45, 260, 2000, 60, 60
Joseph Moore, 7, -, 150, 5, 60
Asher Coines, 18, -, 350, 50, 85
James M. Stout, 100, 450, 3500, 710, 335
Mathew P. Thomson, 40, 65, 700, 75, 215
Frederick R. Savage, 25, -, 400, -, 80
Littleton Johnson, 50, 75, 1000, 60, 110
Joseph Moore, 130, 72, 4000, 100, 410
William Moss, 8, 12, 400, 10, 125
Caleb Redden, 75, 129, 1100, 100, 200
Charles Queen, 35, -, 200, 5, 25
Benjamin F. Terrence, 65, 70, 2500, 100, 200
John Mann, 25, -, 600, 100, 140
Joseph B. Sparks, 12, -, 350, 5, 22
John Lewis, 25, 15, 500, 75, 60
Jesse Fitzpatrick, 12, -, 50, 5, 190
David Lewis, 30, -, 600, 30, 80
William Frizzell, 14, -, 250, 35, 80
Everett (Everell) Redden, 26, -, 400, 10, 40
John Bassell, 60, 140, 1000, 100, 425
Amos Bassell, 60, 700, 1000, 100, 330
Alexr. Bassell, 30, 250, 600, 80, 330
Ignatius Miller, 18, 82, 150, 50, 270
George Clark, 25, 75, 200, 75, 230
William Savage, 80, 132, 1000, 70, 425
John Hackworth, 35, -, 200, 100, 500
Martin Gornes (Kornes, Gomez, Zornes), 22, -, 350, 10, 55
Anthony, Evans, 16, 34, 200, 25, 60
Daniel Brown, 20, -, 300, -, -
Jams Evans, 8, (?) 50, 15, 150
John G. McDowell, 18, 1600, 1600, 65, 250
Rebecca Truill, 90, 40, 4000, 100, 290
George W. Johnson, 18, -, 300, 15, 175
William Brown, 30, -, 500, 10, 200
Elisha Painter, 30, 30, 250, 75, 200
Silas Armstrong, 50, 180, 800, 25, 290
N. R. Garland, 55, 28, 1300, 60, 165
R. B. Garland, 60, 80, 1500, 75, 220
Mary Kelly, 15, -, 100, 5, 35
Elijah Wilson, 25, 50, 140, 15, 100
John G. Hern, 75, 70, 850, 75, 120
James Swearingen, 50, 200, 400, 75, 290
____ Abednego, 35, 65, 325, 10, 65
George W. Thomas, 170, 402, 2500, 125, 510
Wm. B. Ruggles, 100, 206, 2000, 110, 266
Henry Pell, 14, 164, 400, 15, 55
John W. Mitchell, 18, 32, 500, 12, 50
George W. Aills, 150, 2000, 10000, 150, 365
Benjamin Cole, 22, -, 500, 155, 385
Benj. B. Ruggles, 20, 65, 300, 15, 62
James Redden, 8, -, 160, 60, 60
John McCormick, 70, 85, 600, 20, 205
Danl. W. Thomas, 90, 82, 1500, 20, 340
John Aills, 100, 360, 800, 75, 175
Jacob Aills, 5, 110, 200, 20, 110
James Pell, 20, 80, 250, 100, 110
Andrew Criswell, 12, -, 600, 10, 50
William Witty, 35, 65, 400, 25, 95
Joseph Coon, 3, -, 120, 10, 25
Hary P. Thomas, 50, 110, 800, 100, 205
John V. Thomas, 73, 83, 1000, 15, 130
Sarah Vriers, 140, 100, 800, -, 40

Wm. J. S. Moore, 50, -, 1000, 225, 150
John Voiers, 50, -, 400, 50, 150
John Guin (Green), 40, 160, 600, 100, 250
Temke Caffrew, 25, 65, 500, 15, 180
Naboth Parks, 40, 60, 400, 10, 120
John L. Fitch, 60, 65, 2400, 25, 310
Chas. B. Ruggles, 75, 40, 700, 100, 160
John Fitch, 50, 50, 500, 100, 210
Thomas Davis, 150, 1050, 4000, 200, 620
Mary Boyd, 40, 260, 1200, 75, 200
David D. Boyal, 90, 360, 1000, 25, 90
John Irwin, 80, 120, 600, 75, 185
James D. Irwin, 30, 40, 200, 25, 180
William Irwin, 50, 32, 300, 75, 200
Silas A. Ruggles, 45, 30, 300, 25, 225
Wm. A. Eshorn, 40, 60, 200, 10, 70
Thomas Essed, 60, 100, 600, 14, 110
John Brown, 100, 160, 1600, 100, 200
Robert List, 50, 50, 600, 45, 120
Eli H. Nash, 18, 55, 550, 23, -
Joseph Irvin, 33, -, 250, 120, 100
James Irvin, 60, 267, 3000, 60, 300
Joseph Penrod, 10, 27, 400, 15, 100
John Kelley, 20, -, 400, 200, 275
Joseph Rapeter, 20, -, 300, 70, 150
J. B. Thomas, 35, 55, 900, 75, 300
William Reed, 65, 75, 1000, 100, 350
Ham Willin, 135, 2477, 8000, 150, 470
Lewis Springin, 25, -, 250, 100, 130
W. H. Thomson, 150, 50, 2000, 100, 453
Joseph Spence, 60, 40, 1000, 30, 100
Jonathan Trusdale, 15, 35, 150, 10, 100
A. Hilterbrand, 35, 38, 500, 50, 50
H. H. Tolle, 225, 449, 6600, 300, 800
James Reed, 50, 50, 400, 150, 350
John Vaughn, 12, -, 100, 25, 65
John Hoover, 251, -, 250, 50, 200
B. Virgil, 40, 90, 1200, 120, 200
William Markland, 70, 30, 1000, 150, 350
Joseph Boggs, 60, 16, 600, 100, 373
Simon Bozal, 400, 300, 8400, 400, 1772
Thomas Crawford, 30, 106, 750, 75, 100
Abram Staggs, 70, 30, 500, 20, 100
William Dixon, 40, 2400, 600, 20, 150
William Thomas, 40, 110, 450, 100, 300
Moses A. Davis, 60, 210, 350, 20, 275
David Crawford, 35, 350, 600, 15, 150
William Heath, 30, 300, 800, 20, 150
Joseph Sparks, 55, 290, 1000, 75, 230
Samuel Riley _, 35, -, 100, 10, 150
Joseph Linby Jr., 35, 230, 500, 25, 150
Thomas Marshall, 800, 1500, 23000, 3900

James D. Fort, 25, -, 250, 30, 120
Elizabeth Owens, 40, 30, 800, 125, 450
Benjamin Johnson, 25, 15, 400, 30, 200
Arthur A. Estrone, 60, 70, 700, 300, 350
Cleaton Bane, 175, 75, 3000, 150, 600
James Colingham, 90, 100, 4400, 90, 200
William C. Halbert, 100, 200, 4500, 250, 350
John Thompson, 100, 1150, 3000, 250, 350
James A. Keath, 130, 370, 1500, 100, 400
JohnL. Parker, 40, 150, 800, 50, 150
Hezekiah G. Lunnan, 30, -, 150, 15, 60
Elisha J. Eshan, 12, 18, 30, 50, 80
James Ruark, 35, 205, 1200, 125, 200
William Harrison, 100, 80, 1800, 150, 300
Daniel P. Carrington, 10, 50, 100, 10, 70
James M. L. Ball, 100, 75, 2000, 100, 200
Joseph Foxworthey, 40, 200, 800, 60, 100
Michael Evans, 8, 42, 100, 25, 100
Solomon Day, 6, 24, 100, 10, 60
Reasor Beckett, 100, 200, 2400, 150, 400
William Nindson, 25, 10, 250, 20, 70
Richard H. Lee, 50, 70, 4000, 25, 150
Benjamin Linsley, 100, 250, 2000, 100, 200
Solomon Comstock, 37, -, 400, 30, 100
Simon P. Carpenter, 70, 40, 1200, 150, 300
James W. Hannah, 150, 120, 1620, 100, 750
Elijah Smith, 50, 50, 300, 100, 430
Henry Adair, 44, 6, 500, 40, 150
Mary Bell, 25, -, 150, 20, 100
Newman Glasscock, 140, 100, 4800, 150, 600
Charles Powyers, 60, 40, 1600, 75, 200
Peter J. W. Arnold, 100, 60, 3200, 100, 250
Charles Gill, 43, -, 600, 40, 200
Pricilla Davis, 50, 10, 350, 100, 400
McMicken Hopper, 35, 15, 500, 20, 120
William E. Dixon, 50, 40, 900, 40, 300
Richard Trussell, 140, 70, 2020, 150, 750
Lewis, D. Tolle, 110, 63, 3500, 100, 550
Kaufman Watts, 30, 20, 450, 20, -
Orser D. Farrar, 45, 15, -, 30, 175
Edward Nash, 70, 61, 1600, 50, 300
John Tolle, 80, 50, 1800, 100, 300

Jeremiah Debell, 75, 25, 800, 100, 250
Robert Means, 80, 104, 2300, 220, 700
Jesse Lieuman, 60, 50, 1000, 100, 100
Joseph Boggs, 50, 50, 500, 75, 300
Ellis _. Owens, 75, 100, 1500, 400, 400
John Wallingford, 100, 200, 2000, 200, 350
James Ambrose, 40, 20, 400, 35, 125
Lewis Tegar Sr., 90, 40, 1000, 100, 200
Moses Ruggles, 50, 70, 700, 30, 100
James W. Taylor, 12, 108, 1000, 25, 205
John H. Hines, 30, 114, 500, 75, 175
William G. Jones, 20, 30, 200, 15, 100
Jacob Cooper, 47, 56, 1200, 100, 260
Sanford Beckett, 25, 25, 600, 50, 180
David Tegar Sr., 90,34, 2600, 100, 425
William Tulley, 100, 112, 2000, 100, 1000
Alexander H. Pollett, 90, 32, 1200, 80, 275
Jacob Tegar Jr., 150, 110, 1300, 65, 150
John L. Polly, 20, 30, 400, 30, 75
William DeAtley, 100, 56, 1560, 20, 160
Peter Bryant, 60, 40, 800, 2, 150
Nathaniel Silvey, 60, 40, 500, 50, 150
Thomas Harrison, 100, 200, 1800, 100, 250
Frederick Harrison, 30, 20, 200, 20, 100
John Harrison, 90, 210, 1000, 25, 100
George N. Collins, 35, 46, 800, 25, 120
John McDaniel, 110, 700, 2000, 25, 500
Jesse B. Carrington, 60, 200, 1200, 10, 180
Israel Thomas Sr., 100, 7000, 5000, 140, 300
Thimothy Carrington, 25, 30, 500, 15, 65
Dudley Calvery, 75, 400, 800, 100, 200
Henry Morrison, 70, 70, 1000, 100, 250
John Jackson, 16, 20, 300, 20, 75
John P. Pell, 70, 200, 1500, 200, 400
Jeramiah Ruggles, 13, 100, 100 90, 225
Thomas Henderson, 50, 55, 1000, 100, 300
Joseph _. Cox, 60, 180, 2000, 150, 420
Abel Burress, 150, 150, 2000, 120, 800
Mason Crawford, 33, 15, 300, 15, 150
Alexander _. Calhoun, 50, 94, 500, 100, 150
William B. Secrest, 200, 200, 3000, 150, 600
Henry Tolle, 50, 110, 800, 100, 200
Francis Briggs, 7, -, 150, 20, 35
Rawleigh Feagans, 100, 80, 940, 150, 550
Tavine Moore, 150, 170, 6000, 250, 900
William Hawley, 77, 20, 800, 60, 400

William Reed, 60, 40, 900, 200, 200
James Adams, 25, 25, 250, 300, 120
John Stevenson, 200, 150, 4500, 100, 500
Ezekiel Reed, 40, 20, 300, 30, 150
John Purcell, 200, 600, 8000, 150, 600
Aaron Williams, 10, -, 200, 10, 100
Woodson Treul, 20, -, 300, 10, 120
Mathias Tolle, 80, 60, 1600, 120, 350
Ferdinand Fry, 70, 90, 1000, 100, 400
John B. Fry, 12, 30, 225, 30, 150
Samuel Riggs, 20, 17, 300, 25, 200
Samuel Cox, 80, 120, 1000, 75, 300
Granville H. Dye, 25, -, 400, 15, 130
James Hoover, 25, -, 200, 200, 150
Henry L. Bayless, 40, 100, 1000, 100, 200
Levi Clark, 20, 30, 300, 20, 70
William Hoover, 20, 50, 300, 20, 70
Daniel Fellers, 60, 40, 400, 100, 200
Jacob Mower, 200, 450, 3500, 200, 500
James Brownfield, 40, -, 600, 20, 170
Headley Harrison, 85, 45, 1600, 50, 650
Whelan Kelley, 30, 20, 550, 30, 200
John McNitt, 80, 30, 150, 100, 200
John B. Kapp, 100, 100, 2000, 125, 700
Isaac Middleton, 275, 125, 4000, 725, 700
Jonas Trusdale, 50, -, 500, 150, 200
Samuel Cooper, 100, 87, 2700, 100, 340
Margaret Boyd, 175, 25, 6000, 50, 500
Thomas V. Willson, 100, 25, 2000, 75, 200
Jas. Willson, 90, 48, 1800, 120, 300
Mason Willson, 70, 56, 2000, 60, 100
Richard Nash, 135, 243, 4500, 600, 250
Herbert Willson, 70, 40, 3000, 100, 150
Andrew Willson, 100, 60, 3000, 100, 300
George F. Willson, 90, 48, 1800, 120, 300
William Beckett, 23, 27, 250, 10, 100
Thomas West, 100, 160, 1000, 100, 100
Andrew Spence, 35, 40, 500, 30, 175
George N. Crosser (Cropper), 12, 38, 200, 15, 130
Abram Plummer, 60, 300, 1000, 25, 200
John Walker, 100, 100, 1400, 700, 200
James McCormick, 200, 600, 4000, 15, 1200
Jesse Hamrick, 300, 1000, 3300, 120, 800
Thomas Kenard, 40, -, 500, 100, 125
Jane Martin, 90, 1000, 1500, -, 200
William E. Carrington, 12, 38, 250, 20, 250

Isaac Ginn, 26, -, 200, 15, 80
Crawford Fitch, 25, 23, 200, 75, 175
James Fitch Sr., 100, 167, 2500, 100, 300
James Fitch Jr., 35, -, 700, 100, 280
Samuel Drake, 20, 25, 308, 10, 35
Robert Williams, 45, -, 800, -, 160
Daniel Carr, 100, 29, 1200, 100, 350
Joseph Clary, 130, 70, 1600, 150, 500
Amos Means, 75, 75, 1200, 100, 450
Richard Conway, 30, 17, 360, 6, 190
Solomon Applegate, 12, -, 240, 25, 100
Charles G. Mitchell, 75, 150, 1000, 40, 160
William Kirk, 40, 42, 600, 20, 80
R & M. Thomas, 125, 800, 3300, 150, 600
Samuel McEldowney, 70, 60, 1500, 50, 250
Robert McEldowney, 40, -, 400, 50, 200
Joshua Powers, 70, 200, 1600, 100, 500
Wesley Plummer, 45, -, 300, 30, 100
Thomas H. Plummer, 75, 75, 600, 50, 100
David Arthur Sr., 50, 40, 400, 50, 150
William Darring, 35, 115, 400, 30, 60
James Meadows, 20, -, 200, 15, 70
John Bateman, 40, 60, 600, 40, 275
George Bane, 100, 60, 1700, 200, 350
John E. Esham, 40, 110, 500, 40, 150
Humphrey Beckett, 25, 75, 300, 15, 150
Samuel Pollett, 70, 150, 3500, 100, 300
Pleasant M. Savage, 80, 100, 1500, 50, 125
Alpheus Ruggles, 60, 60, 1500, 100, 350
Lewis Singer, 100, 40, 2000, 100, 300
Joshua Givens, 125, 125, 3000, 200, 300
William Purnell, 100, 186, 4500, 120, 350
Anthony Killgore, 260, 200, 8000, 200, 3300
William Burress, 35, 15, 200, 75, 150
Lewis D. Owens, 100, 60, 1500, 80, 350
Wm. Ruggles, 100, 120, 1400, 80, 440
Winlock Rankins, 35, 115, 250, 100, 120
Thomas Powers, 70, 20, 1200, 30, 150
Hiram Day, 25, 275, 350, 20, 100
Thomas Forman, 50, -, 500, 50, 150
Thomas Beckett, 50, 225, 500, 50, 190
John Smith, 30, 70, 800, 40, 100
Elvan Harvy, 75, 75, 1000, 25, 250
Thomas Williams, 10, -, 100, 30, 100
James Polly, 16, -, 150, 25, 100
Joseph T. Miller, 20, -, 200, 25, 100
William Bryant, 50, 350, 600, 30, 150
Asel Owens, 40, 40, 200, 30, 150
Thomas Irvin, 60, 90, 700, 100, 400
Martin P. Plummer, 40, 50, 400, 20, 125
William Crawford, 20, 180, 150, 20, 60
William Robourny, 75, 225, 1200, 50, 475
John T. Waddle, 80, 300, 750, 20, 175
Daniel Harrison, 60, 40, 500, 20, 100
Elias Collins, 80, - 1000, 450, 600
Alfred Harriston, 20, 300, 600, 30, 100
Thomas Ruggles, 100, 60, 2300, 100, 350
Jeramiah Strode, 35, 10, 350, 15, -
David _. Toncrey, 200, 450, 1600, 75, 300
William Kelley, 100, 95, 1500, 50, 250
Augustus C. Owens, 100, 100, 2000, 200, 500
Thomas J. Walker, 55, 20, 1000, 200, 400
John P. Savage, 160, 140, 3000, 200, 450
Alexander McDaniel, 25, -, 250, 20, 80
William Thoogerman, 100, 140, 800, 100, 200
Alexander M. Rummons, 60, 40, 1000, 25, 250
Joshua Eshorn, 30, -, 300, 100, 175
Jacob Tegar, 75, 85, 1600, 300, 300
David N. Montgomery, 35, 65, 500, 75, 150
James Rolands, 75, 425, 3200, 75, 400
William Barckley, 80, 150, 3000, 150, 600
Moses Givens, 90, 110, 4000, 150, 352
Peter Giddings, 60, -, 600, 150, 325
John _. Bradley, 70, 40, 800, 150, 350
Charles _. Tully, 20, 30, 900, 20, 220
William Campbell, 50, 50, 1800, -, 150
Robert Boyd, 75, 65, 1500, 150, 350
D. E. Fearis, 50, 125, 1000, 150, 175
Elijah Herrick, 75, 125, 1000, 100, 300
Robert Silvey, 40, 70, 1000, 50, 300
William Fennich, 60, 128, 2250, 760, 330
William M. Barrett, 150, 81, 250, 150, 175
John D. Dully, 90, 180, 4000, 150, 300
Plummer T. Henderson, 50, 50, 900, 20, 100
George Hughes, 70, 230, 1000, 30, 275
Mary West, 60, 70, 1000, 100, 300
Thomas Hice, 40, 100, 1000, 40, 350
Joseph Willson, 60, 70, 700, 50, 200
George Rea, 100, 209, 1600, 75, 250
John Fry, 70, 105, 1000, 30, 275
George Fry, 25, 50, 350, 20, 60

Enoch Francis, 20, 15, 150, 10, 100
Alexander McKinsy, 40, 60, 400, 75, 350
Daniel K. Richards, 100, 200, 1200, 150, 500
John McKinsy, 100, 70, 600, 60, 220
Malinda Manuel, 20, 30, 300, 20, 100
Darius S. Wallingford, 50, ?, ?, 80, 300
Jacob Applegate, 17, -, 170, 10, 100
Alexander Plummer, 40, 45, 400, 15, 70
Daniel K. Putnam, 80, 33, 800, 25, 250
Henry DeAtley, 40, 50, 700, 50, 200
James B. Gidding, 50, -, 400, 75, 220
James Trueth, 60, 30, 900, 400, 200
James Wallingford, 40, 60, 1000, 30, 230
Alfred H. DeAtley, 35, 95, 700, 40, 150
William Boyd, 40, 10, 300, 50, 220
David H. Boyd, 35, 40, 500, 80, 160
John C. Barckley, 30, 20, 500, 7, 500
Henry Fagan, 20, 30, 500, 30, 200
Thomas Arshurst, 80, 55, 900, 120, 200
John Vance, 50, 60, 1000, 100, 350
Henry Vance, 24, 26, 300, 20, 200
Patrick C. Clark, 60, 50, 500, 75, 200
James Campbell, 40, 127, 2000, 75, 300
Benjamin Applegate, 90, 60, 800, 75, 300
R. & J.M. Myers, 200, 400, 4800, 300, 700
Nathan Gilbert, 30, 70, 700, 15, 75
Catharine Gilbert, 40, 160, 1000, 15, 200
George Dixon, 10, 30, 250, 20, 75
Amos Aleans, 130, 140, 1500, 200, 400
John Piper, 80, 60, 1200, 300, 420
John H. Raganthne, 35, 55, 300, 20, 200
Daniel Hendrickson, 100, 140, 3500, 70, 450
William Hendrickson, 100, 130, 3000, 120, 400
Alexander McClain, 25, 20, 350, 20, 150
Richard D. Taylor, 130, 130, 3500, 120, 526
Benjamin Fitch, 100, 108, 1500, 125, 300
George Bryant, 45, 130, 400, 20, 200
James Spence, 40, 40, 400, 20, 200
John May, 50, 70, 700, 75, 175
Benjamin May, 10, 140, 200, -, 120
James Harrison, 100, 108, 1500, 100, 450
Nancy Bryant, 50, 25, 500, 50, 150
James Jud, 30, 20, 300, 15, 100
Thomas Bryant, 60, 100, 800, 100, 200
John Bryant, 50, 200, 300, 50, 200
William Griggsby, 30, 60, 200, 10, 60
Archibald Thomason, 300, 300, 5000, 150, 500
Baly Bryant, 150, 150, 3000, 100, 300
Granville Busby, 35, -, 350, 10, 80
Bartley Harrison, 55, 65, 1200, 20, 100
Mahala Strode, 100, 200, 1500, 80, 150
John B. McDonald, 40, 130, 800, 20, 90
John McDaniel, 50, 200, 1000, 20, 200
Wright Holland, 33, 147, 600, 5, 100
John C. Jones, 17, 33, 150, 20, 230
Daniel Day, 30, 170, 500, 25, 130
Mary Hendrickson, 50, 70, 1500, 150, 375
Joseph W. Galaspie, 35, 30, 500, 30, 130
James Boyd, 80, 140, 2500, 150, 275
David M. Dinbar, 20, -, 400, 50, 250
Rachael Jack, 60, 170, 2000, 25, 150
Reason Whorey, 18, -, 500, 100, 150
John Latham, 26, -, 600, 30, 275
Joseph Trusdale, 80, 123, 800, 100, 250
John Hicks, 20, 30, 150, 25, 50
Joshua Graham, 16, 16, 200, 25, 100
William Lyons, 75, 60, 600, 130, 550
Samuel Patterson, 25, -, 200, 30, 150
Charles Hines, 60, 42, 700, 30, 250
Thomas Fry, 30, 36, 300, 75, 200
William Fuller, 50, 50, 1000, 100, 375
David H. Cox, 75, 75, 1200, 100, 400
Margaret Grimes, 30, 20, 500, 50, 150
Elias Debell, 50, 100, 750, 25, 100
John Bevard, 60, 140, 1200, 40, 175
Thos. Galaspie, 25, 5, 500, 25, 120
Anderson S. DeAtley, 30, 45, 560, 50, 150
Thomas DeAtley, 25, -, 150, 20, 400
William Fancey, 8, 50, 300, 50, 150
William Sparkes, 10, -, 150, 75, 175
Joseph Hoffman, 9, -, 180, 30, 60
John Hoffman, 25, 20, 300, 20, 75
James Red, 30, 27, 300, 25, 75
David Roark, 40, 40, 400, 40, 75
William McNitt, 25, 15, 500, 30, 80
John Tegar, 80, 170, 2000, 15, 350
Edward H. Parks, 45, 55, 1000, 15, 320
Thomas Roland, 100, ?, 2040, 100, 500
David B. Galaspie, 12, 10, 300, 25, 70
Thos. J. DeAtley, 60, 15, 750, 100, 150
Andrew May, 60, 45, 1000, 50, 150
Pricilla Halbert, 50,1 00, 1200, 50, 300
John Crutcher, 60, 80, 1000, 100, 400
S. M. Hampton, 40, 116, 900, 100, 300
Wm. Kelly Sr., 70, 45, 1400, 125, 200
Wm. Kelly Jr., 50, -, 300, 25, 175
Richd. Bryant, 40, 40, 800, 150, 250
Socrates Hollbrook, 150, 200, 3500, 150, 400

Abraham Carr, 200, 250, 3150, 200, 1000
Thomas Hines, 35, 65, 450, 50, 50
Lewis C. Shicklett, 150, 285, 3500, 150, 300
Seth Parker, 200, 300, 3000, 150, 1000

Andrew _. Harrison, 80, 100, 800, 100, 230
Sampson Moore, 35, 15, 300, 25, 150
Joseph J. Fitch, 60, 113, 1400, 65, 300
Thomas Cardingly, 20, 40, 400, 20, 100

Lincoln County Kentucky
1850 Agricultural Census

The Agricultural Census for 1850 was filmed for the University of North Carolina from original records at Duke University in Durham North Carolina.

The following are the items represented and separated by a comma: for example, John Doe, 25, 25, 10, 5, 100. This represents:

Column 1 Owner
Column 2 Acres of Improved Land
Column 3 Acres of Unimproved Land
Column 4 Cash Value of Farm
Column 5 Value of Farm Implements and Machinery
Column 13 Value of Livestock

The following symbol is used to maintain spacing where there are no numbers: (-) In addition, the left margin has been bound too close to the edge causing some first names or initials to not be completely visible.

Col. P. Depear, 250, 556, 10000, 150, 3500
Lowell W. Givens, 290, 100, 1000, 125, 1000
Jackson Givens, 279, -, 500, 125, 1200
John L. Balenger, 185, 115, 11000, 150, 2275
Thos. Morris, 75, 25, 2000, 150, 325
Andrew T. Tivis, 200, 280, 12000, 200, 3950
Joseph Gentry, 220, 340, 22400, 300, 3619
Hugh Haynes, 800, 300, 18000, 300, 4590
Silas P. Thurman, 60, 70, 3900, 50, 548
Wesley Rout, 300, 265, 16950, 150, 2230
George G. Miller, 400, 200, 15000, 230, 2465
James Crow, 200, 117, 8000, 250, 3000
George H. McKinney, 23, -, 780, 100, 1573
Gaines G. Craig, 200, 90, 8700, 150, 1990
James C. Brown, 30, 220, 1200, 20, 100
Richd. W. Givens, 280, 122, 12560, 237, 3900
Winfred Kenby (Kirby), 80, 40, 3600, 50, 520
Fielding Kenby (Kirby), 170, 10, 8250, 200, 1730
Fielding Thurman, 40, 35, 2625, 15, 316
Henry Thurman, 180, 84, 6600, 100, 3810

Jefferson Thurman, 200, 72, 7160, 400, 361
William A. Fishback, 700, 777, 34190, 300, 3620
John Gilbert, 80, 27, 2695, 123, 600
Robt. W. Thurman, 45, 45, 2700, 20, 382
Jackson Thurman, 45, 45, 2700, 30, 475
Caleb M. Tucker, 80, 20, 2500, 50, 650
James A. Logan, 100, 130, 5750, 150, 372
Robin Logan, 40, 45, 3550, -, 75
John Wilhoit, 20, -, 200, 5, 90
George N. Trible, 250, 200, 14817, 2160
May Hughes, 50, 50, 2000, 10, 100
Robt. Bolton, 30, -, 900, 40, 157
Elija (Eliza) Dawson, 34, 10, 1540, 30, 351
Cleorian Waters, 20, -, 400, 6, 90
James Warren, 158, -, 3730, 100, 678
Logan Dawson, 80, 81, 4225, 150, 585
Adam Ortkriss, 22, 10, 1200, 20, 90
Liberty Yocam, -, -, -, -, 46
Willis Thurman, 30, 20, 1080, 15, 520
Volentine Gentry, 70, 70, 3500, 50, 440
Jane Young, 80, 40, 240, 30, 175
William Brett, 18, -, 300, 10, 156
Joseph Wallace, 180, 70, 6230, 200, 2070
Henry Bright, 120, 60, 4500, 100, 1720
James Green, 200, 62, 7860, 150, 1225
Archy Green, -, -, -, -, 100
Dennis Dacy, -, -, -, -, 75
Evan Water, -, -, -, -, 100
Thos. Helm, 300, 100, 13200, 300, 2285

Wm. Hill, 100, 69, 4000, 150, 3523
George Bright, 50, 50, 2000, 75, 430
Whitly Floyd, -, -, -, -, 50
George McRoberts, 30, 20, 1000, 20, 436
Harrison Hocker (Hooker), 200, 104, 6800, 125, 1184
Jordan Middleton, 100, 65, 6600, 200, 2725
Ponthea Porter, 200, -, 6000, 100, 910
James A. Harris, 275, 103, 10704, 200, 2360
Jane E. Wheeler, 55, -, 1000, 10, 200
Evan Moore, 700, 940, 32, 800, 200, 2330
Chas. H. Carter, 20, 3, 460, 15, 208
Frederick Harris, 300, 400, 21000, 500, 7125
Daniel W. Jones, 400, 223, 18676, 300, 8164
Da___ Moore, 100, 98, 3462, 75, 948
Philip E. Yerser (Yersin), 120, 1024, 4480, 200, 680
James Sandridge, 100, -, 2000, 50, 522
John Sandridge, 180, 286, 4660, 60, 452
John Hughes, 75, -, 750, 20, 164
Wyatt Sandridge, 100, 85, 2615, 50, 770
Pullam Sandridge, 100, 89, 2670, 45, 959
George Rousey, 25, -, 135, 8, 150
James Dougherty, 50, 70, 1200, 20, -
Larkin Sandridge, 100, 47, 2420, 75, 540
John Donly, 25, -, 165, 8, 130
Saml. H. Helm, 90, 31, 3000, 50, 615
Margeris Helm, 190, 149, 6575, 150, 1345
Edward Peyton, 25, 67, 884, 25, -
Fielding Helm, 75, 25, 2000, 25, 364
Francis Helm, 40, 20, 900, 15, 169
Martin Russel, 30, 30, 600, 55, 286
Jno. McGill, 65, 55, 2400, 150, 366
Madison Sandridge, 125, 51, 202, 65, 597
Timothy Hardin, 80, 26, 1272, 20, 272
Nicholas Wooflin, 25, -, 1110, 10, 245
James Brace, 13, -, 600, 10, 356
Aaron Howard, 15, -, 200, 15, 100
Elizabeth Peach, 50, 10, 600, 75, 360
Wesly Benedict, 60, 40, 800, 20, 263
Elizabeth Benedict, 20, 5, 230, 10, 170
Reece Caldwell, 200, 80, 5600, 275, 1226
Mary Caldwell, 80, 20, 2000, 40, 370
Robert Orr, 20, 13, 200, 20, 182
William Peach, 30, -, 200, 15, 150
James Oldham, 70, -, 1400, 20, 578
M. _. Davidson, 65, 30, 2300, 120, 260
Charles Husten, 100, 60, 3000, 150, 400
Jno. S. Hays, 100, 110, 4000, 40, 500
F. P. Hays, 200, 40, 4000, 60, 800
Saml. Harston, 200, 50, 6750, 160, 1600
Jubal May, 60, 54, 2500, 10, 200
D__ D. Scott, 360, 200, 15000, 160, 2000
Z. _. Baughman, 350, 200, 9000, 260, 4000
David Garvin (Gowin), 360, 235, 4565, 30, 1800
Edward Bailey, 120, 20, 1120, 36, 200
Elizabeth Martin, 60, 40, 1000, 16, 160
Simpson Martin, 70, 40, 100, 20, 140
Green Barbett, 60, 433, 2700, 30, 300
James Martin, 50, 8, 700, 16, 180
Judith Kirkpatrick, 100, 80, 1800, 26, 150
Jno. Carter, 60, 40, 400, 20, 160
R. F. Campbell, 100, 60, 1620, 26, 380
Reubin Minifee, 69, 31, 2000, 50, 180
Nathan Daugherty, 100, 60, 3200, 60, 200
James Magill, 120, 260, 4000, 150, 350
Richardson Wright, 40, 160, 800, 60, 130
George Aleen, 200, 194, 7500, 150, 900
Philip Hooker, 80, 100, 5000, 160, 320
Wm. Kevin, 100, 110, 3000, 80, 500
Robt. T. Lewis, 140, 100, 3600, 100, 700
J. L. Baily, 250, 48, 8940, 225, 3000
L. D. Good, 400, 300, 18600, 150, 5000
D. J. C. Gilbert, 150, 32, 4500, 60, 220
Tilman Hooker, 175, 600, 7000, 160, 1300
R. H. Givens, 170, 414, 3900, 144, 1580
Nicholas Hocker, 200, 340, 6000, 100, 2200
J. E. Wright, 200, 350, 7000, 160, 1600
M. A. Williams, 150, 800, 6000, 160, 500
T. J. McKinney, 120, 20, 2558, 160, 400
Burton McKinney, 500, 500, 120000, 160, 1500
Philip Hocker (Hooker), 200, 100, 550, 60, 400
Daniel L. Kidman, 80, 200, 2000, 50, 352
David Williams, 60, 40, 2000, 68, 300
Burrell Cloyd, 118, 90, 6700, 160, 900
George B. Cooper, 100, 75, 4375, 80, 600
Pleasant Givens, 120, 80, 6000, 120, 1000
R. H. Lee, 200, 130, 6600, 180, 500

Willis Brown, 100, 100, 2200, 75, 600
Abraham P. Leich, 300, 240, 18900, 260, 1130
Archy Burton, 300, 900, 7000, 150, 2000
Land Givens, 175, 100, 5000, 100, 950
Wm. M. Fair, 130, 160, 4050, 150, 1700
David King, 200, 60, 4000, 160, 1600
J. B. Bailey, 31, -, 300, 10, 160
D. S. Jones, 60, 50, 1000, 60, 525
David Williams, 140, 600, 4000, 120, 200
Jane Estes, 100, 100, 2000, 150, 400
Saml Richard, 150, 75, 800, 60, 350
Madison Jones, 150, 160, 1300, 300, 60
Garrison Jones, 80, 320, 1600, 160, 1100
Polly Ingram, 75, 120, 600, 50, 320
Richard Barch (Bavch), 100, 80, 600, 80, 500
James Camden, 100, 119, 500, 60, 200
Wm. Lyntheam, 40, 50, 400, 30, 160
Martin Gerow (Green), 50, 60, 400, 60, 150
Nathan Huston, 100, 160, 1200, 50, -
_. H. Walls, 60, 50, 300, 400, -
James Flint, 65, 200, 600, 30, 300
Mrs. Uptigrove, 70, 950, 1700, 50, 320
Mrs. Nancy Alfred, 80, 160, 100, 60, 200
Henry Yocum, 100, 50, 800, 40, 300
Mary Gooch, 100, 50, 300, 15, 200
L. S. Berry, 150, 400, 2000, 29, 230
Martin Mason, 100, 150, 700, 26, 3000
Z L. Vanhook, 23, 100, 250, 15, 230
Jaren Singleton, 125, 100, 300, 20, 200
Richd. Singleton, 100, 118, 1100, 20,2 50
R. G. Singleton, 20, 50, 400, 10, 150
B. F. Williams, 20, 107, 230, 10, 100
Mary Singleton, 50, 100, 350, 18, 180
D. R. McMullin, 200, 400, 700, 80, 410
J. M. Martin, 40, 100, 500, 30, 200
Rowland Gooch, 45, 105, 300, 20, 250
T. M. Lee, 100, 10, 3300, 100, 906
George Hocker (Hooker), 60, 40, 2500, 60, 400
Higgins Kelly, 100, 50, 3750, 40, 260
Alford Hocker (Hooker), 60, 20, 2500, 35, 280
Randle Payton, 80, 25, 2100, 40, 250
Wm. C. McCormack, 200, 74, 5480, 50, 536
James Carter, 120, 24, 6200, 60, 500
M. S. Peyton, 130, 100, 5700, 128, 800
B. D. Hocker (Hooker), 130, 90, 3360, 25, 165
J. H. Senter, 90, 60, 2000, 30, 500

Sarah Baily, 150, 70, 4600, 60, 300
Wm. _. Bailey, 450, 100, 1120, 100, 2366
J. F. Gentry, 200, 100, 6000, 80, 1500
Letty Patton, 50, 10, 1150, 28, 300
Ellis Brown, 250, 150, 7644, 100, 1520
Barry Vanausdale, 400, 280, 17000, 150, 2060
Thos. Reynolds, 200, 170, 4500, 80, 500
Benj. Givens, 100, 200, 4850, 684
Alexr. Williams, 35, 6, 1000, 25, 185
J. _. Lewis, 300, 1500, 15000, 150, 2521
Mrs. S. D. Dinwiddie, 50, -, 1250, 38, 160
Col. Robert Miller, 20, 661, 5800, 150, 1600
Jno. Husten, 250, 10, 7000, 100, 700
Isaac Gibson, 70, 6, 1060, 60, 450
Saml Williams, 160, 240, 7000, 150, 700
Wm. Willoughby, 100, 20, 3500, 70, 460
George M. Thompson, 140, 60, 4000, 125, 500
Joseph Page, 40, 200, 1200, 100, 400
S. H. Slaughter, 200, 100, 3445, 80, 600
George Murrell, 100, 20, 2400, 60, 400
David Carpenter, 100, 298, 5000, 225, 4925
Joseph McCormack, 500, 700, 800, 200, 800
Obllen Logan, 200, 80, 8400, 80, 115
John Young, 109, 91, 600, 28, 350
John Baugh, 60, 40, 300, 16, 380
James Dollin, 75, 75, 300, 15, 250
Wm. Young, 120, 80, 400, 22, 300
Henry Read, 160, 40, 400, 25, 400
James Baugh, 30, 270, 300, 22, 260
Whitfield Walls, 40, 60, 300, 15, 200
A. G. Jenkins, 50, 100, 400, 20, 300
J. R. Bryant, 100, 50, 400, 16, 160
Thomas Bastin, 30, 100, 400, 20, 150
Godfrey Baugh, 36, 100, 300, 28, 250
Henderson Yount, 40, 60, 400, 16, 260
Chas. Alfred, 60, 75,500, 20, 250
Stephen Reynolds, 30, 120, 300, 16, 160
Elijah Waters, 60, 40, 200, 15, 140
James Hancock, 18, 142, 300, 18, 125
Hugh Barrett, 20, 160, 300, 20, 200
Jno. Lewis, 200, 800, 1000, 60, 500
Monroe McMullins, 50, 100, 300, 28, 260
Jno. McMullins, 40, 65, 250, 16, 240
M. A. Murphy, 100, 100, 300, 28, 280
Hugh Caldwell, 100, 400, 500, 29, 400
Jesse Barnett, 50, 100, 250, 18, 200
Eddy Barnett, 40, 100, 300, 20, 300
Moses Singleton, 100, 50, 400, 15, 280

Perry Singleton, 40, 60, 300, 30, 260
Perry Reynolds, 60, 200, 450, 40, 40
Harden Reynolds, 40, 75, 250, 26, 280
Benj. Floyd, 125, 375, 800, 30, 500
Jno. Williams, 40, 260, 450, 25, 400
Jno. Baugh, 20, 116, 300, 20, 200
_. S. Reynolds, 40, 168, 300, 16, 140
Benj. Williams, 100, 90, 500, 20, 128
Margaret Trobridge, 60, 14, 300, 35, 260
Henry Young, 30, 100, 250, 20, 250
Hiram Trusty, 30, 200, 350, 28, 200
Jno. Floyd, 100, 300, 800, 30, 300
Joel Hubble, 25, 130, 300, 26, 140
David Floyd, 50, 450, 500, 35, 300
Robert H. L. Singleton, 60, 100, 300, 15, 260
Wm. T. Tate, 100, 105, 420, 50, 1556
Wm. Morrison, 40, 6, 1320, 40, 100
Simeon Peyton, 237, 238, 1187, 100, 950
Richard E. Carter, 40, -, 800, 150, 368
Tilman Hocker (Hooker), 100, 100, 3000, 100, 430
Peter Carter, 200, 100, 6000, 160, 1600
Clayton Carter, 20, -, 400, 26, 400
C__ Carter, 26, -, 450, 25, 300
Wallace Walker, 200, 90, 6000, 100, 1200
Robt. Ellder, 200, 68, 6700, 86, 600
Cas. Hocker (Hooker), 150, 200, 4700, 160, 860
Alford Alcorn, 100, 65, 4920, 100, 800
Willis Helm, 100, 80, 4500, 60, 390
James Bentley, 200, 48, 4760, 86, 700
Dr. D. Alcorn, 100, 161, 4625, 150, 1800
Wm. Sandifer, 30, 6, 500, 26, 300
Jas. Cooper, 300, 150, 16030, 150, 1820
R. J. Jones, 200, 110, 7750, 200, 4720
G. W. Givens, 300, 130, 10950, 225, 1090
Wilson James, 200, 190, 3900, 100, 850
Josiah E. Lee, 350, 110, 9200, 200, 6700
G. F. Lee, 400, 60, 11500, 250, 11300
C. Shipman, 62, -, 3000, 50, 381
Walter Nichols, 300, 100, 10000, 200, 6277
Lawrence Vanausdale, 80, 90, 3000, 50, 1200
John Welch, 100, 106, 300, 60, 400
J. T. Good, 60, 20, 1275, 150, 600
Robt. T. Blain (Blane), 200, 180, 7600, 100, 1000
Jno. Renick, 50, 50, 2000, 60, 400
G. C. Powell, 100, 126, 3614, 50, 450
George Carpenter, 200, 287, 9000, 160, 1400
Wm. Masterson, 200, 140, 6, 400, 180, 1860
George Carpenter, 500, 1469, 1498, 250, 2850
Thos. M. Patton, 200, 80, 5600, 80, 500
H. T. Reid, 130, 208, 9300, 150, 400
Robt. Barnett, 90, 100, 3420, 120, 495
Edward Powell, 140, 150, 5220, 60, 900
Jno. W. Reid Esq., 500, 483, 11927, 300, 3526
G. W. Blain (Blane), 100, 60, 2500, 120, 400
J. H. Tinsley, 20, -, 400, 10, 165
R. W. Hocker (Hooker), 300, 25, 7130, 150, 3300
J. M. Hocker (Hooker), 100, -, 2000, 100, 100
Robt. Dinwiddie, 60, 15, 1700, 100, 370
Chas. L. Carter, 150, 50, 4500, 200, 3000
_. M. Carpenter, 350, 226, 11520, 100, 200
J. F. Russel, 125, 69, 3300, 150, 900
Mrs. A. Bailey, 300, 160, 7200, 25, 600
Conrad Carpenter, 30, 75, 1500, 110, 400
Mary Carter, 60, 40, 4000, 80, 350
Wm. Spears, 175, 125, 500, 50, 200
H. L. Carpenter, 200, 630, 10720, 100, 1740
G. T. Jones, 350, 110, 6440, 200, 2720
D. M. Lyons, 200, 10, 450, 60, 300
Thos. Baker, 240, 360, 4395, 175, 750
Jno. Blain (Blane), 170, 65, 5700, 100, 500
E. Shelby Sr., 200, 429, 33000, 300, 6000
J. W. Shelby, 100, 440, 14500, 100, 2115
Billy Coonrad, 40, 60, 400, 30, 200
M. Adams, 100, 20, 2500, 68, 200
Thos. J. Hiatt, 150, 10, 200, 50, 300
Jno. Warren, 50, -, 1000, 60, 100
Hiram Dougherty, 16, -, 160, 20, 120
James Hill, 130, 52, 25, 80, 500
Sam Owsley Jr., 100, 65, 2000, 100, 400
Henry Peanl (Peared), 180, 220, 6000, 160, 600
Polly Vaughn, 200, 72, 4500, 69, 330
Mary Woods, 200, 60, 6000, 65, 1500
Allen Woods, 70, -, 700, 60, 200
Louis Williams, 100, 58, 2000, 68, 180
Robt. V. Pleasant, 100, 65, 2000, 60, 200
A. D. Newland, 100, 98, 3000, 68, 150
Jno. Bingaman, 90, 43, 2600, 69, 300
Henry Clark, 200, 43, 7000, 60, 300

D. Oaks, 40, 200, 260, 10, 160
Nicholas Thull, 25, 75, 100, 6, 160
Saml. Middleton, 300, 375, 13500, (?), 2500
Wilson Adams, 112, 100, 3100, 160, 460
Jos. McJames, 100, 6, 2000, 62, 260
Francis Abrahamson, 49, 193, 7000, 68, 300
Henry Abrahamson, 58, 100, 2000, 60, 160
Timothy Chandler, 100, 100, 1600, 84, 300
Thos. James, 18, 18, 200, 16, 100
Saml. Berran (Perran), 100, 140, 2000, 68, 250
James Adams, 100, 110, 200, 18, 300
Francis Dishan, 120, 80, 1200, 60, 300
Andrew Morehead, 50, 20, 1000, 30, 250
Nathan McClure, 180, 60, 960, 68, 300
Wm. Wardlow, 100, 60, 160, 26, 200
Wm. C. Colin (Colier), 200, 400, 6500, (?), 3200
Timothy Perrington, 200, 100, 6500, 100, 3500
Simeon Higgins, 200, 300, 6000, 30, 300
Jacob Guest, 200, 80, 8000, 100, 1400
Harvey McAllister, 100, 244, 8000, 150, 3000
Ephraim Perrington (Pennington), 400, 230, 12720, 200, 8000
R. W. Graham, 200, 100, 8000, 75, 20000
C. C. Carson, 100, 81, 3000, 200, 1300
Jno. S. Hughes, 200, 356, 4307, 75, 450
Elizabeth Bright, 200, 60, 9000, 80, 300
Wm. Terry, 40, -, 320, 30, 175
Jeremiah Vardeman, 300, 13, 4500, 60, 350
Jane Stephenson, 15, -, 250, 10, 150
Peter Kennedy, 100, 90, 1500, 30, 600
Faulkner Haines, 200, 100, 1500, 75, 150
A. Shanks, 530, 500, 21000, 200, 2000
D. Y. Nelson, 200, 100, 2300, 70, 300
Wm. Hansford, 300, 298, 12000, 100, 500
Wm. H. Singleton, 100, 68, 1680, 62, 100
Sarah Birde, 400, -, 4000, 68, 150
A. C. Wood, 701, -, 900, 100, 200
Moses Farley, 75, 68, 1600, 30, 200
T. Thos. Welch, 700, -, 10000, 62, 1500
Stanton Pollard, 60, -, 420, 20, 200
Elijah Curtis, 100, 11, 1625, 130, 400
Andrew McRoberts, 200, 100, 3000, 61, 300
Henry Owsley, 500, 400, 16000, 400, 4016
Milton Rainey, 100, 15, 2300, 100, 250
Dr. M. Pendleton, 35, 25, 2500, 30, 300
H. S. Withers, 250, -, 6250, 100, 800
Henry Myers, 270, 1030, 8000, 160, 900
Wm. Shanks, 800, -, 16000, 200, 2200
J. M. McRoberts Jr., 120, -, 2000, 60, 600
T. W. Varnon, 100, 100, 4000, 130, 1000
Champe Carter, 340, 1500, 8600, 100, 450
J. M. Hiatt, 25, -, 300, 30, 120
Jos. Sandifer, 49, -, 200, 10, 100
W. G. Bailey, 55, -, 2200, 30, 800
Wm. Shanks, 100, 60, 2720, 120, 750
Jos. McCallister, 200, 150, 6810, 160, 1100
Hamilton Baughman, 250, 450, 8000, 100, 1255
Wm. Middleton, 100, 40, 2500, 64, 300
Saml. Owsley, 300, 250, 14000, 160, 5110
J. D. Jordan, 300, 106, 4000, 75, 2000
J. S. Higgins, 200, 160, 5000, 162, 1100
Wm. Higgins, 100, 20, 1600, 60, 300
Logan Murphy, 50, 4, 1250, 110, 150
Wm. Jackman, 160, 98, 3870, 150, 450
Cray Lynn, 115, 25, 2000, 69, 4000
Jno. Lynn, 300, 100, 800, 166, 1500
Benj. Hiatt, 110, 50, 4000, 110, 6000
Thos. B. Bosley, 130, 70, 4000, 100, 300
James Robinson, 87, -, 2000, 50, 250
Wm. Sutton, 25, -, 200, 15, 100
Nancy Christopher, 75, 25, 200, 500, 200
James Hackley, 75, 25, 2000, 25, 300
P. W. Roduster (Rochester), 160, 110, 5400, 30, 325
Wm. H. Bryant, 412, -, 7240, 300, 1850
Jno. Engleman, 620, -, 18000, 350, 1600
E. Engleman, 700, -, 20000, 500, 1200
David Swope, 87, -, 2010, 100, 500
Wm. Edwards, 80, -, 160, 30, 150
James Ball, 100, 60, 3200, 75, 440
Wm. Sutton, 70, 60, 1950, 60, 400
Elizabeth Law, 80, -, 1600, 30, 170
Montgomery Lyttle, 100, -, 3000, 100, 450
Wm. Swizer, 180, 20, 3500, 800, 450
James Bruce, 100, 40, 16000, 50, 380
Elijah Calvin, 60, 57, 1400, 50, 40
Thos. Pope Sen., 500, 275, 12410, 100, 2000
Cyrus Miller, 700, 14, 14000, 15, 1000
Robt. Gentry, 410, -, 8000, 80, 1370

Weeden Smith, 196, -, 4000, 100, 780
Elias Smith, 60, 39, 1200, 50, 250
Giles Andrews, 260, -, 5000, 60, 350
Josiah Gentry, 201, -, 4000, 100, 1400
Elijah Bailey, 300, -, 6000, 125, 1000
Zack Elkin, 120, -, 2400, 50, 350
Braddock Wilkins, 70, -, 1400, 100, 300
Patrick Hickman, 111, -, 888, 25, 200
Martin Crow, 160, -, 2700, 150, 350
Wm. F. Perran, 260, 40, 5000, 160, 1500
Aechilles Perrin, 130, -, 1200, 50, 200
G. W. Ashlock, 40, -, 260, 15, 150
Wm. Yaliey (Yariey), 50, 50, 500, 30, 200
Henry Huffman, 80, 17, 1500, 50, 200
Louis Lunsford, 4000, 87, 7000, 150, 800
John Stone, 180, -, 3000, 50, 600
Levi Stone, 30, 80, 2000, 40, 300
Jno. Robinson, 100, 160, 400, 100, 500
Henry Bright, 250, 50, 6000, 200, 2000
Henry Bright Sr., 380, -, 8000, 150, 500
Bromfield Long, 25, 68, 400, 15, 150
Wm. Dolleris, 100, 30, 1300, 25, 300
Sarah Montgomery, 102, -, 3000, 50, 150
Dr. Thos. Montgomery, 2000, 3000, 15000, 75, 500
Thos. C. Hill, 100, 70, 2000, 50, 400
Lee Hayden, 240, -, 4295, 100, 500
G. B. Spoonamore, 30, -, 300, 25, 100
Adam Spoonamore, 100, 80, 1800, 30, 200
Walter McPherson, 200, 50, 3000, 100, 450
David Spoonamore, 120, -, 1200, 50, 400
Jno. Pepples, 80, -, 800, 20, 100
Thos. Scott, 60, -, 500, 15, 300
R. H. Beesley, 400, 200, 8100, 200, 1000
Thos. Bruce, 140, -, 2800, 505, 1000
Hiram Pepples, 200, -, 2000, 30, 250
Jno. S. Pew, 176, -, 2000, 30, 250
Zach Vaughn, 318, -, 2000, 20, 500
James Pendleton, 181, -, 2000, 60, 800
T. M. Ball, 200, -, 3000, 75, 600
James Hill, 182, -, 2000, 50, 500
Jno. Spoonamore, 150, -, 2000, 62, 400
Elijah Scott, 230, -, 4060, 50, 700
A. G. Spratt, 100, -, 1600, -, 60
Jno. V. Cook, 372, -, 9000, 150, 2000
Hiram Jackson, 35, -, 600, 10, 150
Jno. Logan, 400, -, 5000, 100, 1000
A. T. Gravel, 133, -, 2660, 150, 800
Lucinda Gentry, 300, -, 7500, 100, 60
Margaret Napier, 255, 68, 7000, 100, 70
James Johnson, 100, 20, 1575, 30, 250
Sarah Harnmans, 100, 5, 500, 10, 200
Wm. George, 150, -, 600, 15, 250
Margaret Owsley, 335, -, 6030, 60, 30
Abraham Daros, 50, -, 400, 60, 400
Wm. M. Lackey, 320, -, 50, 60, 1100
Eliza (Elija) Broaddus, 122, -, 2250, 62, 500
Jno. Newland, 644, -, 16120, 100, 2500
A. H. Newland, 210, -, 2100, 60, 1200
J. W. Newland, 213, -, 600, 65, 6500
Linsy Stephenson, 437, -, 8136, 70, 500
James McAllister, 212, 15, 4000, 50, 2200
Lydia Bright, 134, -, 2000, 40, 400
Sarah Culbertson, 24, -, 400, 20, 200
H. W. Wilkins (Withers), 216, 40, 7880, 200, 492
Sarah Feland, 80, 40, 26000, 100, 380
Armistead Feland, 140, 100, 7200, 200, 2000
Wm. M. Hay, 40, 60, 2500, 10, 150
Hayden McRoberts, 385, -, 10000, 150, 865
Thos. Robinson, 70, -, 1800, 20, 200
Haywood Jones, 58, -, 1270, 70, 250
Isaac McRoberts, 100, 27, 2200, 200, 364
Linney McRoberts, 120, -, 3000, 50, 450
Rebecca McRoberts, 80, -, 1600, 60, 250
Nancy Jackson, 269, -, 5980, 80, 200
Robt. Elkin, 193, -, 4825, 100, 2140
Jane Lawrence, 82, 100, 300, 60, 150
A. W. Quinn, 100, 1, 1200, 15, 200
Jno. Huffman, -, 26, 15, 520, 150
Susan Mason, -, 34, 480, 15, 16
James Robinson, 200, 47, 3705, 100, 400
Harrison Porter, 258, -, 6700, 100, 1320
Richd. Simpson, 279, -, 6000, 105, 1600
James Pullins, 150, 100, 2800, 15, 1000
Saml Dudderas, 540, 66, 9320, 50, 600
Major James Miller, 320, -, 6400, 200, 2280
Conrad Dudderas, 200, -, 4000, 100, 400
Polly Dudderas, 200, -, 4000, 80, 250
Louis Suddeth, 120, 10, 1300, 50, 450
George Boon, 250, -, 2500, 50, 400
Joseph Scott, 150, -, 2300, 50, 500
Benj. Holtzclaw, 96, -, 1500, 10, 100
May Adams, 150, -, 2500, 3, 100
Jeremiah Holtzclaw, 216, -, 2600, 75, 300
Henry Christopher, 76, -, 1200, 10, 14
May Fern, 27, -, 400, 10, 120
Daniel McQuenny, 60, 40, 1000, 15, 200
Jehu Clark, 140, -, 1250, 2, 250

Wm. King, 80, -, 1200, 50, 460
T. P. Grimes, 60, 60, 2000, 120, 345
Wm. Fobbs, 94, -, 1200, 50, 200
Harbert King, 110, -, 2000, 25, 1500
Wm, Garret, 200, 80, 4200, 50, 3019
Hiram Dudderas (Dudderow), 29, -, 800, 10, 200
Elijah Hutchinson, 100, 75, 2800, 50, 450
Joseph Petters, 155, -, 1200, 20, 250
Alex. Lackey, 217, -, 2170, 30, 350
Agnus Green, 75, 80, 1500, 10, 250
Robt. George, 35, 50, 650, 15, 200
John Owsley, 800, 200, 14000, 200, 5000
Henry E. Owsley, 250, 73, 5000, 100, 4500
Jno. Dunn, 600, 200, 1600, 200, 4000
Thos. Buford, 110, 40, 3100, 25, 1800
Isaac Singleton, 300, 240, 4100, 75, 1000
John King, 100, 43, 300, 10, 20
Wm. Singleton, 100, -, 1800, 150, 300
Isaac Homes, 500, -, 1200, 5, 200
Joshua Sater, 40, 100, 600, 10, 150
John Grant, 50, -, 400, 5, 100
Sarah Cummins, 100, 50, 600, 10, 100
Michael Morgan, 113, -, 600, 15, 50
Hiram Roberts, 200, 300, 1700, 20, 300
Jno. Elmon, 150, -, 750, 30, 250
Wm. Flack, 300, 280, 4500, 100, 1000
James Howard, 200, 58, 6000, 100, 500
Wm. Fish, 43, 40, 2000, 60, 150
Solomon Roberts, 400, 400, 8000, 200, 5000
George Kan, (Karr), 100, 115, 1800, 40, 250
Wm. Delaney, 150, 250, 800, 150, 450
Jno. Eadens, 160, 100, 500, 100, 300
J. O. Bryant, 75, 16 5, 650, 25, 200
David Stephenson, 300, 450, 6000, 200, 500
Margaret Swope, 100, 50, 4000, 50, 2000
Jno. S. Hansford, -, 45, 2600, 20, 100
Jno. Delaney, 400, 350, 7000, 25, 1500
Newland Menifee, 100, 100, 2000, 5, 200
Enoch Tucker, 400, 200, 6000, 50, 1000
P. H. Davenport, 80, -, 650, 10, 200
Hendly Middleton, 120, -, 12000, 20, 200
Jno. M. Welch, 300, 200, 5000, 100, 400
Jno. Renfrow, 52, -, 800, 520, 150
Dayton Tucker, 180, -, 2160, 120, 800

Thos. Stephenson, 100, 140, 4800, 100, 1400
Adam Pence, 180, 210, 6400, 60, 450
Winfred Menifee, 80, 90, 1200, 150, 200
D. L. Stephenson, 60, 50, 2500, 68, 260
James Barnett, 60, 58, 2000, 69, 100
J. E. Owsley, 300, 100, 12000, 160, 1200
J. B. N_beris, 200, 300, 300, 10, 160
Isaac N_orris, 12, 38, 150, 16, 100
James Adams, 50, 200, 600, 20, 200
Mathaias Delaney, 50, 145, 300, 26, 250
Wm. C. Bastin, 60, 1000, 1200, 62, 300
Bryant C. Redd, 30, 100, 300, 20, 200
Thos. Griffin, 40, 60, 200, 10, 160
C. Griffin, 100, 400, 2000, 68, 500
Benj. Ball, 100, 500, 3000, 100, 400
W. T. Donaway, 80, 200, 1000, 60, 400
James Donaway, 50, 60, 200, 25, 160
Jesse Davis, 25, 50, 250, 30, 175
Joseph Davis, 60, 20, 300, 18, 200
David Singleton, 40, 20, 260, 10, 230
Able Singleton, 100, 200, 300, 16, 230
Abn. Delaney, 50, 100, 250, 18, 300
Amanda Delaney, 18, 145, 800, 60, 200
Joseph Delaney, 100, 300, 600, 10, 160
Edward Wallace, 60, 400, 400, 10, 160
C. B. Duke, 50, 100, 500, 20, 175
J. A. Harness, 30, 69, 400, 20, 200
Wm. Sutton, 100, 300, 800, 100, 200
James Adams, 49, 70, 500, 20, 175
Garland Anderson, 100, 200, 400, 25, 300
M. W. Graham, 50, 400, 700, 62, 250
Jas. Gooch, 70, 230, 500, 20, 260
Godfrey Stout, 75, 100, 300, 20, 160
James Thompson, 60, 100, 300, 16, 260
G. W. Ball, 100, 900, 2000, 200, 200
Godfred Young, 60, 200, 1500, 50, 160
Fleming Thompson, 40, 80, 700, 26, 150
Bromfield Long, 50, 60, 200, 15, 160
James Spires, 35, 100, 220, 15, 220
Joseph Long, 30, 100, 250, 10, 168
Wm. Nicks Sr., 100, 400, 600, 18, 200
Wm. Nicks Jr., 40, 160, 300, 16, 225
C. Brown, 100, 300, 800, 20, 300
T. Johnston, 40, 60, 300, 600, 300
Jas. Whorton, 40, 160, 400, 10, 400
Thos. Brown, 30, 100, 300, 6, 130
Nelson Ball, 30, 240, 1000, 20, 260
Lyons Gooch, 30, 100, 150, 6, 140
Wm. Gooch, 30, 160, 100, 4, 160
Shelby McMullin, 10, 90, 200, 6, 150
Jas. Gooch, 46, 100, 80, 16, 200
Thos. Gooch, 50, 150, 500, 20, 160
Elisha Perkins, 100, 220, 1000, 25, 300
Louis Padgett, 100, 200, 2500, 60, 300

Rachael Reynolds, 40, 160, 200, 20, 200
Jno. W. McMullin, 75, 200, 400, 26, 260
James Eubanks, 160, 1100, 1200, 50, 400
G. M. Gooch, 60, 200, 300, 20, 200
P D. Gooch, 100, 500, 450, 29, 300
R. T. Singleton, 100, 400, 500, 20, 250
E. O. Gooch, 40, 100, 300, 16, 200
Singleton Gooch, 40, 160, 300, 20, 210
Monroe Leach, 50, 135, 300, 10, 200
George Williams, 60, 90, 300, 10, 160
Monroe Williams, 50, 100, 300, 10, 160
Jno. G. Padgett, 120, 180, 600, 100, 300
Marshall Morgan, 75, 50, 400, 80, 200
James Leach, 60, 100, 300, 20, 180
Wm. Leach, 65, 100, 320, 10, 200
Henderson Sims, 30, 170, 500, 76, 180

Livingston County Kentucky
1850 Agricultural Census

The Agricultural Census for 1850 was filmed for the University of North Carolina from original records at Duke University in Durham North Carolina.

The following are the items represented and separated by a comma: for example, John Doe, 25, 25, 10, 5, 100. This represents:

Column 1 Owner
Column 2 Acres of Improved Land
Column 3 Acres of Unimproved Land
Column 4 Cash Value of Farm
Column 5 Value of Farm Implements and Machinery
Column 13 Value of Livestock

The following symbol is used to maintain spacing where there are no numbers: (-) In addition, the left margin has been bound too close to the edge causing some first names or initials to not be completely visible. The handwriting of this particular census taker was very difficult to read.

Molinaw Luch, 60, 300, 100, 50, 500
William Sanders, 20, 86, 150, 15, 200
Hubbard Lanarman (Lanarum), 30, -, 150, 10, 40
Linard Fhite, 25, 297, 20000, 10, 70
Clary Harman, 125, 875, 10000, 50, 500
John C. Harman, 28, 520, 1500, 100,3 00
Charle Peterson, 90, 615, 4000, 200, 800
John Ross, 65, 244, 2500, 675, 800
Joel Davis, 25, 200, 500, 10, -
Cabet Story, 20, -, 300, -, 100
Mamas Murphy, 30, -, 400, 5, 40
John Murphy, 75, 350, 2000, 75, 200
Felix Wadington, 75, 325, 7000, 75, 150
Hugh Humwell, 34, 75, 200, 10, 50
Charles Hutsler, 60, 240, 1500, 125, 880
Henry Nine, -, 68, 50, -, -
Thomas Coon, 25, 290, 1000, 25, 125
William Conn, 12, 35, 150, 30, 137
Isaac Rucker, 65, 135, 1500, 55, 250
Thomas Cockran, 100, 400, 500, 40, 150
Needem Nichols, 24, -, 100, 5, 98
Richd. Harris, 30, 60, 200, 30, 185
Han__ Varnell, 20, 180, 200, 50, 287
John Weterway, 20, 40, 60, 10, 100
Mills Russell, 60, 440, 1000, 50, 235
Benjamin Varnell, 60, 200, 400, 50, 245
Elijah Rice, 10, 990, 2000, 5, 20
Ja_mson Rice, 40, 171, 500, 75, 200
Thomas Sullivant, 20, 116, 500, 5, 200
John Stringer, 35, 432, 300, 5, 100
George Walker, 60, 290, 1000, 75, 566

Anderson Talery, 30, 170, 300, 10, 60
Jefferson Walker, 50, 150, 450, 100, 435
William Lamb, 25, 175, 700, 5, 75
Thomas Jones, 40, 725, 1000, 25, 275
Mason Stanly, 50, 555, 1800, 100, 395
William Jones, 55, 282, 1000, 100, 200
John Jones, 75, 270, 1000, 160, 287
Andrew Driskil, 25, 2620, 600, 100, 200
Margret Jones, 45, 105, 500, 75, 205
Andrew Hick (Beck), 25, 71, 200, 20, 125
William Miller, 30, 70, 200, 10, 150
John Miller, 75, 175, 600, 50, 562
William Ringstaff, 30, 70, 100, 10, 100
Levi L. Strand, 35, 225, 1100, 80, 245
John Yancy, -, -, -, -, 180
Calvin Driskill, 30, 70, 400, 75, 200
James Chappell, 60, 232, 200, 5, 150
____ Sullivant, 60, 140, 400, 20, 420
John Cleenat, 20, 230, 1250, 40, 150
David Moore, 20, 380, 2000, 25, 125
Presley Grace, 60, 390, 3000, 200, 345
Jas. D. Covington, 50, 230, 1200, 50, 250
Thomas Edmons, 15, 135, 1200, 75, 200
_. A. G. Robertson, 3, 47, 300, 15, 78
Andrew Wilson, 1, 1384, 7800, -, -
David, Fox, -, -, -, 5, 75
_. T. Smedley, 12, 148, 450, 75, 310
Willis C. Piles, 70, 376, 5000, 100, 838
James Wallace, 10, 390, 2000, 5, -
Spencer Hughy, 1, 550, 2750, 10, 15

Thomas Smedley, 20, 980, 5000, (?), -
_. _. Piles, 70, 376, 5000, 100, 838
Theoffolis Killien, 50, 378, 1500, 100, 300
Stephen Smith, 6, 71, 75, 5, 137
Blake Coker, 25, 250, 400, 25, 167
William Jones (Fires), 10, 80, 100, 40, 110
Gordon Kellen, -, -, -, 25, 175
John Robertson, -, -, -, -, 60
Terrell Robertson, 128, 175, 1000, 125, 500
William D. Scott, 12, 38, 150, 10, 200
G. W. Robertson, 128, 175, 1000, 125, 500
E__ Roberts, -, -, -, 5, 100
Yang Rucker, 35, 187, 1500, 30, 100
F. B. Robertson, 200, 200, 1500, 100, 545
James Boyd, -, -, -, 5, 50
William Kineby, 110, 350, 1500, 100, 150
James Ramase, 50, 50, 300, 20, -
Wm. Maxwell, 50, 280, 3000, 50, 207
_ran Gist, 200, 800, 3000, 100, 1050
Thomas Luper, 25, 85, 500, 15, 125
Henry Edwards, 15, 85, 300, 10, 220
Andrew Luper, 60, 120, 1000, 50, 395
__th Luch, 30, 136, 500, 5, 100
E. Biggs, 35, 100, 200, 10, 200
Mariah Jones, 30, 120, 500, 5, 100
Mathew Allen, -, -, -, 2, 100
Silas Michel, 78, 59, 200, 30, 300
Jesse Walls, 100, 400, 1500, 50, 492
Absher Hiater, 50, 230, 1000, 150, 500
James Ross, 40, 85, 400, 25, 216
John Pace, 30, 104, 400, 5, 100
C. O. Ross, 25, 131, 800, 20, 155
Samuel Driskel, 100, 100, 4000, 250, 1115
E. Acock, 12, 88, 250, 10, 150
William Holly, 20, 40, 150, 10, 150
Sinard Stringer, 80, 379, 1200, 100, 577
William Stringer, 60, 90, 700, 23, 250
Alford Bennet, 75, 122, 800, 30, 260
Louis Kates, 25, -, 600, 75, 125
Jefferson Driskell, 25, 125, 300, 50, 125
Robert Biggs, 11, 22, 200, 5, 100
Adam _. Jones, 16, 84, 600, 100, 225
E. Shepherd, 40, 72, 600, 25, 175
John J. Bennet, 30, 1, 100, 100, 200
John Jaley, 19, 800, 2000, 100, 100
James Hamelton, 20, 131, 600, 25, 400
Littleton Helms, 14, 56, 200, 50, 150
Thomas Asgerbright, 35, 125, 700, 5, 100
John Mathews, -, -, -, 5, 125
William Gregory, 25, 75, 200, 10, 200
Anne Robertson, 45, 75, 200, 100, 350
Robert Dodd, 60, 140, 800, 10, 150
John Davis, 30, 70, 200, 50, 100
Thomas Cooper, 40, 160, 700, 15, 125
Sarah D. Ross, 53, 159, 800, 25, 300
Daniel McGanegal (McGaregal), 30, 230, 700, 50, 300
William Taylor, 55, 85, 200, 10, 150
E. S. Brown, 21, 79, 100, -, 25
Benjamin Burton, -, -, -, 50, 100
Andrew Clark, 7, -, 50, 125, 100
Andrew Clark, 20, -, 30, 5, 100
Asn (Anderson?) Edwards, -, -, -, -, 100
Henbry Wilson, 70,3 65, 2500, 100, 300
Hamson Davis, 15, 284, 2000, 50, 200
Richd Murksey (Muskey), 75, 80, 1000, 50, 200
Moses Davis, 100, 350, 1000, 100, 700
Robert Foster, 70, 154, 500, 100, 500
Jame_ _. Bruner, 25, 142, 350, 10, 40
Sp__ Ranch, 25, 25, 300, 10, 75
William Yocum, 100, 200, 1000, 50, 175
Allen Cockran, 30, 166, 400, 5, 100
Robert Cockran, 40, 85, 575, 25, 300
William C. Champion, 12, 78, 500, 100, 200
Ha__ Furgerson, 15, 118, 300, 30, 110
Samuel Moxley, 10, 105, 700, 5, 100
John Moxley, 20, 100, 600, 5, 150
Silus Egrinls (Egunls), 25, 25, 125, 10, 200
Isaac Harris (Harnes, Hames), 5, -, 25, 5, 100
Y. W. Dunlop, 45, 167, 1000, 50, 200
Peter Owens, 25, 200, 1350, 40, 200
_cock Erydelot (Erydetot), 35, 65, 700, 20, 150
John Bowders, 40, 90, 800, 5, -
E. F. Leming, 50, 300, 1000, 30, 200
John B. Bohannon, -, -, -, -,-
Richd. Harris, 1, 57, 250, 25, 200
John Brown, -, -, -, -, -
William Coleman, 75, 300, 300,100, 300
Thomas Gromer, 10, -, -, 10, 75
E. J. Ross, 20, 80, 250, 10, 200
Joshua Jones, 40, 110, 500, 50, 200
Burton Tucker, 25, 75, 300, 30, 175
Robert Martin, 35, -, 200, 40, 200
James Davis, 10, 15, 100, 10, 200
William Bridges, -, -, -, 80, 30
William Lanastrich, -, -, -, 50, 250
John Dods(Dodds), 13, 112, 600, -, 120
Richd. Johnson, 35, 100, 700, 10, 100

John Dicker(Decker), 20, 40, 300, 25, 200
Samuel Stephens, 18, 10, 100, 25, 250
William B. Bon___, 55, -, 165, 55, 400
L. F. F_ger, 60, 478, 1500, 100, 500
Edward Frazier, 12, -, 100, 10, 200
Jonathan McCandless, 60, 90, 300, 100, 300
William McCarter, 100, 160, 2000, 75, 350
William Coyle, 40, 160, 1000, 5, 150
John McCarter, -, -, -, -, 200
John Stone, 17, 133, 600, 10, 150
Washington Dyer, 35, 40, 300, 10, 300
Mary Ann Malioty (Malidy), 25, -, 50, 10, 25
Washington Besely (Berely, Bevely), 200, 170, 1500, 40, 100
Beroy Moss, 30, 20, 500, 10, 110
Gales Stuart, 40, 54, 300, 40, 100
Charles Wilson, 80, 183, 1000, 75, 250
William Steell, 60, 180, 1800, 75, 500
Areno Doone, 60, 400, 1500, 60, 250
E.S. Ross, 85, 127, 1000, 100, 400
Henry Roberts, -, -, -, -, 65
John Ward (Wood), 10, -, 100, 60, 100
William Carington(Covington), 20, 18, 200, 50, 100
B. J. Ross, 75, 625, 1400, 45, 360
A. J. McCainley, 30, 50, 200, 15, 60
Michell Worth, 25, 75, 300, 50, 200
Camel Buckhammon, -, -, -, -, -
J. W. Davis, -, -, -, 1000, 1000
J. S. Stephens, -, -, -, -, -
W. P. Miles, 30, 170, 1000, 100, 600
Joseph D. Summers, 60, 700, 3000, 75, 300
Jas. W. Shelby, 100, 300, 2000, 75, 400
James Moreland, 35, -, 200, 25, 175
E. Bell, 15, 85, 200, 5, 150
Payton Hodge, 100, 280, 1500, 75, 500
Henry Words, 150, 700, 3500, 100, 500
Callin (Collin) Hodge, 110, 200, 3000, 100, 500
William Williams, 50, 250, 1000, 75, 450
Jonathan Butler, 80, 155, 100, 75, 175
James Butler, 70, 130, 1000, 75, 500
Charles Mills, 200, 192, 2000, 150, 600
Richd Miles, 205, 130, 8000, 200, 1550
Isaac Shelby, 250, 150, 2500, 200, 1000
Luch Love, 50, 100, 500, 10, 125
John G. Hamelton, 200, 180, 3000, 75, 500
Daniel Coker, 10, 130, 500, 15, 200
Lidwell Michell, 20, 95, 300, 5, 150

Abraham Kereewer (Kereener), 40, 40, 550, 25, 225
Dr. Easley, 200, 200, 1800, 75, 300
J. S. Coram, -, -, -, -, 175
Elizabeth Thrailkeld, 80, 100, 1200, 75, 500
_. B. Greer, 150, 50, 1000, 100, 800
C. Jolley, 60, 55, 500, 30, 100
Asithias Loyd, 70, 130, 1400, 20, 200
William Pippin, 400, 275, 3000, 200, 1228
Thomas Smith, 161, -, 350, 125, 300
James W. Cade, 20, -, -, 25, 150
Robert Coffield, 80, 145, 400, 50, 200
Ira Shelton, 60, -, 180, 60, 200
Andrew Hasley (Harley, Hurley), 150, 300, 800, 130, 50
Sion Bass, 45, 50, 600, 75, 225
William Foster, -, -, -, 75, 300
William Parker, 50, 120, 200, 16, 200
A. M. Greer, 18, 40, 380, 5, 100
Josih D. Ramase, -, -, -, -, 0
David Caldwell, 200, 300, 500, 75, 225
_. H. Hurley, 80, 167, 500, 150, 800
John Alsbrook, 80, 180, 400, 25, 400
John Grice, 100, 900, 5000, 150, 400
Darian Hrase (Hiage), 17, 183, 400, 15, 75
James Y. Person, 175, 1375, 4833, 150, 400
Anasur Hardin, 35, 15, 300, 25, 200
Benona Hardin, 35, 35, 400, 15, 150
Caleb Bondman (Housman), 30, 20,150, 5,100
Nancy White, 40, 20, 100, 5, 100
William Dalton, 20, 88, 250, 75, 150
Wayman Dalton, 15, 60, 100, 5, 75
Samuel Gipson, 100, 75, 300, 10, 250
William Thompson, 200, 700, 3500, 150, 700
Mardy Gibson, -, -, -, -, -
Anasur Yances, -, -, -, 5, 150
G. W. Robertson, 40, 100, 200, 40, 250
James Williams, 50, 50, 1000, 5, 150
Samuel Barrett, 50, 195, 500, 10, 150
Neal Parm___, 18, 182, 500, 50, 250
Thomas Porter (Parker), 25, 50, 200, 10, 200
William Crawford, 30, 170, 1000, 25, 300
Francis Crawford, 125, 275, 1000, 100, 800
John Carr, 20, -, 100, 10, 125
James McCurdey, 25, 50, 300, 10, 250
Elizabeth Din_, 50, 250, 300, 20, 350
Jordan Gay, 25, 100, 400, 10, 100

James McDaniel, 60, 134, 400, 60, 550
Stephen Robertson, 75, 75, 600, 75, 250
James Fleming, 180, 180, 500, 75, 600
Washington Hodge, 200, 300, 1600, 50, 600
William Tilb_ny, 30, 40, 100, 60, 400
James (Jones) Hasuck, 70, 130, 1000, 15, 100
Thomas Barnes, 30, 282, 600, 100, 250
John W. Swailes, 40, 60, 300, 15, 130
James H. McElroy, 70, 238, 800, 150, 250
John Evans, 55, 352, 700, 50, 250
Arther Vick, 80, 140, 500, 125, 400
Arther Vick, 50, 85, 400, 150, 350
Joh Godwin, 100, 220, 1500, 20, 250
William Lay, 18, 182, 400, 30, 250
Robert Dixon, 150, 80, 1000, 25, 250
A. Hasuck, 80, 485, 1000, 25, 250
F___ Mysick (Myrick), 20, 80, 500, 10, 150
William Fresdl, 180, 400, 400, 60, 100
William Holeman, 50, 200, 1000, 60, 300
B. T. Ferrell, 45, 90, 300, 10, 150
Thomas McDaniel, 6, 44, 75, 10, 100
George Farley, 40, 340, 300, 10, 100
Henry Champion, 20, 125, 350, 10, 100
R. W. Alcorn, 60, 170, 400, 30, 400
Enoch Dooley, 100, 200, 300, 50, 400
J. B. champion, 80, 233, 500, 50, 350
Joseph Ray, 150, 175, 600, 50, 250
Loyd Ray, 60, 90, 500, 30, 300
Sarah Rice, 40, 1510, 1500, 30, 100
James Nash, 30, 70, 350, 10, 225
John Buckhannon, 36, 200, 1000, 20, 200
Robert Hodge, 150, 692, 3300, 150, 1900
John Hankins, 25, 75, 200, 10, 150
William Gordan, 80, 1009, 1200, 105, 625
Henry Champion, 30, 70, 100, 10, 100
William Bobbet, 60, 40, 700, 10, 200
John S. Donekey, 35, 100, 150, 10, 150
John Smith, 35, 500, 3000, 59, 250
William Moxley, 60, 209, 1000, 75, 300
William Donekey, 8, 42, 100, 10, 100
Dilborn Ramage, 15, 50, 250, 30, 150
J. E. Smedlens, 30, 100, 300, 30, 250
Mariah Brown, 25, 20, 100, 5, 150
Alexander Beard, 10, -, 40, -, 100
Benj. Ramage, 18, 82, 200, 5, 100
N. Goodyard, 80, 120, 400, 50, 350
Michael McElmurry, 20, 30, 100, 10, 150

Benj. Sells, 45, 75, 300, 10, 55
George Crawford, 100, 301, 1200, 75, 730
Thomas Wilson, 55, 145, 700, 10, 75
John Hutson, 80, 120, 1000, 75, 250
John Jarman, 30, 114, 100, 10, 150
Janes Donekey, 35, 365, 400, 40, 125
Dempsey Parker, 30, 200, 250, 10, 150
Mary Sills, 30, 70, 300, 10, 110
James Gullet, 30, 120, 300, 10, 120
A. S. Fox, 30, 130, 400, 20, 45
Samuel Alsbrook, 75, 225, 600, 50, 550
Henry Cockram, 72, 63, 75, 10, 100
Joseph Sells, 25, 75, 300, 30, 150
Wiley Isrell, 50, 150, 400, 40, 300
William Champion, 25, 75, 150, 5, 100
Willis Champion, 90, 110, 300, 30, 300
Robert Michell, 30, 120, 150, 10, 130
Dorothy Parker, 25, 84, 100, 25, 300
James Burgess, 75, 225, 300, 30, 500
Wm, F. Champion, 75, 125, 500, 25, 350
Claborn Treit (West), 200, 200, 1000, 30, 300
Thomas Linly, 300, 300, 1500, 100, 550
Thomas Tharp, 30, 20, 100, 10, 105
William Wilson, 30, 230, 200, 100, 200
H. B. Shelton, 60, 60, 400, 10, 40
John Wilson, 60, 140, 300, 25, 230
B. Liming, 40, 137, 320, 10, 150
E. Liming, 40, 100, 200, 30, 100
A. Willis, 25, 75, 200, 10, 100
Johnson Robertson, 25, 200, 200, 10, 150
Agnes Robertson, 35, 365, 400, 10, 200
Hilton Worgat, 35, 300, 150, 10, 120
E. Parmley, 50, 150, 200, 40, 560
James Pringle, 100, 200, 1000, 75, 600
William Roberts, 25, 148, 125, 10, 100
R. S. Boyd, 80, 225, 1200, 100, 250
William Conts (Couts), 16, 34, 200, 100, 200
James Thrailkeld, 200, 200, 600, 50, 400
Nancy Foster, 100, 275, 500, 25, 200
David McElmurry, 50, 22, 150, 10, 222
William Hurly, 60, 200, 800, 50, 400
George Hurley, 45, 165, 500, 50,2 00
T. J. Davis, 100, 300, 600, 10, 200
Red Spell (Shell), 35, 65, 300, 10, 125
John Snell (Spell), 15, 15, 100, 10, 100
F. A. Sladen, 30, 130, 125, 10, 175
Lucinda Proctor, 100, 290, 300, 10, 150
James Wilson, 30, 50, 200, 15, 225
Rubin Barnett, 40, 60, 300, 10, 200
Alexander Davis, 60, 140, 700, 75, 350
William Martin, 25, 25, 300, 12, 210
G. W. Adams, 18, 200, 600, 20, 150

George Robertson, 20, 80, 150, 10, 100
A. Clark, 100, 200, 700, 100, 450
Theoffolis Champion, 60, 100, 800, 100, 450
A. L. Leigh, 100, 10, 500, 40, 350
A. J. Fleming, 160, 250, 1000, 35, 360
Hary Dyer, 40, 330, 400, 30, 200
Stephen Rapolee, 40, 160, 600, 10, 150
James Raymes, 50, 50, 300, 5, 100
A. James, 60, 310, 700, 10, 225
William Nelson, 80, 150, 400, 10, 250
Samuel Bigham, 18, 40, 150, 25, 200
James H. Bigham, 45, 640, 1000, 100, 300
Jesse Ramage, 16, 34, 1000, 10, 30
Washington Swailes, 30, 370, 1000, 10, 100
Bluford Jameson, 25, 100, 100, 30, 210
Baker Baldwin, 30, 70, 200, 10, 160
Wm. H. Michell, 70, 10, 250, 30, 300
Green Trail, 40, 60, 200, 40, 175
James Michell, 87, 100, 600, 30, 250
R. M. Watson, -, -, -, -, 225
John Fires, 35, 65, 400, 30, 270
William Hasuck, 40, 260, 400, 30, 300
J. N. Hodge, 110, 490, 1500, 150, 600
Alexander Dixon, 30, 35, 250, 75, 200
Sarah Rowe, 60, 117, 500, 40, 450
Wyatt Rowe, -, -, -, -, 100
Gilbert Rowe, 25, 250, 250, 10, -
William Swailes, 10, 40, 50, 10, 60
Lewis Hunter, 60, 90, 1000, 30, 200
James T. Robertson, 100, 150, 600, 75, 275
Robert Mahan, 30, 75, 350, 35, 300
William Cowper, 50, 150, 700, 225, 450
Arene Cowper, 700, 1400, 10000, 225, 700
C. T. Williams, 40, 60, 600, 30, 150
Samuel Maham, 60, 40, 300, 20, 225
Jeremiah Skelton, 110, 190, 1200, 120, 500
G. G. Aydelet, 60, 148, 1400, 45, 400
Thomas Ramage, 40, 60, 300, 10, 110
William C. Ramage, 12, 25, 150, 10, 100
Mary Litton, 70, 55, 200, 15, 278
James McKiney, 18, 144, 250, 25, 250
Henry Dixon, 25, 475, 2000, 10, 200
Sarah Evans, 30, 400, 1000, 25, 278
John Belver, 15, 284, 600, 5, 15
_. G. Berry, 50, 160, 1000, 70, 200
Berch Jimeson, 36, 100, 1000, 100, 420
Carroll Wiseman, 40, 150, 1500, 10, 50
William Trail, 40, 160, 400, 10, 130
Samuel Grigg, -, -, -, -, 100
Jas. W. Davis, 40, 175, 500, 50, 250

William Davis, 150, 494, 3500, 150, 750
____ Morgan, 13, 39; 150, 5, 300
Frank Davis, 50, 250, 2000, 75, 300
Cuff Berry, 30, 335, 1500, 10, 200
Jno. Aranes, 75, 125, 1200, 30, 550
Margret Hintern, 45, 55, 300, 20, 230
A. Martin, 15, 85, 300, 10, 100
W. G. Berry, 100, 400, 6500, 140, 850
Rutledge Berry, 50, 75, 250, 15, 150
Wm. _. Ramage, 12, 63, 100, 10, 100
Guy Richmond, 50, 235, 3000, 100, 400
Wesley Harris, 21, 89, 200, 10, 160
Samuel Barnes, 30, 63, 250, 10, 100
William Brannon, 35, 63, 150, 10, 100
A. Breeding, 85, 450, 3000, 150, 400
Susan Norman, 50, 166, 1000, 10, 200
Sarah Wiley, 50, 1110, 2500, 25, 338
Jas. _. Harrison, 60, 140, 1000, 50, 320
William T. Terry, 10, 250, 300, 10, 150
Johnson May, 20, 350, 250, 10, 200
Ruben Angle, 75, 225, 200, 50, 225
Newsom Barnes, 40, 160, 200, 10, 175
Orval Newman, 20, 180, 4000, 40, 250
Woodson Bryant, 18, 180, 300, 75, 210
James Coleman, 80, 400, 700, 20, 200
Ed. Grooms, 40, 200, 600, 10, 75
James Emerine, 25, 175, 250, 10, 300
John Bryant, 65, 135, 600, 75, 250
Dario Bryant, 75, 225, 600, 10, 275
Spearse Coffield, 80, 120, 400, 75, 600
John Skelton, 20, 380, 400, 15, 350
H. Brown, 30, 70, 100, 10, 175
Seba Skelton, 10, 140, 150, 10, 175
Jacob Starr, 10, 190, 600, 10, 110
Isaac Adams, 10, 188, 300, 10, 75
John Jimeson, 85, 267, 600, 80, 400
Sarah Talley, 200, 380, 1730, 1125, 850
Joseph Talley, 35, 100, 250, 10, 120
Jane May, 75, 125, 300, 100, 400
Alexander May 35, 65, 300, 10, 225
Isaac Trimble, 70, 230, 1200, 50, 600
Henry Porterro, 13, 187, 200, 10, 150
Richd. Mailkelo, 120, 280, 1200, 75, 600
Rachel Vishage, 100, 1090, 2000, 50, 400
Elizabeth Beshah, 30, 200, 200, 10, 210
James Thompson, 30, 133, 300, 10, 105
H. McMickin, 60, 90, 500, 10, 100
G. Glase, 60, 460, 500, 100, 250
William Thompson, 30, 190, 450, 100, 250
E. Randene, 16, 184, 1000, 55, 350
William Randene, 40, 60, 500, 30, 200
John Ray, 50, 150, 250, 60, 150
H. B. Glass, 50, 150, 200, 10, 375
William _. Varner, 20, 180, 300, 30, 105

Aldridge Waller, 30, 170, 400, 10, 125
Samuel Slanning, 32, 200, 1200, 10, 100
B. George, 60, 140, 1000, 100, 225
E. Davis, 13, 247, 200, 20, 200
James Snow, 55, 230, 300, 40, 325
Rachel Snow, 23, 200, 150, 10, 200
Newton Todd, 17, 83, 150, 10, 73
Wm. H. Champion, 25, 75, 200, 10, 100
William H. Meeks, 30, 70, 100, 7, 190
John E. Ferrill, 25, 75, 100, 10, 110
Wesley Dixon, 50, 50, 250, 10, 200
E. Dunning, 35, 65, 150, 10, 230
Henry Warren, 40, 260, 600, 25, 450
William N. Hodge, 110, -, 2500, 150, 1020
L. F. Dooley, 55, 289, 700, 25, 225
Enoch Dooley, 55, 200, 700, 25, 227
R. Dooley, 100, 244, 700, 50, 650
Joseph Ray, 45, 155, 700, 25, 325
James Myrick, 10, 140, 300, 10, 100
Jones Myrick, 25, 75, 200, 10, 30
Jasper Newman, 50, 250, 300, 40, 225
Jularne Coffield, 60, 20, 500, 10, 100
James Rutter, 25, 75, 250, 75, 300
David Fort, 200, 400, 2000, 30, 425
Demly Minsels, 40, 60, 300, 20, 175
Jack Wadby, 20, 80, 250, 10, 120
Jackson Barnes, 60, 40, 300, 25, 200
Lewis Ferrell, 30, 120, 400, 20, 300
John Morris, 44, 66, 400, 10, 90
John Clarrady, 30, -, 38, 10, 30
Elija (Elisa) Robertson, 70, 110, 500, 10, 175
Thomas Nelson, 45, 55, 300, 10, 125

Nancy Nelson, 50, 50, 400, 125, 225
Lucy Hibbs, 80, 120, 700, 75, 400
G. W. Robertson, 40, 200, 400, 2 0, 125
Palley Waytan, 75, 125, 600, 40, 300
Barney Maskey, 100, 207, 500, 40, 400
James Boyd, 100, 200, 500, 30, 200
James Ramage, 50, 50, 200, 30, 250
Jackson Ramage, 50, 50, 200, 30, 300
Jesse Ramage, 50, 50, 250, 10, 75
William Michell, 40, 10, 200, 10, 200
John Murphey, 70, 330, 6000, 10, 300
Richd. Murphey, 75, 49, 1500, 10, 125
Blannt Hodge, 65, 357, 2000, 200, 625
Thomas Collins, 200, 325, 4000, 150, 2000
Sterling Barnes, 40, 50, 1500, 300, 400
Levi Gordan, 30, 170, 1500, 50, 300
Thomas McCormack, 175, 65, 1000, 100, 400
Joseph Watts, 100, 1250, 15000, 300, 1000
Samuel Patterson, 100, 320, 4000, 125, 800
E. C. Green, 140, 260, 16000, 75, 325
Wiley Fowler, 150, 1350, 15000, 100, 500
P. H. Conant, 150, 5000, 82000, 200, 325
Benjamin Looney, 60, 140, 800, 100, 350
D. B. Sandels, 140, -, 5000, -, 120
William Porret (Panet, Parret), 130, 170, 2000, 100, 500

Logan County Kentucky
1850 Agricultural Census

The Agricultural Census for 1850 was filmed for the University of North Carolina from original records at Duke University in Durham North Carolina.

The following are the items represented and separated by a comma: for example, John Doe, 25, 25, 10, 5, 100. This represents:

Column 1 Owner
Column 2 Acres of Improved Land
Column 3 Acres of Unimproved Land
Column 4 Cash Value of Farm
Column 5 Value of Farm Implements and Machinery
Column 13 Value of Livestock

The following symbol is used to maintain spacing where there are no numbers: (-) In addition, the left margin has been bound too close to the edge causing some first names or initials to not be completely visible. The handwriting of this particular census taker was very difficult to read.

William M. Suddath, 20, 80, 600, -, 150
James Davis, -, -, -, 15, 41
Wesley Wright, 32, 15, 450, 75, 200
Joseph Clark, 18, 5, 100, 15, 176
Stephen Bridges, -, -, -, 100, 150
William Hadin, 90, 210, 3600, 225, 425
William M. Clark, 40, 60, 600, 350, 350
Dabner Collins, 50, 76, 700, 25, 200
James Dillin, 40, 40, 120, 20, 100
John E. Ellis, 30, 46, 350, 10, 200
Benj. H. Suddath, 18, 25, 100, 10, 60
Johnie Monroe, 30, 40, 380, 25, 200
Henry C. Robertson, 70, 170, 960, 150, 440
George W. Hardy, 40, 90, 920, 100, 300
Hector Summers, 36, 100, 100, 25, 80
Eliza Wilson, 60, 60, 800, 5, 120
James Bird, 20, 92, 185, 10, 25
Heran Wilson, 75, 80, 871, 100, 384
William Wilson Jr., 60, 68, 609, 100, 663
William Hall, 40, 20, 240, 65, 114
F. S. Allison, 180, 132, 2500, 150, 686
Joseph T. Baxter, 40, 260, 1500, 50, 100
Jane Cooper, 40, 90, 1000, 30, 260
William Proctor, 75, 55, 1000, 150, 700
Noah Norther, 70,5 4, 650, 75, 100
Edward Watson, -, -, - 75, 290
Gladdin Gorham, 6, 64, 175, 20, 100
Paterson McCormick, 60, 61, 175, 20, 100
_. M. Stevenson, 200, 500, 5800, 275, 700
Derige (George) Mason, 150, 700, 3000, 100, 440
William Johnson, 200, 200, 800, 150, 735
Thomas Page, 15, 295, 1000, 50, 200
Mary K. McClelland, 45, 67, 500, 50, 180
Garland Walton, 40, 47, 400, 50, 150
John Felts (Fitts), 28, 29, 570, 20, 200
Thomas J. Perrin, 220, 120, 4000, 250, 1140
John Allnutt, 10, 317, 1500, 200, 556
Sarah J. Allnut, 80, 180, 800, 10, 112
Norwood Cash, 200, 316, 2000, 125, 403
John Lewis, 200, 316, 2900, 75, 403
Neptune P. Bowles, 50, 40, 120, 150, 230
William Price, 30, 114, 300, 10, 85
Fielding Lewis, 75, -, 300, 100, 590
James Wilson, 20, -, 100, 10, 100
David McCarley, 170, 180, 2100, 100, 430
Elizabeth James, 114, 500, 3000, 150, 300
Charles _. James, 26, 64, 2700, 125, 393
William C. Porr, 55, 200, 1775, 100, 218
Louisa M. Morton, 180, 100, 1680, 30, 562
James McCarley, 100, 75, 1500, 150, 475
John Burr, 200, 100, 3600, 200, 830
Jefferson Haden, 200, 365, 3390, 200, 840

L. B. Ford, 20, 92, 560, 10, 175
Robert _. Woodford, 100, 175, 1875, 100, 400
Ambler Chick, 150, 243, 2000, 150, 420
Harrison Woodward, 100, 147, 1575, 100, 640
Ambler Chick, 28, -, 100, 1, 150
Joseph Sawyer, -, -, -, 20, 130
Joice Sayer(Sawyer), 100, 400, 100, 75, 200
Ellis Mitchell, 30, 85, 300, 15, 125
George Stallcup, -, -, -, 10, 220
Thomas Blakey, 300, 314, 4360, 150, 672
James Price, 50, 52, 1224, 20, 150
Edward Clark, 50, -, 150, 20, 250
Asher Ray, 80, 86, 1326, 100, 481
Harrison Wood, 70, 360, 2580, 100, 480
B. F. Ray, 300, 800, 6000, 200, 2000
Nathaniel King, 80, 80, 1600, 100, 425
Elizabeth Mars (Moss), 90, 183, 2000, 15, 300
Thos. B. Sutherland, 60, 40, 1200, 100, 250
Martin L. Gladdish, 22, 55, 850, 20, 135
Daniel Sutherland, 71, 59, 1300, 100, 450
Cally Hamlin, 30, 45, 600, 10, 214
William Haden, -, -, -, 10, 65
Nancy Hamlin, 70, 230, 1800, 80, 415
John _. A. Jones, 30, 70, 500, 50, 115
James T. Gorham, 10, -, 500, 50, 115
R. S. Porter, 100, 80, 1000, 50, 300
James Wood, 40, 60, 250, 100, 300
Jas. M. Duncan, 90, 80, 5300, 125, 500
Thos. J. Dawson, 175, 100, 2500, 125, 250
Samuel Anderson, 15, 5, 50, 10, 80
Lenard Anderson, 30, 120, 300, 30, 200
_. S. McRuinolds, 150, 300, 1200, 130, 441
Thos. B. McRuinolds, 15, 210, 440, 5, 142
Jas. F. Tanner, -, -, -, 5, 100
W. V. McRuinolds, 60, 140, 600, 125, 400
Dillard Duncan, 60, 190, 625, 75, 250
Elizabeth Askew, 50, 250, 900, 65, 315
Alexander Jones, 40, 200, 1200, 15, 142
James Patton, -, -, -, 4, 50
Nancy Tanner, 40, 240, 800, 60, 250
William Brooks, 30, 60, 100, 5, 50
William Glassgow, 35, 215, 400, 20, 200
Sam Glassgow, 50, 400, 1000, 25, 350
Samuel Glassgow, 20, 80, 150, 15, 175
Robert Paterson, 50, 250, 450, 15, 250
William C. Young, 40, 350, 1000, 25, 350
Edwin Dunn, 80, 220, 800, 300, 500
Wm. H. Simmons, 25, 125, 500, 60, 228
Jas. McMillen, 75, 60, 600, 100, 375
Hugh H. McMillen, 20, 172, 400, 10, 150
Benj. F. Dunn, 14, 46, 85, 20, 30
Josiah Dunn, 17, 52, 110, 20, 115
Andrew Nourse, 20, 123, 400, 10, 150
Seth Latham, 75, 250, 1200, 100, 500
Jas. McWhirter, 30, 170, 1000, 50, 200
Sam Simmons, 50, 280, 1200, 25, 530
Alfred Satum(Tatum), -, -, -, 10, 100
Sam D. Sublett, 65, 60, 400, 85, 280
Henry D. Grainger, 40, 37, 250, 10, 240
David Ackerman, 40, 35, 450, 20, 200
Charles P. Gillem, 150, 47, 2000, 225, 619
Payton W. Lyon, 50, 74, 1000, 20, 130
William S. Dawson, 70, 330, 3000, 250, 565
Howell McLemore, 80, 50, 1230, 70, 500
George W. Gray, 130, 231, 5000, 500, 1120
Eli Ely, 100, 100, 600, 200, 1535
H. P. Murrell, 350, 1000, 15000, 200, 1000
Joseph Herndon, 200, 300, 5000, 150, 780
Nancy Morgan, -, -, -, 150, 200
John Oatts, 730, 80, 2500, 200, 683
Cyrus Washburn, 130, 50, 3000, 150, 400
Joseph Hadox, 50, 80, 1500, 40, 400
Michael Gilbert, 500, 700, 9000, 500, 2592
Joseph U. Todd, 250, 200, 4500, 200, 1000
John Johnson, 40, 60, 500, 15, 150
Solomon Martin, 30, 70, 300, 10, 75
May J. Price, 70, 80, 750, 30, 35
South Union Farm, 2000, 3500, 33000, 2000, 6000
Isaac McCuddy, 130, 270, 4800, 200, 500
John Evans, 100, 92, 1900, 200, 600
John Coffman, 100, 65, 1800, 50, 100
Aaron Fuqua, 90, 141, 2100, 150, 2397
A. G. Coghill, 70, 30, 1200, 75, 200
Nathaniel Fuqua, 100, 105, 2000, 100, 250
Sterling Davis, 20, 500, 10, 200
Richard Madole, 85, 70, 500, 100, 300
William Doss, 80, 170, 1500, 150, 500

James Doss, 50, 60, 150, 50, 500
John Campbell, 35, 52, 450, 5, 100
John R. McClendenon, 5, 5, 500, 50, 250
James West, 80, 120, 1000, 20, 200
Harrison Clayton, 15, 100, 800, 20, 200
Thomas Drane, 40, 90, 800, 225, 730
Thos. W. Fitts (Felts), 60, 120, 1000, 150, 300
John Shelton, 80, 70, 1000, 25, 200
Josiah Moore, 150, 200, 3000, 200, 1000
Archibald Campbell, 35, 38, 350, 100, 210
Thos. Sails, 50, 50, 500, 10, 50
G. W. Lawrence, 20, 80, 500, 5, 100
Sam. R. Procter, 30, 25, 750, 5, 50
Nancy Rife (Rise), -, 25, 100, 30, 75
Linbourn Brashears, 40, 60, 525, 7, 100
Pleasant Barby, 100, 830, 1000, 125, 500
John Balance, 140, 72, 2120, 150, 500
P. J. Flowers, 60, 230, 3000, 100, 150
John Feaster, 120, 132, 1800, 400, 500
R. C. Duncan, 200, 123, 3250, 150, 535
Moses Fuqua, 160, 140, 3000, 200, 2000
William Barker, 20, 80, 600, 5, 30
Jas. Armstrong, 20, -, 100, 10, 75
Henry Sears, 140, 300, 3000, 70, 400
R___ Barker, 100, 170, 2200, 300, 575
Adam S. Winlock, 150, 90, 2800, 200, 550
Samuel Miller, 35, 26, 400, 10, 110
John H. Johns, 45, 151, 1000, 145, 200
Landon Cartez (Cortez), 12, 38, 100, 5, 50
Joshua Gorham, 20, 67, 300, 20, 60
Thomas Harper, 280, 280, 2000, 75, 500
Joshua King, 100, 750, 2000, 75, 500
Benj. King, 16, 130, 900, 10, 150
Robert Hampton, 75, 131, 1600, 100, 550
John B. Gillem, 100, 63, 1200, 100, 220
Judith C. Sprout, 100, 40, 1240, 200, 100
Zadock, M. Beall, 330, 230, 13400, 200, 2000
Garnett B. Noel, 60, 40, 1500, 100, 520
Henry L. Gillam, 100, 700, 1500, 150, 420
A. H. Kennedy, 100, 140, 2400, 130, 314
Elizabeth Beall, 30, 13, 500, 50, 130
John R. Angell, 50, 100, 1500, 100, 320
William c. Gillum, 200, 80, 4000, 30, 135
Thomas Gilbert, 115, 65, 2700, 125, 739
Wm. B. Hamilton, 60, 50, 1300, 50, 325
Martin Finach, 90, 66, 1730, 200, 800
Aaron Morgan, 60, 70, 1200, 150, 358
Thompson Harding, 300, 425, 8000, 350, 1632
Levi Moore, 60, 93, 2300, 150, 560
Basil Wood, 35, 25, 540, 40, 260
Henry Miller, 90, 142, 2320, 200, 458
James D. Jackson, 80, 130, 3200, 125, 550
Elizabeth Collier, 50, 50, 1000, 100, 300
John McCarley, 270, 190, 4910, 250, 750
William Adison, 30, 23, 500, 10, 132
_____ Pennington, 30, 37, 800, 20, 180
David Phelps, 25, 60, 800, 20, 265
Reuben Morgan, 200, 715, 3465, 200, 700
Abraham Baugh, 70, 30, 700, 200, 362
Eli Briant, 200, 300, 3500, 200, 800
John C. Travis, 100, 60, 2000, 150, 474
B. Swearingen, 100, 71, 1700, 160, 670
Mary Eidson, 80, 40, 1200, 40, 140
Pleasant Eidson, 55, 90, 1430, 100, 758
John Eidson, 40, -, 200, 75, 300
Harvey Simmons, 60, 140, 1600, 50, 200
Adam Pence, 30, 45, 1000, 20, 200
William Armstrong, 20, - 200, 25, 150
Moses Gibson, 32, 10, 500, 5, 100
Jonas Allan, 58, 280, 35, 10, 200
William Trauber, 30, -, 150, 5, 20
William C. Belcher, 20, 140, 350, 20, 176
Thomas Belcher, -, -, -, 12, 100
John Belcher, 40, 64, 250, 15, 180
John Young, 60, 197, 545, 20, 516
_. A. B. Young, 30, 106, 150, 15, 325
Samuel F. Patten, 20, 190, 315, 10,1 60
Thomas Crindson, 15, 150, 650, 40, 450
Charles A. Chandler, 30, 34, 150, 10, 112
Cyrus W. Parks, 40, 100, 350, 25, 294
John McMillen, 35, 115, 300, 10, 228
Robert Grinter, 35, 265, 600, 20, 286
Rheps (Rhess) Callis, -, -, -, 10, 100
William Maxwell, -, -, -, 5, 30
Thomas S. Crindson, -, -, -, 5, 80
Joshua Hightower, 40, 100, 250, 65, 143
Joel McLemore, 58, 370, 500, 125, 325
Thomas Johnson, 35, 65, 300, 100, 181
Samuel S. Perkins, 75, 525, 800, 35, 271
Sarah McGoodwin (M. Goodwin), 80, 220, 1000, 8, 267
Mathew H. Fuqua, 85, 137, 2700, 200, 600
William M. Haden, 150, 190, 2700, 150, 700
James E. Combs, 250, 186, 6000, 275, 740

John M. Cash, -, -, -, 15, 150
Tilman Offutt, 1150, 310, 14000, 600, 2500
William Duncan, 200, 1605, 9000, 300, 1800
Samuel Barker, 80, 120, 600, 70, 200
Joseph Gilman, 50, 100, 300, 15, 125
Andrew Cochran, 75, 125, 375, 150, 525
George W. Hightower, 75, 75, 335, 100, 325
Hiram Robertson, 12, 102, 100, 20, 125
Granville Mansfield, 45, 441, 1000, 150, 250
Philip Covington, 50, 100, 200, 15, 200
Fields D. Cox, 30, 50, 275, 7, 185
Jesse Mansfield, 25, 75, 300, 10, 100
George Crindson, 25, 375, 500, 10, 300
David Eply, 100, 200 250, 25, 150
Liander A. Parks, 17, 133, 150, 20, 264
Sarah Smith, 50, 66, 400, 20, 240
James Young, 35, 225, 1000, 150, 280
William Young, 25, 75, 200, 100, 224
William Giving, 25, 115, 710, 10, 123
Isaac Blecker, 40, 154, 400, 400, 230
Levi Funk, 355, 65, 500, 150, 250
THIS LINE LEFT BLANK
Bynn, Hardin, 60, 140, 1000,1 50, 350
Nicholas Finley, 55, 245, 600, 120, 250
Nabeccia (?) Oran, 15, 235, 350, 15, 160
Robt. Sawyer, 40, 100, 400, 15, 200
Hiram Sawyer, 40, 222, 800, 300, 980
James M. McMullins, 30, 100, 300, 28, 170
Hannah McMullins, 50, 50, 200, 50, 115
James M. Sawyer, 4, 58, 100, 10, 55
Levi Graham, 60, 37, 1000, 100, 300
Robt. Graham, -, -, -, 10, 129
Seth Graham, -, -, -, 75, 175
Thos. Q. Sawyer, 75, 175, 300, 50, 200
Henry Suddath, 75, 125, 600, 24, 400
John M. Simpson, 40, 60, 400, 125, 410
Fred Tatum, 40, 50, 300, 15, 125
H. W. Twetah (Sudeth), -, -, -, 100, 150
Louis M. McMillen, 18, 57, 115, 5, 46
Louis M. McGrilber (McMillen), 18,57, 115, 5, 46
M. W. Henderson, 95, 125, 200, 10, 220
James McMinter, 13, 37, 200, 10, 85
____ Cooper, 75, 100, 1400, 40, 320
James A___son, Sr., 156, 250, 1270, 150, 650
__ol S. McCarney, 100, 150, 1250, 125, 412
Sam Marshall, 50, 350, 500, 100, 150
Jas. Marchall, 20, 170, 200, 10, 75
Fred Marchall, 60, 188, 1200, 25, 235

William J. Marchall, 12, 38, 250, 50, 110
Ellias Vick, 35, 110, 200, 12, 136
__win Vick, 90, 258, 700, 125, 294
___ Hutcherson, 125, 975, 1500, 150, 700
___ Hutcherson, 100, 155, 500, 100, 450
Mary Hutcherson, 200, 375, 1100, 100, 400
J. T. Fingerson, 40, 120, 100, 10, 637
G. W. Werdson, -, 139, 200, 20, 100
John Hutcherson, 50, 70, 125, 10, 250
Jacob Bleker, 12, 98, 600, 10, 175
Louis Livings, 50, 160, 2150, 100, 273
William McPherson, 50, 52, 826, 75, 343
John L. Trauber, -, -, -, 150, 250
Presly E. Townsend, 220, 299, 4640, 150, 1115
Phanias Pence, 140, 175, 1750, 200, 500
James Boyd, 130, 222, 3520, 225, 400
Barksdale Spencer, 300, 683, 9830, 250, 1515
Samuel Beaty, -, -, -, 85, 100
Smith Harper, 120, 200, 200, 60, 250
Daniel Boyd, 220, 220, 4400, 250, 400
William Hammer, 80, 132, 2120, 200, 417
Dabney Owens, -, -, -, 5, 100
Napoleon McCuddy (McCreddy), 100, 150, 2500, 150, 800
Hanna Offutt, 100, 65, 1650, 100, 250
Elias J. Carr, 120, 82, 2020, 200, 910
Edward Coffman, 120, 80, 2000, 125, 430
Moses Fuqua, 250, 155, 4050, 125, 500
James M. Owens, 200, 203, 2334, 125, 417
John P. Freeman, 300, 163, 4630, 700, 1290
John K. Winlock, 240, 115, 3550, 200, 1230
Robert W. Askew, 35, 45, 700, 50, 215
William R. McIntire, 75, 225, 1700, 30, 350
Robert H. Burton (Bunton, Brinton), 80, 200, 7500, 200, 317
George W. Monday, 250, 275, 3000, 200, 555
James A. Harper, 60, 132, 1000, 60, 300
Gray B. Dunn, 75, 625, 2000, 150, 300
Felix G. Offutt, 130, 60, 1500, 150, 300
Edmund Burr, 135, 170, 3600, 250, 600
Edward Ely, 200, 400, 3000, 150, 720
George McCarty, 300, 230, 6300, 450, 1288

Samuel D. D. Price, 150, 215, 2000, 150, 570
Stephen Stokes, 100, 250, 9000, 150, 350
George W. Dawson, 250, 250, 5000, 150, 730
William C. Price, 225, 140, 2920, 75, 578
Isaac G. Hughs, 130, 10, 1000, 100, 455
Clendenon Hutcheson, 125, 275, 1500, 150, 700
William Hutcheson, 100, 135, 500, 100, 450
Mary Hutcheson, 200, 375, 1000, 100, 400
J. P. Ferguson, 40, 120, 700, 50, 637
G. W. Woodson, -, 134, 200, 20, 100
John Hutcheson, 30, 70, 125, 10, 250
Jacob Belcher, 12, 78, 100, 10, 175
---ry Burks, 60, 25, 850, 100, 350
Robert J. Musick, 75, 75, 1500, 150, 200
George Fuqua Sr., 200, 198, 3500, 200, 570
Hiram Halcomb, 180, 181, 3050, 125, 730
Arther McFarland, 85, 10, 90, 40, 390
--ry Millikan, 200, 325, 5250, 200, 500
_arrias Barker, 50, 21, 110, 100, 300
Thomas Baird, 225, 175, 3200, 150, 1300
Albert Jones, 120, 100, 2250, 200, 890
__cob J. Miller, 15, 180, 1700, 90, 225
_iatt Ferguson, 50, 60, 1100, 60, 150
Robert A. Bowling, 60, 80, 1400, 100, 1120
___b C. Starks, 45, 30, 600, 100, 435
Jonas Grier, 40, 36, 600, 50, 450
Moses Morgan, 30, 45, 750, 75, 330
John Phelps, 100, 150, 2400, 100, 500
Joseph Pennington, 20, 44, 600, 10, 150
William Baker, 160, 190, 3500, 300, 1265
Alfred Baker, 100, 140, 2400, 130, 500
Frances M. Baker, 100, 54, 1540, 150, 485
John Murrah, 80, 70, 1500, 175, 500
_____ Robertson, 27, 53, 800, 10, 160
Elijah Gorham, 200, 200, 3300, 100, 630
Mathias Offutt, 142, 137, 2790, 300, 700
__oli_ Clark, 20, -, 100, 10, 100
_asby Rian, 100, 62, 1110, 200, 615
James M. Jesse, 28, -, 150, 90, 150
Hinton Corbin, 57, -, 570, 25, 200
Lycurgus Morgan, 65, 100, 1600, 80, 200
James McPherson, 40, 40, 800, 50, 750
William Rouse, 300, 147, 44170, 250, 2200
John Drane, -, -, -, 200, 321
Francis M. Beauchamp, 70, 30, 900, 200, 375
William T. Dickerson, -, -, -, 100, 50
Thomas Gordon, 27, 31, 696, 30, 77
William McPherson, 100, 210, 3000, 100, 400
Moses Orndorff, 100, 150, 2500, 100, 500
Wilson P. Ewing, 204, 252, 7392, 300, 1230
Mary Townsend, -, -, -, 50, 150
John W. Justkins, 30, 25, 530, 10, 280
Thos. _. Townsend, 200, 230, 4300, 150, 950
Greenberry Blanchard, -, -, -, 15, 140
Henry Blanchard, 35, 140, 1000, 15, 60
Alfred Marshall, 20, 55, 200, 50, 130
Francis Browning, 20, 65, 200, 12, 145
Jame McKenebee, 20, 280, 450, 65, 176
William McKenebee, -, -, -, 51, 75
Thomas Graham, 40, 110, 300, 75, 425
George W. Fitts, 25, 75, 500, 12, 229
William B. Washam, 20, 80, 200, 100, 100
Jonas Barron, 30, 70, 300, 30, 145
Caster White FN, 25, 175, 300, 20, 500
William Stanley, 25, 100, 450, 150, 325
Edward Larnon (Lasman), 350, 200, 2500, 300, 460
William Morris FN, 40, 60, 200, 10, 290
John L. Coursey, 40, 500, 540, 10, 200
Solomon E. Morton, 60, 93, 275, 50, 137
Solomon J. Penroot, 50, 100, 250, 100, 300
Jonathan Price, 60, 136, 211, 50, 275
Eli Collins, 25, 112, 500, 15, 175
Jas. Collins, 35, 130, 630, 15, 270
Thos. Gibbs, 60, 134, 300, 70, 165
James Yancey, 200, 280, 3000, 500, 584
Jas. Wilson, 50, 197, 600, 200, 660
Elizabeth Westry, 23, 5, 80, 5, 73
Beverly A. Thompson, -, -, -, 20, 100
William Sutton, 110, 200, 1800, 200, 1000
William H. Simmons, 40, 200, 1000, 100, 250
John Hildebrand, 30, 20, 50, 50, 180
C. N. Simmons, 12, 174, 500, 75, 325
Young Geffy, 10, 275, 550, 50, 180
Fleming Jimeson, 2, 186, 400, 100, 150
George, W. McKenny, 70, 130, 800, 25, 325

William B. Johnson, 100, 175, 600, 100, 285
Robert Harald, 75, 485, 1500, 25, 270
C___ L. Puckett, 40, 197, 500, 20, 200
Henry Sutherland, 50, 100, 600, 50, 385
James Brown, 40, 80, 2000, 150, 425
William B. Williams, 15, 253, 250, 30, 190
William H. Hudnall, 26, 283, 200, 80, 175
Hiram Null, 50, 135, 350, 15, 960
James F. Null, -,-, -, 15, 150
_incen Patton, 40, 160, 1000, 10, 200
William H. Simmons, 7, 93, 200, 7, 85
G. F. Null, -, -, -, 5, 100
Azariah Sweatt, 6, 205, 283, 10, 19
Joseph Sweatt, 40, 300, 550, 15, 153
James Gu___, 30, 160, 200, 20, 190
Daniel Thist, 15, 126, 200, 10, 100
David Scarbrough, 35, 165, 200, 20, 190
Mehew J. Patton, 20, 180, 300, 10, 187
Levi S. Webb, 25, 2111, 236, 5, 150
Alfred Morgan, -, -, 11, 20, 15
L. Carlisle, 18, 500, 400, 10, 150
Benj. W. Bibb, 42, 58, 200, 20, 325
Thomas Brooks, 40, 185, 350, 10, 104
Samuel F. Suddath, 22, 78, 400, 20, 287
Oscar Gilbert, 60, 40, 1500, 150, 503
S. Cooksey, 15, 185, 1000, 100, 185
M. B. Morton, 150, 430, 6000, 150, 700
S. W. Atkinson, 32, 68, 1200, 150, 475
N. Tannehill, 50, 100, 400, 150, 345
S. Fortner, 50, 200, 1000, 100, 275
Wm. Simmons, -, 100, 150, 100, 150
Robert Davis, -, -, -, 10, 110
W. Marshall, 15, 91, 200, 10, 30
I. N. Robertson, 50, 3, 50, 2000, 125, 725
John N. Nourse, 70, 370, 2000, 200, 580
Charles H. Baird, 50, 110, 600, 250, 200
Reuben Tipton, -, -, 20, 20, 75
Arstead Crain, 25, 25, 100, 12, 200
John W. Simmons, 20, 65, 300, 30, 164
John Rust, 40, 10, 100, 5, 110
Jas. H. Fitts (Felts), 45, 80, 720, 140, 340
Jack Bibb F N. 40, 107, 900, 100, 200
John Rust, 12, 74, 200, 5, 116
John Brooks, 70, 200, 650, 80, 113
Jas R. Brooks, -, -, -, 8, 25
Owen Brooks, 10, 90, 100, 4, 35
P. B. Simmons, 25, 75, 200, 6, 50
Benj. Sawyer, 100, 130, 400, 100, 150
_. F. E. Harris, 19, 81, 400, 10, 500
Mary S. Sammons (Samwoud), 12, 38, 100, 5, 75
Allen P. Mansfield, -, -, -, 50, 231
James Hall, 150, 250, 4000, 150, 946
Mary Watkins, 50, 75, 1200, 20, 300
John W. Lamb, 25, 35, 300, 60, 361
Thomas D. Lowry, -, -, -, 20, 30
John McLemore, 40, 116, 300, 10, 475
Jordon Hall, -, -, -, 10, 200
William Withers, 85, 415, 4000, 50, 485
John Mabin, 45, 55, 300, 125, 360
Harker Hall, 70, 50, 500, 75, 434
Cyrus H_bin, 6, 7,-, 7, 50
Joseph Guion, 50, 70, 800, 25, 205
Alex. M. Maxwell, 60, 330, 500, 75, 500
Jesse H. Scarbrough, 20, 132, 200, 15, 100
William Benett, 40, 66, 450, 100, 148
Samuel Keel, 40, 168, 1248, 75, 343
Vinis (Binis) Watkins, 35, 60, 1000, 50, 400
Wradford Cox, 15, 95, 550, 10, 80
William Maxwell, 25, 100, 1000, 75, 85
John H. Mars (Moss), 30, 470, 1200, 100, 600
Thos. L. S. Procter, 80, 334, 2500, 200, 1000
William A. Moody, -, -, -, 83, 266
Ann Moody, 151, 360, 1000, 125, 850
Phenihas Cox, 50, 750, 800, 10, 100
Hannah Felts, 80, 100, 600, 25, 1180
Edmond York, -, -, -, 5, 50
John Farmer, 50, 200, 700, 100, 385
John McCown, 51, 140, 670, 20, 210
William Hampton, -, -, -, 12, 100
Hannah Rhea, 80, 53, 500, 90, 225
William G. Robinson, 40, 60, 500, 60, 600
Gravis Hunt, 15, 150, 200, 50, 150
George W. Hutcheson, 100, 250, 1100, 125, 480
B. Traylor, 100, 600, 5000, 200, 1000
Nicholas Frish, 150, 450, 4800, 130, 380
Jemima Elliet, 80, 113, 1500, 180, 280
James E. Gilliam, 65, 35, 1200, 105, 30
Thomas H. Davidson, 60, 100, 640, 25, 156
William Barnett, 275, 1025, 7000, 200, 1450
Booker R. Roberts, 35, 151, 2000, 100, 360
James Callis, -, -, -, 7, 5
William White, 100, 232, 2320, 20, 314
Louis Wood, 200, 113, 5130, 100, 950
Elizabeth Proctor, 15, 245, 2000, 75, 230
Elijah Callis, 50, 165, 1000, 50, 410
William Bennett, 1, 18, 50, 141, 283

William Harkreader, 90, 95, 1295, 50, 1090
Nathaniel Fitts, (Felts), -, -, -, 20, 250
Peter Morton, 200, 80, 800, 50, 450
John S. Crawford, -, -, -, 7, 65
Al S. Vernausdable, 20, 60, 450, 50, 200
Thomas Q Spencer, -, -, -, 75, 200
Presly D. Summers, -, -, -, 20, 50
Samuel Price, 130, 185, 1516, 75, 400
William M. G. Green, 95, 115, 1720, 60, 25
William Q. Price, 150, 235, 2000, 60, 60
Thos. J. Price -, -, -, 7, -
Joseph Rogers, 150, 180, 1450, 125, 50
Thos. J. Lyon, 80, 80, 800, 6, 144
Robert Scarbrough, 17, 98, 115, 15, 86
Fielding T. Wilson, 120, 160, 2000, 235, 465
Thos. Price, 110, 95, 2200, 200, 475
James J. Price, 150, 100, 1800, 100, 370
W. G. Pillon (Pillow), 80, 70, 300, 10, 325
Charles _. Campbell, 100, 100, 500, 15, 235
William W. Rice, 27, 33, 470, 12, 174
Richard Dillard, 30, 50, 250, 10, 102
James Duncan, 100, 60, 950, 200, 767
Robert Carr, 110, 200, 1500, 100, 480
Milton McClelland, 123, 177, 7800, 150, 1135
John W. Price, 40, 60, 600, 140, 640
Samuel Price, 40, 110, 300, 5, 50
James Crawford, -, -, -, 5, 100
Michael Sawyer, 4, 71, 75, 10, 80
William Sawyer, 50, 125, 400, 25, 260
James N. Sawyer, -, -, -, 10, 106
John R. Price, 150, 950, 2500, 260, 800
James Henderson, 75, 525, 600, 25, 500
Jas. Rice, 64, 65, 1000, 50, 100
Jacob Cook, 100, 200, 3000, 150, 300
Jacob Mifford, 25, -, 250, 5, 50
William Harris, 50, 50, 800, 75, 258
__dian Lenard, 70, -, 200, 130, 150
Hanza Rufearn, 30, 35, 500, 10, 100
Harrison Campbell, 36, 575, 2000, 10, 100
Townly Rufearn, 25, 60, 150, 20, 100
Nathaniel Hutchins, 40, 60, 600, 20, 130
John Grayson, 70, 400, 3500, 10, 150
Thos. C. Drane, 350, 450, 8000, 300, 2000
Richard Hutchins, 40, 60, 1000, 80, 1000
Emanuel Trauber, 20, 35, 530, 5, 50
James Burr, 65, 37, 816, 50, 275
Singleton Corbin, 56, 152, 2500, 25, 130
John P. King, 15, 100, 2000, 125, 1500

Daniel Trauber, 41, 60, 500, 15, 150
Jesse Boyd, 40, -, 300, 60, 100
George _. O. King, 100, 517, 4000, 150, 500
Pleasant Babb, 50, 122, 1700, 100, 150
William Trauber, 60, 100, 1600, 30, 250
Noel Quine, 30, 67, 970, 10, 100
Robert Proctor, 37, 23, 600, 121, 200
John Proctor, 37, 45, 800, 140, 285
Daniel King, 10, 130, 2000, 50, 380
Reuben Younger, 100, 105, 2050, 200, 700
Notly Conn, 700, 871, 15000, 300, 3650
John McIntosh, 24, 25, 250, 25, 150
Jas. A. House, 50, 50, 500, 10, 100
Jas. S. Procter, 20, 40, 400, 10, 100
William Trimble, 80, 106, 1500, 150, 350
R. B. Mantlo, 10, -, 100, 10, 50
William Townsend, 80,120, 2400, 20, 700
Henry Freeman, 100, 90, 1400, 200, 350
JamesM. Campbell, 40, 100, 1400, 10, 700
William Henly, 50, 40, 700, 5, 220
Shelby Gorham, 75, 50, 1500, 75, 250
David W. Page, 100, 270, 4000, - 500
William Conn, 300, 300, 10000, 200, 1250
Jas. C. Hite, 65, 58, 1130, 100, 300
William P. Price, 90, 118, 2500, 75, 500
Amos Hally (Hall, Halls), 128, 120, 3000, 300, 600
Elijah Filce, 50, 175, 2250, 100, 400
Jams Carr, 50, 175, 2250, 100, 400
Joseph Adcock, 130, 77, 1014, 200, 500
Thos. V. Rutherford, 90, 90, 1900, 120, 280
George T. Hesneton, 100, 160, 2000, 100, 406
E. C. Fike, 50, 50, 1000,2 5, 250
Richard Draper, 35, 50, 600, 30, 70
James R. Morgan, 40, 50, 950, 10, 150
Samuel Morgan, 40, -, 400, 75, 150
Winkfield Hall, 80, 100, 1800, 35, 600
Silas Gilbert 750, 580, 9000, 400, 1100
Burrell Chick, 18, 80, 100, 4, 30
George P. Aingell, 130, 100, 1900, 100, 400
Presly F. Aingell, 60, 96, 1500, 200, 350
Francis Smith, 50, 50, 500, 50, 250
Goodwin McLemore, -, -, -, 20, 50
Samuel Poindexter, 180, 209, 2890, 200, 725
James Sawyer, 65, 110, 350, 60, 200

Richard H. Cook, 150, 400, 3500, 200, 800
William Watson, 300, 255, 2200, 100, 680
Jesse Harper, 100, 160, 2250, 150, 600
Rolly Roher, 100, 123, 1800, 130, 300
James King, 60, 240, 1500, 100, 200
Sarah Hurt, 15, 35, 250, 5, 20
George King, 35, 130, 600, 50, 200
Hargess Suddath, 40, 60, 200, 8, 50
Willis Williams, 60, 60, 1500, 100, 300
John Williams, 60, 100, 1000, 300, 400
John A. Fuqua, 80, 170, 1800, 60, 450
Joseph Morgan 80, 120, 2000, 100, 400
John Perry, 40, 90, 1400, 75, 306
L. B. Fourquerson, 40, 90, 1400, 75, 300
Thos. Brothers, 80, 220, 2500, 150, 300
William Scott, 25, -, 100, 15, 200
George W. Ewing, 170, 160, 2500, 300, 800
William W. Follin, 55, 80, 1300, 250, 400
John Finch, 125, 130, 2700, 135, 900
Reason G. H. Boyd, 125, 119, 2440, 100, 400
William Younger, 40, 63, 1030, 100, 125
Lenard Page, 80, 60, 1000, 75, 550
George B. Starks, 150, 210, 2400, 125, 500
James Wilkerson, 80, 75, 800, 100, 300
David E. Appling, 50, 62, 891, 20, 140
Willis Logan, 70, 70, 1120, 125, 364
David L. Hughs, 50, 160, 1050, 125, 225
W. S. Wantland, 80, 20, 800, 125, 200
William Neel, 30, -, 150, 250, 250
William Ragen, 81, 57, 1200, 125, 640
William Cusenberry, 256, 550, 3500, 150, 920
James Matlock, 30, 90, 550, 15, 256
Elizabeth Summers, 45, 21, 600, 10, 200
Benjamin Frish, 15, -, 50, 10, 180
Gabriel Ross, 10, 36, 1000, 125, 400
Flora Hughs, 50, 158, 1500, 100, 310
James Peart, 131, 60, 2400, 300, 330
Roland Hughs, -, -, -, 20, 220
William March, 51, 25, 1000, 125, 300
Joseph F. Offutt, 230, 136, 4000, 150, 1700
Thos. H. Haydon 200, 96, 4000, 150, 730
William Walker, 170, 200, 3700, 200, 600
David Phelps, 100, 93, 1000, 150, 350
William McCarley, 400, 434, 1000, 500, 1475
Joseph Denny, 25, 25, 425, 5, 100
Samuel B. Lindsey, 25, 635, 1500, 25, 100
John Wright, 18, -, 36, 20, 75
George Gorham, 40, 60, 300, 5, 40
John McIntosh, 110, 45, 900, 150, 240
Tyre Gillum, 200, 125, 2000, 130, 600
Elizabeth Gillum, 100, 140, 1600, 100, 200
Lowdon Perry, 45, 55, 800, 50, 65
Zac Baugh, 60, 109, 500, 60, 150
Robert B. Dawson, 135, 97, 1200, 100, 425
Martha Perrin, 250, 450, 2000, 150, 400
Samuel B. Ragland, 50, 90, 500, 75, 300
Elizabeth Gilliam, 100, 63, 1500, 100, 600
Walter P. Harding, 500, 180, 11200, 100, 13000
Granville Thomas, 25, 25, 500, 10, 150
Samuel M. Thomas, 20, 80, 300, 10, 110
Martha Thomas, 30, 110, 800, 10, 700
Fenis H. C. Kennedy, 80, 80, 1900, 125, 465
Riland Creekmore, 20, 58, 1000, 20, 195
James Bunton, 175, 75, 2500, 150, 675
Roland Hughs, 200, 100, 1800, 300, 192
Isah H. McCarty, -, -, -, 200, 321
Thomas Neely, 200, 244, 1720, 100, 450
David I. Neely, -, -, -, 50, 310
Benj. Proctor, 270, 200, 2900, 60, 881
Benj. P. Proctor, -, -, -, 130, 261
John E. Hollins, -, -, -, 150, 300
Felix G. Duvall, 50, 60, 700, 75, 450
John T. Clark, 40, 60, 500, 50, 200
Major C. Rice, 96, 85, 1000, 75, 350
James M. Hinchen, 70, 80, 900, 20, 130
Jason M. Matlock, 70, 45, 500, 15, 75
Alpheus Wickwise, 60, 40, 300, 50, 175
John Wantland, 40, 120, 1120, 150, 140
Benj. Thurman, 40, 52, 630, 50, 308
Alex. Taylor, 250, 150, 4800, 300, 1800
Caroline P. Taylor, 200, 200, 3600, 154, 1060
William A. Appling, 65, 200, 1500, 10, 100
Johnathan King, 35, -, 100, 20, 200
Benjamin Neel, 28, 116, 1000, 50, 250
Rhoda Carter, 45, 275, 1000, 15, 150
Edward Neel, 65, 43, 648, 75, 350
James Lee, 40, 56, 800, 20, 323
Caleb Dawson, 70, 55, 100, 100, 276
John Morgan, 100, 175, 1650, 125, 424
Milton Bland, 115, 85, 2000, 50, 643
James McElvain, 300, 530, 5000, 100, 5020

Middleton McElvain, 120, 230, 1700, 150, 527
David Low, 200, 227, 2862, 150, 590
Asy (Ary) Holland, 40, 67, 856, 25, 300
John McCutchen, 180, 127, 3684, 200, 1000
John Hill, 22, 11, 100, 10, 200
Jacob Yost, 170, 471, 4000, 300, 780
William McCutchen 430, 230, 5000, 250, 900
Ellen Temple, 300, 100, 8000, 120, 719
John Saddler, 30, 115, 710, 120, 100
Ambrose Harris, 30, 75, 735, 40, 291
Stephen Bridges, 45, 30, 430, 30, 141
Stephen Ross, 30, 100, 650, 7, 150
Douglas Butler, 150, 99, 1204, 150, 195
David Kennedy, 100, 111, 2110, 137, 440
Sophia Fuqua, 40, 35, 600, 80, 179
Joseph McDonald, 30, 166, 980, 150, 299
William Morgan, 180, 120, 300, 270, 646
A. J. Medlock, 25, 115, 420, 110, 191
William Gilbert, 125, 125, 2500, 215, 525
James Butts, 60, 120, 1800, 20, 186
G. A. Smith, 140, 70, 2021, 200, 416
G. Gamble, 66, 90, 1560, 125, 557
Ayres S. Arnold, 80, 36, 380, 75, 709
H. C. Moize, 45, 67, 800, 50, 181
M. Keller, 240, 235, 4750, 325, 1541
John Trauber, 30, 42, 720, 25, 181
F. Trauber, 20, 40, 600, 10, 75
A. Trauber, 70, 130, 2000, 25, 237
A. Parsons, 25, 50, 750, 60, 220
Johnathan Hannum, 250, 250, 4800, 120, 285
James Hannum, 44, 100, 1040, 40, 90
C. D. Holloway, 77, 50, 570, 60, 59
Jerry Ray, 100, 240, 1500, 150, 560
James A. McRunnels, 45, 95, 400, 100, 314
A. L. Smith, 200, 75, 3200, 300, 869
W. A. Campbell, 50, 50, 500, 60, 204
Robert Williams, 40, 30, 750, 7, 50
W. S.Williams, 39, 136, 525, 30, 175
John First, 150, 75, 2500, 300, 800
John P. Hannum, 65, 150, 800, 40, 217
John Branch, 25, 150, 700, 10, 84
Joel Stovall, 250, 250, 4000, 315, -
A. Harris, 43, 70, 904, 135, 240
John Gorin, 100, 200, 3000, 200, 379
K. C. Mason, 250, 620, 9700, 300, 438
D. W. Poor, 70, 50, 2500, 50, 359
P. Shield, 35, 65, 700, 80, 145
John Long, 225, 160, 4000, 150, 645
Asa Wilgus, 43, 105, 300, 50, 104
W. D. Morehead, 90, 297, 1026, 200, 420
Coleman Syne, 300, 300, 5000, 200, 585
William McDonald, 60, 40,800, 100, 240
Henson Barker, 70, 100, 1700, 100, 323
John Grinter, 80, 155, 2350, 100, 323
Samuel Grinter, 70, 130, 3015, 200, 5219
Thos Forler (Forter), 30, 40,550, 20,113
Gabriel Long, 200, 100, 4000, 100, 581
James P. Grinter, 70, 165, 1675, 94, 402
Robert Campbell, 150, 244, 3072, 150, 441
James Grinter, 25, 155, 720, 35, 218
Calvin Milem, 25, 58, 415, 15, 120
William Campbell, 35, 22, 228, 15, 185
Abram Short, 50, 122, 500, 30, 230
Samuel Saunders, 35, 40, 400, 20, 165
Robert Saunders, 12, 50, 140, 20, 125
John Whitson, 30, 70, 400, 20, 138
James Lyon, 70, 325, 1656, 70, 229
Alfread Page, 30, 100, 400, 15, 260
Henry Feagin, 30, 183, 300, 20, 138
Alexander Purdy, 30, 79, 218, 15, 290
Philip Kennerly, 60, 115, 595, 15, 236
William Yates, 34, 49, 242, 20, 162
Elijah Carneal, 70, 120, 870, 100, 335
Littleton Carneal, 30, 120, 150, 50, 158
Christopher Hardy, 30, 60, 270, 15, 128
Louis Graham, 60, 100, 480, 75, 286
Nancy Harverson, 50, 167, 400, 50, 164
John Whaley, 15, 45, 250, 75, 35
Zerrel Ramsey, 25, 75, 150, 15, 74
Thomas Nash, 30, 68, 300, 70, 169
Wallace Ward, 80, 320, 1200, 300, 1007
Robert Henry, 160, 241, 800, 175, 521
Morgan Richardson, 50, 104, 1232, 100, 605
George Gibbs, 60, 140, 800, 100, 183
Harman Whitescarver, 40, 60, 400, 20, 128
J. B. Dunn, 32, 87, 605, 50, 413
John Duncan, 70, 280, 1000, 25, 187
Eliza Browning, 30, 36, 300, 15, 168
Gilian Browning, 50, 50, 300, 100, 301
James A. Duncan, 50, 393, 980, 15, 220
Isaac Browning, 100, 100, 1600, 150, 707
Thomas Sutton, 75, 55, 650, 50, 156
James Maury, 25, 25, 250, 10, 119
Constant A. Wilson Agt., 200, 100, 2400, -, -
John C. Hines, 40, 60, 400, 97, 225
George W. Hines, 125, 75, 1500, 75, 190

Samuel Hodge, 45, -, 429, 50, 185
Henry Hearter, 20, 117, 411, 50, 109
Eli P. Lawson, 31, 57, 252, 30, 178
W. F. Edmonson, 60, 100, 640, 20, 175
Charles Burrows, 25, 115, 360, 75, 172
Samuel Ely, 70, 188, 1290, 100, 465
George W. Simmons, 45, 100, 592, 100, 246
P. Shephard Dunscomb, 30, 107, 548, 50, 463
Turner Gupton, 50, 150, 800, 60, 356
F. W. Gupton, 20, 121, 300, 15, 100
F. Gupton, 40, 60, 300, 15, 185
C. J. Arnold, 13, 47, 250, 20, 128
Jessee Williams, 70, 76, 800, 100, 314
Benjamin Kennerly (Kennedy), 50, 51, 404, 10, 111
Philip M. Kennerly (Kennedy), 10, 43, 285, 75, 113
Tarant Head, 85, 132, 1200, 100, 49
Celea Browning, 75, 950, 4000, 100, 195
George Briggs, 100, 100, 800, 100, 349
William Penrod (Penroot), 23, 77, 300, 25, 100
Elizabeth Gibbs, 75, 25, 300, 15, 158
Hugh Dinning, 90, 115, 600, 35, 277
Alfred Hildebrand, 65, 215, 600, 30, 241
Micajah Terry, 100, 263, 800, 50, 327
James Milam, 30, 143, 519, 10, 214
Benjamin Davis, 25, 50, 500, 10, 90
Wesley Newman, 35, 135, 400, 15, 216
P. E. Arnold, 70, 205, 1100, 150, 359
T___ Rector, 55, 149, 900, 75, 360
John Baugh, 100, 314, 600, 650, 278
Thomas Wilson, 30, 40, 140, 10, 95
Polly Rainwater, 40, 160, 200, 15, 154
James Terry, 80, 220, 1000, 125, 238
Henry Davis, 50, 150, 400, 50, 238
Alexander Hardison, 35, 88, 480, 10, 174
Mary Fitzhugh, 50, 100, 150, 10, 166
Francis Sutten, 22, 102, 500, 20, 166
Bartlett Baugh, 60, 140, 500, 30, 237
J. Grable, 50, 150, 700, 100, 313
J. Miller, 112, 130, 3000, 170, 538
W. Childers, 30, 70, 800, 100, 200
W. R. Page, 50, 70, 700, 100, 197
B. E. Whitaker, 250, 250, 5000, 150, 150
T. B. Vick, 125, 75, 800, 100, 164
J. Wood, 150, 80, 2300, 20, 160
John James, 30, -, 300, 10, 152
John B. Burks, 80, 150, 2020, 100, 295
T. H. Gooch, 250, 450, 4000, 1200, 373
A. Miller, 150, 125, 2710, 300, 889
W. Dillon, 65, 60, 1250, 150, 232

Henry Cornelius, 200, 196, 3168, 150, 743
D. T. Burks, 380, 200, 4580, 200, 1098
E. Orndorff, 450, 500, 12000, 300, 1180
J. W. Irwin, 500, 500, 15000, 300, 1000
O. W. Orndorff, 85, 135, 2200, 125, 142
E. W. Gunn, 100, 50, 1500, 75, 575
S. A. Bailey, 40, 40, 800, 10, 173
T. M. Townsend, 150, 100, 1500, 100, 463
L. Farthing, 40, 60, 800, 60, 133
G. B. Hite, 110, 115, 2250, 100, 519
H. Fry, 90, 140, 1500, 50, 293
S. Hite, 60, 140, 1500, 50, 293
Thomas Grubbs, 150, 150, 3000, 200, 453
P. M. Paisley, 80, 80, 1600, 100, 385
M. Pearson, 45, 55, 700, 10, 284
Jos. B. Paisley, 150, 60, 2100, 175, 714
A. H. Gilbert, 140, 90, 2300, 200, 400
George T. Edwards, 120, 90, 6000, 200, 476
J. Hite, 150, 250, 4000, 100, 224
C. Umphreys, 27, 75, 1000, 25, 41
T. Hughs, 120, 120, 2000, 150, 338
L. Roberts, 60, 40, 800, 75, 212
Philip C. Ford, 15, -, 2500, 150, 300
J. Orndorff, 80, 70, 1500, 150, 274
J. Stratton, 25, 15, 420, 25, 136
W. Stratton, 50, 37, 435, 75, 155
Robert Russell, 80, 35, 1000, 75, 87
H. W. Whitehead, 30, 20, 450, 20, 173
J. Fry, 20, 67, 600, 50, 188
A. Noe, 30, 90, 950, 17, 159
James Hummer, 50, 150, 1600, 100, 264
William Saddler, 100, 92, 2500, 25, 167
Luther Luckett, 90, 210, 2500, 50, 446
Waller Lewis, 50, 50, 800, 125, 319
John Williams, 150, 250, 3200, 100, 312
John Miller, 75, 75, 2000, 200, 412
James Williams, 60, 60, 1240, 150, 372
Joseph Kennedy, 135, 105, 2400, 150, 716
William Moore, 50, 280, 300, 75, 322
Isaac Bodine, 70, 244, 628, 90, 258
Cyrus McCutchen, 110, 190, 3000, 135, 383
Samuel Butler, 75, 85, 1280, 100, 402
Joseph Foulks, 120, 331, 7225, 150, 500
Richard G. Clinton, 40, 60, 800, 12, 506
Spencer Rutherford, 100, 165, 2120, 100, 236
James Burchell, 25, 31, 448, 8, 68
Jesse Bagby, 29, -, 222, 10, 130
Samuel Arnold, 100, 200, 15, 150, 690
William Hughes, 50, 50, 900, 75, 170

Benjamin Parsons, 200, 315, 4120, 150, 324
James Page, 50, 50, 800, 8, 137
Henry Dreon (Drew), 120, 140, 1440, 150, 371
William Watson, 150, 150, 1842, 80, 506
Thomas Russell, 40, 53, 930, 70, 174
John L. Burks, 200, 240, 2640, 60, 325
Bird Price, 100, 400, 3500, 100, 597
George Hale, 40, 31, 568, 80, 279
Jesse Hodges, 200, 220, 2800, 120, 852
A. Smith, 35, 65, 800, 75, 222
W. Noe, 37, -, -, 12, 79
John Adams, 45, 68, 1124, 40, 230
James Saunders, 40, 60, 900, 50, 155
David Howard, 100, 100, 1400, 100, 144
Susan Wood, 60, 70, 1300, 35, 136
William McCall__, 54, 16, 700, 100, 293
William J. Page, 35, 11, 368, 20, 75
Russell Miller, 70, 58, 1280, 75, 185
James Page, 40, 30, 700, 50, 145
Gabriel Williams, 35, 14, 490, 25, 355
Peyton Hansbrough, 260, 210, 3760, 250, 990
Mary Page, 80, 120, 1000, 150, 496
D. Hinton, 70, 130, 1600, -, 25
John Carr, 400, 26, 660, 200, 169
James Hughs, 20, 44, 500, 15, 209
Edward Moseley, 100, 100, 1600, 80, 368
Anthony F. Long, 375, 325, 7000, 200, 3640
Edward Ayres, 120, 210, 2640, 75, 254
Samuel Flowers, 160, 289, 3490, 100, 401
M. Moseley, 40, 33, 484, 15, 108
William Hugh, 45, 46, 700, 20, 248
Constant A. Wilson, 30, 10, 3600, 100, 180
Joseph Gray, 355, 437, 7920, 20, -
D. Cyrus, 50, 40, 800, 12, 212
T. D. Dantz, 70, 60, 1000, 15, 114
Henderson Conway, 100, 115, 1720, 35, 5355
John Grubbs, 420, 380, 3200, 200, 713
Daniel Haddox, 200, 200, 4000, 250, 822
Cornelius Barker, 18, 32, 500, 25, 24
John Barker, 20, 30, 250, 75, 69
James M. Beall, 300, 400, 700, 300, 2025
John Wood, 300, 164, 3712, 95, 539
Jonathan Addison, 60, 200, 1300, 100, 310
F. Smith, 30, 48, 624, 20, 141

E. Hughs, 75, 75, 1200, 115, 275
J. Johns, 35, 34, 414, 15, 170
S. Moseley, 30, 120, 1200, 15, 105
James W. Flowers, 100, 230, 2970, 100, 765
Richard Boyce, 90, 44, 1340, 140, 210
A. Shackleford, 30, 20, 600, 20, 765
Jacob Gollady, 400, 250, 8000, 300, 1200
M. Burr, 100, 75, 875, 100, 538
J. Farthing, 74, 13, 256, 40, 166
John Wills, 225, 235, 4000, 400, -
M. Starks, 70, 90, 1600, 75, 370
Washington Bailey, 100, 80, 1800, 50, 511
G. H. Bailey, 150, 150, 2900, 50, 498
G. C. Russell, 250, 150, 2800, 30, 414
_. R. Bailey, 200, 225, 2500, 50, 446
Solomon Hardy, 90, 110, 1600, 100, 239
George Richardson, 100, 200, 1500, 125, 610
Isom A. Chastain, 200, 137, 3000, 200, 394
L. Page, 40, 60, 800, 10, 127
Pearson Collier, 60, 92, 1860, 100, 320
Edmond Hawkins, 250, 250, 5000, 500, 1030
Mary L. Walker, 50, 100, 1500, 60, 295
Jane Hopkins, 30, 50, 640, 20, 150
George Herndon, 90, 90, 1800, 75, 403
William Herndon, 105, 97, 1414, 100, 285
Richard Horn, 100, 120, 2220, 150, 196
John Sears, 70, 57, 1270, 75, 416
Isaac Larue, 100, 40, 800, 120, 322
Samuel Rutherford, 40, 80, 1200, 50, 466
Bowling Britt, 80, 70, 900, 135, 218
William Cornelius, 53, 47, 1000, 150, 360
William Young, 60, 40, 8000, 30, 210
Catharine Sears, 70, 50, 1200, 100, 643
James M. Lynd, 50, 68, 1180, 100, 221
Edwin A. Broaddus, 60, 100, 1280, 25, 386
Hezekiah P. Smith, 70, 100, 1000, 100, 309
David T. Smith, 128, 128, 1250, 100, 450
John H. Curtis, 30, 125, 310, 12, 145
Elizabeth Mason, 30, 145, 1225, 50, 187
George H. Collins, 150, 214, 3500, 125, 1073
Joel Peneck, 100, 113, 2120, 185, 717
Nelson Lynd, 120, 115, 1880, 125, 822
John Smith, 20, 50, 1000, 100, 157

Susan Young, 100, 80, 1080, 120, 371
Elijah Allen, 80, 120, 2000, 85, 275
Jackson McLean, 150, 240, 3900, 175, 1168
William Currence, 60, 80, 762, 50, 334
William Fortner, 20, 112, 420, 25, 145
Nathan Tally, 80, 120, 1000, 48, 192
Jessee Williams, 160, 115, 2200, 37, 247
William Cornelius, 150, 250, 2000, 163, 650
Jeremiah Holland, 80, 370, 1125, 64, 275
William Phelps, 40, 100, 630, 30, 133
Elijah May, 50, 150, 550, 15, 200
George Anderson, 40, 68, 108, 15, 119
Johnson Page, 100, 112, 1500, 200, 664
William Saunders, 50, 200, 480, 15, 211
Asa Harderson, 50, 170, 470, 20, 227
Sarah B. Browder, 170, 174, 3440, 130, 5821
Alexander Saunders, 45, 30, 210, 15, 140
Joseph Slatton, 35, 75, 440, 100, 189
A. S. Morehead, 70, 30, 2000, 2000, 420
Hugh Mallory, 200, 64, 250, 10, 114
Edward Hite, 60, 145, 613, 100, 224
Martha Duncan, 60, 77, 411, 20, 155
Elijah Motsinger, 60, 280, 1000, 120, 289
Samuel Adams, 60, 40, 500, 75, 196
John King, 45, 155, 6000, 60, 250
Thomas Richards, 40, 360, 1600, 75, 210
John Hall, 25, 195, 1000, 8, 300
James Henderson, 60, 102, 500, 30, 218
Micajah Hall, 100, 513, 1200, 100, 497
Joseph Duvall, 25, 275, 600, 30, 137
Jonathan Johnson, 50, 173, 400, 30, 229
William Coursey, 40, 69, 200, 130, 347
Sarah Moore, 60, 250, 600, 100, 262
Samuel Blake, 22, 88, 420, 22, 166
John McPherson, 150, 650, 800, 100, 588
Mary Fitzhugh, 30, 310, 340, 8, 133
Solomon Penrod, 50, 150, 200, 10, 441
Benjamin Edwards, 70, 230, 600, 50, 125
Martin Rish, 200, 900, 4000, 700, 437
Joseph Johnson, 50, 173, 400, 30, 229
Robert Harris, 80, 200, 1120, 80, 285
Claudius Duvall, 100, 500, 1800, 120, 537
John Trice, 60, 380, 600, 25, 256
Shelton Maury, 50, 170, 170, 5, 68
Thornton Hansbrough, 100, 160, 320, 80, 398
Asa Clearinger, 100, 100, 400, 100, 350

Thomas Newman, 30, 102, 400, 15, 161
John Temple___, 18, 87, 505, 5, -
John N. Buchanan, 14, 87, -, -, -
Henry Valentine, 30, 50, 800, 77, 210
John Armstrong, 80, 70, 1200, 85, 406
George A. Hardy, 40, 10, 400, 120, 268
Joseph Trout, 70, 130, 1000, 75, 201
John Saffrons, 50, 44, 800, 45, 176
William Simmons, 80, 15, 1425, 85, 250
William Baugh, 50, 60, 1000, 100, 261
James Boyer, 40, 60, 1000, 40, 225
Benjamin Adams, 55, 20, 750, 201, 103
Gregory Sanderford, 100, 50, 1200, 40, 149
John Sanderford, 80, 220, 1800, 30, 107
Richard Bledsoe, 40, 105, 870, 85, 205
John Stratton, 35, 57, 800, 130, 367
Joseph Robelto, 150, 50, 2000, 150, 257
Martin Price, 80, 80, 1600, 150, 287
Louis Cornell, 230, 253, 4830, 250, 1265
William Wood, 50, 30, 520, 50, 165
William T. Evans, 200, 170, 3700, 200, 828
Churchill Gough, 150, 150, 2400, 75, 252
William Wilhelm, 100, 200, 1500, 100, 230
Catharine Owens, 200, 143, 2401, 100, 532
Dennis Foulks, 45, 85, 1000, 130, 98
Branch Bibb, 160, 40, 1600, 40, 196
Othy Ogden, 250, 100, 2640, 200, 540
William Walker, 60, 20, 800, 100, 677
B. H. & J. P. Tully, 300, 195, 5000, 170, 5720
Nancy Brown, 100, 160, 1800, 60, 318
Mary Coffman, 65, 41, 928, 50, 225
Richard Burnet, 95, 45, 1400, 85, 391
Francis Gautier, 70, 60, 1040, 65, 415
Jesse L. Page, 230, 76, 2442, 100, 558
Francis Grinter, 200, 100, 2400, 100, 300
Nelson Waters, 100, 80, 1800, 100, 305
Robert Herndon, 140, 85, 2250, 130, 570
Woodson Poor, 70, 38, 900, 100, 290
Luke H. Ferguson, 240, 173, 3717, 250, 2416
William Fleming, 80, 120, 1600, 10, 136
Jane Foster, 40, 71, 900, 70, 215
Watkins Anderson, 60, 70, 1040, 150, 255
John Mills, 30, 44, 740, 15, 290
Volney Walker, 150, 180, 3600, 200, 518

Miles G. Gilbert, 400, 200, 6000, 300, 1080
James Morrow, 175, 435, 4200, 150, 810
John Mills, 130, 50, 1274, 300, 382
Lewis Ragsdale, 64, 35, 800, 50, 197
Robert Browder, 350, 250, 7000, 600, 1054
David Sydner, 130, 70, 2000, 100, 530
Hamilton McCulloch, 90, 71, 1600, 40, 255
Henry Browder, 60, 52, 1170, 30, 197
Joseph Waters, 60, 90, 1200, 100, 323
John Mims, 80, 105, 1500, 50, 311
Benoni Dawson, 60, 100, 1500, 150, 235
William Herndon, 80, 60, 1000, 90, 195
John Hogan, 180, 200, 3820, 300, 1155
George A. Williams, 27, 12, 1000, 10, 336
Benjamin Yarbin (Tarber), 100, 100, 2000, 150, 324
John Miller, 65, 73, 300, 40, 276
Joshua Spain, 80, 110, 1900, 75, 315
John Crumbaugh, 250, 350, 4800, 200, 760
Robert Bagby, 75, 101, 1408, 50, 44
Burrel Adams, 60, 70, 1040, 50, 222
William Bryant, 10, 20, 500, 12, 168
John Hines, 100, 438, 3500, 150, 597
Elizabeth Bailey, 100, 101, 1000, 60 228
Hiram Bailey, 130, 220, 3000, 300, 529
Nancy Gatewood, 100, 168, 1733, 200, 268
Jaquillian Stemmons, 250, 450, 5600, 478, 855
Austin Mills, 20, 40, 350, 10, 173
James Terry, 75, 125, 1200, 70, 382
William Allen, 33, 91, 1000, 10, 168
James Allen, 30, 7, 300, 20, 258
Julia Toler, 30, 170, 1000, 8, 168
John B. Farthing, 40, 37, 385, 10, 178
Burrel Ragsdale, 65, 215, 1748, 65, 279
John Doyle, 100, 305, 800, 100, 200
William Watkins, 1200, 950, 17266, 600, 3401
Arel M. McClean, 500, 700, 12000, 500, 2084
John J. Mart, 60, 70, 1040, 75, 182
John Herndon, 125, 70, 1960, 500, 920
Robert Foster, 50, 99, 1495, 100, 246
William Williams, 70, 90, 1100, 40, 436
Joab Smith, 40, 110, 1500, 50, 262
Peyton Bailey, 100, 100, 600, 20, 125
Edwin Turner, 110, 146, 3072, 300, 570
James Grimes, 350, 191, 4318, 350, 1242
Edwin Bailey, 50, 125, 350, 25, 175

John Cunningham, 35, 36, 427, 10, 75
Henry Newman, 60, 10 ½, 434, 20, 210
Archibald Donaldson, 222, 118, 2720, 200, 600
Jesse Jones, 130, 93, 2500, 100, 547
Thomas Anderson, 36, 30, 960, 30, 220
Sydonia Carpenter, 30, 130, 240, 70, 139
Thomas Thornberry, 80, 255, 1630, 200, 428
Elizabeth Doss, 25, 40, 325, 10, 72
Robert Anderson, 20, 5, 330, 8, 73
Thomas Donley, 30, 10, 420, 12, 55
Cargile Fletchers, 50, 53, 1000, 30, 247
Felton Gill, 120, 120, 1440, 110, 370
Robert Young, 170, 211, 3160, 125, 726
Isom Moon (Moore), 60, 252, 1500, 40, 99
James Hardaway, 85, 100, 1448, 100, 342
Jams Lamb, 75, 150, 800, 100, 354
Stephen King, 110, 88, 1980, 75, 224
David King, 500, 327, 10000, 500, 3350
David King Exr., 400, 1000, 7500, 200, 882
John Riley, 160, 163, 2261, 75, 632
Martha Seymore, 50, 127, 1344, 59, 188
Andrew Daniel, 100, 104, 2040, 150, 310
James Hines, 60, 91 ½, 1200, 40, 239
James Riley, 40, 55, 800, 15, 236
Mary Powell, 130, 120, 2000, 1200, 370
Thomas Wells, 50, 40, 600, 75, 195
Harrison Williams 90, 165, 3000, 200, 508
William Terry, 110, 390, 2800, 150, 813
Sarah May, 40, 125, 1320, 10, 107
Elisha Prince Jr., 50, 150, 1600, 50, 236
Elisha Prince Sr., 200, 30, 1840, 140, 496
Ann C. Moore, 75, 51, 1008, 40, 205
Light Townsend, 80, 55, 1080, 50, 431
Elizabeth Kenner, 60, 40, 800, 15, 116
John Mart, 90, 55, 1450, 100, 287
John Cromwill, 100, 100, 1700, 100, 308
Chesterfield Rust, 30, 11, 205, 20, 72
Nancy Rust, 50, 50, 800, 25, 74
David Ivey, 100, 50, 850, 130, 324
William Merrit, 67, 76, 858, 10, 145
William Hughes, 130, 209, 2390, 114, 363
Joseph Gill, 150, 375, 2975, 125, 429
James R. Rose, 60, 69, 1000, 200, 388
James Beake (Brake), 30, 54, 672, 40, 206
Alfred Dalton, 40, 114, 624, 218, -
Richard Hardy, 30, 63, 279, 60, 148

Aaron F. Hawkins, 75, 87, 1500, 65, 329
Thomas H. Hunter, 15, 30, 180, 10, 138
Newman Edwards, 70, 86, 1200, 100, 360
William Edwards, 60, 140, 850, 20, 242
Samuel Givens, 100, 90, 1200, 60, 218
Edward Small, 120, 110, 2300, 100, 225
John G. Newton, 70, 100, 1260, 20, 35
Sarah S. Gill, 100, 165, 2040, 100, 646
Samuel Gill, 100, 167, 1536, 100, 610
G. Blakey, 60, 40, 700, 60, 180
James H. Hogan, 60, 40, 700, 60, 180
William Burchett, 75, 77 ½, 1800, 70, 367
Baird Burchett, 70, 130, 800, 50, 45
William Hogan, 60, 70, 1300, 60, 347
Martin Hogan, 200, 211, 4005, 150, 331
Mary Hogan, 120, 213, 2664, 100, 488
John Wells, 200, 112, 2496, 200, 823
Charlotte, Joiner, 28, 13, 510, 30, -
John F. Jones, 115, 49, 1640, 153, 243
George D. Blakey, 200, 200, 4500, 200, 943
Samuel Adams, 100, 126, 2260, 450, 505
Harriet Lyon, 200, 192, 3920, 150, 549
Manson Lawson, 40, 71, 999, 20, 141
David T. Lee, 125, 175, 3000, 70, 606
William Hawkins, 130, 80, 2100, 170, 840
Nimrod Long, 90, 40, 3250, 100, 820
Thomas Morrow, 240, 397, 6370, 160, 1487
George Young, 225, 66, 2500, 115, 657
Theodore Offutt, 234, 193, 4260, 200, 900
David Small, 80, 180, 2600, 155, 500
George H. Hutchens, 90, 70, 1600, 125, 323
William Gaines, 130, 164, 4200, 100, 469
Slaughter Jefferies, 174, 100, 3288, 140, 800
Wyat Williamson, 45, 100, 1015, 80, 275
Jarvis Williamson, 100, 125, 1000, 20, 221
James Hawkins, 50, 73, 984, 25, 208
Thomas D. Page, 90, 60, 1500, 107, 465
Richard Browder, 220, 258, 4780, 261, 1539
John Smith, 70, 80, 1200, 80, 281

McCracken County Kentucky
1850 Agricultural Census

The Agricultural Census for 1850 was filmed for the University of North Carolina from original records at Duke University in Durham North Carolina.

The following are the items represented and separated by a comma: for example, John Doe, 25, 25, 10, 5, 100. This represents:

Column 1 Owner
Column 2 Acres of Improved Land
Column 3 Acres of Unimproved Land
Column 4 Cash Value of Farm
Column 5 Value of Farm Implements and Machinery
Column 13 Value of Livestock

The following symbol is used to maintain spacing where there are no numbers: (-) In addition, the left margin has been bound too close to the edge causing some first names or initials to not be completely visible. The handwriting of this particular census taker was very difficult to read.

H. C. Pitt, 70, 105, 600, 100, 350
Wm. Grimes -, -, -, 20, 45
Benjamin Grimes, -, -, -, 20, 62
John Henry, -, -, -, -, 20
Otha Grimes, -, -, -, 10, 300
David Matlock, 25, 93, 500, 60, 185
Sally Allen, -, -, -, -, 40
Abraham Brandenburgh, 20, 800, 5000, 12, 150
S. P. Carries, 25, 375, 1200, 200, 150
James B. Hearn, 56, 344, 1600, 200, 360
Roswell Hearn, -, -, -, 40, 170
Alonzo Durham, -, -, -, 5, 70
James H. Hearn, -, -, -, 60, 200
Catharine Clarke, 10, 90, 400, -, 500
Mathew Worthington, 12, 88, 400, 60, 160
J. N. Coffee, 50, 250, 1500, 110, 580
Malcom Brewer, 50, 162, 850, 75, 294
Wm. Hill, 40, 145, 1000, 40, 340
Anna Grimes, 10, 90, 300, 6, 70
J. W. Brooks, 70, 613, 2000, 100, 275
James A. Hewson, -, 50, 200, 10, 7
James R. Ragland, 30, 170, 800, 15, 140
J. P. Helms, 100, 200, 2000, 100, 400
Robert Hazelwood, 80, 220, 2000, 100, 240
Zadock Lynch, 20, 160, 500,5 0, 225
Wm. A. Bookout, 20, 80, 400, 50, 120
Sally Lacy, 40, 160, 800, 30, 170
R. D. Lacy, 14,119, 4000, 20, 150
L. H. Oglevie, 20, 297, 600, 50, 100

Stephen Wyley, 65, 52, 500, 100, 250
Elijah Wright, -, 400, 1200, -, 110
James B. Wyley, 46, 131, 900, 40, 430
Wm. H. Faulkner, 11, 982, 2500, 30, 100
John W. Oglevie, 12, 68, 250, 10, 150
Felix G. Hudson, 60, 90, 800, 15, 420
J. E. G. Hotson, 10, 113, 300, 10, 115
Henry Hudson, 100, 170, 600, 30, 300
I. A. W. Bittington, 60, 215, 650, 100, 300
W. A. Stephens, 85, 215, 650, 100, 300
Sally Hardin, 90, 110, 800, 10, 130
John P. Hopper, 60, 140, 550, 60, 140
R. H. Hobbs, 90, 180, 1200, 100, 311
Wm. H. Remick, 55, 345, 1600, 125, 460
D. E. Pegram, 26, 121, 400, -, -
G. E. Derrett, 25, 125, 500, 500, 147
F. I. Brown, 5, 295, 1200, 100, 80
Ewell Stone, 15, 135, 450, 15, 70
Thomas Reesor, 20, 300, 1000, 10, 92
James Vance, 20, 800, 2000, 10, 200
_. W. Holland, 25, 175, 1000, 50, 150
Reuben Settle, 75, 372, 3000, 400, 800
Z. P. Holland, 25, 185, 1000, 75, 250
W. C. Poindexter, 4, 85, 350, 100, 240
Thos. Poindexter, -, 30, 100, 5, 125
Charles Furguson, 40, 160, 1000, 50, 140
John Smith, 70, 34, 520, 70, 386
Childs Berrell, 135, 265, -, 75, 260
R. A. Bacon, -, 600, 1800, 45, 100
John B. Smith, 4, 58, 180, 6, 80

A. G. Ratcliffe, 50, 106, 800, 50, 277
M. C. Patterson, 90, 110, 1500, 130, 320
James Fields, 25, 171, 700, 10, 100
David Canada, 13, 187, 600, 10, 65
Warren Thornberry, 101, -, 1500, 300, 400
A. H. Hester, -, -, -, -, -
Joshua Cross, 50, 110, 200, 50, 100
John Quesenberry, 60, 100, 800, 75, 200
G. W. Rudolph, 80, 120, 1000, 75, 230
Charles McRenny (McKenny), -, -, -, 5, 75
M. M. Gholson, 25, 110, 500, 10, 196
Jesse Nichols, 24, 136, 500, 10, 196
Lewis Francis, -, -, -, 10, 66
B. J. Sparks, -, -, -, 45, 255
James Childers, 18, 102, 400, 40, 115
Samuel Huntsaker, 60, 160, 1000, 100, 250
James Newton, 18, 142, 250, 75, 220
Evan Futrell, 45, 35, 1000, 40, 260
J. Z. Williams, 53, 95, 800, 30, 220
W. _. Boswell, 18, 112, 500, 10, 100
J. T. Sherrell (Pherrel), -, -, -, -, -
Samuel Bruce, 10, 150, 200, 10, 40
Thomas Johnson, 75, 245, 1700, 60, 225
John D. Cross, 16, 144, 500, 5, 120
M. H. L. Grundy, 180, 220, 3200, 135, 485
James H. G. Wilcox, 90, 510, 6000, 100, 436
W. W. Richie, 60, 140, 1500, 270, 216
A. W. Robb, 170, 1330, 7500, 77, 650
G. F. Robb, 70, 1120, 6000, 50, 300
W. D. C. Johnson, 32, 180, 700, 30, 210
Wm. Morrow, 200, 260, 3000, 250, 615
Joseph Bunch, 28, -, 200, 10, 360
Barbara Stroser, 35, 75, 250, 60, 80
Tobias Reuter, 30, 35, 200, 10, -
Ingelbert North, 30, 83, 250, 75, 300
J. H. Reed, 2,-, 50, 10, 70
D. B. Hickman, 10, 150, 300, 5, 50
Philip Englart, 60, 100, 600, 50, 160
Washington Futrell, 20, 60, 300, 50, 85
Heartwell Futrell, 5, 75, 300, 6, 90
R. M. Evans, 50, 150, 100, 10, 225
J. P. Clark, 60, 100, 600, 100, 240
B. N. Alcock, 50, 110, 600, 75, 200
Wm. Bitsworth, 200, 120, 1200, 200, 410
G. B. Gladdish, 40, 120, 600, 50, 250
Alfred Pickens, 25, 55, 250, 15, 165
L. D. Clarke, 60, 100, 800, 20, 400
J. S. Morrow, 20, 40, 300, 12, 205
Elijah Rudolph, 115, 145, 1200, 100, 522
D. Y. Craig, 18, 142, 450, 8, 10
Jesse Harris, 80, 220, 1000, 20, 110
John Humphrey, 80, 216, 1200, 150, 300
Lewis Harris, 10, 93, 300, 10, -
Wm. D. Harris, 10, 93, 300, 10, -
S. W. Sherrin, 20, -, 100, 50, 80
S. B. Medberry, 30, 263, 700, 100, 210
G. W. McCamon, 77, 48, 625, 20, 150
Wm. B. Hall, -, -, -, 100, 155
Edward Henderson(Hendson), -, -, -, 30, 135
George Stovall, 30, 170, 900, 40, 212
Milton Heelman, 12, -, 50, 5, 75
J. H. McElya, 32, 110, 600, 60, 200
G. W. McElya, 30, 116, 580, 70, 165
Russell Piper, 80, 80, 700, 68, 270
William Parker, 30, 190, 1000, 75, 265
John Walker, 40, 90, 600, 10, 50
John Hughes, 60, 182, 1500, 125, 420
Haughton Hughes, 32, 90, 600, 70, 165
John _. Earle, 17, 83, 500, 25, 335
Joseph Scott, 53, 122, 1000, 100, 310
Pell Scott, 45, 75, 500, -, 100
Mary Scott, 30, 80, 600, 40, 140
Archibald Lovelace, 80, 240, 1500, 125, 485
Michael Gries (Grief), 30, 50, 300, 150, 155
Samuel Carruthers, 60, 280, 1800, 200, 420
John L. Plummer, 85, 190, 1200, 10, 155
Thomas Jent, 110, 165, 850, 75, 250
Stephen Roser, 30, 50, 200, 50, 75
John Roser, 30, 20, 100, 40, 75
Wm. Frost, 30, 50, 500, 50, 175
Frederick F. Whitsworth, 30, 19, 400, 15, 90
John Enloe, 24, 56, 300, 35, 125
Abraham Rudolph, 30, 130, 500, 67, 140
C. J. Perry, 7, 113, 600, 100, 128
W. L. Hutchison, 75, 145, 800, 100, 128
John Blanton, 80, 132, 1700, 20, 300
Jane Jett, 70, 62, 600, 50, 430
Edmond Jett, 18, 114, 500, 10, 122
Walter Griffith, 25, 55, 200, 10, 105
John Mott, 25, 55, 200, 70, 188
P. G. Linzey, 48, 400, 1200, 50, 200
N. Williams, 50, 70, 600, 60, 220
James J. Wilfred, 25, 175, 500, 120, 500
P. P. Pool, 20, 80, 400, 10, 80
Thomas Young, 120, 460, 1500, 100, 515
F. S. Jones, 15, -, 150, 10, 102
John Griffith, 30, 100, 500, 15, 169
_. B. Griffith, 23, -, 100, 10, 310
Henry Rudolph, 45, 181, 700, 40, 330

David Waltman (Wattman), 23, 137, 600, 40, 113
J. W. Bristo, 13, 137, 450, 30, 75
Peter Miers, 10, -, 50, 5, 60
Wm. L. Bryan, 18, 142, 480, 50, 110
Samuel Petter, 87, 71, 1100, 50, 318
John Lockeridge, 40, -, 320, 50, 170
Samuel Lockeridge, 15, -, 150, 10, 80
Philip Williams, 55, -, 300, 10, 100
Malinda Newman, 17, -, 150, 10, 140
Wm. B. Allen, 100, 250, 1750, 100, 445
Needham Stanley, 90, 160, 1000, 200, 537
R. E. Allen, 170, 699, 5400, 200, 620
J. M. Moore, 20, 126, 800, 70, 190
Allen Doyle, 16, -, 160, 5, 85
Isaac Davis, 160, 140, 2000, 125, 395
Pinckney Stephens, 5, 68, 150, 5, 55
Tully Choice, 45, 118, 1000, 50, 148
Thomas F. Flournoy, 100, 300, 4000, 75, 240
W. B. R. Hays, 35, 1200, 1000, 75, 513
John R. Alexander, 50, 100, 1000, 50, 150
Thomas A. Brown, 40, 60, 800, 60, 85
James Doyle, 30, 70, 600, 5, 60
J. H. Rollins, 40, 110, 1000, 155, 360
John B. Rouse, 50, 81, 800, 10, 80
Archibald Bass, 40, 110, 1000, 10, 132
Eppes Allen, 180, 145, 4000, 100, 455
A. J. Doyle, 160, -, 1600, 30, 216
Wm. E. Knox, 20, -, 200, 5, 60
Wyatt Jones, 50, 75, 1800, 125, 120
John Furguson, 35, 112, 1000, 15, 85
Wm. J. Flournoy, 30, 120, 2000, 30, 163
Robert A. Burns, 60, 70, 1500, 10, 109
Charlotte Doyle, 70, 30, 500, 20, 264
J. Q. Graves, 175, 225, 5000, 500, 660
Jas. C. Calhoune, 75, 150, 6000 150, 415
Edwin Adams, 70, 100, 1900, 60, 165
Lucinda Lay, 22, 48, 1000, 50, 225
Wm. Wilkins, 30, 186, 1100, 55, 95
James A. Hill, 8, 250, 1200, 175, 150
Alfred Hill, 100, 200, 3000, 30, 290
B. I. Hinton, 10, 100, 1000, 100, 360
John Frank, 15, 65, 200, 10, 100
Wm. H. Moore, 50, 190, 488, 30, 225
William Frank, 12, -, 60, 55, 65
Sebert Griffith, 25, 15, 100, 10, 120
J. M. Griffith, 5, 35, 100, 6, 90
Anthony Fiest, 40, 280, 800, 60, 260
James M. Harper, 80, 240, 1200, 60, 320
L. D. Smith, 16, 64, 200, 25, 85
John McLean, 30, 130, 500, 25, 75
B. C. Orey, 50, 116, 350, 65, 224
Wm. B. Hill, 20, 60, 350, 75, 110

Wm. H. McKinney, 40, 40, 350, 15, 220
Ephram Rudolph, 60, 120, 600, 45, 210
Wm. Collier, 10, 58, 150, 5, 55
Reuben Morris, 20, 60, 100, 30, 126
Anson Jett, 60, 100, 800, 60, 236
Hezekiah Edwards, 80, 80, 600, 50, 255
James Rudolph, 25, 135, 600, 35, 82
John F. Davis, 20, 140, 200, 27, 209
Bejamin Kimmell, 100, 490, 1200, 75, 398
J. M. Cross, 12, -, 48, 30, 50
Jacob Rudolph, 90, 230, 1200, 75, 340
Wyley Rudolph, 60, 260, 1000, 40, 380
Wm. S. Davis, 30, 50, 250, 50, 183
Hazard Thompson, 20, 80, 400, 75, 225
David Morrow, 50, 110, 800, 50, 186
L. L. Ross, 40, -, 150, 40, 81
W. Futrell, 60, 20, 1000, 50, 350
Gregory Bitsworth, 60, 100, 1000, 15, 130
N. P. Jones, 12, 68, 320, 70, 175
B. Jones, 40, 40, 320, 60, 380
Joseph Parchar, 50, 230, 1300, 200, 295
Joseph H. Roof, 65, 95, 800, 15, 150
N. Snyder, 12, 128, 600, 80, 125
John W. Roof, 100, 270, 1300, 50, 160
Alexis Younger, 30, 130, 600, 50, 75
Samuel Sparks, 8, -, 48, 5, 25
D. J. Moore, 100, 320, 1200, 50, 294
George W. Austin, 27, -, 100, 1, 97
Morris McNeal, 60, 58, 800, 100, 300
Joseph Weaver, 70, 90, 550, 100, 294
George Stroup, 40, 130, 550, 50, 345
Robert Gore, 45, 115, 600, 65, 300
J. H. Houser, 50, 110, 650, 50, 215
John Broyles, 120, 216, 1600, 75, 600
Duncan Henderson, 38, -, 380, 10, 230
John Ewell, 100, 131, 2310, 150, 785
Joseph Canada, 70, 130, 100, 100, 150
A. G. Ratcliffe, 30, 110, 600, 50, 140
Adam Smith, 30, -, 300, 20, 160
Elijah Thompson, 40, 68, 500, 60, 270
Joseph H. Rothwell, 30, -, 300, 10, 50
Henry Bowland, 33, 127, 500, 10, 400
Henry Winkle, 29, -, 150, -, -
John M. Lawton, 35, 115, 500, 50, 590
Shedrich Rollison, 70, 130, 1200, 100, 200
Joab Watson, 60, 130, 100, 20, 690
W. H. Jones, 10, 140, 200, 5, 185
Jonas Mullins, 20, 60, 200, 50, 20
Thomas Guest, 50, 69, 500, 10, 200
Arcibald Berry, 35, 125, 100, 20, 200
Dehlia Greer, 25, -, -, -, 140
Wm. Dunn, 12, -, 100, 10, 60
B. M. McElier, 35, 45, 300, 15, 256

Wm. D. Edwards, 23, -, 75, 85, 290
Leer Egnew, 22, -, 75, 5, 90
M. S. Ring, 15, -, 100, 10, 103
David McNeal, 30, -, 200, 90, 320
Wiseman Arnol, 42, -, 250, 50, 200
Joseph H. Egnew, 48, -, 300, 60, 238
Samuel V. Endsley, 41, -, 280, 1000, 200
R. P. Larkin, 15, 145, 500, 25, 106
W. P. Davidson, 30, 130, 500, 50, 160
Samuel Lynn, 20, 60, 300, 10, 125
W. J. Goar, 80, 160, 1000, 100, 270
John Newman, 40, 120, 1000, 30, 180
James P. McIntosh, 20, 20, 200, 8, 66
Edmund Adkins, 40, 120, 800, 12, 115
Wm. Ham, 60, 100, 500, 10, 100
C. S. Houser, 33, 47, 300, 25, 143
Henry Houser, 20, 70, 200, 10, 145
James Houser, 60, 90, 500, 75, 326
G. W. Harper, 40, 120, 500, 10, 85
Jesse Thomas, 40, 120, 500, 30, 180
Eli Wyatt, 40, 120, 500, 50, 200
Killion Sight (Light), 40, 44, 300, 50, 80
H. B. Richardson, 30, -, 140, 60, 185
Anderson Dossett, 70, 90, 500, 100, 490
Wm. Thompson, 35, 53, 400, 115, 170
John Harper, 20, -, 100, 8, 85
Thomas Shepherd, 30, -, 150, 50, 200
Frederick Harper, 50, 230, 1000, 50, 300
Elizabeth Spence, 30, 50, 250, 30, 250
J. Grey, 22, -, 131, 6, 52
James M. Bell, 90, 150, 150, 120, 265
Kirby Loften, 75, 85, 600, 10, 130
D. R. Enders, 70, 90, 700, 15, 105
Andrew Rudolph, 60, 140, 1000, 100, 210
_. J. Council, -, -, -, -, 65
George Yopp, 20, 60, 350, 40, 110
Martin Yopp, 25, 55, 200, 40, 50
John Sulman, 30, 50, 300, 50, 60
John L. Pelltemorr (Pellterman), 80, 240, 1200, 50, 100
Mathew Snyder, 30, 50, 300, 50, 125
John Smith, 25, 55, 300, 30, 95
Jeremiah Elrod, 100, 120, 800, 75, 327
Henry Huffner, 25, 135 600, 80, 140
Ruthie Dye, 20, 60, 300, 6, 120
Jacob Fandane (?), 20, 80, 500, 100, -
James Potter, 75, 125, 1000, 50, 260
Christian Sirk, 40, 120, 550, 100, 350
Wm. Hall, 65, 5, 500, 105, 340
Wm. Lancashire, 35, 125, 1200, 100, -
Alfred Beasly, 27, 147, 600, 25, 48
Wm. Banner, 40, 40, 300, 68, 115
D. J. Fonwell, 2 0, 100, 400, 10, 60
Wm. Dent, 100, 118, 1200, 100, 398
H. B. Graves, 20, 140, 600, 10, 104
Richard Buslip, 20, 30, 200, 45, 100
Charles Roark, 50, 50, 650, 50, 170
Barbara Lilly, 75, 25, 750, 75, 200
J. Z. Byrd, 25, 135, 500, 10, 136
Lucy Cowling, 75, 225, 1500, 25, 290
Alfred Nelson, 23, 180, 800, 50, 165
Crittenden Brull, 27, -, 100, 25, 125
Bennet Brull, 35, 65, 500, 15, 115
John B. Berrill, 140, 360, 3000, 100, 725
Francis Lights (Sights), 16, 64, 225, 20, 50
John Wyatt, 50, 110, 600, 40, 200
S. M. Plumlee, 40, 90, 600, 50, 200
Archibald Dunaway, 23, 130, 600, 10, 120
Melton Bolew (Bolen), 40, 90, 700, 60, 240
Berry Thompson, 25, 60, 500, 50, 180
G. J. Thompson, 30, 76, 500, 5, 150
Nancy Daniel, 40, 105, 500, 25, 170
Lorenzo D. Wyatt, 49, 110, 600, 10, 100
R. H. Wood, 75, 85, 500, 15, 175
Alexander McElier, 130, 190, 1600, 125, 650
Wm. Daniel, 20, 120 400, 5, 60
James Ross, 60, 40, 700, 125, 370
S. W. Leech, 52, 108, 1500, 5, 200
Daniel Jones, 85, 55, 1000, 5, 200
Elizabeth Milligen, 80, 80, 1000, 100, 311
John Stiger, 45, 115, 500, 40, 82
David Laughlin, 50, 40, 850, 20, 270
Enders Herbes 16, 24, 100, 30, 100
Larkin Gibson, 25, 147, 1200, 50, 200
H. B. Walters, 15, 185, 1200, 50, 125
J. A. Morris, 18, -, 180, 50, 150
Aaron Skaggs, 80, 120, 1000, 15, 8
Nancy Milligan, 60, 90, 1000, 100, 250
Wm. Neal, 80, -, 5000, 20, 210
L. S. Haynes, 35, 52, 300, 15, 168
Rebecca Haynes, 67, 95, 600, 10, 140
James H. Haynes, 30, 130, 500, 40, 100
Samuel Rice, 90, 700, 2400, 100, 250
Berry Bonds, 17, 153, 500, 10, 500
James B. Roark (Roach), 8, 72, 400, 10, 60
Moses Rollison, 7, 83, 120, 10, 40
Oliver Wilkins, 21, 60, 300, 10, 78
Wm. Powell, 25, 89, 336, 40, 60
Martin McClendenen, 10, 40, 150, 8, 90
Benjamin Morgan, 16, 94, 500, 40, 110
Zaza Braziers, 13, 187, 800, 43, 130
John Boyer, 40, 120, 500, 40, 120
John Regle, 13, 50, 250, 30, 100
George W. Brown, 40, 150, 300, 12, 150
Hiram Hall, 80, 199, 2000, 75, 346

Abel Morgan, 60, 160, 1500, 20, 70
Moses Starr, 84, -, -, 300, 540
William Collins, 40, -, -, 8, 70
S. M. Purcell, 125, 280, 3500, 100, 410

Wm. Jones, 40, 150, 2000, 100, 270
Henry Enders, 53, -, 10000, 100, 200
W. C. Chapman, 40, 120, 600, 30, 250
Ruddy _. Chempsey (?), 2, 6, 400, -, 75

Madison County Kentucky
1850 Agricultural Census

The Agricultural Census for 1850 was filmed for the University of North Carolina from original records at Duke University in Durham North Carolina.

The following are the items represented and separated by a comma: for example, John Doe, 25, 25, 10, 5, 100. This represents:

Column 1 Owner
Column 2 Acres of Improved Land
Column 3 Acres of Unimproved Land
Column 4 Cash Value of Farm
Column 5 Value of Farm Implements and Machinery
Column 13 Value of Livestock

The following symbol is used to maintain spacing where there are no numbers: (-) In addition, the left margin has been bound too close to the edge causing some first names or initials to not be completely visible. The handwriting of this particular census taker was very difficult to read.

Samuel J. Isaacs, 50, 85, 270, 10, 90
Abrams Brockman, 20, 200, 350, 10, 130
Shelton Brockman, 50, 96, 200, 25, 130
George W. Isaacs, 20, 60, 160, 10, 45
George W. Crawford, 15, 182, 300, 10, 100
John Harrison, 40, 220, 500, 15, 160
Samuel Isaacs, 12, 300, 500, 10, 150
Thomas Bicknel, 30, 40, 140, 10, 55
William Williams, 30, 324, 354, 15, 190
Hu_all Skinner, 20, 120, 140, 10, 18
Sorrly (Lorrey) Powell, 30, 120, 100, 5, 110
Larkin Powell, 10, 40, 35, 5, 65
Birg__ Brockman, 15, 535, 312, 10, 170
William Abner, 40, 60, 75, 5, 100
Green Baker, 10, 40, 37, 5, 30
Cleveland Powell, 30, 170, 150, 5, 100
John Powell, 5, 45, 37, 5, 15
James Laws, 5, 45, 37, 1, 30
Thomas W. Cox, 60, 100, 600, 10, 300
Bright Berry Gintry, 33, 28, 500, 5, 277
Awney Gintry, 50, -, 350, 10, 130
Isham F. Todd, -, -, -, -, 135
T_mon Thompson, 50, -, 250, 10, 120
John Berman (Berma_, 100, 120, 800, 75, 300
Morgr W. Woodson, 30, 42, 160, 5, 150
M. J. Jones, 125, 1075, 2000, 150, 700
Peter Edwards, 70, 330, 500, 100, 144
John Jones, 10, 40, 500, 3, -
Thomas Clift, 40, 70, 300, 5, 80

Rice B__ng, 15, 60, 200, 3, 65
Cyrus Moran, 1000, -, 1000, -, 200
William Bicknel, 25, -, 25, 15, 100
Willis G. Haley, 30, 70, 200, 20, 150
Whitfield Moody, 100, 435, 1545, 200, 650
William Baker, 25, 45, 300, 35, 300
James R. Baker, 35, 175, 300, 5, 50
Thomas B__ng, 25, 75, 75, 5, 50
Thomas Jackson, 20, 20, 80, 5, 150
George Harrison, 30, 122, 150, 5, 70
J. _. Smith, 15, 65, 100, 15, 50
James N. Crutcher, 165, -, 4125, 100, 607
Gr__ T. Green, -, -, -, -, 120
Louis Francis, 438, -, 17520, 200, 1730
Isham Fox, 450, -, 18000, 100, 1889
Jones M. Dudley, 150, -, 7500, 100, 860
Liamy (?) Jarman (Janna__), 280, -, 8400, 50, 571
Thomas Wayle, (Wagle), 6, -, 1500, 10, 95
Isaac W. Biggerstafs, -, -, -, -, 600
Cassius M. Olvey, 1500, 500, 8000, 300, 9710
Jackson Riley, 25, 25, 750, 10, 100
Clifton R. Barrus, -, -, -, -, 60
James B. Morrison, 300, -, 900, 10, 85
John O. Morrison (Marrion), 110, -, 4300, 150, 447
Lmul Williams, 121, -, 2420, 100, 470
William Wilkerson, -, -, -, -, 120

Stephen Lankford, 300, 25, 6480, 100, 1110
Robert Johnson, 5, 1, 250, 3, 15
James Fouler, 100, 27, 1895, 50, 295
Nthaniel Irvine, 100, 73, 2000, 50, 295
Lolm (Solm) Davis, 200, 141, 6820, 100, 1988
John Irvine, 100, 130, 2760, 60, 588
Samuel Vorbel (Verbel), 120, -, 2400, 20, 283
Anthony Bassel, 50, 78, 2560, 100, 465
Samuel Parrish, 105, -, 2100, 50, 450
Michael Shronr, -, -, -, -, 180
John Raibourn, 80, -, 1440, 50, 690
Thomas Fowler, 80, 93, 3460, 50, 276
Joseph Fowler, 60, 100, 2460, 50, 380
William Fowler, 210, -, 4200, 100, 1139
Ca__y, Flanigan, 12, -, 480, 25, 100
James Rowland, 20, - ,800, 15, 255
Robert N. Quinn, 108, -, 1836, 15, 270
Woodson Nuby, 130, 10, 2240, 100, 66
Willis G. Moore, -, -, -, -, 120
James Rossel, 8, -, 320, 5, 180
Samuel Taylor, 12, -, 120, 5, 30
J___ M. Samuels, 40, 66, 1200, 30, 230
Kasiah Jenkins, 90, 150, 2400, 100, 717
M__ G. Million, 150, 50, 2500, 50, 629
Sally Perkins, 30, -, 450, 10, 85
William Nuby, 25, -, 400, 10, 80
Mary McWilliams, 140, 30, 3000, 50, 175
James McWilliams, 91, 90, 1000, 10, 300
John McHenry, 300, 50, 7000, 100, 4695
Andrew Moody, 70, 10, 960, 25, 138
William Burnett, 52, -, 1000, 25, 103
William Witt, 140, -, 2000, 100, 456
Franklin Moore, 112, -, 1120, 50, 248
William Cambell, 211, -, 4220, 100, 285
William Wilson, 60, 53, 1000, 50, 297
Thomas Kincaid, 35, 15, 500, 15, 379
James B. Bolloch (Ballack), 250, -, 2500, 150, 344
M. G. Cornelison, 35, -, 350, 10, 163
An___McWilliams, 75, 75, 1500, 50, 385
Samuel Marbin, 10, 177, 187, 10, 50
John Gabback, 9, -, 15, 1, 64
Humphrey Hill, 100, 250, 3000, 100, 380
Fielding Golding, 20, 40,250, 15, 150
Harrison Golding, 30, 45, 350, 15, 100
James Hart, 40, 40,320, 25, 150
Enis Davis, 60, 70, 600, 30, 180
James Dowdin, 25, 25, 700, 15, 155

Michael Dowdin, 100, 450, 2000, 25, 284
Hiram Gabback, 15, 12, 100, 10, 150
James Kinnard, 75, 48, 1000, 75, 488
William Jarman (Jarmore), 6, 94, 100, 15, 120
Bartlett Harlow (Haslow), 40, 60, 400, 25, 150
Alfred Johnson, 40, 60, 300, 100, 230
William Johnson, 100, 200, 1000, 100, 400
B__rn Duncan, 30, -, 400, 25, 75
Eastor Johnson, 50, 100, 600, 15, 375
Samuel Davis, 25, -, 125, 10, 125
Jackson Hoskins (Haskins), 30, 70, 150, 5, 140
William Hoskins (Haskins), 20, 40, 100, 5, 120
Silas Newland, 300, 700, 4000, 250, 673
Abram Powell, 12, 44, 56, 10, 15
Madison Lamb, 15, 85, 150, 10, 20
Abram Williams 100, 200, 1200, 100, 280
Michael Powell, 40, 70, 600, 15, 60
William Runnels, 40, 40, 120, 10, 55
John Hunter, 125, 375, 1000, 150, 300
James Robinson, 150, 350, 4000, 200, 325
David Hendrix, 4, 21, 25, 10, 50
William Kelly, 30, 50, 200, 75, 128
James Buford, 60, 40, 30, 15, 190
James H. Gentry, 60, 240, 200, 15, 125
Thomas Bicknel, 20, -, 60, 10, 50
Pleasant Gentry, 30, 670, 700, 15, 170
John Kinnard, 60, 26, 1200, 15, 195
John Marsh, 200, 88, 4320, 150, 138
Woodson Louis (Ferris), 10, 45, 100, 50, 430
William Eastrs, 150, 75, 3000, 75, 200
Elizabeth Webber, 90, 90, 2000, 75, 300
Charles Burgess, 70, 50, 1200, 60, 175
Overton Harris, 30, -, 450, 35, 130
Asa Smith, 260, 45, 3000, 200, 1340
John M. Hisel, 250, 10, 3900, 150, 645
Jacob Fritz, 50, 15, 650, 15, 146
Jesse Edwards, 10, -, 50, 10, 50
Thomas Adams, 150, 100, 2500,250, 525
Fountain Shiffert, 40, 100, 500, 15, 787
Alman Roberts, 30, 70, 400, 25, 112
Levi Parks, 13, 139, 560, 15, 125
Aletha Baker, 15, 85, 250, 10, 58
Thomas Shifflet, 22, 85, 110, 25, 50
John VanWinkle, 32, 93, 375, 10, 75
John Burk, 70, 127, 985, 50, 36
Robert Cox, 100, 145, 700, 50, 359
John Hudson, 60, 217, 700, 15, 525

Louis Davis, 75, 305, 700, 75, 120
Washington Baker, 16, 539, 1000, 15, 215
Elijah Hudson, 18,32, 150, 10, 75
Birgus Baker, 18, 32, 150, 10, 130
James Abrams, 25, 25, 120, 10, 125
Edwin Baker, 15, 85, 300, 10, 100
William Coyle, 70 180, 500, 15, 120
Layton Kirbey, 20, 140, 400, 100, 160
Bowlin Louis, 25, 75, 300, 10, 150
Joseph Asbel, 35, 65, 300, 10, 140
William Hunt, 30, 220, 500, 10, 200
David Stephens, 60, 440, 800, 15, 700
Jesse Thomas, 12, 44, 75, 10, -
Susan Parker, 20, 60, 100, 10, 120
Joseph Williams, 25, 75, 400, 15, 120
Franklin Bland, 15, 85, 200, 10, 100
Richard Cornelison, 70, 200, 2700, 150, 426
Robert West, 30, 150, 800, 150, 350
Schuyler Johnson, 50, 33, 400, 5, 240
Caleb Hart, 13, 13, 125, 200, 60
Major Johnson, 50, 10, 350, 100, 148
Jackson Roberts, 130, 80, 2000, 60, 400
William Terrel (Tenel), 300, -, 12000, 100, 1270
Beverly Terrel (Tenel), 200, 150, 2000, 150, 910
Reubin Eastin, 80, 60, 1800, 50, 515
James West, 200, 125, 3250, 200, 1806
James McWilliams, 75, 36, 1000, 100, 340
William Stapp, 150, 110, 1000, 200, 448
James Carr, 50, 47, 500, 50, 399
John H. Parrish, 90, 30, 240, 100, 390
Joab Davis, 100, -, 2000, 35, 171
Robert Corhorn, 250, 37, 11000, 250, 1280
William Moss, 190, -, 5700, 100, 540
Samuel Cambell, 750, 50, 32000, 200, 5870
Michael Farris, 30, -, 15500, 200, 2000
James Moore, 215, -, 9675, 100, 1780
Richard P. Dockeray (Hockerdy), 105, 1, 4200, 100, 1390
George W. Ross, 100, 28, 3000, 150, 796
Ellias Moberly, 400, 100, 15000, 100, 1449
William Burnett, 60, -, 1800, 50, 555
Jackson Davis, 375, -, 15000, 100, 1595
Robert Moran, 420, 260, 31000, 200, 3450
Mary Manzey, 160, 36, 5000, 60, 924
Susan Scott, 230, -, 3000, 100, 570
Susan Fitzpatrick, 200, 40, 3600, 150, 543
William Du__, 275, 245, 10400, 250, 2029
Jesse Oglebee, 209, -, 4000, 100, 225
Fielding Mitchel, 140, -, 4000, 25, 667
Mary Wiley, 30, -, 600, 10, 100
Samuel Patterson, 100, -, 2000, 100, 465
James Wallace, 100, 140, 1000, 100, 410
Edward Stinson, 50, 50, 1000, 25, 180
Walker Moore, 10, 30, 400, 50, 180
John Nuby, 40, 20, 1000, 20, 216
Edwin Martin (Mastin), 50, 30, 1600,25, 305
Haser Matticks (Mattrickes), 65,-, 650, 20, 130
Nathan Roberts, 40, 10, 500, 20, 190
Jesse Perkins, 40, 10, 500, 25, 210
Jacob Bakin (Baker), 100, 30, 1000, 30, 250
George Brink, 100, 30, 1000,25, 160
George Jenkins, 55, 159, 2150, 60, 482
William Moore, 100, 90, 3800, 100, 438
Josiah Baker, 50, 43, 1105, 50, 544
Smith W. Hurst, 40, -, 400, 50, 505
Towson Million, 135, 20, 3000, 100, 659
John Hatherman, 80, 20, 1500, 100, 397
James _. Million, 50, -, 2000, 25, 287
Andrew Monday, 100, 50, 2500, 25, 312
Wingfield Cosby, 70, 330, 5000, 75, 619
John Crow, 40, 25, 500, 75, 159
Mary Lauk (Land), 100, 49, 2000, 25, 294
William Taylor, 300, 300, 10000, 150, 1985
Burteston(Basterston) Taylor, 100,3 0, 1200, 100, 545
Salton Taylor, 250, -, 3000, 100, 440
James Agee, 25, -, 375, 25, 70
James D. Haden, 150, 70, 2500, 100, 475
Jesse Taylor, 70,1 70, 500, 100, 283
Joseph Renfroe, 150, 110, 3000, 100, 315
James N. Renfroe, 20, 80, 800, 50, 75
Henry Nuby, 14, -, 140, 10, 75
Winnyford Nuby, 60, 60, 1500, 100, 251
Richard Perkins, 50, 80, 1000, 10, 147
Burrel Million, 400, 300, 7000, 150, 2285
Ralph Magree, 65, 40, 1200, 15, 250
James Krutzer (Knutzer), 70, 97, 2000, 130, 400
Payton Foster, 15, 5, 300, 15, 185
Alfred Judis, 167, -, 6000, 100, 629
Joseph Hathenson, 75, 30, 2000, 75, 340
Bryant Nuby, 150, 50, 3000, 100, 1218

Bordan (Bonland) Millions, 100, 60, 1000, 20, 360
William R. Nunn (Num), 300, -, 15000, 1000, 1625
Johnathan Parker, 100, 50, 1200, 75, 442
Thomas Bronston, 400, 120, 20000, 150, 3580
Allen Anderson, 290, 30, 9000, 200, 1680
Rebecca Miller, 3, -, 5000, 5, 180
Hiram Doolin, 6, -, 300, 15, 142
Solomon Smith, -, -, -, -, 85
Clairborn White, 16, -, 9000, 100, 600
Richard White, ½, -, 1500, -, 75
John B. Francis, -, -, -, -, 165
Thomas T. M__ain, 3, -, 2500, 10, 125
Christopher Ball, 5, -, 3000, -, 40
A___ Walker, 11, -, 5000, -, 340
Joel Walker, 3, -, 2000, 10, 1000
Sidney K. Tanner (Turner), ½, -, 1500, 3, 20
M. D. Wainscott, 10, -, 1000, 4, 60
Peter M. Smith, 1, -, 1000, 2, 140
David Brick, 3, -, 350, 5, 165
Daniel Brick, 48, -, 10000, 5, 260
Perry Patterson, ¼, -, 100, 20, 40
Thomas H. Barnes (Banes), -, -, -, -, 140
John Smith 1 ¼, -, 500, -, 40
William Moore , 7 ¼, -, 700, 5, 20
William Shropard, ¼, -, 500, -, 20
Farris White, 1, -, 600, 3, 60
John Scott, ½, -, 500, 2, 60
David Norris, 590, -, 35850, 350, 6158
Mrs. Phery (Pheny) James, 82, -, 4920, 100, 430
Morgr Kinnard, -, -, -, -, 30
Thomas Bronston, -, -, -, -, 75
James E. Baker, -, -, -, -, 100
John M. Harris, -, -, -, -, 100
John Miller, 25, -, 8000, 50, 290
Adamson White, 185, -, 75000, 2000, 1950
William McClanahan, 25, -, 4000, 10, 290
___ James DeJarnett, 250, 30, 4164, 100, 1022
Isaih Jennings, 200, 50, 3750, 75, 695
John Griess, 100, 230, 3300, 50, 425
Jacob Moberly, 65, -, 975, 100, 339
Dunett White, 800, 320, 33600, 250, 2772
Charles Watts, 300, 90, 12470, 150, 1391
James Black, 50, 50, 3500, 100, 528
Thomas Palmer, 516, -, 17000, 200, 2190

James W. Caldwell, 250, -, 10000, 200, 880
James Blackburn, 100, 140, 480, 25, 200
Benjamin Smith, 60, 33, 279, 15, 160
Judith Elam, 12, -, 25, 5, 40
Elisha Kerbey 100, 200, 900, 10, 100
Harrison carr, 100, 100, 600, 15, 225
Charles Anderson, 90, 93, 1000, 100, 300
Robert Elam, 13, 10, 300, 10,50
James Boatright, 50, 25, 350, 10, 85
Samuel Bess, 100, 95, 1900, 100, 65
William Ballard, 50, -, 600, 25, 235
Morgr W. Ballard, 200, 300, 5000, 100, 4000
William Nowland, 100, 13, 2000, 100, 290
Jesse Franklin, 90, 100, 2000, 75, 350
James Yates, 100, 40, 2000, 100, 420
William Foley, 80, 8, 880, 15, 180
David Johnson, 40, -, 800, 10, 550
Elizabeth Boatright, 133, -, 2600, 100, 656
Samuel Lackey, 325, 325, 1300, 200, 2055
Robinson Barnett, 50, -, 1000, 10, 259
William Barnett, 60, -, 1200, 50, 270
John __rig__, 105, -, 200, 100, 500
Leroy Mitchell, 100, 70, 3000, 100, 705
Samuel Kincaid, 50, 70, 100, 280
James Thompson, 30, -, 300, 15, 138
Samuel Walkup, 50, 25, 700, 75, 350
Ann Vaughn, 150, 50, 1200, 75, 766
Madison Todd, 300, 97, 5970, 300, 1162
Mary Fletcher, 30, -, 450, 10, 120
Joel Todd, 80, 260, 1000, 75, 435
John Todd, 39, 100, 417, 15, 182
James Elam, 75, 148, 645, 15, 570
Jesse Vower (Vowes), 30, 29, 177, 10, 164
William Newton, 25, 25, 1565, 5, 104
John Cochran, 100, 124, 3360, 100, 414
Samuel Walkup, 180, -, 3600, 75, 392
Morgr Mason, 83, -, 1000, 15, 205
John Caloway, 136, 100, 2000, 75, 778
John Mason, 487, 50, 15000, 350, 1540
James S. Hockerdy, 97, -, 4000, 150, 1055
Malcom Miller, 512, 146, 25000, 350, 3000
John A. Duncan, 700, -, 35000, 200, 5510
William Harris, 1000, -, 49000, 400, 5172
Sarah Black, 108, -, 4320, 100, 200

Johnathan Agg (Ogg), 150, -, 2250, -, 716
Martin Garvin, -, -, -, -, 400
John C. McWilliams, 230, -, 5000, 150, 2100
William Agg (Ogg), 197, , 3040, 100, 715
Churchill Thomas, -, -, -, -, 25
James McWilliams, 172, -, 3500, 100, 1310
William Rhodes, 120, -, 2400, 50, 150
Anderson Yates, 248, -, 8440, 25, 375
Edward Croucher, 50, -, 1000, 15, 106
Washington Maupin (Manpin), 400, 100, 17500, 300, 2860
King Maupin, 220, -, 7750, 200, 1390
James Yates, 907, -, 36280, 500, 2795
Morgr Ballew, 350, -, 10500, 100, 1165
Wallace Estill, 600, 300, 36000, 500, 5525
James Mason, 100, -, 6000, 150, 715
Edward Cornelison, 82, -, 1804, 50, 470
Morgr Christopher, 15, -, 300, 100, 165
Garland Cornelison, 350, -, 14000, 500, 2180
Samuel Stone, 1200, -, 48000, 500, 6800
William Crenault (?), 750, -, 30000, 250, 7688
Vry Lague (Lagree), 50, 50, 250, 15, 100
Richard Sarret, -, -, -, -, 50
Thomas Smith, 80, 72, 760, 10, 537
JohnW. Browning, 100, 87, 1400, 100, 345
Elizabeth Duren, 50, -, 1000, 75, 350
Elizabeth B_ing, -, -, -, 15, 145
Little Berry Witt, 40, 27, 300, 15, 125
James W. Quinn, 50, 100, 750, 75, 235
Sidney N. Quin, 50, 50, 500, 15, 250
Peter Bartlett, 80, 120, 1000, 75, 260
Amos Bartlett, 34, 100, 600, 100, 200
William Bartlett, 30, 166, 900, 65, 115
Sp__d Bartlett, 25, 71, 400, 75, 167
William Hill, 700, 216, 2000, 25, 230
Simeon Warfork, 50, 50, 800, 75, 142
Hiram W. Quinn, 100, 55, 900, 15, 200
William Kincaid, 100, 122, 666, 50, 338
Nathaniel Kincaid, 50, 53, 412, 50, 175
_. Sp__d Smith, 800, 700, 30000, 500, 3826
C_n_ C. Smith, 200, 300, 7000, -, 350
N. Clay Smith, 150, 350, 7000, -, 75
Fielding Carpenter, 60, 200, 1300, 25, 184
Isaac Todd, 50, 50, 500, 25, 114
William Riddle, 50, 50, 500, 25, 272
Robert Lakes, 15, 35, 75, 10, 157

Timothy Lakes, 5, 66, 96, 5, 150
John Lakes, 50, 20, 200, 10, 167
Harrison Hill, 200, 50, 7000, 40, 248
Buzby Gentry, 80, 1020, 3600, 50, 446
Andrew Adams, 25, 110, 325, 20, 221
Emily McKenly, 120, 60, 2000, 50, 630
Silas Hill, 70, 70, 1400, 50, 357
William Rivers, 50, 50, 800, 200, 83
David D. Cox, 30, 275, 1950, 25, 186
Watson Layne (Laguee), 50,1 06, 500, 25, 220
John Ballard, 200, 150, 8000, 200, 466
Elam Million, 80, 85, 4000, 100, 488
Jams Barnes, 143, -, 1430, 100, 621
Elizabeth Kimball, 60, 80, 2000, 100, 152
Squire Williams, 25, -, 250, 20, 175
James Rice, 120, 120, 12000, 100, 1410
James B. Wright, 6, 6, 162, 20, 177
Moses B. Willis, 90, 10,3000, 100, 536
William Morrison, -, -, -, -, -
Benj. Howard, 430, -, 12900, 200, 2080
George W. Perkins, 70, 34, 1000, 100, 248
William Embry, 407, -, 24000, 250, 905
Farris Million, 100, -, 2000, 25, 190
Joseph P. Simmon, 248, -, 10000, 75, 945
Joseph W. Moore, 79, -, 1500, 25, 243
John F. Perkins, 82, -, 600, 15, 135
Thomas Moberly, 65, 40, 2080, 50, 286
Samuel Black, 100, -, 3000, 100, 503
Jesse Jennings, 208, -, 3120, 50, 712
Farris Million, -, -, -, -, 75
Daniel Tucker, 70, 60, 1800, 100, 356
James Cambell, 500, 800, 35000, 300, 4225
James Cornelison, 50, -, 1500, 25, 225
Isaac Hill, 280, -, 8400, 40, 542
Howard Land, 50, 58, 2000, 100, 200
Mort G. Irvine, 250, -, 5000, 100, 1079
Thomas E. Yates, 100, -, 3000, 50, 100
Darin (David) M. Hasbro, 95, 30, 2000, 80, 535
Benjamin Boggs, 186, -, 800, 100, 800
C. J. Nooch, 40, -, 2000, 150, 300
Johnathan J. Farris, 250, -, 7500, 100, 2177
John B. Miller, 425, -, 17000, 300, 7242
William Hiatt, 310, -, 14000, 200, 1665
Nancy Harris, 240, -, 4800, 200, 1261
Alexander Thibble, 646, -, 27040, 300, 4090
William Maupin, 333, -, 7000, 150, 555
Louis H. Gillispie, 128, -, 5000, 15, 348

A. C. McWilliams, 350, -, 6000, 300, 1170
James Elmore, 300, 18, 12000, 150, 1473
William Lyle, 5, -, 200, 75, 250
James Butner, 49, -, 2400, 75, 455
William McCord, 200, -, 8000, 200, 900
Samuel Rogers, 50, -, 2000, 15, 210
William Bouluase (Bouluare), 162, -, 2430, 50, 635
Jefferson Williams, 283, -, 10995, 150, 1200
William White, 600, 300, 27000, 100, 3530
Thomas Maupin, 250, -, 7000, 100, 455
Samuel Davis, 113, 30, 150, 20, 137
John Doshier, 53, -, 1050, 10, 450
Eli C. McWilliams, 200, -, 6000, 150, 425
William Sims, 50, -, 1000, 25, 240
John Todd, 60, -, 1200, 150, 749
Andrew Elam (Elaw), 150, 150, 4000, 200, 917
Lucy Walker, 360, -, 7000, 200, 925
Aletha Cornelison, 108, 146, 5000, 100, 263
David Cambell, 27, -, 500, 15, 250
Ellen Cambell, 223, -, 4460, 75, 560
William McWilliams, 240, -, 4500, 100, 750
Hardin Bouluase, 150, 50, 3000, 100, 546
James Roberts, 100, 19, 2000, 100, 350
Gabriel Lackney, 300, -, 600, 150, 1095
William Harris, 75, 70, 800, 50, 225
John R. White, 50, -, 1000, 25, 317
Levi Moore, 275, 50, 3000, 150, 1010
Alfred Pirvis, 15, 35, 25, 5, 100
Jackson Cruse, 50, 140, 500, 10, 75
Li__nny Vanwinkle, 20, 61, 81, 2, 60
Thomas Francis, 100, 156, 700, 75, 350
Thomas Francis, 250, 650, 2000, 150, 670
Isaac Cagle, 10, 390, 210, 5, 15
Joseph Vanwinkle, 20, 80, 50, 5, 125
Dudley Hurst, 12, 38, 25, 5, 75
Thomas Johnson, 30, 52, 75, 5, 100
James Isaacs, 40, 40, 300, 5, 275
John Isaacs, 15, 335, 250, 5, 180
Linrd Baker, 10, 90, 75, 3, 70
Peter Mayse, 15, 85, 50, 5, 85
O. P. Jackson, -, 75, 50, 3, 65
Gabriel Abrams, 30, 70, 75, 5, 75
Riley Lynx, 30, 220, 150, 3, 200
Benjamin Baker, 3, 47, 25, 1, 12
Samuel Cooper, 40, 325, 65, 25, 350

Jams Fowler, 30, 68, 75, 5, 85
Abner Williams, 40, 660, 300, 10, 125
William Baker, 4, 246, 150, 5, 35
Jacob Seaborn, -, 100, 50, 1, 30
Jacob Gabbert, 10, 40, 35, 2, 50
Franklin For_ush, 10, 40, 35, 1, 40
N_l_y Roberts, 15, 85, 75, 3, -
Edward Gabbert, 15, 85, 75, 3, 150
John W. Gabbert, 15, 115, 100, 5, 135
Isaac Tilery, 20, 240, 200, 5, 100
John Mercune (?), 30, 60, 780, 5, 65
Godfrey Isaacs, 30, 470, 250, 5, 75
John Collins, 15, 35, 35, 2, 50
William Asbel, 20, 30, 65, 3, 80
Thomas Johnson, 20, 129, 100, 3, 25
Robert Jones, 20, 180, 150, 5, 50
John Clem__, 2, 85, 50, 3, 60
Thomas Lakes, 15, 85, 50, 3, 115
John Lakes, 20, 255, 175, 3, 75
John Rose, 20, 18, 39, 5, 80
Samuel Rose, 75, 75, 150, 100, 110
J___l, Rose, 30, 70, 65, 3, 350
Robert Boggs, 425, -, 17000, 150, 1330
Richard Oldham, 40, 30, 1400, 25, 310
Milo Baxter, 300, 150, 7500, 30, 4500
James Richardson, 300, 80, 3500, 150, 3000
James Firnst, 25, 25, 50, 5, 55
Betsy Alexander, 10, 50, 60, 5, 75
Silas Todd, 10, 90, 150, 10, 250
William Todd, 50, 250, 300, 20, 300
Elizabeth Roberson, 50, 50, 600, 25, 400
John Woolwine, 17, 8, 25, 5, 250
Richard Monday, 500, 800, 10000, 200, 3956
Elijah Yates, 300, 800, 3000, 100, 1700
Amos Ellerson, 175, -, 1700, 75, 440
Thomas Harbor, 250, 180, 8600, 100, 2180
Peter Dozier, 150, 164, 6280, 50, 680
William Dozier, 60, -, 600, 12, 554
Elias Berrgin (Benigin), 180, 27, 4140, 80, 950
James Dozier, 200, 30, 4600, 100, 650
Manson Chenault, 180, 68, 9920, 75, 870
Anna Tipton, 100, 30, 1300, 7, 165
Benjamin Bonbin, 25, 5, 300, 10, 94
Henry Wright, 12, 8, 400, 8, 262
George Langston, 60, 53, 1130, 50, 350
William Riley, 60, 315, 3750, 50, 592
Birgus Dethridge, 200, 151, 6820, 200, 1580
William Stone, 100, 133, 4660, 100, 871
James B. Walker, 500, 290, 47400, 300, 3780

Curtis Field, 150, 550, 14500, 150, 770
Joseph Jones, 180, 50, 4600, 100, 2525
Shipton Parks, 100, 175, 2750, 50, 860
William Dethridge, 185, 45, 5150, 47, 2439
William Wright, 50, 125, 2100, 40, 500
Manson Newland, 95, 15, 2200, 20, 241
David Armani, 25, 20, 5400, 12, 125
Enon Ambrose, 40, 60, 1000, 20, 150
Samuel Williams, 258, 282, 16200, 130, 2314
Morn Williams, 120, 96, 6450, 30, 835
Alfred Turner, 106, 106, 4240, 60, 425
James K_-utzer, 150, 85, 6990, 100, 1175
Francis Rolands, 25, 20, 625, 15, 540
John Foster, 6, -, 90, 8, 32
Barnett Farmr, 14, 45, 2280, 100, 371
Nina Roberts, 15, 21, 280, 8, 52
Nelson Nuby, 40, 30, 1050, 25, 380
Johnathan Hathemore, 170, 100, 4050, 50, 808
Joseph Hathermore, (Hatherman), 200, 60, 4650, 60, 725
Elzy Millions, 150, 80, 4600, 35, 748
William Kneatzer, 120, 90, 4200, 50, 445
Allen Nuby, 12, 8, 200, 5, 115
William Kneatzer, 70, 30, 2000, 20, 365
William Moore, 100, 100, 4000, 100, 674
Ralph Magre, 75, 30, 1760, 25, 216
James Sorreny (Lowery), 300, 150, 5400, 50, 862
Fulton Turpin, 40, 26, 660, 25, 165
Sarah Banes, 30, 25, 550, 10, 215
Jeny Rivers, 480, 36, 2160, 50, 437
Robert Thomas, 70,6 0, 1300, 50, 420
John Duncan, 50, 20, 700, 5, 95
Jeremiah Frazier, 20, 9, 290, 5, 33
Robert Wilson, 80, 30, 1000,35, 326
John Parrish, 30, 30, 600, 15, 136
Alfred Petiford, 40, 60, 1000, 30, 184
Ketreck (Ketr__oh) Wright, 30, 20, 500, 500, 157
William Wright, 30, 20, 500, 8, 41
Thomas Tipton, 40, 20, 700, 35, 280
Shipman Baxter, 100, 225, 3250, 10, 180
Mary Lambert (Samens), 40, 39, 690, 20, 77
John Wright, 24, -, 240, 10, 80
Shadrack Roberts, 80, 30, 1100, 30, 288
Christopher Dejarnett, 38, 117, 1590, 28, 441
Francis Searcy, 30, 40, 700, 15, 270
James Charney, 76, 14, 300, 10, 178

Absalom Stivens, 10, 51, 1220, 60, 391
(Lasrus) Buse, 40, 21, 800, 500, 344
Absolom Dunn, 20, 10, 300, 15, 224
James Goldens, 80, 115, 3900, 40, 390
Carrl Chenault, 500, 611, 16200, 200, 2820
Samuel Phelps, 619, 491, 22200, 300, 9970
David Nobles, 100, 185, 5100, 60, 540
John Davis, 100, 115, 4300, 65, 1166
Joel Carr, 50, 90, 2800, 5, 356
John Burgin, 50, 125, 1225, 50, 297
Claibourn Gentry, 225, 275, 16000, 60, 1821
William Langston, 310, 310, 12400, 200, 5666
William Harm, 40, 60, 1200, 15, 394
Munro Bager, 80, 20, 1200, 80, 418
Nancy Burris (Burrus, Barnes), 75, 95, 1700, 20, 206
Munroe Martin, 20, 21, 400, 15, 110
Harrison Perkins, 35, 40, 750, 10, 472
John Stapp, 90, 76, 1660, 20, 211
Joseph Waters, 100, 39, 1395, 40, 249
Phillip Davis, 25, 25, 600, 25, 384
Anderson Bagre, 50, 50, 1500, 50, 480
Margarline Stepp, 60, 100, 2400, 30, 555
Osborn Sanders, 50, -, 600, 10, 136
*Amich_* Bird (Brid), 125, 725, 10200, 100, 300
Levi Harvey, 35, 33, 680, 25, 140
John Coddle, 40, 60, 500, 60, 191
Winney Nuby, 50, 80, 1300, 30, 365
John Holiday, 350, 35, 350, 6, 350
Zephr_ Fowler, 150, 72, 1320, 50, 550
Volentine Duncan, 150, 150, 3000, 100, 350
James Burris, 30, 100, 1300, 20, 166
Jane Cooper, 40, 15, 550, 10, 81
James Boatman, 25, 25, 500, 15, 135
William B. Wright, 25, 25, 500, 15, 83
Thomas Broaddus, 140, 152, 2930, 150, 625
John McWilliams, 60, 100, 1120, 30, 350
David Farthergill, 30, 20, 400, 15, 135
Washington Stepp, 40, 40, 640, 10, 115
Elizabeth B___ss, 70, 144, 1280, 30, 401
Ring Sand (Land), 110, 32, 1320, 30, 192
Stephen Perkins, 80, 65, 1450, 20, 636
Ninarth Cosby, 70, 768, 2350, 50, 285
Elizabeth Cosby, 30, 121, 1710, 10, 129
Nancy Harvey, 50, 30, 1600, 25, 211
Abraham March, 130, 120, 5000, 65, 890

Elias Barrus, 350, 124, 9480, 100, 820
James Berry, 70, 30, 3500, 100, 480
Jarvis Culbert, 250, 274, 10480, 150, 755
Thompson Berham, 476, 436, 34000, 300, 2127
William Champs, 80, 70, 4500, 100, 860
Nathaniel R. Ross, 70, 37, 2140, 50, 350
Jefferson Fantin, 50, 50, 1000, 10, 158
Thomas Powell, 30, 20, 500, 10, 130
Abraioh Powell, 15, -, 150, 5, 46
Phorley Moore, 10, 15, 250, 24, 15
Alexander South, 100, 175, 2755, 50, 562
John Christopher, 40, -, 400, 7, 40
James Anderson, 25, 7, 250, 7, 55
Benjamin Shrans, 40, 67, 1070, 60, 238
Mathew Shrans, 200, 500, 10000, 200, 520
Richard Davis, 100, 100, 4000, 100, 1301
Edmond Baxter, 100, 56, 1500, 50, 535
John Brooks, 75, 65, 1400, 20, 100
James Baker, 20, 20, 200, 5, 105
John M. Baker, 50, 90, 780, 47, 365
___s Eakers, 200, 200, 8000, 20, 309
Thomas Ealers(Eakers), 40, 86, 1890, 40, 340
Martin Kincaid, 10, 49, 250, 5, 92
Lorenzo Kincaid, 60, 50, 1140, 50, 200
Martha Hatten, 55, 600, 600, 50, 417
Powton Thomas(Shearnes), 50, 100, 1800, 60, 355
Daniel Dunbar, 100, 70, 1700, 50, 500
John Dunbar, 150, 150, 3000, 50, 370
John Old, 60, 49, 896, 25, 190
Alfred Freeman, 700, 50, 3000, 40, 310
Pleseant Eakes, 50, 10, 700, 10, 80
G. B. F. Broaddus, 250, -, 5000, 100, 554
David McCord, 300, 100, 12000, 100, 1545
Da__ B. Tipton, 60, 20, 2000, 50, 320
John Owens, 145, -, 500, 10, 1050
Samuel Shrum, 400, 200, 7200, 100, 1605
Joseph Bush, 30, 5, 350, 10, 102
Francis White, 15, -, 150, 3, 15
James Isom, 40, 20, 600, 10, 78
George Isom, 20, -, 200, 5, 150
Henry Welch, 30, 57, 1740, 15, 263
Stephen Powell, 50, 70, 1500, 56, 352
Elizabeth Powell, 30, -, 90, 7, 43
John Reed, 40, 150, 3800, 50, 190
Jerry Collins, 40, 50, 1080, 17, 205
Martha West, 100, 84, 1840, 10, 160

Anderson Keneday, 57, -, 570, 10, 155
James Rurr(Burr), 47, -, 470, 10, 81
John Shroot, 120, 60, 1800, 50, 740
Joel P. Powell, 30, 86, 1160, 25, 283
Samuel Powell, 72, -, 340, 15, 179
Ellman Smith, 100, 191, 2910, 100, 258
Thomas Johnson, 100, 90, 1900, 65, 336
Benjamin Powell, 30, 97, 1404, 50, 165
S__th B. Powell, 100, 253, 3330, 75, 591
Joseph Martin, 50, 20, 926, 20, 95
Alexander Warren, 100, 110, 3150, 50, 430
William Cooley, 70, 65, 1620, 50, 232
John Salk, 70, 60, 1950, 60, 321
Giles Adams, 35, 16, 1020, 60, 248
James Hill, 50, -, 500, 15, 338
James F___d (Finch), 140, 100, 4800, 75, 734
Robert Wilson, 150, 60, 2200, 20, 400
S. H. Helpmirstrill, 20, 50, 800, 15, 970
Louis Risle, 140, 30, 2000, 75, 1000
L__uster Willaby, 35, 15, 700, 10, 300
Irvine Risle, 50, 25, 700, 75, 229
Lucy Lily, 150, 125, 4000, 75, 301
Abraham Laramore, 500, 580, 19440, 300, 3350
Dawson Elliot, 60, 90, 3000, 50, 429
James Jackson, 150, 150, 4500, 75, 1000
James Thomas, 100, 137, 10200, 15, 360
Mary Million, 50, 50, 1200, 65, 800
J. V. Taylor, 120, 25, 950, 100, 278
John Nuby, 50, 28, 2340, 25, 230
Nancy Roach, 15, 5, 200, 10, 45
William Kneuatzer, 100, 107, 2070, 25, 792
William Simms, 87, 52, 1370, 30, 405
Plesent Perkins, 80, 120, 2000, 50, 243
Jeny Perkins, 70k 130, 2000, 25, 583
Groom Taylor, 200, 86, 3432, 100, 770
Jesse Taylor, 100, 100, 2000, 25, 465
Lawrence Davis, 25, 20, 450, 20, 240
Sarah Kneuatzer, 35, 15, 500, 15, 128
Moses Broomfield, 20, 5, 250, 10, 270
Jefferson Perkins, 20, 60, 640, 10, 130
Michael Perkins, 20, 60, 640, 10, 134
Green Lay, 45, 40, 1700, 15, 226
Nancy Kneuazter, 60, 40, 1200, 20, 465
James Howard, 100, 165, 2325, 75, 510
Daniel Robucks, 35, 30, 700, 60, 200
Thomas Stapp, 40, 40, 960, 60, 200
P___ Foster, 15, 5, 300, 40, 247
Jacob Kneuatzer, 100, 72, 3440, 50, 647
William Williams, 150, 50, 6000, 75, 80
Green Millions, 70, 30, 1200, 50, 769
Francis Green, 70, 30, 1200, 45, 650
Samuel Turner, 45, 35, 2400, 25, 60

Luckett Turner, 100, 140, 7000, 70, 838
James B. Turner, 250, 167, 8340, 100, 2878
Wily Embry, 100, 72, 68, 40, 50, 459
Turner Burris, 140, 62, 3240, 60, 572
William Harvy, 100, 22, 5400, 100, 524
David Harbour, 75, 45, 2400, 20, 1399
David Clark, 80, 70, 3000, 100, 574
Louis Clark 30, 20, 1000, 75, 325
John Clark, 70, 80, 3000, 90, 562
James Martin, 70, 230, 6000, 15, 98
Squire Land, 40, 67, 1605, 60, 486
William Collins, 200, 300, 1500, 75, 1675
Elisha Roberts, 40, 40, 960, 50, 658
Thomas Taylor, 60, 47, 1284, 75, 488
John Million, 60, 110, 2040, 45, 875
Richmond Harris, 25, 25, 1600, 15, 150
John Collins, 50, 65, 1380, 100, 637
William Collins, 18, 15, 528, 15, 126
William Warren, 20, 13, 384, 15, 114
Robert Taylor, 12, 12, 360, 10, 197
Harrison Hill, 9, 9, 324, 8, 80
Robert Stone, 500, 290, 39500, 500, 5912
Thomas Ballard, 125, 15, 4200, 50, 621
John Bates, 120, 111, 8085, 50, 488
Caleb Todd, 20, 5, 300, 5, 46
Dedman Harris, 20, 5, 300, 5, 125
James Blythe, 1275, 735, 71995, 500, 8780
Benjamin Smith, 500, 500, 3000, 300, 1990
Austin Cosby, 125, 25, 4500, 120, 888
George Thorp, 100, 110, 3300, 100, 310
James Byman, 60, 36, 3840, 25, 190
Paulina Dunson, 143, 143, 8580, 50, 613
William Hardman, 100, 70, 1700, 25, 295
John Agee, 40, 85, 2500, 50, 139
Daniel Tudor (F__r), 50, 50, 100, 15, 181
William Smith, 300, 180, 9000,2 00, 1300
Mark M. Tuder (F__r), 15, 15, 1160, 100, 358
Thooba Tuder (F__r), 35, 35, 1400, 50, 320
Samuel Long, 15, 11, 292, 10, 98
Perry Long, 50, 100, 3000, 20, 20
William Long, 60, 55, 2300, 50, 262
James Boges (Boger), 120, 100, 4400, 60, 647
Absalom Roberts, 30, 47, 448, 35, 304
William Ferril, 152, 100, 5000, 100, 1278
John R. White, 30, 20, 1000, 60, 317
Absolom, Burton, 100, 20, 2400, 75, 419
John _. Ginnings, 25, 25, 574, 15, 118
David Vinson, 70, 135, 2000, 200, 419
Norris Fise, 15, 15, 600, 10, 169
James M. Harris, 50, 30, 800, 100, 314
Joshua Modman, 50, 33, 996, 50, 223
James Phillips, 20, 26, 460, 10, 130
Jesse Modman, 60, 60, 20, 50, 208
Alexander Wiley, 150, 200, 3300, 100, 700
John Wallace, 382, 300, 17050, 200, 2711
Peter Gentry, 120, 30, 6000, 125, 815
John G. Moberly, 100, 90, 4940, 60, 364
Ezeriah Funwell (Furrwell), 90, 55, 2900, 65, 532
Alexander Ross, 200, 150, 7200, 65, 300
David Ross, 150, 150, 3600, 100, 739
William Pullins, 40, 24, 768, 50, 380
William Elmore, 50, 30, 1600, 60, 310
Rice Ross, 35, 15, 750, 20, 159
Charles Turner, 70, 50, 2600, 75, 550
Binbin Turner, 35, 23, 1160, 20, 425
Squire Turner, 20, 16, 720, 20, 170
Tandy Coy, 300, 300, 7200, 70, 405
James Pruett, 60, 40, 1200, 30, 404
Ma___ Tyre, 60, 80, 1680, 65, 498
William Pruitt, 4, 20, 720, 15, 84
Samuel Walker, 25, 26, 676, 10, 115
James Pruitt, 30, 20, 600, 15, 78
David Puritt, 30, 24, 640, 9, 194
Nathaniel Taylor, 30, 10, 2180, 12, 46
Green Warmoth, 8, 7, 300, 10, 205
Thomas Warmoth, 30, 139, 828, 50, 237
Bright Warmoth, 15, 15, 360, 15, 60
William Broaddus, 65, 105, 2040, 30, 280
Paulina Cotton, 25, 39, 708, 35, 190
William Cotton, 100, 100, 3000, 140, 595
Henry Pruitt, 30, 40, 1055, 10, 200
Benjamin Clark, 100, 100, 3000, 100, 524
John Gully, 80, 84, 2460, 100, 330
Absolom Burton, 200, 270, 5640, 85, 418
Harrison Harnason, 25, 25, 750, 20, 216
William Salle, 650, 110, 2040, 60, 404
Jesse Butner, 15, 45, 600, 15, 62
James P_lant, 20, 22, 504, 15, 130
Fletcher Teters, 150, 50, 2400, 25, 290
Thomas Rinolds, 150, 250, 29800, 75, 530
John Chism, 7, 13, 1200, 6, 140
William Wheler, 10, 25, 300, 80, 305

Levi Reynolds, 70, 90, 3200, 50, 730
Nancy Turpin, 20, 13, 220, 5, 76
George Johnson, 11, 509, 509, 10, 15
Barton Dillon, 30, 45, 375, 90, 200
William Shifflett, 2, -, 402, 10, 60
William Laine, 65, 100, 700, 75, 600
Peter Woolney, 100, 30, 650, 15, 122
William Carr, 10, -, 50, 12, 65
William Hunter, 100, 150, 1300, 50, 475
Garland Kincaid, 10, 20, 180, 15, 110
Willis Laine, -, -, -, -, 110
James Woolney (Woolerry), 100, 124, 1000, 90, 1118
James Laine, 40, 36, 380, 16, 65
Overton Kincaid, 9, -, 327, 10, 50
Cemiore Moberly, 150, 100, 3500, 100, 900
Allen Pinkston, 60, 70, 1200, 100, 108
John Moberly, 90, 50, 118, 50, 300
John N. Cox, -, 160, 200, -, 75
James Searcy, 20, -, 500, 100, 115
Thomas Lamb, 200, 75, 700, 500, 600
Thomas Ha__therly, 1, -, 500, 5, 75
Benjamin Moberly, 400, 200, 5000, 150, 1640
Benj. F. Stewart, 6, 60, 330, 8, 30
Thomas T. Todd, 120, 76, 2400, 100, 625
Hiram Baker, 25, 110, 2040, 20, 140
Elias White, 1, -, 8, -, -
John Vaughn, 15, 45, 120, 10, 40
John Lamb, 100, 46, 2260, 40, 175
Daniel Blivens, 10, 20, 300, 10, 15
James Burton, 300, 100, 4400, 150, 1000
Thomas Coyle, 230, 300, 2500, 100, 500
James Ellers, -, 111, 500, -, 40
William Croucher, 30, 30, 70, 10, 100
Athe Thomas, 70, 44, 1800, 200, 450
Isaac Todd, 100, 90, 2500, 40, 200
D. B. Ferry, 200, 300, 5000, -, -
Henry Evans, 90, 100, 3000, 150, 350
James Kidwell, 15, 168, 190, 10, 15
Thomas Primty, 70, 170, 1500, 150, 200
Richard West, 8, -, 80, 10, 50
Alex. Tharp, 90, 26, 110, 65, 350
William Covington, 200, 40, 2500, 150, 500
William Covington, 75, 100, 1000, -, 350
John Run (Ruh), 180, 10, 280, 10, 200
Robert French, 90, -, 1350, 50, 300
Jerusha Tribble, 250, 336, 5860, 150, 520
Edmond Baxter, 150, -, 250, 100, 1500
John B. Berry, 40, 30, 420, 20, 125
Manson Canida, 30, -, 180, 10, 75

James Thomas, 30, 150, 1800, 40, 85
Josiah Collins, 400, 200, 7000, 100, 1430
Thomas Royston, 300, 165, 6300, 150, 1940
William Warner, 5, 50, 220, 75, 178
John Louisuoris (Sonimous), 100, -, 1500, 50, 6 00
Marion Todd, 96, -, 1148, 30, 400
Hardin Green, 200, 215, 4980, 150, 1100
Thomas Miller, 258, -, 3870, 100, 960
Robert Covington, 133, -, 2660, 150, 700
C. J. Miller, 271, -, 5420, 150, 850
Stanton Hume, 300, 120, 5000, 150, 750
William Duncan, 230, -, 4600, 25, 930
John M. Park, 120, 132, 4020, 50, 550
Ambrose Wager, 255, -, 5100, 50, 570
Walker Butler, 100, 500, 2150, 100, 490
John Chillis, 130, 28, 1500, 75, 545
Wyatt Emby, 25, 25, 1000, 7, 250
Anderson Old, 26, -, 260, 12, 100
Jacob Chlbert (?), 25, 70, 600, 20, 188
Bartlett Wilkerson, 30, -, 300, 5, 100
Ammon Hamilton, 125, 175, 4800, 100, 760
__nna Cox, 40, 60, 800, 80, 100
Samuel Garrison, 100, 50, 2150, 85, 344
Alex. Santer, 150, 50, 3000, 100, 930
Coleman Covington, 254, -, 380, -, 850
Caleb Oldham, 150, 50, 4000, 75, 1065
Susan Oldham, 56, -, 1120, 10, 250
Dudley Shifflett, 25, 25, 50, 50, 200
John P. Gentry, 200, 70, 5400, 150, 250
Johnny Dotry, 190, -, 3860, 150, 1130
Henry Wills, 125, 125, 1800, 20, 250
Isaac Jett, 112, -, 1700, 100, 200
T. B. Oldham, 100, 165, 5000, 600, -
Jeremiah Broaddus, 250, 50, 6000, 55, 2500
William Beatty, 40, 45, 1600, 20, 200
James C. Taylor, 18, 30, 300, 5, 100
Jesse Cox, 100, 60, 1000, 50, 100
John Cox, 12, 38, 300, 10, 75
R. M. Coffey, 7, 5, 105, 5, 270
_ am _ Moore, 2, 28, 360, 5, 150
George W. Park, 107, -, 1920, 25, 270
Jeremiah Russ (R__s), 40, 10, 250, 15, 125
William Maupin, 300, -, 3600, 10, 90
John P. Dillingham, 70, 105, 1500, 40, 400
Milton Covington, 25, 37, 750, 40, 325
Ely Parks, 300, 170, 2800, 75, 575
Isaac Woolery, 45, 10, 50, 15, 150
Jefferson Rivers, 15, -, 150, 10, 85
Margaret Shifflett, 30, 20, 500, 15, 50

Christopher Harris, 300, 382, 5770, 150, 1550
Margaret Harris, 70, 45, 1150, 338
Robert Harris, 100, 3 7, 1000, 50, 410
William Eog__, 30, 100, 520, 10, 25
Thomas Garrison, 140, 60, 1600, 10, 285
William Combs, 75, 125, 1500, 30, 400
Benj Simpson, 75, 25, 450, 30, 400
Mary Wilkerson, 35, 10, 450, 10, 185
Richard Hisel, 20, -, 200, 5, 50
Elizabeth Todd, 20, -, 200, 6, 60
_____ Manson Ogg, 80, 41, 800, 30, 230
Joshua Finney, 150, 90, 1440, 25, 218
John Easter (Estes), 150, 490, 2500, 30, 300
John Moberly, 70, 15, 5, 70, 25, 340
Richard Simpson, 250, 450, 1283, 75, 680
Nicholas Hocker, 75, 450, 12000, 500, 2400
William Watson, 100, 50, 1500, 20, 300
Hiram Tucker (Tuder, Fedor), 50, 32, 8200, 15, 265
Kiah Crook, 200, 130, 4950, 300, 800
Jeremiah Powell, 120, 120, 2000, 50, 500
Absolom P_mgo_, 100, -, 300, 75, 615
Josiah Courtney (Courtrery), 400, 200, 12000, 200, 1475
James Dunn, 250, 65, 7875, 25, 1150
Harvy James, 150, 175, 4800, 50, 400
Jeremiah Collins, 70, 19, 1100, 20, 100
Martin Green, 100, 100, 2000, 20, 300
Martin Gentry, 250, 200, 4500, 200, 1000
James Boggs, 100, 120, -, 75, 850
Wm. Collins, 100, 50, -, 50, 500
Douglas Rowans, 54, 12, -, 50, 200
Joshua D. Parks, 200, 200, -, 200, 200
Mason Armstrong, 25, 5, 200, 10, 200
John Watson, 80, 50, 2600, 100, 450
Joseph Hisel, 30, 80, 500, 5, 40
Nim___Todd, -, -, -, 25, 140
W. C. U. Broaddus, 200, 40, 5500, 150, 1445
Thomas D. Maupin, 100, 58, 2370, 70, 1555
Leeland D. Maupin, 250, 125, 75, 125, 2000
John West, 1, -, 15, 1, 30
George W. Brooks, 400, 200, 2400, 200, 1390
Mary Ward, -, 5, 50, 5, 50
Bassel Baker, 2, 100, 1000, 5, 30
Stephen Rivers, -, -, -, 10, 50
Thomas Ellis, 35, -, 200, 10, 220
Charles Leasley, 2, -, 60, 5, 80
Nancy Hume, 255, -, 4900, 100, 2110
Joseph Emby, 300, 380, 10200, 150, 1120
Thomas Thorp, 250, 110, 7200, 100, 975
George Riley, 46, 60, 1000, 15, 100
John Williams, 50, 150, 1600, 150, 480
John Amerine, 125, 45, 2040, 30, 500
Silas Portwood (Postwood, Porterwood), 20, 80, 800, 20, 225
William Cox, 12, 8, 160, 5, 65
William Hopper, 16, 5, 300, 5, 35
Joseph Postwood (Porterwood), 30, 55, 640, 10, 150
Thomas P. Ellington, -, -, -, 5, 60
William Harris, 40, 90, 1000, 30, 350
Joseph Rhodes, 50, 50, 1000, 5, 10
Leroy Dashier, 40, 90, 1000, 5, 10
Hezekiah Oldham, 300, 350, 6500, 200, 2110
William Oldham, 200, 100, 3000, 150, 1275
Thomas Oldham, 120, 180, 4600, 85, 550
Hiram Taylor, 20, -, 500, 5, 30
Berrel Rhodes, 40, 35, 750, 5, 160
Ennis Morris, 8, -, 80, 5, 50
Joseph Hart, 20, 6, 260, 5, 30
John P. Portwood (Postwood), 20, 10, 300, 10, 100
Daniel Bentley, 50, 125, 3000, 30, 400
A. R. Nicker (Meker), 6, -, 4500, 20, 400
John P. Grinstead, 11, -, 732, 10, 140
John Armine, 150, 30, 1500, 100, 600
John M. Click (M_blick), 70, 44, 900, 18 150
John Baxter, 30, 45, 700, 15, 150
Adam Rogers, 150, 150, 6000, 750, 900
Andrew Broaddus, 175, 50, 4300, 75, 1435
Samuel Moore, 35, 15, 1000, 100, 500
Nat Oldham, 400, 300, 2000, 100k 970
Johnathan Estill, 275, 100, 9425, 100, 1360
David Oldham, 230, -, 9200, 120, 6750
Thomas Moberly, 1200, -, 19000, 200, 3120
Peter Todd, 150, 115, 5000, 150, 150
William Fielder, 50, -, 750, 100, 150
Henry S. Hill, 50, 50, 1000, 25, 120
Curtis Fielder, 20, -, 300, 20, 140
Thomas Waters, 100, -, 1000, 251, 120
Stephen Evans, 120, 87, 2020, 50, 600
Eliza B. Hill, 200, 134, 2340, 100, 360
Hiram Douthett, 700, 190, 4400, 100, 1570

George Johnson, 40, -, 400, 15, 150
Thomas Loury (Sonny), 30, 80, 850, 10, 100
James Cobb, 50, 100, 1500, 25, 570
James W. Clark, 25, 75, 1000, 15, 150
William Mansfield, 96, -, 1350, 10, 130
William Moore, 120, 20, 5000, 200, 1500
James Reynolds, 70, 30, 2500, 30, 500
William Moore, 227, 50, 4000, 100, 500
D. C. McKenny, 35, 60, 700, 20, 115
J. T. Jackson, 100, 71, 2350, 40, 250
L. H. Johnston, 35, -, 850, 4, 120
Thomas Shro__, 50, 108, 1500, 20, 600
Obediah Howard, 40, 45, 800, 20, 100
Hamilton Norris, 160, 100, 2600, 30, 800
Lucey Lilley, 100, 120, 2200, 25, 500
Willis Tucker, 50, 40, 1000, 10, 450
David Chenault, 800, 700, 25000, 300, 2400
John Noland, 450, 50, 9000, 200, 835
Nathan Noland, 150, 50, 1600, 15, 400
Joeptha Covington, 100, 80, 1120, 25, 350
George Todd, 68, -, 100, 10, 200
Joseph P__tt, 30, 3, 450, 20, 1000
Abijah Dunbar, 35, 18, 800, 50, 70
James Kincaid, 12, -, 78, 10, 100
John Ogg, 80, 123, 2500, 75, 500
Jeremiah Morton, 40, 20, 300, 75, 250
Alfred Moberly, 100, 130, 5000, 85, 200
Green Kidwell, 33, 17, 250, 75, 60
Reason Baker, 10, 40, 500, 10, 25
Joseph Hisel, 20, 60, 2000, 10, 300
John Tribble, 210, -, 5000, 150, 950
Thomass Embry, 300, 200, 13500, 200, 12100
Edmond Dunn, 100, 100, 2400, 50, 500
E___ Shackleford, 85, -, 8000, 100, 50
William Walker, 320, -, 19200, 350, 5800
Cleveland Black, 20, 50, 700, 25, 200
Jacob White, 300, 200, 20000, 200, 2340
P. A. Dufornaw (Dufman), 70, 3 0, 2000, 10, 1000
P. W. Taylor, 80, 40, 2000, 20, 200
William Bentley, 180, 120, 6500, 50, 900
John C. Marrion, 14, -, 280, 10, 711
Daniel Prime (Prince), 100, 30, 5200, 40, 250
Cyrus Prince, 20, -, 600, -, 75
Temple Burgin (Burgiss), 200, 44, 6100, 100, 700
Akillis Burgiss (Burgin) 100, 156, 5000, 80, 653
Thomas Richardson, 200, 200, 10000, 100, 920
Samuel Halley (Holly), 400, 200, 10000, 100, 1500
Walker Chenault, 900, 450, 37200, 240, 6000
Josiah Chenault, 350, 65, 16000, 100, 7000
Ann Chenault, 1000, 100, 36000, 200, 3300
Nancy Chenault, 150, -, 7000, 100, 1000
Li_y Harris, 110, 30, 280, 100, 200
John Smith, 400, 80, 18000, 100, 200
Bailey Richardson, 100, -, 2500, 50, 500
Malinda Fowler, 180, 100, 7500, 50, 1000
John E. Bentley, 70, -, 1400, 50, 300
Henry Hatterston, 25, 35, 1100, 15, 3, 100
Allen Burgin (Burgiss), 170, 158, 4560, 100, 860
George Woods, 25, 25, 600, 15, 100
James Smith, 300, 30, 6600, 75, 1500
Henry C. Cockrell, 30, 35, 970, 20, 100
Tilman Bush, 100, -, 2500, 100, 50
Z. E. Bush, 100, 7, 2700, 100, 800
Henry Lile, 200, 130, 6600, 100, 500
William Hawkins, 80, 86, 4500, 65, 735
James B. Miller, 400, 132, 21000, 175, 1850
Sarah Robinson, 50, 55, 4200, 50, 230
Samuel Kirkendall, 200, 40, 3000, 100, 630
Elizabeth F__s, 200, 256, 18000, 80, 2340
Henderson Elkins, 30, -, 900, 15, 170
Thomas Hase, 70, -, 2100, 125, 500
Alexander Miller, 300, 100, 20000, 300, 1400
Squire Turner, 505, -, 30000, 200, 2780
John F__s, 810, 60, 30000, 200, 3540
Charles Fox, 100, 144, 6420, 100, 1070
William Eades, 23, -, 375, 15, 80
Madison Bouleware, 57, 14, 2560, 20, 230
D. A. Singleton, 15, -, 450, 20, 100
James Hagin, 600, 600, 20, 440, 300, 1740
Samuel Fox, 100, 50, 4500, 100, 1060
William Jennings, 40, 75, 2250, 75, 500
Frank Cornelison, 75, 100, 2200, 75, 450
John Scott, 100, 60, 3200, 75, 800
Samuel Estill, 300, 170, 9400, 200, 2140

John B. Bagee (Bogue), 100, 175, 5500, 40, 400
Jacob Cummins, 75, 75, 3000, 30, 50
John Ham, 150, 165, 6400, 75, 800
Joseph Ham, 10, -, 200, 20, 150
Thomas Yancy, 50, 50, 100, 75, 450
C. Kr___tzer, 25, -, 250, 70, 500
Joseph Pond, 30, 45, 750, 73, 600
James Smith, 60, 140, 2000, 75, 700
Stephen Salle, 60, 440, 2500, 30, 250
Jesse Alornson (Adamson), 50, 140, 2800, 150, 500
William Smith, 75, 75, 2250, 80, 1040
Archer Ferril, 43, -, 1000, 20, 250
Green B. Harvy, 40, 16, 1100, 75, 50
William Stotts, 40, 50, 1350, 30, 200
Alvis Hindson, 75, 100, 2000, 20, 500
Archer Ferril, 60, 100, 2660, 30, 400
Clara Patterson, 40, 20, 1200, 25, 250
Job Carpenter, 50, 50, 2000, 25, 200
L. P. Feran (Ferrer), 20, -, 400, 15, 120
James Long, 100, 70, 2400, 20, 200
William Feran, 20, 28, 900, 15, 250
James Logstone, 45, -, 900, 15, 295
James J. Long, 25, -, 500, 15, 75
Daniel Long, 50, 70, 2400, 40, 500
Daniel Bogee, 350, 58, 8160, 175, 3400
Fr__s Shro___, 90, 50, 3000, 65, 800
W. J. Shrom, 100, 60, 3600, 50, 850
N. H. Schooler, 170, 100, 8100, 120, 840
Gabriel Ross, 100, 80, 5000, 55, 700
James Colter, 30, 20, 1500, 45, 600
Stephen Ross, 20, -, 2100, 85, 360
John L. Long, 60, 50, 2000, 80, 70
Thomas Bogee(Bagee), 400, 300, 1500, 175, 1050
Mary A Travis (Feris), 100, -, 1000, 75, 200
Stephen James, 73, -, 750, 20 150
U. C. Mourneau, 16, -, 160, 50, 300
William Goodloe, 320, 190, 16000, 300, 1325
Thomas Francis, 200, 15, 6420, 75, 600
William C. Goodloe, 340, -, 17000, 250, 1315
John R. Ballard, 75, 25, 3000, 30, 500
John Stone, 262, -, 7860, 100, 850
George Phelps, 200, 140, 10200, 100, 1175
George Evans, 75, 33, 3240, 50, 300
Mary Evans, 30, 30, 300, 20, 150
Thomas B. Harbor (Harber), 75, 45, 3600, 15, 235
John Willis, 200, 75, 7250, 200, 1850
Alexander Fifee, 350, 200, 16000, 100, 1865
Jacob Smith, 60, -, 2400, 50, 300
Caleb Stone (Stowe), 300, 78, 15120, 150, 1655
Fountain Johnson, 75, 25, 4000, 100, 720
Nathan Harris, 200, 118, 9000, 125, 1020
Joseph Fenny, 200, 150, 14000, 200, 1800
James Holiman, 40, 70, 1000, 70, 165
William Moran, 80, 80, 6400, 300, 315
Nathan Moran, 500, 40, 20000, 300, 1610
Samuel Bennet (Burnet), 500, -, 20000, 200, 2180
Jasper Peyton, 500, 100, 24000, 150, 1650
James Peyton, 73, -, 240, 20, 230
Lucy Davis, 200, 75, 11000, 75, 420
Thomas Willis, 104, -, 3120, 50, 300
Thomas Turner, 240, -, 12000, 300, 2440
Joseph Staughn, 750, -, 22500, 300, 2230
Harrison Praibourn, 27, -, 270, 10, 150
John Betterworth, 80, -, 1600, 35, 250
John Anderson, 3 ½, -, 200, 10, 100
John G. Anderson, 60, 8, 1300, 15, 200
James A. Ballard, 12, -, 240, 10, 200
Jesse Shipton, 100, -, 3000, 30, 250
John Blackwell, 350, -, 14000, 80, 1350
A. G. Batterston, 140, -k 2200, 50, 400
A. Batterton, 200, 90, 5800, 80, 700
Barnett Moran, 300, -, 15000, 300, 1340
Malinda Canida, 205, -, 10250, 150, 1268
Ann J. Wallace, 120, -, 4800, 50, 620
Cavel Chenault, 800, 311, 1330, 300, 2085
James Keene, 100, 83, 1830, 50, 370
Zure Cobb, 187, 100, 2870, 110, 750
Roert Pulley, 60, 65, 1775, 150, 800
Louisa Woods, 75, 75, 1500, 75, 265
William Simmons, 100, 65, 2475, 100, 400
Scheyler Ford, 25, 25, 500, 15, 80
Thomas Stagner, 300, 100, 8000, 500, 2728
Samuel Derring, 40, 40, 500, 5, 80
Harris Cobb, 55, 25, 1700, 50, 300
E. R. McCrary, 235, -, 5875, 100, 1150
Sevran Portwood, 62, -, 1240, 200, 350
Jesse Hunter, 200, 150, 8750, 30, 900
Sarrins Durren, 120, 40, 2405, 35, 337
Richard Doshier, 60, -, 1500, 50, 500
Abner Stagner, 50, 100, 3000, 100, 450
Sarah Bentley, 30, -, 450, 20, 100

Samuel Cobb, 50, 40, 1600, 50, 300
Hesekiah Parks, 175, 35, 2520, 100, 1640
Berthena Cruse, 60, -, 600, 10, 50
Hiram Oldham, 100, 26, 2000, 75, 935
Wesley Parrish, 300, 300, 6000, 100, 850
William Parrish, 40, -, 600, 30, 380
William Dedham, 120, 68, 2805, 50, 580
Joseph Embry, 60, 50, 1120, 50, 400
Nathan Williams, 200, 125, 6500, 100, 1785
William Williams, 75, 50, 3500, 60, 1100
Nancy Bentley, 30, -, 600, 25, 70
John Owens, 147, -, 5880, 50, 1142
Jacob Huguely, 700, 216, 14500, 100, 4630
David Oldham, 15, 10, 375, 60, 110
Abner Oldham, 800, 300, 19800, 200, 5270
Benajah Sentry, 100, 169, 3229, 75, 940
Adam Care, 130, -, 1300, 50, 250
James Gentry, 300, 235, 8000, 75, 590
Henry Harper, 100, 70, 3000, 125, 590
Daniel Cox, 50, 53, 1030, 50, 300
Clifton Portwood, 100, 111, 2110, 75, 500
Bussell Hacket (Hackert, Hackett), 40, 30, 700, 25, 200
Nathan Oldham, 245, 100, 345, 50, 300
Simpson Wood, 18, -, 180, 10, 300
Isaac Abner, 200, 6, 2650, 100, 350
John Derring, 25, 50, 800, 15, 150
John Chambers, 40, -, 400, 25, 650
John C. Martin, 400, 15, 1000, 125, 1715
William Noland, 70, -, 700 50, 20
Joseph Webb, 30, -, 300, 10, 600
James McKenney, 200, 400, 5000, 150, 300
Martha Brock, 70, 30, 1000, 50, 100
Benjamin White, 20, -, 200, 10,475
James Noland, 100, 200, 4500, 65, 250
William Barnes, 50, 50, 500, 100, 200
Mary Canada, 45, 40, 550, 10, 55
John W. West, 20, -, 200, 10, 65
Clion Birney, 25, -, 250, 15, 150
John James, 60, 70, 800, 15, 50
John Freeman, 22, -, 220, 10, 85
Hardin Todd, 25, -, 240, 15, 225
William Crusee, 70, 50, 700, 15, 860
Richard Wills, 30, 117, 5000, 125, 1625
Josiah Lipscomb, 150, 104, 6400, 100, 825
Orthaniel Oldham, 150, 300, 4500, 120, 65

John Turpin, 20, 20, 400, 10, 900
Nancy Lipscomb, 400, 30, 9000, 75, 540
Elijah Wallace, 75, 120, 3000, 100 125
Ze__W. Bru__, 30, 2, 550, 10, 125
Samuel Keene, 25, 26, 570, 10, 100
William Keene, 30, 70, 450, 10, 175
Thompson Keene, 20, 30, 500, 15, 1000
John Turpin, 300, 200, 5000, 125, 330
James Owens, 120, 100, 220, 25, 125
Ephram Parson, 40, -, 400,20,200
Joel P. Powell, 100, 36, 1360, 50, 350
John Pinkston, 50, 50, 600, 15, 110
Bluford Hamelton, 100, 11, 1200, 50, 425
Robert M. Watts, 100, 30, 2340, 40, 1050
William Rob___, 208, -, 15000, 200, 775
John C. Young, 40, 40, 2800, 100, 250
J. S. Boggs, 65, -, 2305, 25, 510
William Fox, 75, 65, 3535, 50, 500
Henry W. Wright, 50, 57, 1600, 30, 250
Plesent Gentry, 10, 15, 1200, 50, 365
John Little, 4, -, 500, -, 15
Bryant Searcy, 4, -, 15, -, 15
E. P. Kirbey, 200, 60, 500, 100, 800
J. H. Quisenberry, 75, 165, 4400, 100, 400
James Raibourne, 50, 150, 2500, 50, 500
John W. Haguely, 150, 40, 5000, 100, 2610
Richard Haguely, 140, 64, 4000, 50, 600
David Martin, 150, 200, 6100, 50, 500
Charles J. Walker, 400, 200, 40000, 200, 3500
Edmond Boggs, 20, -, 600, 53, 400
William Irvine, 200, 200, 2400, 200, 1200
Robert Milks (Wilks), 100, 50, 2500, 56, 515
Stanton Gentry (Ginty), 4, 300, 150, 5, 50
Dudley Tribble, 100, 700, 34250, 200, 4340
Johnathan Estil, 200, 50, 10000, 150, 600
Richard White, 570, 150, 36650, 350, 2000
William Walker, 00, 230, 25200, 150, 2700
C. F. Bermans, 2 ¼, -, 300, -, 120
William Ramsey, 10, -, 400, 10, 190
Edly Dalton, 25, 50, 350, 8, 117
Sally Blackburn, 16, 15, 775, 10, 120
William Moore, 1, -, 70, 5, 90
John D. Maupin, 10, -, 250, 5, 50
Ellen (Allen) Shifflett, -, -, -, -, 350

Thomas Todd, 25, -, 500, 4, 120
Nancy Cornelison, ¼, 5, 120, 5, 50
May McCoy, 4, -, 80, 2, 15
Robert Harris, 250, 1200, 9500, 250, 1270
Robert Yates, 100, 50, 300, 50, 125
Dotson Tharp, 50, 18, 800, 15, 150
William Todd, 100, 57, 787, 25, 500
H. A. Chambers, 1, 40, 100, -, 35
William Thomas, 6, 60, 60, 5, -

Sampson Hisel, 12, -, 120, 5, 15
Patsy Griffin, 3, -, 60, -, 15
Helman (Felman) Broaddus, 100, 87, 5600, 50, 550
Talton Stephens, 7, -, 300, 5, 200
Thomas Todd, 6, -, 120, 2, 40
J_ptha Gilbert, 100, 185, 5700, 200, 600

Marion County Kentucky
1850 Agricultural Census

The Agricultural Census for 1850 was filmed for the University of North Carolina from original records at Duke University in Durham North Carolina.

The following are the items represented and separated by a comma: for example, John Doe, 25, 25, 10, 5, 100. This represents:

Column 1 Owner
Column 2 Acres of Improved Land
Column 3 Acres of Unimproved Land
Column 4 Cash Value of Farm
Column 5 Value of Farm Implements and Machinery
Column 13 Value of Livestock

The following symbol is used to maintain spacing where there are no numbers: (-) In addition, the left margin has been bound too close to the edge causing some first names or initials to not be completely visible

Peter Abell, 25, 32, 1700, 150, 300
Hiram Riley, 10, 90, 300, 20, 80
Joel Vaughn, 20, -, 300, 10, 120
Patrick L. Johnson, 100, 44, 3000, 70, 650
Jos. Graham, 120, 140, 3000, 200, 700
Cornelius Mills, 100, 74, 2600, 250, 600
Hiram Lindsey, 12, -, 150, -, -
Hillary Rodes, 40, 300, 350, 10, 40
Wm. Tharp, 40, -, 600, 20, 500
James Avitt, 60, 145, 1000, 100, 400
Moses Yowell, 220, 260, 5000, 200, 1520
Harrison Case (Core), 40, -, 600, 20, 200
Jas. Hughes, 200, 300, 10000, 150, 1300
JohnW. Hemdley (Hendley), 90, 60, 1000, 100, 210
Frederick Mouser, 40, -, 600, 20, 150
Zachariah Floya, 30, -, 500, 20, 120
Bluford Morguson, 15, 20, 200, 20,1 00
Price Skinner, 150, 110, 2660, 40, 700
Vol Skiner, 40, 26, 1056, 100, 300
Margaret Glasscock, 120, 140, 2700, 150, 500
James Herrigan (Hourigan), 150, 330, 5500, 50, 950
Hugh Brackin, 65, 175, 3500, 150, 530
Alexr. Brown, 110, 108, 3500, 150, 550
R. W. Chandler, 200, 52, 5000, 100, 850
David Hourigan, 150, 70, 5500, 100, 1000
B. N. Penick, 1100, 520, 28000, 250, 5000
Levi Cundiff, 50, -, 500, 20, 40

Robert Richardson, 20, -, 200, 20, 100
Stphen Glazebrooks, 120, 240, 2500, 70, 1030
John D. Brown, 20, 54, 1100, 20, 300
Morris Epes, 30, 30, 800, 20, 350
James Brinton, 30, 143, 800, 20, 260
Wm. Walston, 50, 100, 1800, 30, 250
Sarah Ward, 10, 15, 100, 20, 200
Elizabeth Rollen, 20, 80, 500, -, -
James Hocker, 50, 150, 200, 20, 270
Darcus Tharp, 60, 190, 1500, 30, 400
Banister Taylor, 170, 223, 3500, 150, 1150
Clarke Taylor, 100, 100, 3500, 100, 700
Thos. Swan, 75, 100, 800, 20, 120
Nathan Robertson, 35, -, 400, 20, 220
John Rollins, 100, 150, 2500, 40, 450
Reuben Cooley, 100, 130, 2500, 60, 500
James Glazebrooks, 100, 188, 5800, 100, 500
Alfred Crews, 100, 900, 3000, 75, 500
James Simpson, 300, 312, 7000, 175, 1300
Cornelius Raley, 100, 3400, 7000, 150, 780
Lewis A. Lucket, 100, 140, 2000,1 00, 400
Terah T. Caldwell, 30, 24, 1375, 50, 150
John B. Spaulding, 70, 90, 3000, 100, 410
Thos. Durham, 35, 35, 1200, 75, 570
D. A. Duparey (Duharey), 500, 500, 20000, 100, 1500
Susan Edelen, 60, 140, 1000, 50, 350

George A. Bright, 80, 560, 1000, 30, 200
George Russell, 50, 50, 800, 30, 300
John Newton, 100, 50, 300, 25, 200
Josiah Roots, 15, 135, 300, 20, 70
Miletus Simpson, 60, 110, 1000, 20, 680
Elizabeth Sally, 100, 100, 1600, 100, 700
Elizabeth Simpson, 100, 60, 1500, 100, 700
Lewis Jarboe, 15, 10, 200, -, -
Samuel Brewer, 100, 200, 2000, 150, 500
H. H. Wathen, 50, 100, 1200, 30, 310
Ignatius Sims, 50, 300, 1000, 50, 250
James S. Raley, 60, 15, 400, 30, 260
John Sims, 115, 95, 250, 100, 800
W. Avrit, 100, 230, 6660, 300, 700
Barker Wilkinson, 12, 28, 400, -, -
Geroge D. Haynes, 20, 1800, 1000, -, -
John Parsons 30, -, 600, 15, 70
J. L. Fleece, 31, 25, 2000, 100, 420
Joseph Edmondson, 80, 89, 3000, 200, 1160
Wm. Newbolt, 150, 225, 8000, 350, 1000
Samuel Vaughn, 40, 20, 3000, 100, 370
Elisha Avrit, 60, 184, 1000, 100, 350
G. H. Gartin, 200, 150, 8000, 250, 1110
Alex Brown, 150, 300, 500, 100, 400
Lindsey Weatherford, 115, 250, 3500, 200, 900
J. L. Spraggins, 100, 40, 3000, 150, 350
Wm. Hays, 72, 240, 2000, 100, 400
Thos. H. Best, 30, 20, 2000, 100, 430
Claybourne Bradshaw, 17, 2, 1000, 200, 300
James Bradford, 40, 282, 5000, 100, 300
Harvey Avrit, 60, 145, 1500, 100, 400
Uriah Gartin, 24, -, 500, -, -
Huston Glazebrooks, 16, -, 100, 20, 150
Charity Fowler, 60, 137, 1560, 100, 600
James J. Clements, 40, 50, 100, 30, 200
John Riley, 10, 25, 300, -, -
Elizabeth Abell, 40, 140, 1500, 100, 350
James Raley, 50, 50, 1000, 36, 200
Silvester Raley, 9, 9, 300, -, 220
Lucy Nash, 45, 20, 2100, 50, 250
Joseph B. Nash, 80, 30, 3000, 150, 580
Nancy Riney, 60, 40, 1000, 100, 360
James H. Daugherty, 20, 500, 300, 150, 226
Addison Lanham, 27, 20, 600, 20, 200
Alvin Walston, 60, 40, 1000, 70, 650
John Reed, 50, 55, 1600, 70, 350
Jane Casky, 30, 50, 800, -, -

Wm. Walston Sr., 100, 74, 3500, 150, 730
Wm. Walston Jr., 70, 60, 2000, 100, 250
Joshua Violett, 85, -, 1700, 70, 650
St. Clair Violett, 100, 250, 3500, 150, 650
R. C. Rice, 40, 40, 800, 20, 240
Francis H. Ramsay, 20, 88, 2000, 60, 450
John C. Maple, 75, 175, 2500, 20, 450
Far__ Smethers, 70, 40, 1200, -, -
James A. Ramsey, 25, 10, 500, 30, 250
John Springer, 80, 100, 2000, 60, 250
Samuel Hicks, 116, 58, 4038, 150, 700
Asa Mann, 50, 42, 1800, 100, 250
James McMurry, 80, 150, 4500, 1200, 1350
John Avrit, 120, 60, 7000, 100, 750
Polly Thornton, 80, 130, 3000, 75, 1000
James C. McElroy, 300, 260, 22400, 200, 1470
George Gremidy, 150, 150, 12000, 150, 1140
John McElroy, 140, 107, 10000, 150, 1300
Harvy Mills, 30, -, 300, 15, 150
James H. Tucker, 300, 856, 11500, 200, 1450
N. H. Gartin, 500, 600, 12000, 100, 1450
Alexr. Gay, 70, 130, 3000, 100, 450
James V. Mahon, 100, 200, 4000, 250, 900
Sampson Davis, 50, -, 500, 20, 120
Elisha Isaacs, 300, 358, 7000, 250, 1650
John Isaacs, 60, 40, 2000, 75, 200
John Lawrence, 20, 20, 300, 20, 140
Daniel Hancock, 30, 220, 500, 20, 150
Josiah Edwards, 50, 55, 800, 25, 200
Lorenzo Welch, 46, 60, 500, 30, 200
John Prewitt, 60, 60, 1500, 75, 600
John Mouser, 120, 300, 3200, 150, 500
Archibald Brown, 80, 107, 1000, 60, 300
Peter Blare, 90, 19, 600, 15, 135
Richare Blare, 60, 40, 300, -, -
Wm. P. Ballard, 130, 20, 2200, 150, 500
James Brothers, 91, 200, 900, 15, 125
Lazarus Long, 25, 78, 309, -, -
Thomas S. Ferrell, 60, 90, 1000, 25, 200
Francis Cooper, 75, 80, 1000, 50, 400
Robert Cissell, 80, 70, 1500, 100, 275
George L. Ballard, 100, 162 1500, 150, 700
Sarah Newton, 15, 68, 425, -, -
Harriett Cissell, 45, 72, 500, -, -
John L. Herd, 200, 67, 1900, 75, 425
John T. Clements, 20, -, 300, -, -,

Susan Thomas, 60, 13, 700, 30, 180
Susan Ballard, 75, 183, 700, 75, 5600
James Lucas, 25, 5, 100, -, -
Wm. Lucas, 6, 6, 55, -, -
Bennett Cissell, 40, 10, 150, -, -
Francis E. Cissell, 82, 35, 585, 10, 200
Harvey Monarch, 50, 69, 585, 50, 300
Ignatius Grant, -, -, -, 10, 150
James Grant, 40, 60, 500, 40, 275
Mary Newton, 70, 60, 400, -, -
Thomas R. Baker, 60, 45, 2500, 120, 400
Lewis Thomas, 30, 45, 375, 25, 125
Joshua Phillips, 108, 32, 1400, -, -
Wm. F. Jackson, 11, 9, 300, -, -
Jane Bean, 60, 40, 300, -, -
Wm. Smock (Smack), 300, 400, 4900, 100, 955
Henry Ruckles, 100, 249, 2000, 75, 125
Carter Peak, 60, 100, 500, 30, 250
Henderson Thomas, 15, 9, 120, -, -
Micagah Phillips, 45, 55, 800, 15, 150
Joseph D. Fry, 45, 70, 350, 30, 175
Harrison C. Morris, 40, 10, 500, -, -
Richard Ruckles, 100, 43, 1000, 80, 200
James Sims, 150, 3, 450, -, -
John Blanford, 150, 250, 7000, 150, 500
James M. Sims, 75, 81, 1060, 100, 640
Presley C. Shackenoy, 120, 90, 1500, 100, 525
David Shuck, 175, 161, 4500, 200, 2130
Hugh Walker, 50, 30, 960, 25, 300
Teresa Walker, 65, 400, 1025, 30, 150
John G. Mattingly, 110, 101, 3000, -, -
Thomas B. Ward, ¾, -, 400, -, -
J. B. Hutchins, 170, 180, 60000, 300, 1050
Lydia Purdy, -, -, - 10, 200
Daniel Kirk, 100, 80, 4500, 75, 425
James Kirk, 160, 110, 9250, 250, 1400
Margaret Green, 60, 54, 150, 100, 370
Francis Whitehead, 65, 48, 1080, 30, 400
Sethey Hamilton, 60, 45, 1050, 15, 350
Mary Vane, 50, 35, 850, 125, 325
Tolin Clements, 35, 45, 500, -, -
Joseph Mobley, 35, 15, 500, 20, 150
Eliza Clements, 60, 36, 960, 25, 250
William Beem, 150, 250, 6000, 100, 675
Catherine Graves, 125, 93, 4360, 100, 500
Thomas Browning, 60, 100, 1600, 75, 275
Ann Mudd, 50, 20, 700, -, -
Wm. Mudd, 90, 50, 2100, 75, 475
Ellen Mudd, 40, 78, 500, -, -
John Mattingly, 60, 31, 365, 100, 585
James Newton, 40, 45, 425, -, -
Teresa Boon, 80, 20, 500, -, -
Henry Smith, 50, 100, 800, 25, 260
Cary Ferrill, 12, 19, 217, -, -
James S. Pain, 30,61, 650, -, -
Green Phillips, 100, 200, 3000, 150, 600
Magor Burnett, 50, 90, 1400, 100, 385
James Quinn, 300, 700, 50000, 1000, 1400
Mason Garner, 120, 83, 3500, 100, 470
Solomon Garner, 30, 71, 600, 10, 65
Wm. Lancaster, 450, 500, 19000, 300, 3900
Daniel McCollum, 40, 60, 500, 50, 456
Wm. Smock, 60, 55, 920, -, -
Samuel Bullock, 100, 73, 1500, 25, 330
Sarah Alvey, -, -, -, 20, 300
Edward Alvey, -, -, -, 10, 170
Missing name, -, -, -, 15, 165
Benjamin Bryant, 20, 150, 200, 100, 150
Charles Greenwell, 30, 66, 400, -, -
Henry Lancaster, 400, 80, 1000, 40, 150
Mrgaret Lee, 40, 23, 400, -, -,
Peter Peterson, 200, 480, 3400, 150, 525
James A.Alvery, 80, 35, 500, 15, 150
Mary C. O'Bryan, 250, 150, 2400, 50, 500
Anthony Wilson, 150, 100, 2000, 100, 625
George Wilson, -, -, -, 15, 185
Mary Porter, 30, 30,600, 16, 135
Wm. D. Riggs, 100, 100, 1800, -, 235
Mary Garner, 100, 70, 1700, 100, 235
Edmond Garner, 70, 70, 1200, 25, 200
Joseph C. Smith, 100, 50, 1500, 75, 450
Thomas Warren, 30, 30, 300, , -
James Garner, 70, 58, 1380, 50, 250
Thomas Bullock, 120, 47, 1137, 100, 280
Pinna Graves, 1, 4, 50, -, -
Henry Peterson, 100, 400, 1100, 20, 300
Samuel Peterson, 80, 50, 1050, 15, 115
John Daniel, 90, 17, 321, 20, 180
Francis Mattingly, 60, 40, 800, 60, 225
J. H.Blare, 12, 88, 300, 16, 70
John L. Mattingly, 1, -, 200, -, -
Albert Mattingly, 75, 37, 13, 50, 10, 100
John Blare, 6, 10, 75, -, -
Henry Thompson, 25, 45, 200, -, -
Morgan Davis, 45, 80, 700, 100, 275
Martin Mattingly, 30, 30, 180, 15, 175
Zachariah Lucas, 40, 47, 435, -, -
Basil Alvey, 45, -, 800, -, -
Joseph Hinton, -, -, -, 15, 140
James Lime, 12, 188, 400, -, -
Ignatius Mattingly, 50, 150, 700, -, -
John Cissell, 100, 700, 2000, 125, 275

Augustine Cooper, 60, 52, 1225, 75, 190
Wm. Buckman, 30, -, 500, 50, 260
Thomas Gault, 40, 360, 2000, 100, 200
Peter Gault, -, -, -, 10, 100
Kesiah Bland, 14, 30, 800, 10, 100
Theophelus Buckman, 40, 30, 1000, 10, 100
Marcus Graham, 180, 40, 3300, 75, 430
Nancy Beard, 70, 12, 1230, 10, 240
John B. Burdett, 70, 30, 1500, 75, 365
Mary Cozy, 2, -, 50, -, -
Green Wade, 4, 31, 550, 20, 250
Walter Hamelton, 100, 50, 3750, 150, 900
Rebecca Shehan, 125, 60, 4600, 50, 350
Wm. A. Watkins, 160, 300, 5100, 160, 1120
James O. Daniel, -, -, -, 75, 400
Samuel Ray, 340, 1305, 11950, 400, 2525
Martha Gray, ½, -, 3000, -, -
John W. Burel, 15, 25, 150, -, -,
Ben. T. Beaver, 200, 200, 10000, 800, 1100
John Vitaloe, -, -, -, 15, 220
Elizabeth Knott, 130, 300, 6450, 75, 450
Henry Ricket, 141, 289, 5555, 75, 500
John B. Logan, 131, -, 1800, 50, 275
Sarah Payne, 100, 96, 2500, -, -
Wm. R. H. Cass, ½, -, 800, -, -
Benedict J. Cooper, 90, 240, 4000, 100, 380
Oliver Martin, -, -, -, 15, 110
Nathan Bickett, 150, 130, 4200, 500, 885
Anthony Bicket, 100, 59, 23, 85, 100, 750
Henry T. Bicket, ½, -, 300, -, -
Martin Cissell, 50, 149, 2000, 50, 265
Celia Cissell, 40, 60, 500, 10, 200
Wm. J. Ferrill, 50, 136, 750, -, -
Alexander Nally, 140, 428, 1700, 150, 400
Margaret Ray, 15, 10, 125, -, -
Thomas Fenwick, 35, 65, 300, -, -
Elizabeth Thompson, 30, 3, 40, -, -
Elleaner Cross, -, -, -, 15, 220
Elizabeth Blare, 50, 40, 450, 25, 200
Wm. _. Bland, 180, 253, 2500, 20, 240
Robert O'Bryan, 4, -, 800, -, -
G. W. Goodrum, 350, 350, 3500, 100, 565
Mary Goodrum, 75, 15, 1000, 100, 350
John Ferrill, 60, 40, 600, 75, 180
Edward Ferrill, 10, 24, 265, -, -
Catharine Edmondson, 110, 39, 3060, -, -

John Kimberlin, 60, 14, 1000, 100, 200
Sarah R. Dillingham, 30, 30, 1000, -, -,
Wilford Fenwick, 25, 6, 320, 15, 75
Gary Hood, 200, 267, 12500, 200, 1200
Robert Cunningham, 40, 41, 1900, 100, 750
Samuel Cunningham, 40, 50, 1400, -, -
John C. Mattingly, 4, 2, 100, -, -
Joseph A. Hall, 11, -, 3700, 1375, 625
Edward Dorsey, 40, 15, 755, 100, 300
Edward Lynch, 20, 15, 475, 50, 100
Eliza Daugherty, 36, 24, 600, -, -
Francis Milburn, 25, 25, 750, 250, 200
James McArty, 25, 15, 400, 10, 100
Sandford Thurman, 100, 75, 1700, 100, 200
James Whitehouse, 7, 3, 150, 10, 70
Barnett Williams, 110, 190, 1800, 100, 225
John T. Minor, 22, 13, 300, 10, 60
Elijah Beadles, 70, 30, 70, 25, -
Wm. _. Beadles, 50, 20, 500, 10, 120
Ezekiel Beadles, 35, 15, 300, 50, 125
George Holland, 30, -, 300, 25, 225
Frederick Innman, 30, 35, 500, 10, 75
Wm. R. Brackin, 40, 300, 1700, 100, 225
John Whitehouse, 40, 35, 600, 25, 125
James Whitehouse, 25, 35, 550, 20, 200
T. W. Foreman, 25, 25, 3500, 100, 425
Wm. Richardson, 135, -, 350, 15, 175
Green Lawrence, 10, 5, 150, -, -
Nancy Mouser, 40, 10, 500, 15, 175
J. C. Daniel, 90, 78, 1350, 25, 360
Wm. Isaacs, 19, -, 400, 15, 175
E. P. Nailer, 40, 32, 500, 15, 175
R. E. Spratt, 50, 40, 900, 100, 160
G. W. Sparren, 50, 20, 150, 5, 75
Thomas Hundley, 30, 70, 600, 25, 135
Elizabeth Mires, 30, 20, 300, -, -
Harrison Hays, 30, 43, 700, 20, 125
Samuel Nelson, 5, 24, 150, -, -
John Nelson, 40, 10, 400, 45, 160
Jesse Simpson, 17, -, 100, 15, 150
Joseph Funk, 70, 65, 1250, 125, 375
Elexions Kimball, 80, 20, 1000, 25, 320
John Graham, 72, 90, 1600, 75, 250
Joseph McArty, 110, 94, 2160, 100, 700
Wm. F. Rinehart, 30, -, 600, 10, 275
Frances Furgeson, 60, 10, 700, -, -
Daniel Nash, 90, 35, 1875, 100, 500
Sarah Lawrence, 27, 2, 190, -, -
Hardin Gregory, 50, 25, 1100, 100, 275
James Hagan, 20, -, 300, 150, 250
Horace Hagan, 3 0, 36, 660, 25, 220
John S. Dudgeon, 80, 44, 2200, 60, 700
John F. Catlin, 80, 137, 3250, 1256, 650

James Crowder, 350, 850, 12000, 125, 5350
Mathew W. Crowder, 250, 550, 9600, 125, 5350
Sameul Vansickles, 300, 200, 12500, 50, 3075
Felix Mercer, 300, 100, 0000, 250, 700
Wm. Edmondson, 50, -, 750, 15, 250
Wm. H. Hawkins, 200, 1700, 6000, 500, 600
W. Beauchamp, 80, 4720, 2500, 25, 452
Zachariah Ray, 60, 80, 1600, 125, 575
Catharine Ray, 70, 30, 1200, 50, 325
H. T. Brickett, ½, 40, 400, -, -
Ignatius Mills, ¼, -, 300, -, -
James Scott, 1 ½, 500, 1500, -, -
Robert Hill, ¼, -, 900, -, -
Wm. Thompson, ½, -, 100, -, -
Hiram J. Bickett, -, -, -, 15, 75
Ellen Thompson, 70, 176, 1225, 20, 175
Ignatius Mattingly, 40, 40, 800, 10, 100
Edward Miller, 60, 140, 1200, 125, 375
Thomas B. Willett, 80, 245, 900, 50, 110
Elizabeth Lampkin, 44, 85, 130, 10, 100
John B. Lucas, 12, 128, 200, -, -
George W. Hall, 25, 175, 300, 20, 100
Charles Morris, 20, 80, 150, -, -
Charles O'Bryan, 2, 8, 150, -, -
Henry Norris, 40, 90, 1050, 15, 180
John Berry, 328, 355, 9000, 200, 1100
Wm. S. Jarboe, 150, 140, 5050, 200, 1200
Hezekiah Luckett, 150, 565, 2800, 60, 300
Hamilton Pomfrey, -, -, -, 10, 100
Richard Baggerly, -, -, -, 10, 20
A. McAtee, 168, 70, 4400, 100, 1950
John Lancaster, 420, 180, 5000, 100, 900
James Elder, 75, 42, 3500, 150, 625
Tyra D. Watts, 60, 48, 2000, 100, 250
H. H. Clark, 60, 55, 2000, 50, 150
Elizabeth Graves, 200, 370, 4100, 250, 1000
Clement Calhoun, 30, 5, 500, 25, 250
Jacob Funk, 100, 58, 3500, 25, 525
B. P. Hamilton, 225, 80, 6000, 200, 1225
James H. Wilson, -, -, -, 100, 250
Elizabeth Cissell, 30, 6, 200, 25, 125
James Belt, 120, 127, 2150, 200, 675
Lewis Goodrum, 15, 26, 150, 5, 65
Daniel Everhart, 400, 650, 16500, 400, 8000
James C. Martin, 30, 28, 500, 125, 210
Samuel Robertson, 120, 145, 4000, 150, 500
Isaac Newcome, 6, 34, 300, -, 50
Jesse Robertson, 10, 23, 300, 5, 25
Jacob Sapp, 12, 45, 200, -, -
John Madden, -, -, -, 10, 65
Aaron Cross, 8, 30, 50, -, 50
James Brady, 20, 35, 200, 10, -
Charles Browning, 18, -, 180, 10, 150
Rosella Thompson, 12, 63, 200, -, -
Benjamin Sapp, 50, 150, 500, 25, 215
Sarah Hughes, 25, 10, 350, 10, 175
Thomas Bowman, 30, 70, 500, 10, 150
James K. Thompson, 65, -, 1300, 50,650
Clement Williams, 35, 15, 250, 25, 100
Richard Ray, 270, 616, 7000, 150, 100
Felix Bowman, 50, -, 300, 25, 350
James T. Mudd, 20, 9, 1500, 100, 200
Henry Spalding, 120, 80, 4000, 75, 420
Samuel T. Ray, 320, 255, 11500, 300, 600
Silvester Thompson, 150, 117, 3500, 100, 615
Wm. B. Abell, 60, 43, 1100, 75, 275
Ansylon Mills, 10, -, 100, 10, 100
Aaron Graves, 100, 50, 3400, 200, 1200
C. A. Hamelton, 75, 25, 1600, 100, 525
John P. Smith, 90, 35, 1250, 125, 385
Clement Hamilton, 225, 80, 7600, 150,1100
George Peak, 200, 200, 4500, 250, 7500
Zachariah Tucker, 70, 10, 1200, 100, 325
B J. Flanigan, 90, 75, 1000, 10, 350
Wm. Spalding, 240, 60, 8440, 200, 700
Bennett Rodes, 180, 150, 9900, 460, 790
Wm. Rodes, 96, -, 2700, 25, 300
Zachariah Cissell, 100, 14, 1700, 100, 400
Roswell Bowman, 60, 40, 1200, 20, 150
Theodore Williams, 40, 50, 900, 25, 250
James M. Rinehart, 20, -, 400, 150, 525
E. Burns, 2 ½, -, 650, 10, 60
Wesley Ramsey, 1 ¼, -, 650, -, 40
John E. Fitzpatrick, 25, -, 1000, 200, 275
Elizabeth Morgeson, 100, 40, 2150, 50, 850
John Kull, 60, 48, 1850, 200, 525
Wm. Hawkins, 70, 45, 1000, 40, 150
Harvey Brewer, 1, -, 400, -, -
Granderson Glasscock, 60, 80, 1600, 100, 330
Wm. Baxter, 250, 465, 8000, 100, 800
Jesse McDonald, 100, 100, 2000, 100, 425
Green Tucker, -, -, -, 10, 100
Josh Esery, 40, -, 550, 10, 75
Martha Harman, 100, 300, 4000, 50, 400
John Harman, 25, 25, 300, 20, 350

Martin Holland, 125, 55, 1800, 100, 400
Wm. Clark, 180, 205, 7700, 150, 1000
Robert Logan, 23, -, 1000, -, 200
Richard Baggerly, 75, 36, 1665, 30, 415
Wm. McCain, 36, 24, 1800, 100, 315
James P. Barbour, 350, 210, 1120, 500, 2860
James H. Baggerly, 35, -, 35, 75, 225
Isaac Ridge, 60, 36, 960, 100, 585
Chaffin Glasscock, 100, 60, 2200, 100, 1435
Andrew Bell, 50, 48, 1500, 15, 160
Wm. M. Cenna, 2, 4, 200, -, -
James McAllister, 50, 80, 1000, 10, 225
Arton Whitecotton, 55, 45, 1500, 50, 650
John Hardin, 175, 625, 5200, 150, 810
Henry Payne, 100, 53, 1600, 50, 375
Dabney Tucker, 52, 40, 1500, 50, 300
Wm. Payne, 100, 85, 1500, 30, 350
Basil Payne, 50, 10, 1300, 75, 225
Elias Russell, 80, 130, 1800, 100, 500
Thomas Bicket, 80, 72, 2300, 100, 555
Ignatius Drewry, 3-, -, 300, 75, 170
J. V. Downs, 60, 48, 1080, 50, 238
Joseph Suttles, 35, 115, 300, 10, 112
Wm. G. Ruckles, 15, -, 150, 5, 80
Clement Hardester, 15, -, 150, 15, 125
R. A. Ruley (Raley), 150, 48, 2900 100, 1180
Charles Beaver, 498, 387, 1150, 200, 925
Electius Cissell, 30, -, 300, 15, 130
Gabriel Mattingly, -, -, -,5, 180
Samuel Bicket, 70, 110, 900, 50, 400
Isadore Drewry, 100, 110, 1200, 30, 250
Joseph R. Elder, 150, 47, 5900, 200, 1300
James M. Hardester, 70, 25, 1150, 25, 380
Peter Thompson, -, -, -, 15, 150
Ignatius Russell, 50, 33, 1700, 100, 350
Charles Russell, 80, 70, 1200, 30, 250
George Hardester, 100, 58, 1300, 75, 565
Wilford Blair, 70, 53, 800, 50, 225
Wm. Carrice, 50, 131, 1000, 50, 280
R. F. Murry, 30, -, 500, 20, 120
Lloyd Thompson, 110, 107, 2400, 150, 750
Wm. M. Carrice, 100, 60, 1600, 75, 520
Thomas B. Lancaster, 60, 18, 700, 50, 165
Richard Hays, 12, -, 150, 10, 125
Thompson Buckler, 40, -, 120, 10, 175
Joseph Cross, -, -, -, 15, 250
James R. Smith, 100, 85, 1100, 100, 585
John Mills, 35, -, 400, 10, 90
Mary Clarke, 100, 150, 2000, 100, 625
Mathew Vowells, 100, 30, 1600, 100, 565
James Ferrill, 35, 65, 500, 10, 240
Robert Greenwell, 150, 1050, 3000, 150, 600
Wm. C. Hamilton 40, 96, 800, 150, -
Elocious Wimsatt, 50, 75, 400, 50, 150
John Fenwick, 60, 25, 800, 60, 300
C. A. Vancleave, 300, 217, 9000, 200, 3400
J. L. Rodes, 150, 126, 4300, 100, 900
Joseph M. Bowman, 400, 500, 10000, 300, 1450
Sarah Bowman, 50, 50, 1500, 25, 175
Wm. McKee, 70, 35, 1200, 30, 950
Cornelious Fenwick, 50, 30, 1000, 75, 475
Benjamin Fenwick, 60, 35, 1000, 100, 660
Jerry Alvey, 15, 72, 200, 5, 50
John Mattingly, 50, 150, 400, 5, 125
Nancy Lyons, 20, -, 100, 10, 220
Austin Thompson, 20, -, 300, 15, 200
Susan Thompson, 75, 25, 100, 100, 340
Mary Hughes, 30, 10, 300, -, 60
Wm. T. Hamelton, 290, 230, 7500, 250, 4000
John Pike, 100, 117, 1050, 150, 800
Joseph McCauley, 50, 50, 700, 25, 425
Pious McCauley, 45, 57, 850, 15, 161
Christopher Edelen, 200, 135, 2700, 200, 625
Raphael Lancaster, -, -, -, 30, 140
Constantine Cissell, 20, 13, 330, 100, 395
James Q. Sims, 35, 15, 365, 20, 150
Daniel Thompson, 120, 93, 4260, 70, 2268
John Howard, 70, 80, 3000, 100, 510
Carey Alvey, 30, -, 150, 20, 120
Thomas A. Sims, 50, 120, 800, 100, 465
Thomas S. Hagan, 220, 180,2800, 150, 635
Wm. Clayton, 70, 160, 1200, 75, 310
George Riggs, -, -, -, 40, 340
Thomas F. Williams, 50, 53, 1236, 25, 178
John Smock, 300, 220, 4160, 150, 800
John B. Peak, 70, 30, 700, 50, 125
George Clarke, 50, 70, 600, 50, 168
Alexander Rollins, 70, 30, 1500, 50, 1065
Benjamin Wheatley, 100, 50, 2700, 75, 420

Green B. Fleece, 75, 75, 3750, 150, 235
Owen D. Thomas, 150, 145, 5900, 100, 970
Enoch Back, 90, 76, 1660, 100, 245
Garrett Parsons, 50, 175, 2350, 75, 365
Wm. A. Hill, 100, 73, 2250, 75, 420
Wm. Biggers, 200, 100, 4500, 150, 1620
Thomas Woodward, 22, 19, 500, 5, 115
Catharine Mudd, 60, 21, 1200, 20, 170
Chaffin Glasscock, 90, 46, 2200, 100, 288
G. B. Mudd, 125, 241, 3500, 25, 400
Wm. H. Lewis, -, -, -, 20, 175
Wm. T. Purdy, 28, 22, 750, 10, -
Samuel Spalding, 170, 121, 8500, 450, 1100
Silvestr Winsatt, 160, 208, 3860, 100, 265
John R. Hall, -, -, -, 10, 90
Leo Leak, 75, 225, 700, 200, 245
J. G. Norris, 5, 95, 400, 10, 45
Henry D. Edwards, 80, 1430, 200, 30, 412
Washington Beall, 450, 1226, 13850, 150, 930
Thomas J. Beall, -, -, -, 100, 365
Edward Carter, 100, 200, 3000, 150, 560
Thomas J. Sweets, -, -, -, 50, 200
Thomas Kincaid, -, -, -, 10, 160
James Miller, 120, 812, 3700, 125, 640
Greenberry Cunidiff, 50, 300, 1000, 100, 460
Benjamin Darnall, 70, 130, 1000, 10, 270
Wm. F. Ratliff, 20, 180, 100, 5, 135
George S. Dotson, 40, 160, 300, 10, 105
Robert Allen, 25, 200, 300, 10, 190
George Scott, 125, 375, 1500, 50, 660
Josiah Paget, 30, 17, 200, 85, 175
Elijah Scott, 150, 40, 700, 50, 700
Robert Whitlock, 2, 98, 100, -, -
Richard Scott, 30, 70, 100, 5, 100
Jno. Carlile, 18, -, 200, 17, 730
Richard Scott, 82, 190, 600, 50, 210
George W. Scott, 125, 170, 1500, 125, 560
Joseph Allen, 50, 150, 300, 10, 140
Wm. Price, 20, 10, 150, 23, 1110
Richard Sutton, 100, 700, 900, 125, 375
Edward Thompson, 8, 33, 210, -, 85
Charles Whitfield, 30, 54, 200, 5, 140
Clement Thompson, 65, 216, 1400, 10, 75
Joseph Carter, 170, 260, 3000, 200, 675
Wm. Peterson, 100, 220, 3800, 150, 440
Thurman P. Knott, 250, 180, 6450, 400, 1200
Charles Alvey, 130, 70, 2500, 150, 410
John Cissell, 200, 151, 5092, 250, 310
Wm. K. Mitchell, 40, 20, 1500, 100, 290
Elizabeth Payne, 200, 75, 1500, 75, 265
R. C. Ray, 80, 127, 3000, 100, 1100
Peter Mitchell, ¼, -, 600, -, -
Mary Garner, 100, 203, 2100, 100, 415
John Ray, 400, 26, 300, 10, 85
Isadore Bicket, 20, -, 100, 2 5, 235
Benedict Downs, 160, 5370, 3380, 200, 560
A. H. Cravens, 30, 30, 300, 10, 300
Joseph Fogle, 100, 75, 1500, 76, 625
Benj. Mattingly, 150, 50, 3500, 200, 800
Thomas Carter, 80, 70, 1500, 100, 650
David Miller, 140, 110, 3000, 100, 1100
John Beaven, 140, 100, 4800, 200, 1650
Wm. Russell, 240, 120, 7200, 75, 1470
Benedict Hardester, 80, 125, 2050, 50, 300
James Blane, 45, 35, 2400, 150, 555
G. W. Lucket, 35, 48, 835, 50, 400
James H. Clarke, 60, 82, 500, 25, 225
Isaac J. Clarke, 60, 75, 500, 20, 225
Joel G. Miller, -, -, -, -, -
Jinna Cooper, -, -, -, -, -
Henry Carter, 1 ½, -, 400, -, 60
Stephen Hardin, 50, -, 500, 75, 700
Jobe Dunahoo, ½, -, 300, -, -
John Wade, 100, 100, 1600, 75, 650
Coleman Hunt, 18, 55, 200,, 5, 60
Robert H. Scott, 50, 250, 300, 20, 280
Tinstall Hunt, 20, 120, 250, -, 100
Edward Mattingly, 80, 116, 1000, 100, 320
Wm. Graham, 50, 50, 250, 25, 150
Joel Harp, 29, 100, 200, -, -
S. J. Hunter, 16, -, 100, -, 45
Joseph Wade, 60, 120, 1000, 50, 565
Joseph Mills, 95, 271, 1500, 75, 350
Charles C. Beaven, 25, 50, 700, 25, 288
James E. Beaven, -, -, -, 40, 180
Charles Russell, 40, 56, 1200, 50, 375
Benedict Thompson, 30, 57, 1100, 50, 170
John C. Maxwell, 100, 340, 7900, -, 250
Drerring Daugherty, 25, 50, 250, 10, 125
Enoch Abell, 18, 30, 480, 20, 250
H___ Lancaster, 250, 273, 12000, 200, 1025
Stephen Smothers, 10, -, 100, 10, 30
David Phillips, 250, 300, 15000, 200, 4300
Wm. Jarboe, 200, 120, 1800, 100, 1500

Tresa Jarboe, 130, 50, 5500, 200, 3200
Frederick Bay (Ray), 55, 125, 1000, 50, 215
W. H. Medley, 50, 60, 2000, 50, 330
George H. Thompson, 25, 35, 300, 10, 80
Francis Roberts, 175, 75, 500, 150, 750
Obed Walston, 130, 277, 6400, 100, 550
Parris Purdy, 15, 7, 660, -, 60
E. N. Matingly, 130, 41, 2600, 120, 2600
Andrew Daugherty, 50, -, 750, 10, 280
David Rollins, 80, 83, 2600, 40, 250
E. D. Cambron, 60, 35, 1000, 50, 550
E. H. C. Daniel, 160, 20, 2700, 75, 450
John Warren, 110, 107, 2200, 100, 450
Aaron Purdy, 22, 8, 600, 100, 225
James Shehan, 200, 100, 6000, 150, 50
Uriah Gartin, 342, 247, 9400, 225, 2800
Green R. Hays, 120, 160, 4100, -, -
Samuel Swan, 150, 150, 2500, 100, 700
Lawrence Floyd, 10, -, 200, 10, 100
James W. Mays, 75, 50, 6000, 125, 525
Alexander Brown, 70, 61, 2600, 50, 135
Jacob Alfrey, 22, -, 440, -, 100
John Vaughn, -, -, -, -, 130
Thos. J. Nash, 200, 75, 4450, 150, 240
Samuel Wliams, 60, 49, 2600, 75, 295
Q. M. Chandler, 200, 100, 6200, 75, 1570
James Gartin, 80, 85, 1500, 50, 1400
Wm. W. Mays, 170, 130, 2500, 75, 550
John Cranford (Crawford), 350, 258, 13150, 200, 1900
W,. Wethrow, 200, 130, 6500, 200, 850
Thomas Edward, -, -, -, 10, 80
Roswell Skinner, 36, 12, 970, 20, 350
Samuel Morguson, 35, 11, 690, 10, 140
Joseph T. Catlin, 60, 46, 1600, 75, 300
Robert Brents, 20, 37, 1150, 100, 250
Archy Mays, 150, 43, 4500, 150, 2000
Nicholas Mills, 49, 6, 1650, 100, 225
B. F. Hill, 150, 129, 6950, 100, 1250
Wm. Charlton, 85, 65, 2400, 50, 285
James M. Mudd, 100, 68, 2700, 50, 1060
Benjamin Ford, 60, 140, 3600, 100, 338
Harvey McElroy, 200, 180, 12400, 300, 5050
James Graham, 15, 15, 300, 10, 75
Calister Abell, 100, 150, 1800, 100, 750
Tarner Wayne, 50, 25, 1100, 10, 250
Solomon Chamberlin, 2, -, 200, 10, 75
Joseph O. Daniel, 300, 200, 2500, 450, 1000
George L. Hamelton, 150, 55, 2500, 100, 600
Elizabeth Lanham, 75, 21, 3000, 75, 260

Leonard Edelen, 1, -, 3000, -, 120
John W. Chandler, 2, -, 5000, 175, 250
Augustine Mattingly, 10, -, 150, 10, 100
Moses Rickets, 2, 50, 2200, -, 100
Arnold Bicket, 100, 120, 1325, 150, 625
Felix Grundy, 150, 50, 6000, 100, 800
P. B. Cooper, 200, 424, 8000, 200, 2500
James Mills, 80, -, 960, 100, 220
Augusting Mills, 50, 79, 650, 30, 390
Samuel Stanfield, 20, 136, 200, 10, 95
Stephen Blanford, 89, 60, 1000, 100, 265
Ephram Sapp, 40, 60, 800, 10, 230
Wm. M. Abell, 120, 180, 6000, 25, 500
George Graham, 18, -, 275, 10, 180
J. L. Martin, 80, 237, 5000, 75, 575
George Martin, 25, -, 100, 10, 150
Benedict Raley, 90, 315, 1800, 100, 350
Barton Mattingly, 100, 50, 2300, 100, 550
Thomas Lanham, 100, 50, 2250, 150, 420
M. J. Cissell, 300, 77, 5650, 100, 1200
Harvy McElroy, 500, 200, 7000, 400, 1200
Lloyd Hill, 14, 70, 1700, 75, 600
Wm. Stanton, 10, -, 100, 10, 100
David Cleaver, 200, 300, 5000, 300, 5460
Leonard A. Spalding, 100, 135, 7000, 100, 525
Benjamin Spalding, 1, -, 2000, -, 300
Benedict Spalding, 2, -, 600, -, 168
Wm. Ruckles, 130, 104, 2800, 50, 400
Unice Maxwell, 500, 220, 15000, 300, 7500
Thomas H. Hamelton, 130, 105, 5900, 100, 750
B. J. Abell, 70, 50, 1000, 10, 300
George Stayton, -, -, -, 15, 200
Richard Skinner, 180, 20, 3000, 20, 650
Wm. M. Raley, 70, 70, 1400, 100, 300
Gilbert Faulkner, 60, 53, 2250, 150, 650
James Mercer, 100, 20, 5500, 40, 200
John Hagan, 500, 400, 9000, 200, 2250
Richard M. Spalding, 300, 205, 10050, 150, 4000
Ben Spalding, 140, 10, 1400, 125, 200
A. B. C. Daugherty, 60, 33, 1050, 20, 175
James Knott, 20, -, 300, 10, 50
Thomas Drain, 150, 75, 4500, 150, 260
John Spalding, 20, -, 500, 200, 325
Joseph Abell, 175, 390, 3000, 50, 650
Samuel Ryon, 120, 234, 7000, 100, 560
John W. Drewry, 60, 6, 600, 50, 160

Benedict J. Beaven, 25, 125, 1500, 50, 525
Augustine L. Haydon, 300, 201, 2500, 200, 2550
Benedict O'Neel, 230, 100, 6000, 200, 2200
Thomas Mills, 75, 55, 1300, 50, 300
Wilford Green, 80, 16, 4450, 100, 500
P. B. Ray, 280, 205, 9000, 300, 2370
Felix Brown, 45, 35, 800, 50, 135
Wm. P. McElroy, 190, 67, 6400, 100, 800
Barnabas Abell, 45, -, 1350, 75, 385
John Russell, 100, 27, 2000, 50, 200
Benedict Raley, 15, 50, 180, 10, 50
George Brown, 35, 10, 700, 10, 100
Wilson T. Phillips, ¼, -, 300, -, 50
John Wheeler, 2, -, 50, -, -
James McAtee, 170, 30, 5000, 100, 425
John Henning, 48, 8, 6000, 150, 200
John C. Riley, 350, 1200, 6000, 100, 950
Wm. Hoglan, 18, 60, 425, 10, 180
Patrick Hickey, 100, 190, 2900, 250, 600
Henry Shuck, 80, 50, 3900, 60, 240
Peter Lanham, 50, 60, 1000, 75, 200
John Yowell, 30, -, 450, 100, 300
Alfred Clements, 1, 13, 25, -, 30
James McCubbins, 2, 98, 125, 10, 50
Abner Shrieves, 15, 35, 200, 10, 200
James Ginter, 20, 47, 500, 10, 60
Rowlan Harmon, 20,-, 100, 10, 75
Joseph Landers, 30, 120, 300, 55, 200
E. G. Carrice, 30,35, 700, 25, 300
Levi Raley, 8, 20, 200, 5, 100
Isaac Withrow, 3, -, 1200, 100, -
John C. Purdy, 50, 15, 1000, 50, 150
Francis E. Jackson, ½, -, 600, -, 30
G. W. Below, 12, -, 75, 10, 50
Harvey Johnson, 2, -, 1500, 10, 50
G. W. Carter, 1, -, 4000, -, 80
Ben A. Devenport, 32, 6, 1500, 10, 100
Thomas Jackson, 240, 198, 6000, 150, 1000
Ben Edmons, 17, 240, 2200, 75, 165
Meredith Prewitt, 70, 68, 2500, 75, 2500
Thomas Ewing, 12, -, 240, 10,684
Wm. Rinehart, 230, 250, 5500, 150, 720
John Daugherty, 8, -, 120, 10, 150
David Catlin, 5,-, 50,15, 200
Uriah Glazebrooks, 30, -, 500, 75, 500
David Payne, 2, -, 200, 5, 125
John W. Catlin, 200, 96, 4000, 300, 1000
Jame Bland, 2, -, 50, 5, 175
John W. Brown, 130, 70, 4000, 200, 1500
John Adams, 140, 45, 3600, 160, 600
Eli Adams, 120, 30, 3000, 200, 1000
James Meese, 1, -, 100, -, 15
James Adams, 200, 50, 5000, 200, 800
Joseph S. Brown, 75, 45, 2400, 100, 350
Isaac Pearce, 125, 103, 2850, 200, 925
Jacob Pearce, 80, 82, 2250, 300, 760
Thomas Pearce, 55, -, 825, 100, 632
Catharine Brand, 150, 25, 350, 100, 350
Lucinda Elliott, -, -, -, -, 60
John Sandusky, 300, 245, 8750, 200, 2600
Harriet Funk, 190, 42, 4650, 200, 420
John Catlin, 1, -, 50, -, 75
John McElroy, 5, -, 100, 20, 120
David M. Purdum, 30, 16, 800, 15, 430
Fielding Elliott, 19, 7, 520, 15, 350
Wm. Lawrence, 40, 30, 700, 25, 210
Hirma H. Goode, 25, -, 500, -, 100
Thomas Elliott, 55, 57, 1120, 50, 250
Wilson Edmondson, 200, 190, 7800, 125, 640
Rufus Hourisan (Harrison), 37, -, 400, 15, 200
Johnathan Elliott, 3, -, 100, 15, 280
Wm. Mobley, 1, -, 200, 10, 75
Lewis P. Spalding, 225, 1245, 4000, 200, 920
James May, 80, 89, 1000, 100, 350
James Yowell, 165, 205, 7400, 150, 1150
Norman Withrow, 80, 72, 3000, 75, 550
Jubal Morgan, 60, 90, 1200, 75, 200
Anthony Drain, 75, 35, 2200, 100, 775
Marcus Thomas, 100, 210, 1250, 25, 415
James P. Shaw, 100, 100, 4000, 50, 420
Jamuel Hancock, 25, 53, 1000, 10, 160
John Abell, 115, 41, 3500, 130, 235
John A. Fogle, 100, 175, 3000, 150, 620
John Spalding, 300, 400, 10200, 100, 3430
James Russell, 90, 40, 2600, 100, 400
Jno. Russell, 75, 25, 2000, 100, 375
James Mills, 60, 41, 1700, 100, 450
Andrew Mudd, 130, 100, 3500, 150, 950
____Horley (Horley Mudd?), ½, -, 4000, -, 175
Chas. Savage, 2, -, 100, -, -
George Comer, 30, -, 600, 20, 193
Samuel Smith, 150, 40, 5000, 100, 2650
Wm. T. Spalding, 150, 200, 2000, 100, 720
Daniel Purdy, 120, 307, 3500, 100, 700
Henry Rowland, 49, -, 3650, 50, 233
Richard Wathen, 40, 163, 1000, 50, 500
James Innman, 35, 43, 600, 10, 205
Samuel Brinton, 25, 17, 755, -, 200

James Elliott, 60, 40, 1200, 75, 480
Marcus Wimsatt, 205, 150, 10000
Allen Elliott, 110, 50, 1600, 75, 400
Wm. M. Buckman, 80, 90, 1500, 50, 360
Richard Spalding, 25, -, 230, 10, 146
James M. Fogle, 12, -, 500, -, 225
Andrew Tharp, 80, 95, 1500, 50, 300
R. H. Rowntree, 42, 25, 2500, 100, 300
Henly Taylor, 300, 250, 10500, 500, 5800
Wm. S. Knott, 1, -, 4000, 50, 500
N. S. Ray, 100, 100, 3500, -, 200
B. Spalding, 330, 100, 13000, 300, 3600
Wilson Bledsoe, -, -, -, -, 10
Richard L. Dillingham, 50, 10, 1000, 20, 300
Susan A. Wheatley, 128, -, 2500, 150, 500
James Landers, 50, 110, 400, 15, 100
Edward Nally, 5, 400, 400, 15, 100
Joseph Short, 130, 150, 700, 50, 2—
Wm. Below, -, -, -, 10, 100
Abraham Thompson, 70, 30, 300, 10, 250
James Moore, 30, 45, 300, 5, 100
Quinton Sapp, -, -, -, 20, 80
Wm. Cooper, 6, 60, 100, 5, 150
Stephen Raley, -, -, -, 10, 150
Wm. S. Haydon, 100, 160, 3000, 100, 800
M. Wilson, 280, 160, 9000, 300, 1200
James Anderson, 60, 90, 750, 20, 300
Garret Vandike, 37, 90, 625, 30, 300
Hardin Coppage, 40, 68, 800, 20, 350
James H. Mullins, 30, -, 150, 5, 200
Anderson Turner, 8, -, 50, 5, 35
James Parsons, 11, -, 150, 10, 80
Isom Hamelton, 12, -, 100, 10, 150
Louis Wright, 40, 25, 325, 10, 200
Jack Wright, 30, 30, 250, 5, 200
Jacob Pullin, 1, -, 20, -, -
Joseph Staten, 70, 50, 700, 75, 400
Benjamin Shrieves, 75, 325, 500, 35, 300
Squire Bates, 25, 700, 800, 100, 350
Elijah Spires, 45, -, 500, 10, 300
James Sapp, 25, 24, 800, 200, 300
Armsted Chilf, 35, 165, 600, 20, 200
John Gabehart, 5, -, 25, 5, 50
Isaac Ellis, 60, 140, 800, 10, 125
James Riley, 10, 30, 50, 5, 85
Wm. R. Ricken, 15, 15, 300, 10, 300
George Penn, 1, -, 300, -, 15
R. Prewitt, 100, 100, 3000, 100, 1300
Thomas Miles, 100, 70, 1360, 150, 500
George Mitchell, 1, -, 200, 5, 300

B. A. Vancleave, 150, 158, 6200, 350, 1100
Wm. H. Duncan, 1, -, 500, 5, 120
Wm. G. Rickett, 1, 500, -, 100
A. A. Hogue, 54, 204, 3300, 10, 150
Felix McAtee, 80, 35, 1450, 150, 260
A. Handley, 70, 22, 3400, 250, 600
James Fleece, 2, 158, 5000, 15, 300
J. H. Kirk, 4, -, 2000, 10, 600
John M. Graham, 28, 150, 4500, 10, 160
Edward Roney, 60, 60, 3000, 200, 80
Benedict Yates, 20, -, 1000, 20, 380
James Molehorn, 65, 53, 2400, 300, 450
James Williams, 18, 2, 200, 20, 250
Franklin Browning, 100, 50, 2600, 20, 550
Henry Brown, 50, 15, 1200, 300, 400
M. S. Shuck, 125, 150, 11650, 400, 1500
Mary Stayton, 150, 125, 2750, 100, 650
Joseph B. Mattingly, 125, 75, 10000, 300, 2000
Thomas R. Baggley, 60, 30, 1600, 20, 380
James A. Jarboo, 240, 220, 6600, 400, 600
George W. Wage, 25, 8, 700, 25, 400
Joseph Russell, 100, 80, 3300, 150, 400
R McBowen (Mc. Bowen), 6, -, 4000, 5, 200
George Phillips, 382, 111, 19800, 400, 3500
Joseph Wimsatt, 200, 331, 5400, 150, 550
Jane B. McElroy, 60, 15, 3000, 100, 650
Joseph Shot, 30, 270, 500, 20, 220
James Scheeling (Schooling), 250, 470, 13400, 300, 2200
Bennett Marple (Marslo), 100, 64, 2500, 100, 480
John H. Tucker, 250, 21000, 12000, 150, 2500
Fleming Goode, 28, -, 1500, 20, 230
E. C. Purdy, 140, 70, 1500, -, 300
John Shuck, 200, 250, 9000, 150, 650
John B. Wathen, 15, -, 600, -, 310
E. Creel, 400, 500, 9000, 200, 1030
Henry Lucket, 100, 120, 3000, 100, 500
And. P. Reed, 80, 4200, 7500, 150, 900
Thos. G. Harrison, 175, 225, 7000, 130, 810
Felix G. Phillips, 200, 235, 73000, 250, 630
Jane Burks, 200, 163, 6500, 300, 900
F. T. Raney, 210, 164, 11200, 400, 7000
E.A. Fogle, 50, 43, 1300, 50, 320

Thomas S. Sweeney, 150, 150, 2400, 50, 310
John J. Taylor, 30, 20, 300, 30, 80
John Musson, 50, 112, 300, 25, 70
J. M. Miller, 85, 195, 4000, 250, 600
Bluford Musson, 75, 40, 1000, 150, 420
Richard Wise, 70, 70, 400, 100, 270
John J. Cushing, 10, 30, 100, 20, 60
J C. Benningfield,, 10, 140, 200, 20, 80
Theodore Sapp, 12, 59, 1000, 20, 90
Isaac Clarke, 15, 85, 300, 20,110
Mathew Newcome, 50, 100, 300, 20, 170
Elijah Rogers, 40, 40, 200, 20, 70
Lewis Muldrow, 70, 126, 600, 30, 200
Abraham Lake, 12, 98, 100, -, 150
James Libers, 40, 70, 450, 200, 250
Alexr. Moore, 40, 40, 700, 25, 250
John Moore, 85, 135, 2000, 200, 500
James Moore, 20, 50, 300, 20, 150
Henry Riggs, 12, 38, 100, -, -
Logan Sapp, 25, 75, 300, -, -
James A. Barnes (Burns), 10, 170, 500, -, -
John M. Rice, 10, 330, 750, 35, 140
Samuel Preyor, 20, 150, 300, 50, 100
John Haydon, 50, 100, 800, 20, 170
John Ingram, 70, 130, 2000, 150, 500
R. J. Thomas, 80, 220, 500, 25, 250
Tresa Spalding, 120, 150, 2750, 100, 450
John Moore, 10, 20, 150, -, -,
Robert Wheatley, 15, -, 150, 30, 12
Mary Abell, 200, 135, 6200, 100, 500
John B. Haydon, 150, 800, 8000, 200, 600
Robert Thomas, 105, 75, 1000, 100, 700
Thomas Sims, 40, 70, 500, 25, 160
John Coffe (Caffe), 100, 200, 1000, 75, 300
Enoch Yates, 60, 20, 3000, 30, 300
Samuel Lee, 250, 100, 10500, 200, 800
John B. Bland, 100, 85, 5500, 100, 370
Wm. Raley, 16, -, 60, 10, 100
Edward Kirk, 100, 64, 5800, 250, 650
Turk Newcome, 30, 70, 800, 40, 60
Robert Purdy, 15, -, 450, 100, 200
Theodore Murphy, 20, 80, 400, 20, 100
Burgis Powers, 20, 40, 300, -, -
John Ewing, 45, 60, 1500, 100, 300
Joseph Murphy, 10, 30, 200, 10, 250
Francis Ford, 40, 80, 1500, 150, 350
James Haydon, 80, 70, 2000, 150, 550
Phillip Abell, 40, 36, 800, 30, 200
Henry Raley, 70, 50, 1500, 100, 350
Henry Bland, 39, 26, 800, 60, 300
Elijah Ewing, 22, -, 300, 20, 230
James Abell, 60, 70, 1500, 100, 420
Francis Abell, 65, 65, 1500, 100, 400
John Bland, 60, 60, 1500, 50, 200
Sally Gartin, 190, 40, 7000, 250, 1000
Charles Kinnett, 85, 350, 4000, 200, 500
A. J. Bradford, 75, 65, 2000, 250, 450
Samuel Kinnett, 300, 350, 8000, 400, 4000
E. G. Chandler, 100, -, 3000, 30, 250
Ramster Gregory, 60, 100, 600, 100, 450
Wm. Gearhart, 100, 150, 1600, 100, 650
Joel Spres, 170, 400, 5700, 100, 700
Joseph Alford, 20, 30, 200, 30, 400
Martin Banister, 120, 300, 4200, 100, 400
Jas. Biggers, 32, -, 500, 20, 100
Austin Whitehouse, 16, 34, 300, -, -
George Cosby, 10, 50, 500, -, -
Daniel (David) Ragland, 50, 20, 600, 20, 220
Barny Followell, 10, 10, 400, 20, 200
Joseph Mullins, 40, -, 800, 30, 100
Jon Isaacs, 60, 40, 1200, 100, 420
Nash (Wash) Glasscock, 14, 36, 500, 200, 400
Geo. C. Thornton, 350, 150, 6000, 250, 3800
Lewis Followell, 20, -, 1800, 30, 110
Alson Rollins, 100, 140, 2400, 30, -
Samuel Harmon, 25, 25, 500, 30, 170
James Brown, 200, 440, 2500, 100, 470
James H. Lankford, 40, 94, 1000, 20, 330
Mary Dever, 15, 20, 700, 20, 100
Archa Gunter, 27, -, 600, 20, 200
James Lankford, 100, 40, 2250, 150, 400
Martha Stallings, 70, 60, 2000, -, -
A. J. Gunter, 20, 20, 200, - -
Emerson Yowell, 20, -, 450, 20, 400
Harvey Dean, 80, 120, 3000, 150, 500
Alfred Dean, 70, 130, 3000, 150, 400
B. F. Purdy, 60, 45, 3000, 250, 800
D. A. Wells, 16, 1000, 1200, 150, 200
Wm. Dunn, 150, 100, 1000, 200, 600
Leroy Yowell, 200, 150, 6000, 150, 800
Wm. Yowell, 130, -, 1000, 30, 350
Silvester Yowell, 130, -, 1000, 150, 300
Thos. S. Purdy, 70, 90, 2000, 150, 300
Harvey Sharp, 85, 75, 2500, 100, 240
Joel Coppage, 150, 150, 2500, 100, 750
Jane Kinnett, 130, 200, 4000, 130, 370
George Dunn, 185, 307, 8000, 300, 1200
W. P. Rakes, 30, 75, 500, 30, 120
Wm. Rakes, 50, 150, 1600, 150, 300
M. P.Drye, 160, 310, 3500, 200, 1160

Andrew Wayman, 75, 500, 2000, 100, 420
Wm. Roberts, 30, 30, 250, -, -
Uriah Coppage, 70, 230, 2000, 150, 300
Phillip Vest, 40, 60, 1000, 100, 220
Mary Wiser, 150, 100, 2000, 100, 520
James Ellis, 15, 45, 200, 20, 250
Travis Coppage, 100, 100, 3000, 100, 1000
Fulding (Fielding) Coppage, 20, 40, 1000, -, -
Isaac Coppage, 66, 75, 2000, 30, 550
James W. Lankford, 20, -, 400, 20, 200
W. J. Coppage, 25, 200, 400, 100, 210
James L. Pennington, 40, 60, 500, 20, 200
Wash Moore, 20, 40, 600, 100, 250
Alfred Young, 400, 200, 25000, 500, 2500
C. S. Hill, 100, 100, 5000, 100, 700
Raymond Lee, 65, 116, 1500, 30, 150
E. Bradfield, 70, 80, 1700, 150, 350
James Thompson, 60, 10, 200, 25, 150
Cary Peterson, 70, 70, 850, 25, 375
Elizabeth Miles, 80, 80, 1120, 25, 625
Wilson Goodrum, 50, 169, 1100, 125, 450
Benjamin Walker, -, -, -, 10, 210
Felix Bowman, -, -, -, 15, 300
Jane Spalding, 100, 50, 2250, 75, 625
Robert Cook, 90, 60, 1500, 75, 350
Catharine Cissell, 50, 50, 1500, 50, 375
Mordecai Lanham, 50, 20, 1050, 100, 400

David Bullock, 75, 49, 3700, 100, 215
John S. Medley, 190, 210, 4000, 200, 725
Bej. Edelen, 120, 300, 3000, 155, 1350
Jane H. Lindsey, 80, 200, 2800, 75, 375
Walter O'Daniel, 160, 40, 4000, 200, 1250
Mtilda Lanham, 100, 60, 2400, 20, 240
Paul T. Lanham, -, -, -, 10, 260
Joseph Spalding, 150, 90, 6000, 200, 5875
Ambrose Smith, 125, 25, 4500, 350, 850
H. J. Mudd, 70, 65, 1350, 15, 360
John Miles, 171, 60, 3500, 75, 750
John Russell, -, -, -, 20, 275
Ignatius Mattingly, 25, 75, 3000, 50, 400
Daugherty Mattingly, 15, 5, 900, 30, 280
Bennel Daley, 160, 125, 3500, 75, 838
Jesse Thompson, 40, 28, 550, -, -
Augustin Downs, 12, -, 120, 25, 370
Richard Spalding, 675, 125, 20000, 300, 4500
Mary B. Mattingly, 150, 60, 4250, 100, 1000
Stephen Purdy, 215, 64, 7600, 300, 1250
Joseph Clarke, 130, 158, 5760, 150, 375
Hugh Gorden, 20, 6, 520, 75, 250
Jas. W. Clarke, 45, 80, 1700, 100, 800
Wm. McElroy, 300, 714, 9500, 300, 1600
Susan A. Marten, ¼, -, 250, -, -
Mariah Dyer, ¼, -, 100, -, -
Emily Payne, ¼, -, 150, -, -
Wm. Douglass, 165, 80, 5000, 150, 1300

Marshall County Kentucky
1850 Agricultural Census

The Agricultural Census for 1850 was filmed for the University of North Carolina from original records at Duke University in Durham North Carolina.

The following are the items represented and separated by a comma: for example, John Doe, 25, 25, 10, 5, 100. This represents:

Column 1 Owner
Column 2 Acres of Improved Land
Column 3 Acres of Unimproved Land
Column 4 Cash Value of Farm
Column 5 Value of Farm Implements and Machinery
Column 13 Value of Livestock

The following symbol is used to maintain spacing where there are no numbers: (-) In addition, the left margin has been bound too close to the edge causing some first names or initials to not be completely visible

James Goheen, 55, 300, 1000, 250, 300
Pleasant Page, 35, 100, 200, 25, 150
James M. Chandler, 35, 200, 250, 25, 200
John B. Morgan, 20, 86, 100, 10, 50
James J. Chappell, 25, 55, 150, 10, 36
Robert Malone, 17, 23, 70, 10, 78
Lewis Henderson, 50, 275, 500, 20, 120
Willis Strow, 160, 1110, 3254, 100, 250
Polly Averett, 15, 110, 500, 25, 90
D. A. Gardner, 40, 220, 500, 75, 180
Wm. W. Utley, 50, 250, 500, 50, 152
J. D. L. Price, 100, 35, 500, 20, 150
Martin Nelson, 20, 55, 100, 15, 109
Hugh Reden, 13, 96, 100, 5, 116
Robert Reden, 40, -, 75, 10, 75
William Heath, 30, 50, 160, 35, 121
Ephraim Heath, 60, 500, 1000, 75, 200
John W. Peler, 19, 84, 300, 30, 185
William A. Fulcher, 30, 107, 500, 5, 229
Philip Fulcher, 26, 74, 300, 10, 86
David Brown, 60, 100, 325, 50, 140
Thomas Brown, 25, 55, 150, 3, 50
G. W. Anderson, 30, -, 200, 5, 150
Isaih Henderson, 15, 15, 100, 10, 87
Allen Nelson, 25, 40, 200, 10, 89
Bailus Malone, 25, 15, 100, 10, 50
Bradley Gambrel, 18, 30, 100, 10, 85
William Henderson, 15, 85, 150, 55, 95
David Crass (Cross), 30, 50,160, 10, 162
W. T. Ross, 20, -, 100, 5, 65
John Bishop, 45, 275, 500, 120, 301
William Price, 35, 125, 300, 10, 143
Carrol Winters, 60, 100, 220, 100, 104

Granville Tuggle, 25, -, 200, 5, 250
N. A. Smally, 20, 140, 100, 8, 117
R. P. Shaw, 30, 130, 300, 15, 211
William Cape (Cope), 40, 60, 130, 30, 95
Reuben W. Starks, 50, 437, 800, 71, 388
Saml. A. Slaughter, 30, 130, 160, 4, 131
Chas. S. M. Rowland, 25, 135, 250, 10, 105
A. L. Starks, 35, 205, 550, 15, 175
John Gilbert, 18, 37, 200, 8, 111
L. D. Thompson, 35, 89, 300, 55, 197
Sally Burd, 45, 205, 500, 23, 222
T. H. English, 20, 72, 200, 50, 138
Thomas Norsworthy, 40, 120, 300, 100, 202
Mary Head, 60, 100, 300, 75, 191
G. B. Roberts, 60, 79, 500, 50, 239
Little B. Hiett, 35, 112, 300, 10, 101
George Green, 70, 230, 700, 60, 220
Dandridge C. Pace, 30, 57, 250, 20, 120
Elizabeth York, 60, 150, 400, 7, 124
Jane Pace, 35, 150, 300, 40, 225
Davidson Lents, 45, 115, 300, 20, 180
_. L. Haymes, 50, 230, 600, 50, 286
William Frizzell, 17, -, 50, 5, 93
Reuben Starks, 65, 495, 400, 60, 222
Sepnser P. Starks, 30, 190, 400, 40, 150
Joel Pellet (Pettit), 40, 120, 300, 20, 150
Mariah Williams, 70, 170, 800, 15, 96
Hope H. Hurt, 35, 115, 300, 10, 105
Daniel Pace, 75, 365, 600, 100, 365
Hugh Gilbert, 50, 190, 700, 80, 158
Charles Coats, 40, 70, 250, 20, 317

Hugh Gilbert Sr., 100, 410, 1000, 100, 590
_. Saml. Walters, 30, 35, 170, 12, 120
Nathan Hanks, 100, 217, 800, 100, 366
John Peel, 40, 60, 500, 15, 260
James Bourland, 40, 594, 1200, 75, 231
Lankston Pace, 100, 440, 1000, 50, 567
Thomas Mcelrath (McCrath), 100, 399, 780, 125, 540
Joshua Barnhart, 45, 100, 300, 20, 297
Thomas K. Burnham, 70, 570, 2000, 15, 150
H. B. Williams, 35, 102, 500, 50, 323
James C. Jones, 100, 1100, 800, 100, 372
S. W. Harrel, 30, 40, 100, 15, 100
W. B. Davis, 40, 600, 1000, 40, -
D. G. Henson, 50, 110, 500, 199, -
Harvey Washburn, 27, 133, 350, 100, -
Newton Johnson, 65, 255, 400, 50, 200
John Peck, 70, 124, 800, 250, 481
Zachariah Lyles, 60, 113, 1600, 100, 360
James R. Bourland, 15, 65, 250, 65, 123
Massey Jones, 20, 60, 225, 20, 92
John Fields, 50, 330, 800, 30, 314
William Peay, 150, 378, 2000, 100, 515
B. L. Gatewood, 35, 138, 40, 50, 125
T. H. Dent, 40, 120, 50, 50, 258
J. W. Frezzell, 50, 130, 400, 50, 100
John Ford, 25, 135, 300, 5, 64
Jacob Cross, 25, 64, 150, 40, 86
A. A. Averett, 35, 105, 300, 60, 198
Raburn Wiett, 18, 126, 400, 50, 213
George W. McLeod, 30, 650, 1000, 50, 300
Thomas G. Edens, 40, 257, 500, 75, 150
A. A. Nelson, 40, 150, 450, 25, 407
Joel Gilbert, 60, 380, 1000, 100, 300
Henry Darnall, 45, 40, 200, 10, 100
Nicholas Darnall, 30, 130, 300, 5, 75
John York, 30, 130, 300, 5, 75
William Gore, 130, 130, 300, 25, 228
D M. Neely, 40, 100, 300, 5, 100
Stephen Chapman, 45, 115, 300, 50, 100
Benjamin Flarrell (Farrell), 20, 40, 200, 5, 50
John York, 70, 90, 400, 75, 355
Joseph Jones, 55, 118, 300, 75, 100
Dosier Jones, 65, 95, 250, 20, 150
Sarah Peterson, 30, 50, 160, 6, 100
Joseph Stringer, 140, 200, 2000, 200, 385
J. P. McCrath, 160, 320, 1200, 100, 748
John Petty, 80, 240, 800, 25, 200
Peter W. Gardner, 42, 278, 500, 100, 200
Abner Casey, 75, 245, 10000, 150, 400
H. M. Edwards, 45, 150, 400, 28, 116
James Riley, 30, 164, 500, 15, 100
Hi__ J. Ray, 70, 170, 1200, 50, 308
Anderson Riley, 100, 400, 800, 150, 265
Daniel Baker, 60, 70, 700, 15, 200
David Davis, 70, 330, 1200, 100, 199
Enos Sutherland, 50, 50, 1500, 75, 400
Moses Riley, 12, 68, 125, 10, 135
George Trease, 60, 103, 600, 100, 400
Alexander Thompson, 30, 50, 150, 8, 140
Henry Creson, 20, 60, 150, 10, 200
Thomas Hodges, 70, 170, 700, 70, 200
James Green, 40, 150, 500, 100, 340
Mashel Green, 15, 100, 200, 15, 100
David Reed, 90, 150, 700, 150, 500
_. L. Price, 50, 190, 500, 100, 214
Thurston Grubbs, 55, 105, 400, 60, 150
Edward Jones, 40, 120, 400, 35, 150
John S. Miller, 35, 125, 500, 75, 100
Hargus Barnett, 60, 112, 500, 100, 300
Sarah Fliett, 50, 110, 400, 6, 200
James Banks, 25, 108, 266, 5, 100
James Thompson, 35, 125, 400, 60, 200
Ridley Morgan, 70, 75, 435, 10, 100
Gabriel Washburn, 30, 130, 400, 50, 193
Travis Canu__, 40, 120, 400, 50, 223
Henry Thompson, 30, 145, 350, 10, 70
Danl.R.Farah, 25, 75, 200, 70, 100
James Stice, 80, 120, 800, 150, 500
Boze Ford, 50, 270, 600, 15, 120
Clement Hance, 55, 105, 400, 20, 125
Martin B. Griffith, 80, 80, 600, 70, 291
Thomas Ford, 100, 350, 800, 100, 260
Joseph Griffith, 40, 120, 300, 10, 150
Wm. M. McGregor, 80, 120, 500, 50, 200
Tilman Steel, 30, 50, 200, 10, 50
James Waid (Ward), 30, 70, 300, 10, 180
Frais Norman, 120, 390, 800, 25, 200
John Reeder, 45, 155, 600, 10, 250
Elias Anderson, 60, 200, 300, 35, 130
Daniel Crowel, 35, 270, 550, 150
B. H. Harrison, 20, 127, 300, 65, 86
Thomas Reid, 60, 260, 500, 55, 145
Henry Reid, 35, 115, 375, 4, 100
Ely Wallis, 125, 200, 800, 250, 400
Charles McManis, 40, 62, 200, 75, 192
Jesse Thompson, 47, 13, 90, 5, 65
George Freeze_, 55, 105, 320, 30, 204
Thomas Norman, 18, 62, 250, 40, 108
Jesse Reeder, 50, 110, 400, 50, 150
Hugh Arant (Avant), 36, 284, 800, 80, 200
Benjamin F. Whitehead, 27, 105, 250, 25, 247

William Estes, 40, 280, 600, 100, 247
Thomas Cal_hon, 50, 110, 450, 100, 120
Mary Martin, 60, 70, 500, 25, 240
Wilson Reeves, 28, 82, 200, 7, 130
Clemen Nichols, 100, 300, 600, 75, 200
John Morgan, 40, 4 0, 160, 150, 109
Jesse A. Moran, 30, 50, 160, 10, 137
John Reeder, 40, 115, 300, 75, 200
James L. Erwin, 35, 240, 500, 15, 135
Robert McCain, 35, 125, 500, 100, 200
Abraham Cross, 40, 87, 300, 100, 200
Richard W. Wilkins, 80, 200, 900, 45, 159
Bane McCain, 50, 110, 500, 75, 200
Josiah Wood, 60, 180, 550, 225, 230
Rowland Woodall, 30, 120, 400, 100, 200
Daniel Stallion, 30, 50, 300, 10, 700
John Moran, 55, 105, 500, 50, 150
Alexander Bolen, 70, 90, 800, 100, 300
G. W. Johnson, 76, 90, 500, 15, 89
Reuben Rose, 45, 117, 400, 10, 100
Reuben Holmes, 85, 315, 1000, 100, 200
Thomas Nelson, 40, 70, 400, 100, 322
Thomas S. Reed, 40, 120, 500, 50, 200
Alexander Smith, 25, 135, 400, 5, 150
Wiley Wallis (Waller), 60, 260, 1500, 150, 250
William Griffith, 70, 90, 400, 50, 75
James D. Martin, 20, 147, 300, 10, 120
Elsey Roach, 70, 150, 1000, 100, 300
Daniel Reid, 65, 195, 450, 30, 70
Cl_ander Mathis, 26, 134, 500, 10, 125
Peter Washhan, 40, 120, 600, 100, 300
Pleasant Brazell, 20, 60, 150, 5, 100
Josephn Bondurant, 60, 200, 700, 100, 150
L. D. Johnson, 14, 140, 200, 8, 59
George W. Sweeney, 30, 130, 300, 40, 96
James Henson, 110, 210, 1000, 100, 350
James Brazell, 9, 31, 120, 58, 115
Edwin Austin, 35, 108, 700, 8, 200
Elijah Brazell, 25, 35, 100, 5, 150
Philip Darnall, 35, 100, 350, 10, 225
Ely R. Warren, 50, 190, 300, 25, 200
John H. Culp, 35, 154, 250, 35, 110
John Henson, 15, 145, 150, 35, 200
W. J. Clark, 70, 310, 800, 45, 175
John Whitehead, 30, 110, 400, 50, 150
John English, 40, 90, 400, 50, 150
Francis H. Clayton, 120, 380, 1500, 100, 685
William H. Howser, 30, 130, 500, 50, 180

Joseph Minler (Minter), 65, 95, 600, 100, 300
John J. Roach, 27, 53, 160, 8, 100
John M. Brewer, 50, 180, 600, 100, 150
Reuben E. Rowland, 30, 140, 300, 40, 200
John A. Ely, 60, 110, 600, 75, 150
James W. Pierson, 20, 50, 300, 10, 150
James S. Castleberry, 70, 170, 480, 60, 150
William Castleberry, 30, 50, 200, 15, 126
James H. Smith, 50, 230, 700, 50, 300
John Laramore, 62, 98, 450, 60, 150
Elbert Davis, 75, 225, 400, 50, 300
Elias Bierly, 25, 35, 180, 150, 110
Martin Bierly, 40, 40, 160, 40, 100
Philip Stifers (Styers), 50, 150, 300, 10, 120
John J. Gipson, 80, 300, 1000, 100, 178
Kenley Wade, 75, 85, 400, 10, 120
Alexander McManis, 40, 280, 600, 8, 200
Harrison C. Belcher, 12, 300, 100, 40, 64
Adam Smith, 38, 82, 300, 30, 100
Thomas Cole, 55, 105, 500, 60, 131
Daniel B. Hunt, 12, 308, 640, 5, 150
Elijah D. Brazell, 25, 55, 240, 75, 150
W. W. Anderson, 50, 190, 400, 50, 350
Ely Smith, 60, 100, 350, 120, 276
Armela C. Frizzell, 40, 160, 500, 10, 80
Jacob Brazell, 26, 24, 150, 5, 90
Hiram Saterfield, 25, 135, 400, 10, 300
Lovel Ganes (Ganer), 40, 233, 1000, 10, 150
Clark Mise, 30, 120, 350, 75, 150
Abraham S. Brown, 20, 140, 300, 200, 200
O. F. Burnham, 50, 270, 500, 30, 120
Breenberry Dunn, 45, 188, 600, 50, 150
Kenny Reeves, 35, 45, 200, 15, 183
William Ribb, 27, 53, 150, 3, 47
Thomas L. Goheen, 25, 36, 300, 10, 150
Mijamin Kinsey, 35, 185, 500, 100, 300
James Williams, 50, 110, 300, 200, 350
Robert Rose, 40, 90, 500, 26, 150
John Free, 40, 80, 300, 30, 200
Edmond Trease, 30, 130, 300, 6, 100
Thomas J. Wiett, 40, 220, 460, 8, 169
Jesse Park, 61, 99, 350, 80, 145
Benjamin Inman, 50, 110, 300, 100, 200
John F. Springs, 13, 67, 300, 15, 100
William L. Ross, 60, 100, 400, 15, 150
Thomas Jones, 30, 85, 300, 15, 128
John A. Alford, 35, 135, 280, 10, 200
Calvin M. Mcclard, 40, 30, 100, 15, 50

John Anderson, 36, 165, 1000, 30, 150
Robert Elliott, 30, 330, 500, 200, 250
Milton Eggner, 60, 160, 2000, 50, 300
John D. Waldrup, 40, 120, 300, 5, 100
Daniel Lovett, 35, 125, 500, 20, 100
William D. Jones, 40, 150, 400, 30, 400
John Kennedy, 60, 300, 360, 100, 300
William F. Henson, 35, 77, 333, 75, 260
Charles C. Aston, 80, 400, 800, 30, 170
Elijah A. Kinsey, 20, 140, 160, 40, 198
Adney Washburn, 35, 65, 150, 156
Henry M. Chandler, 25, 55, 225, 50, 150
Hugh Brown, 30, 50, 180, 6, 80
Burket F. Mahan, 25, 55, 300, 30, 110
Thomas Arnold, 50, 110, 300, 50, 150
Mitchell Nimmo, 55, 105, 200, 60, 200
Gabriel Washburn, 25, 135, 300, 5, 80
Jesse D. W. Page, 35, 206, 300, 4, 127
John Vickers, 40, 120, 300, 5, 60
Thomas Travis, 15, 4, 150, 12, 125
Perry G. Washburn, 65, 255, 400, 5, 150
Isaac Frizzell, 70, 140, 300, 10, 100
Edward N. T. McLeod, 32, 289, 600, 200, 300
John Jones, 27, 133, 300, 10, 120
Anderson Howard, 30, 130, 300, 85, 230
Enos Faughn, 40, 60, 2000, 150, 563
Nathan Bridges, 40, 120, 150, 15, 76
William W. Gregory, 15, 145, 320, 15, 150
Newet Edwards, 40, 280, 500, 25, 374
Jeremiah Hamley, 40, 40, 150, 10, 100
Joel Yates, 20, 80, 300, 5, 200
Jordan Slead, 35, 325, 350, 30, 100
James Lindsey, 90, 193, 900, 50, 700
Caleb Lindsey, 55, 185, 1000, 75, 290
Stephen Howard, 75, 645, 1500, 75, 300
W. H. Stone, 45, 115, 400, 10, 200
Lance Graves, 45, 121, 280, 60, 175
David Walker, 60, 680, 600, 25, 350
James Spinks, 150, 170, 600, 25, 480
C. Y. Baily, 35, 130, 200, 50, 200
Elisha Graddy, 150, 230, 1400, 150, 250
Joel Terrel, 90, 130, 900, 150, 400
William J. Trout, 40, 120, 600, 75, 200
Johnathan S. Farnier, 40, 120, 600, 20, 150
George Miller, 70, 120, 1000, 150, 300
Robert O. Morgan, 55, 216, 800, 100, 431
Matilda Beard, 13, 147, 300, 5, 40
Benjamin Manly, 45, 20, 400, 60, 125
Mathew English, 30, 5, 150, 10, 100
William A. Tinen, 40, 40, 200, 30, 75
Jeremiah Mitchel, 17, 46, 200, 5, 120
Asa Garnett, 85, 600, 5000, 75, 500

William Henson, 60, 180, 500, 150, 233
Rolley W. Winfrey, 45, 195, 300, 25, 200
John Philly, 60, 380, 800, 40, 300
Cyrus Philly, 50, 590, 800, 100, 300
William Lyles, 45, 285, 500, 40, 300
Shadrach Gowen, 40, 132, 400, 50, 200
Miles R. Staton, 40, 120, 400, 10, 214
Mary Staton, 50, 110, 400, 35, 300
John Lyles, 40, 210, 675, 30, 250
James L. Fookes (Books), 50, 190, 400, 50, 150
Isaiah King, 28, 52, 100, 5, 120
William Harper, 12, -, 60, 80, 125
Levi King, 20, 140, 500, 30, 178
Marmaduke Story, 40, 120, 400, 75, 935
James K. Johnson, 35, 125, 300, 50, 250
Bartlett Hargroves, 45, 275, 600, 30, 183
Hesk. B. B. Bowenman, 18, 62, 200, 18, 93
James H. Short, 40, 126, 400, 10, 200
Austin Williams, 37, 85, 254, 10, 175
Samuel Salyers, 35, 145, 150, 70, 200
Charles Salyers, 36, 104, 300, 8, 200
James Salyers, 58, 432, 600, 7, 162
James A. Crenshaw, 60, 260, 600, 40, 400
L. Lard. Johnson, 40, 130, 500, 150, 200
John Johnson, 20, 140, 150, 100, 150
J. C. Miller, 20, 150, 300, 50, 200
John T. Grubbs, 80, 160, 400, 150, 250
Elizabeth Culp, 25, 135, 160, 15, 175
Alfred Dunn, 40, 120, 500, 30, 300
Lewis Burningham, 25, 215, 500, 6, 114
James Burningham, 17, 143, 200, 10, 150
Reuben Lindsey, 28, 156, 500, 60, 150
John Holland, 60, 310, 700, 50, 250
James Holland, 20, 140, 250, 150, -
Peter Gregory, 40, 120, 600, 20, 250
Hughs M. Stice, 75, 565, 1200, 40, 250
John Stone, 70, 97, 600, 150, 300
William Downing, 70, 250, 600, 50, 300
Briant Downing, 35, 125, 250, 40, 150
Henry Dike, 75, 320, 800, 75, 200
Caleb C. Dorroh, 20, 140, 225, 20, 47
William Lindsey, 35, 125, 200, 10, 140
Willis Darnel (Dannel), 40, 120, 250, 60, 130
Hasten Smith, 50, 110, 250, 75, 250
John L. Holland, 30, 130, 200, 5, 150
William C. Holland, 15, -, 90, 5, 120
William Frizzell, 15, 85, 200, 35, 120
Thomas Phelps, 33, 448, 600, 100, 250
Samuel Cox, 50, 430, 600, 35, 242

George W. Wiett, 26, 134, 400, 10, 100
James Draffen (Drapper), 40, 120, 250, 20, 200
Thomas Kinkaid, 65, 255, 600, 100, 400
William Schillion, 25, 135, 200, 10, 120
John M. R. Jenkins, 40, 160, 500, 75, 300
Charles Plato, 20, -, 200, 50, 100
Oliver Clark, 30, 550, 3000, 60, 200
Rease P. Ratcliffe, 100, -, 400, 125, 300
Jesse Holland, 25, -, 100, -, 12
Nimrod Hooper, 50, 120, 450, 50, 280
Geroge J. Bayley, 60, 100, 350, 50, 150
Arthur Smith, 38, 122, 450, 45, 300
Aron Mitchel, 15, 145, 300, 8, 125
H. P. Keykendall, 50, 110, 900, 100, 250
Alfred Johnson, 35, 223, 800, 100, 200
James Gryman, 30, 130, 300, 10, 100
James J.Clark, 35, 45, 0, 5, 132
Daniel Story, 20, 140, 200, 15, 100
Patrick McKinney, 40, 120, 350, 20, 92
Alfred Henson, 30, 130, 260, 10, 199
James McBride, 60, 58, 186, 25, 113
Thomas E. Gregory, 45, 115, 375, 10, 450
John Downing, 20, 150, 200, 25, 225
John T. Quarles, 25, 256, 500, 35, 234
Lewis W. Graddy, 40, 120, 300, 20, 217
Wiett F. Still, 35, 111, 350, 20, 235
McGilbra Wiett, 20, 80, 400, 50, 200
A. L. Estes, 30, 130, 400, 10, 100
Alfred M. Covington, 46, -, 130, 100, 40
Jackson Finch, 18, 36, 150, 15, 62
Nancy Dicus, 45, 150, 300, 25, 200
Alexander Anderson, 33, 127, 600, 50, 250
Pharoah Dunn, 30, 130, 320, 5, 300
Andrew Saterfield, 25, 151, 300, 5, 100
Elijah Saterfield, 40, 140, 500, 20, 400
James Brien, 50, 430, 1200, 20, 376
James Davis, 14, 66, 150, 5, 100
Johnathan Wright, 25, 135, 300, 5, 100
Richard Ridgeway, 30, 130, 200, 100, 200
W. D. Manin, 37, 123, 200, 100, 100
Griffin Staton, 15, 145, 100, 5, 126
John L. Sample, 37, 143, 500, 30, 217
G. A. Haydock, 60, 1940, 2000, 50, 300
Bartholomew Jenkins, 65, 255, 500, 80, 303
Hugh Heath, 30, 130, 400, 50, 154
Daniel Cross, 80, 200, 800, 75, 382
Philander Parmer, 30, 360, 1000, 50, 160
William Fields, 20, 140, 150, 15, 100
Reuben Sargent, 25, 75, 150, 50, 225

Mason County Kentucky
1850 Agricultural Census

The Agricultural Census for 1850 was filmed for the University of North Carolina from original records at Duke University in Durham North Carolina.

The following are the items represented and separated by a comma: for example, John Doe, 25, 25, 10, 5, 100. This represents:

Column 1 Owner
Column 2 Acres of Improved Land
Column 3 Acres of Unimproved Land
Column 4 Cash Value of Farm
Column 5 Value of Farm Implements and Machinery
Column 13 Value of Livestock

The following symbol is used to maintain spacing where there are no numbers: (-) This Census officials' handwriting was very difficult to read and was badly faded. Attempts were made to identify as many letters in names as possible. When the first letter of last name was not identifiable, be sure to check the very beginning of the index as that is where those names would be indexed. Where the first letter of the last name was visible but the second letter was missing, check the beginning of that letter. For example, F_oster, would be found at the beginning of the Fs.

There are some names with an asterisk in front. These people were tenants and refused to report the land they cultivated. They indicated the land was reported by the owner.

Thomas Wallace, 26, 4, 2000, 50, 170
Charles Ewing, 60, 15, 3400, 85, 380
John Knott, 90, 60, 6000, 50, 300
Asa Anderson, 74, 70, 6500, 75, 370
James Howard, 70, 20, 4500, 90, 260
Austin Sullivan, 85, 20, 4500, 95, 350
Sebastian L. Troupe, 170, 50, 10000, 120, 700
Johnson Deck, 30, 20, 2500, 90, 160
L__ Dalton, 300, 187 ½, 20000, 100, 1400
Charles Thompson, 15, -, 600, 65, 220
Thomas True, 34, 33, 3000, 300, -
George Harrison, 15, -, 250, -, 90
John Masterson, 130, 90, 10000, 130, 700
John Rice, 94, 11, 2000, 125, 355
Permelia Hodges, 30, -, 500, -, 50
Moses Moore, 16, -, 800, 80, 185
Daniel Foley & FA, 18, -, 900, -, 85
James Reed, 35, -, 1750, 40, 150
Rice Boulton, 90, 210, 10000, 89, 350
William Russell, 45, 40, 4000, 80, 400
James McMillin, 15, -, 750, 90, 100
Fothergil Adams, 15, -, 900, 150, 280
Alex Highland, 37, -, 1800, 75, 180

Jeremiah Masterson, 90, 90, 7500, 150, 700
Martin M. Mansen, 15, -, 750, -, 90
Charles James Fox, 7 ½, -, 400, -, 30
Anderson Jennings, 70, 41, 4000, 125, 560
John Peck, 25, -, 1000, 20, 180
William Moore & Jno. Mo_ford, 40, -, -, -, 115
Samuel Heins, 2, -, 150, -, 120
Arther Fox, 400, 550, 47000, 200, 1400
R. Cordery & E. Morrison, 20, -, 1000, 30, 300
James F. Lee, 15, -, 750, 35, 75
David Frayee, 150, 50, 10000, 140, 380
Daniel Ogden, 123, 10, 6000, 90, 200
Erasmus Tabb, 90, 10, 5000, 100, 400
Isabelle Gibbons, 94, 6, 5000, 100, 400
Charles A. Lyon, 190, 12, 10100, 200, 1100
Martha Smith, 260, 40, 15000, 260, 6000
Ignatius & Cob Mitchell, 700, -, 5000, 35, 380
Phebe Tine, 120, 70, 8000, 130, 800
Alexander Rigdon, 20, -, 450, 40, 80
Andrew T. & Jack Britton, 30, -, 900, 35, 108

David Ricketts, 50, 40, 4000, 110, 340
Henry Garrison, 7, -, 280, 15, 65
Joseph McNitt, 20, -, 800, 30, 110
Lorenzo D. Gaity (Carty), 21, -, 800, 30, 180
Joseph Martin, 97, 30, 3100, 70, 345
Lewis Martin, 150, 20, 4000, 125, 335
John H. Merrill, 60, 50, 4000, 100, 315
Mary A. Baldwin & Richard Terhune, 845, 10, 4500, 70, 430
Benjamin F. McAtee, 100, 40, 6000, 110, 435
Samuel Kerr & Sons, 165, 85, 10000, 10, 615
Samuel Kerr Jr., 80, 10, 3600, 30, 140
John Baldwin, 60, 56, 5500, 110, 640
Lewis Chamberlain, 86, 10, 4500, 110, 540
Joseph Heiser, 27 ½, -, 950, 45, 90
James E. Cropsey (Crossey), 50, -, 2500, 85, 470
William B. Hedrick, 80, -, 2500, 90, 375
James Broderick, 100, 45, 8500, 135, 450
Andrew Thurman, 5, -, 300, 40, 150
Yancy Powell, 14, -, 770, 20, 80
Williamson Young, 115, -, 8000, 190, 650
George L. Forman, 400, 200, 27000, 400, 1670
Thomas Forman, 250, 100, 17500, 310, 1400
Francis H. Pierce, 12, -, 600, 70, 100
William Douglass, 3 ½, -, 150, 10, 25
Martha Chandler, 21, 21, 1200, 70, 175
William McKinney, 9, -, 360, 10, 120
William H. Chandler, 22, 21, 1500, 40, 175
James Scott, 10, -, 400, 20, 170
Michael Collins, 20, -, 800, 20, 85
Mary Higgins, 21, -, 700, 15, 60
Samuel Higgins, 55, 25, 3200, 25, 280
Francis McCue, 39, 1, 900, 25, 85
Betty Brierly, 7, -, 250, 40, 80
Robert Johnson, 30, 10, 1500, 40, 250
John Bennett, 150, 150, 12000, 165, 630
Elasha Moran, 63, 30, 3800, 100, 340
Daniel Bennett, 60, 38, 5000, 90, 370
George W. McKinney, 13, -, 800, 40, 240
Walker Reid, 250, 40, 1500, 350, 1400
Milton Culbertson, 20, -, 1000, -, -
John Warren, 12, -, 600, 20, 60
Charles Humphreys, 400, 185, 30000, 220, 3400
Vachel Worthington, 174, 50, 12000, 150, 610
James Vangilder & Son, 37, 3, 2000, 15, 150
Thomas R. Haughey, 65, 17, 4000, 25, 360
John B. Haughey, 100, 16, 5000, 95, 465
Jefferson Thomas, 19, -, 2300, -, 375
Margaret Baker, 30, 20, 1500, -, 350
Eleazer Bless, 5, -, 300, -, 266
Daniel Runyon, 88, 25, 6000, 160, 578
James Hieatt, 92, 20, 5000, 130, 452
Garret Donovan, 156, 30, 7000, 146, 913
Thomas G. Dowden, 53, 10, 2000, 60, 404
John H. Craig, 32, -, 1100, 15, 47
Jacob Sidwell, 56, 30, 3200, 20, 225
_la Loyd, 11, -, 300, 140, 410
William C. Holton, 120, 208, 13000, 140, 725
Elizabeth & Tyree L. Bacon, 100, 353, 18000, 88, 865
Elijah Loyd, 150, 91, 9000, 235, 875
Aholiab Pearce, 40, 23, 1700, 30, 170
James P. Patton, 270, 30, 20, 500, 130, 360
John Procter, 136, 24, 8000, 140, 720
Charles S. Meitchell(Mitchell), 70, 50, 4800, 65, 432
Peter Gordon, 84, 40, 5000, 130, 405
Samuel Latham, 70, 70, 4500, 165, 515
Elizabeth Lyon, 86, 10, 4000, 180, 733
Jesse Turner, 170, 50, 12000, 185, 1125
Robert E. Powell, 34, -, 1785, 85, 315
Joseph H. Still (Stitt), 100, 32, 5000, 185, 980
James S. Chandler, 260, 64, 16000, 165, 1850
Garnet Applegate, 80, 20, 5000, 105, 430
Robert Terhune, 67, 13, 4400, 135, 400
Nat Mitchell, 7, -, 375, 2, 25
Erasmus Mitchell, 4, -, 220, 2, 65
Robert Perrine, 200, 118, 17000, 120, 1340
William E. Smoot, 100, 54, 8000, 155, 680
James A. Keith, 150, 64, 9500, 145, 975
Taylor Madden, 80, 26, 5000, 140, 600
Frances Baker, 33, 25, 1600, 35, 120
Carman (Darman) Stokes, 4 ½, -, 60, -
Benoni Showalter, 145, 50, 8500, 135, 780
Paschal W. McGlassin, 20, -, 1000, 70, 290
Richard Kirk Jr., 55, 30, 3700, 140, 800

David Kirk, 14, -, 700, 20, 110
Ashton Turner, 10, -, 500, 20, 150
William Kirk, 26, -, 1300, 20, 195
Nancy Kirk & Sons, 70, 30, 6000, 220, 1100
John R. Key (Ray), 100, 50, 12000, 100, -
Solomon Norris, 65, 50, 4000, 65, 425
Jesse Wood, 35, 25, 2000, 65, 325
John T. Wood, 90, 40, 5000, 80, 520
Ezekiel H. Wood, 55, 35, 3500, 20,-
Thos. & Walter E. Neal, 40, 42 ½, 4200, 85, 4700
Beverly Sullivan, 20, -, 900, 20, 110
John N. Proctor, 240, 220, 18000, 140, 8600
Edmond Foster, 30, -, 1200, 50, 200
Beverly Foster, 2, -, 100, 10, -
Benjamin Plummer, 16, -, 480, 50, 60
Middleton Brasheers, 50, 28, 1800, 75, 225
Isham Moran, 5, -, 200, 5, 30
Samuel Stevens, 140, 30, 6000, 110, 440
Gustavus Rys & Samuel Garrison, 25, 15, 1200, 65, 105
Andrew Lee Jr., 80, 73, 5400, 55, 580
William Baldwin, 1 ½, -, 50, 5
Nimrod H. Roberson, 250, 125, 15000, 110, 630
Joseph E. Pile, 36, -, 1400, 10, 120
William Clark, 40, -, 1600, 70, 150
Thomas J. Haughey, 20, -, 600, 24, 80
Erastus Norris, 7, -, 500, 25, 90
William & James Pierce, 15, -, 650, 20, 140
Thomas Garrison, 15, -, 650, 20, 140
Richard Loyd, 80, 30, 4500, 70, 480
John W. Graham, 40, -, 1400, 50, 110
Stubbling Peck, 6, -, 250, 5, 80
William Stevens, 12, 14, 800, 10, 95
Titus Bennett, 120, 50, 5000, 140, 240
Jane Baldwin, 14, 14, 900, 15, 70
John Holladay, 18, 22, 800, 40, 110
Charles Bennett, 60, 40, 4500, 40, 165
George Garrison, 9, -, 350, 50, 80
Benjamin Pickett, 200, 200, 16000, 350, 1440
Darius Downing, 70, 79, 4800, 75, 200
Robert Downing, 70, 45, 4500, 80, 200
Abel Downing, 7, 25, 4500, 110, 600
Edward L. Perrie, 360, 60, 23000, 300, 1950
Charles Downing, 100, 60, 7000, 210, 850
James Downing, 50, 0, 3000, 40, 250

Reason Downing, 145, 60, 10000, 195, 900
John Downing, 52, 35, 4300, 65, 260
Nancy Blackburn, 44, 10, 2700, -, 115
John Crosby, 90, 25, 5000, 75, 590
James H. Morrow, 35, 15, 2500, 400, 728
John Bayless, 25, 5, 1500, 65, 325
Joseph Downing, 107, 30, 7000, 210, 820
Stephen Barclay, 75, 35, 5500, 190, 715
Jane Downing, 80, 20, 5000, 50, 500
William Perrine, 107, 80, 7500, 170, 750
Thomas Lane, 15, -, 600, 30, 120
Henry Smoot, 288, 100, 18000, 350, 1320
Eliz. Gill & John Barker, 208, 400, 12000, 150, 1160
Richard Kirk Sr., 100, 20, 5000, 700, 1030
Catharine Lyon, 120, 26, 7000, 220, 845
Edward Farrel, 70, 35, 4200, 45, 2600
Alexander Garrison, 10, -, 500, 20, 40
Lewis Stevens, 56, 50, 5200, 95, 260
W. Warder Reed, 5, -, 250, 15, 20
Austin White, 76, 60, 5400, 120, 528
Nelson Stokes, 24, -, 825, 30, 200
Aaron Sidwell, 85, 30, 4600, 95, 460
Rodney Clarke, 115, -, 4600, 60, 270
Joseph Clarke, 15, -, 600, 25, 95
Lawson Clarke, 20, -, 800, 30, 125
Jacob Marsh, 25, 5, 1000, 40, 100
Andrew Porter, 30, 15, 1500, 20, 150
Ignatius Reeve, 20, 20, 1200, 25, 200
George W. Masterson, 26, 7, 1000, 30, 70
Edward Claybrooke, 238, 200, 18000, 280, 1600
Edward Robertson, 150, 46, 8000, 130, 700
William Thomas, 67, 66, 4500, 150, 350
A. J. & R. B. Driskill, 70, 73, 5500, 500, -
Obadiah White, 5, -, 250, 15, 40
___slain Fuolton, 100, 50, 6000, 60, 630
George Williams, 22, -, 4000, 20, 160
Wm. Harrison Fo_ller, 36, 30, 2200, 65, 278
Abraham Bledsoe, 345, 150, 2200, 390, 1700
____ N. Johnson & Triples, 70, 35, 4000, 100, 350
Reubin Sanford, 60, -, 2400, 50, 175
James W. Coburn, 160, 40, 8000, 100, 520

Peter S. Anderson, 150, 140, 12000, 160, 1328
Thomas C. Newcomb, 110, 32, 5000, 100, 280
Samuel C. Gilman, 4, -, 250, -, 70
Martin Winter, 105, 35, 5000, 180, 800
John H. Craig, 14, -, 500, 85, 275
Thomas Davis, 65, 60, 5000, 70, 510
Mike & Peter Schneckler, 60, 20, 3200, 45, 190
Chas Mirac (Misar) & Andrew Hilgas, 50, -, 2500, -, 185
Samuel Forman (Former), 120, 75, 10000, 225, 780
Francis Prickeral, 30, -, 4000, -, 275
John L. Chiles, 300, 325, 25000, 310, 1550
Richard Soward, 330, 70, 20000, 375, 1860
Benjamin Kirk, 220, 110, 13000, 300, 4100
Arthur J. Coburn, 170, 73, 10000, 200, 1050
John P. Patten, 34, 8, 2100, 125, 800
William T. Craig, 210, 60, 10000, 175, 960
Thomas Moran, 32, 20, 2500,160, 600
Samuel McLaughlin, 90, 45, 6000, 65, 425
Garrat Mitchell, 80, 50, 4800, 25, 150
Henry True, 75, 30, 4500, 100, 360
William Osbourn, 95, 80, 7000, 160, 560
Helilah Peddiword, 75, 15, 2500, 50, 350
Samuel & Wm. Thompson, 40, -, 1500, 40, 240
William Straten, 20, 20, 800, 25, 240
William A. Loyd, 53, 7, 3000, 75, 700
Paschal Jennings, 75, 75, 6000, 120, 440
Elizabeth Anderson, 117, 15, 6500, 125, 530
Grandison S. Reynolds, 110, 40, 7000, 170, 740
Alfred Soward, 145, 50, 95, 190, 1100
James McCoy, 90, 84, 4300, 80, 540
John Lumsford, 60, 33, 2800, 60, 250
Ephraim Burton, 14, -, 630, 30, 180
Benjamin Ogden, 5, -, 250, 10, 55
Joe Bannister, 3, -, 150, 25, 100
William K. Peed (Pud, Reed), 40, 40, 3000, 150, 646
Silas A. Clift, 40, 15, 2000, 150, 405
Mathew Cathens, 49, -, 3940, 100, 225
Alexander Gurd, 30, -, -, 100, 200
James B. Dobyns, 10, 12, 1500, 100, 330
Henry Alexander, 84, 23, 5350, 300, 740
Warner Willson, 138, 30, 8600, 300, 745

William P. Fox, 287, 117, 16500, 300, 1514
Andrew Dye, 150, 50, 10000, 150, 393
Robert Allen, 110, 83, 8640, 100, 263
David Dye, 110, 83, 14500, 100, 515
William Robinson, 120, 30, 5250, 400, 800
Mary Dobyns, 75, 5, 3050, 150, 570
John Mathews, 198, -, 9900, 110, 700
William Chanslor, 300, 120, 12600, 250, 2245
Hiram Dye, 150, 50, 6000, 30, 300
Squire Tull, 33, -, 1320, 15, 380
William Groves, 15, -, 600, 30, 320
John Groves, 100, 50, 6000, 50, 600
Edward Hord, 100, 93, 8685, 800, 500
George A. Dye, 100, 200, 9650, 100, 597
William Watson, 130, 77, 683, 1200, 595
Joseph Coldwell, 300, 280, 22660, 300, 1900
Madison Dye, 100, 50, 3000, 10, 230
Robert Glenn, 75, 35, 4950, 100, 80
Elizabeth Patton, 140, 25, 6600, 150, 2194
James Fitzgerald, 220, 158, 7560, 200, 600
Abram How (Hord), 120, 130, 6000, 100, 600
Mary Prather, 150, 150, 6000, 150, 625
George Galbreath, 75, 25, 2000, 100, 620
Adam Hickman, 47, -, 2350, 20, 400
Benjamin C. Gunerall, 150, -, 7500, 200, 1120
William Hodge, 300, 90, 19500, 200, 1990
Elizabeth Sandridge, 320, -, 16100, 150, 400
George W. Wells, 300, 157, 18500, 300, 6170
Elizabeth Warde(Warder), 100, 40, 5600, 150, 350
Nancy Kemper, 100, 20, 6000, 750, 700
Charles C. Lacy, 35, 15, 1500, 100, 200
Thomas M. Darnold, 45, 40, 3000, 100, 275
Thomas Lewis, 40, 15, 2200, 100, 330
Thomas C. Osborne, 120, 67, 7500, 150, 7500
John W. Osborne, 70, 53, 5000, 100, 300
Charles Osborne, 200, 125, 14000, 240, 900
Mary Coffee, 10, -, 500, 30, 200
Benjamin Ball, 18, -, 1400, 65, 150

Jerry Baker, 10, 7, 1500, 25, 80
George Flanigher (Flarigher), 18, -, 1350, 15, 70
Morgan Beasley, 40, -, 4000, 90, 300
David Clutter, 12, -, 900, 10, 30
Vincent Estep, 6, -, 400, 15, 35
Isaac Thomas, 10, 36, 2800, 90, 300
Pamelia Parmer, 80, 108, 3000, 10, 150
Charles A. Burgess, 50, 50, 3000, 200, 300
Samuel Stockwell, 42, 46, 1700, 150, 300
Claibourn McCarthy, -, -, -, 20, 30
William B. Coale, 150, 150, 4500, 200, 790
John D. Pargess, 170, 130, 6000, 250, 550
Ganuel Walker, 50, 130, 800, 30, 200
Joseph Duncan, 250, 1400, 15600, 120, 800
Chas. D. Williams, -, -, -, -, 210
Benj. Winstead, 85, 71, 3000, 150, 300
Thomas Blair, 62, 28, 2600, 150, 450
Evans Dye, 70, 65, 4000, 150, 400
Sanford & Vincent, -, -, -, -, 80
Alfred M. Peed, 220, 180, 16000, 400, 1200
Randall Gray, 3, 2, 240, 5, 520
Nancy Chinn, 2, 3, 240, 2, 10
Thos. J. McCormick, 210, 125, 16740, 500, 1700
George W. Davis, 5, 5, 75, 7, 60
William M. Nash, -, -, -, -, 250
John Triplitt, 197, 160, 17000, 400, 840
George T. Allen, 100, 40, 7000, 100, 400
Ephregne Wilson, 65, 20, 4250, 75, 400
Leroy Dobyns, 100, 25, 6250, 300, 400
Andrew Wilson, -, -, -, -, 45
Philip Frogg, -, -, -, -, 145
Danl. Littlejohn, -, -, -, -, 235
Mordica Bergess, 40, 40, 6000, 250, 720
William Jones, 50, 32, 4200, 50, 300
Helthy W. Allen, 80, 40, 6000, 40, 340
George W. Kemper, -, -, -, -, -
Henry Gray, -, -, -, -, 200
Nancy Allen, 75, 25, 5000, 50, 150
David Morris, 100, 20, 6000, 120, 550
Ebenezer K. Early, 80, 28, 5400, 150, 375
William T. Pogue, -, -, -, 160, 550
John H. Shanklin, 300, 460, 3800, 200, 1200
John Willitt, 165, 70, 11750, 350, 800
Wm. Bolinger, -, -, -, 50, 180
Jas. H. Shanklin, -, -,. -, 100, 320
Michael Simmons, 12, 12, 1000, 20, 150
Wm. L. Shelton, 51, 15, 2600, 50, 260
Francis H. Waller, 135, 115, 16500, 300, 650
Name Missing,44, 9, 1000, 65, 200
William Early, 115, 15, 1800, 15, 200
David Early, 45, 17, 1860, 10, 120
Catharine Early, 42, 15, 1620, 50, 160
Nancy Fitzgerald, 180, 36, 10800, 200, 1100
Octavius M. Waden (Wader), 52, 15, 3000, 125, 1300
Saml. Fenston, 7, -, 350, 15, 350
George Walls, 12, 25, -, 35, 426
David Fitzgerald, 205, 80, 14250, 200, 960
Chandler Ross, 30, 12, 1000, 20, 700
Belville G. Moss, 152, 60, 6750, 150, 600
Richard Wells, 428, 220, 32900, 500, 1500
Lucian L. Lutrall, 110, 121, 11550, 150, 700
William W. Robb, 130, 75, 10400, 150, 450
William Yancy, 100, 500, 7500, 200, 400
Francis A. Wheatley, 130, 32, 8100, 300, 520
Elizabeth Thompson, 230, 120, 12500, 300, 925
Telephins Thompson, 65, 35, 5000, 200, 400
William Smither, 200, 50, -, 300, 1050
Harton Yancy, 162, 80, 12000, 400, 1100
Daniel Bettis, 18, 3, 20, 120, -
David Davis, 120, 61, 9000, 250, 1340
Magrette, Davis, 120, 56, 8800, 30, 490
William L. Davis, 7, 1, 250, 30, 95
Steven W. Parker, 31, -, 1240, 125, 345
M. Williamson, 30, -, -, 150, 660
Joseph Hampton, 120, 55, 4400, 150, 710
Walter Calvert, 300, 100, 16000, 200, 650
Charles Clarke, 230, 100, 16500, 500, 820
John Marshall, 345, -, -, 600, -
Charles Dobyns, 10, -, 500, 40, 1125
Noah Baitman, 75, 31, 4770, 200, 390
Eliga Hooper, 45, 28, 3700, 30, 300
Margrette Coake, 100, 70, 7650, 250, 500
Francis Preston, 70, 30, 5400, 100, 540
George Chinn, 60, 30, 4500, 100, 360

Jane L. Marshall, 200, 400, 30000, 300, 1165
B. Booten, 25, -, -, 50, 350
Leroy Griffin, -, -, -, -, 264
Clifton Calvert, 90, -, -, 150, 110
Newton Bateman, 60, 22, 2460, 150, 400
John Finch, 200, 80, 14000, 100, 728
Elizabeth Sisson, 128, 62, 9500, 400, 274
Alexander Shackleford, 100, 56, 7750, 200, 940
Michal Burgess, 150, 48, 10400, 300, 625
Walter Small, 100, 22, 6100, 200, 800
Thomas Ward, 1111, 64, 8700, 150, 660
Thomas Gaither, 200, 100, 12000, 150, 1058
Elbert G. Reese, 83, 46, 5000, 150, 578
Henry Ward, 50, 100, 2400, 28, 100
John Chamberlain, 125, 50, 6000, 250, 760
Hensly Clift, 145, 32, 7960, 200, 527
Elezey Berry, 72, -, 3600, 50, 250
Sarah Ford, 80, 52, 4620, 125, 450
Hugh McIlvain, 300, 130, 21500, 1_100, 1400
Lucinda Grove, 350, 150, 20000, 400, 2050
Theodore L. Browning, 105, 37, 5680, 200, 470
George Riley, 300, 90, 17500, 200, 1390
Charles W. Forman, 200, 135, 1000, 200, 1465
Baldwin B. Gill, 100, 42, 3500, 250, 650
Nulton Daugherty, 140, 155, 59, 200, 975
Mariah Pogue, 150, 125, 13700, 150, 830
Nathan James, 160, 75, 11750, 75, 388
Mary Bolin, 100, 6, 5300, 50, 370
David M. Morris, 28, 5, 1600, 20, 100
James Henderson, 140, 82, 8880, 150, 3100
Robert Pogue, 50, 40, 4500, 150, 640
John Laytham, 187, 190, 13830, 150, 2220
Dr. D. C. Duke, -, -, -, -, 195
Rolly D. Chinn, 50, 20, 3500, 100, 300
Aaron Mitchell, 250, 112, 18100, 500, 1165
Danl L. Dobyns, 130, 20, 6750, 250, 720
Harrison P. Walker, 11, 10, -, 20, 120
John N. Owens, 100, 44, 6480, 200, 2778
Elizabeth Layton, 100, 10, 2700, 150, 185
John Johnson, 42, 4, 800, 100, 190
James L. Reed, 45, 20, 1900, 20, 362
Joseph Wallingford, 300, 82, 9550, 140, 700
Manfred P. Wallingforrd, 70, -, 2800, 120, 325
Richard M. Grines (Grims), 40, 10, 2000, 50, 1124
Thomas J. Howard, 175, 35, 6300, 100, 1100
Robert Bagby, 100, 142, 3600, 150, 700
Wm. H. Willoughby, 35, 5, 400, 15, 35
John Arther, 200, 170, 7400, 150, 1380
Saml. Clarke, 80, 79, 3100, 100, 300
John K. Dye, 65, 30, 4000, 150, 470
Andrew Griffith, 100, 100, 8000, 250, 550
Samuel Bramel, 150, 53, 2650, 150, 542
Saml. C. Coulter, 65, 33, 1200, 40, 350
Staley Thomas, 70, 31, 1220, 30, 275
Joseph T. Wallingford, 200, 40, 3840, 150, 536
John Hopper, 85, 60, 2200, 200, 410
Frederick Mattingly, 40, 22, 750, 75, 290
Henry Mattingly, 40, 10, 500, 12, 210
Richard Mattingly, 55, 79, 1600, 100, 185
Seth Shackleford, 200, 100, 6000, 250, 933
Jacob Thomas, 150, 40, 2800, 100, 600
James Campbell, 40, 10, 600, 20, 150
Benj. Applegate, 23, 25, -, 20, 170
John Bramel, 30, 20, 800, 50, 210
William Goddard, 150, 120, 2800, 80, 465
Jas. R. Wallingford, 20, 20, 480, 65, 135
Jas. M. Willitt, 60, 40, 1500, 70, 240
Richard Dickson, 80, 50, 4300, 60, 285
Wm. G. Phillips, 120, 100, 3300, 100, 365
Thomas Collins, 80, 20, 1000, 100, 310
Mary Grant, 286, 100, 3100, 150, 600
Richard Lindsey, 500, 220, 7200, 150, 1325
Charles Dodson, 30, 38, 1360, 70, 141
Sanford R. Walker, 32, 8, 600, 20, 119
William Bramell, 60, 42, 1500, 15, 220
Southren Bramell, 73, 6, 975, 10, 205
Alexander Bramell, 53, 12, 900, 20, 212
Joseph Tailer, 10, -, -, 10, 130
Wm. C. Enson, 20, 17, 925, 30, 250
William Breeze, 30, 10, 300, 25, 130
Abner Hord, 500, 510, 30715, 400, 5888
George W. Shipley, 93, 9, 2040, 20, 120
Albert James, 150, 50, 2000, 125, 980
Harris M. King, 40, 30, 1400, 100, 311

John Curtis, 130, 60, 4750, 70, 345
James Curtis, 100, 77, 4125, 40, 465
Wilfield B. Owens, 40, 27, 1340, 10, 110
Nathaniel A. King, 30, 5, 525, 150, 290
Duley Conway, 61, 15, 1520, 50, 250
Thomas J. Owens, 50, 28, 4800, 100, 235
Wm. Robinson, 21, 9, 1050, 25, 142
Wm. M.Chandler, 80, 28, 2160, 75, 1395
Joseph Reed, 45, 10, 1375, 40, 285
John Dickson, 25, 34, 1475, 30, 284
Noah Shipley, 50, 30, 1600, 150, 260
David Dickson, 80, 34, 2280, 100, 290
Allison Calvert, 100, 80, 4500, 300, 1100
Samuel Hall (Hull), 194, 80, 8028, 300, 1200
Walter B. Chandler, -, -, -, 250, 2000
Mary Clift, 130, 50, 7200, 250, 483
Mansfield Calvert, 350, 150, 23000, 500, 2327
Richard Peed (Reed), 120, 73, 6755, 300, 1143
Wm. C. Calvert, 45, 17, 2170, 200, 450
David Lindsay, 150, 50, 10000, 200, 1530
William T. Lindsay, 200, 200, 14385, 376, 1037
Thomas Enson, 1_0, 50, 4800, 250, 775
Steve Chandler, 100, 20, 3600, 250, 775
Wm. S. Mitchell, 100, 50, 4500, 200, 546
Alexander Rader, 140, 43, 9150, 300, 1158
Thomas P. Alexander, 28, -, -, 25, 210
Mason L Clift, 20, -, -, 110, 197
Nelson Clift, 125, 47, 8600, 75, 480
Wm. A. Coates, 98, 102, 10000, 150, 560
Nelson Clift, 250, 150, 1600, 300, 1700
John Chamberlain, 42, -, 500, 100, 210
Charles Sanford, 26, -, -, 40, 220
Mary Steens, 100, 58, 6600, 100, 262
Thomas Steens, 40, 32, 3600, 30, 200
Wm. Greathouse, 200, 71, 13550, 500, 980
Samuel Strode, 145, 93, 11900, 250, 640
Thomas Kile, 14, 1, 300, 60, 185
Thomas Calvert, 180, 70, 10000, 200, 2197
Olliver P. Clarke, 180, 70, 12500, 200, 2600
Morgan P. Strode, 160, 120, 14000, 200, 915
Lawson Clift, 42, 20, -, 25, 425

Robert Humphreys, 210, 100, 13950, 200, 1162
Peter Lashbrooke, 600, 250, 25500, 500, 2854
James A. Rains, 50, 10, 1800, 125, 390
Charles Gosech, 200, 200, 8000, 130, 780
Susan Campbell, 120, 30, 4800, 100, 360
Seth Campbell, 50, 10, 900, 5, 130
Campbell King, 80, 20, 1500, 200, 341
Reuben Heflin, 70, 30, 1500, 50, 367
Wm. G. Bullock, 230, 118, 6950, 250, 600
Alfred Cooper, 280, 80, 5400, 200, 580
Jane Mayhugh, 80, 5, -, 150, 440
William Doontain, 35, 5, 700, 40, 146
William Kinner (Kinnen), 230, 157, 3805, 150, 944
Alexander K. Bullock, 140, 60, 300, 130, 470
Edward L. Bullock, 150, 178, 4920, 150, 830
Henry L. Jorden, 30, 8, 200, 25, 120
Andrew Mattingly, 18, 32, 480, 25, 80
Jas. H. Fristoe, 50, 18, 680, 65, 20
Wm. D. Corzell, 300, 275, 11500, 300, 575
Rachel Corzell, 83, 15, 1000, 150, 500
John Dickson, 60, 50, 1190, 150, 428
Jesse K. Farron, 130, 53, 1830, 100, 571
George W. Farron, 80, 15, 1100, 10, 120
George W. Pollitt, 150, 50, 2000, 30, 180
Ann P. Smith, 120, 50, 1700, 70, 360
Mathew N. Cooper, 60, 40, 1500, 100, 300
Isaac N. Cooper, 70, 30, 1500, 100, 250
Steve Tolle, 85, 40, 3025, 150, 534
Benjamin Lee, 125, 593, 6840, 300, 1025
Burton Mattingly, 106, 46, 1500, 100, 314
Benjamin Thomas, 100, 43, 2145, 150, 550
Wm. H. Wallingford, 100, 47, 2215, 75, 409
Reuben Tolle, 80, 30, 1300, 100, 300
David R. Bullock, 140, 824, 10700, 250, 1170
Adam Beaty, 200, 125, 16250, 500, 1260
James Alexander, 54, 16, 1100, 150, 150
Moses Demit, 1000, 237, 43300, 600, 4100
Enoch Loyd, 91, 23, 5760, 100, 648
William Dickson, 40, 20, 2400, 50, 220

Thomas Mountjoy, 270, 200, 9400, 500, 1345
Jamince Tucker, 72, 4, 1900, 40, 238
George Shepherd, 53, 53, 1272, 150, 200
William Amo (Arno), 150, 50, 2400, 200, 600
William Roe, 80, 13, 744, 100, 264
Malinda Parker, 200, 227, 5800, 200, 1080
James Brewer, 160, 40, 2400, 200, 400
John R. Bean, 65, 46, 1332, 150, 396
Thadius P. Bullock, 75, 81, 2340, 100, 350
Horatio Morgan, 30, 23, 850, 10, 210
Robert Gerani, 70, 95, 1600, 50, 165
William H. Pollit, 80, 85, 2475, 100, 290
Martha Wright, 70, 30, 1200, 75, 150
Fredrick Hudson, 50, 20, 840, 100, 160
Matthias B. Tolle, 100, 50, 3000, 50, 280
Martha McClure, 28, 2, 300, 20, 220
John D. Colburn, 12, 42, 800, 70, 270
John W. Booke, 150, 50, 4000, 150, 420
Thomas Whaley, 40, 38, 1560, 80, 245
Isaac Whaley, 40, 42, 1640, 80, 80
Thomas Colburn, 25, 44, 1260, 100, 150
Harrison Cooke, 35, 40, 1500, 100, 94
William Pinkard, 6, 15, 300, 100, 140
Francis Cobb, 40, 70, 2750, 200, 200
Anthony Deisler, 12, 4, 320, 30, 60
Francis Cobb, 30, 30, 1300, 40, 120
Noble Dryden, 30, 40, 1000, 120, 225
Eliza Thompson, 80, 50, 3200, 120, 350
John Robinson, 35, 5, 400, 200, 170
James Thompson, 100, 67, 1670, 125, 218
Sorem (Sam), Dryden, 30, 42, 720, 200, 348
John Spense, 30, 14, 450, 40, 125
John S. Wells, 431, 100, 10620, 400, 2165
Olliver McNulty, 45, 10, 1000, 20, 254
Simon R. Baker, 190, 50, 3600, 80, 713
Ignatius Goddard, 40, 60, 1200, 100, 300
Elizabeth Gorsech, 95, 15, 11400, 50, 180
Enos Chilten, 45, 5, 600, 30, 220
William Tucker, 35, -, -, 50, 140
Joseph Rumford, 80, 29, 2500, 100, 345
William McNutt, 25, 20, 540, 115, 70
Joseph Beene, 160, 106, 3990, 75, 200
Alexander B. Stubblefield, 150, 130, 5600, 200, 720
William Tyler, 48, 28, 1100, 20, 156
Spencer Findley, 20, 8, 400, 20, 100
Isabella Gash, 50, 30, 1200, 12, 85
James Donivan, 26, 3, 300, 15, 100
Washington Riggin, 64, 100, 264, 150, 500
Benjamin Durnold, 30, 20, 1000, 50, 204
William Rouark, 88, 2, 1800, 50, 164
Lewis Tolle, 120, 292, 4340, 200, 525
John Tyler, 53, 83, 1660, 150, 530
Wm. Galispa, 29, 25, -, 50, 215
Eliga Mozee (Mozell), 17, 8, 100, 50, 124
Danl. Aldrich, 35, 60, 500, 20, 155
Danl. S. Bradley, 100, 56, 3120, 75, 900
Thomas Glasscock, 250, 250, 10000, 200, 780
Amos McLaughlin, 50, 100, 400, 10, 122
Catherine Waters, 64, 40, 600, 70, 250
George W. Lock, 100, 134, 4680, 360, 450
Alfred Berry, 35, 47, 500, 50, 205
Terissa Waugh, 150, 175, 3250, 15, 165
Thornton Hord, 120, 50, 1200k 100, 600
Jacob Sisson, 30, -, -, 20, 118
Joseph Farron (Farrow), 35, 4, 400, 12, 190
Julius Digman, 100, 280, 1800, 100, 570
Hezekiah Jenkins, 100, 300, 4000, 80, 556
William Cupp, 40, 60, 600, 25, 100
Isaac Pitts, 30, -, -, 50, 100
Isabella Pelham, 117, 58, 5250, 700, 442
Thomas A. Fouler, 115, -, -, 35, 133
Robert L. Nelson, 140, 160, 1500, 300, 1100
William Bickley, 250, 210, 23000, 300, 1135
John Prather, 41, -, 300, 20, 146
John Roe, 245, 100, 3450, 200, 560
Wm. G. Bean, 60, 51, 555, 200, 320
Hiram C. Curtis, 55, 42, 2500, 35, 214
George Chankston, 255, 10, 1300, 60, 150
Robert Wilson, 135, 135, 8100, 200, 365
Henry Williams, 60, 34, 3760, 200, 245
Thomas A. Williams, 100, 57, 78, 30, 200, 251
Elizabeth McIlvaine, 290, 116, 15200, 500, 1745
Thomas M. Forman, 300, 123, 21150, 500, 1450
Patrick Nane (Narre), 8, -, -, 50, 85
John Gabbs, 260, 190, 21100, 400, 1542
William White, 145, 67, 11550, 550, 610
Charles E. Demit, 310, 80, 20000, 500, 1628
Thomas H. Williams, 85, 61, 5840, 250, 168
William Greenwood, 14, -, 560, 100, 75

Samuel Cahill, 50, 62, 4480, 150, 340
Susan Bolinger, 60, 40, 2500, 100, 340
Benjamin Willitt, 40, 60, 5000, 150, 500
Joseph Power, 100, 100, 10000, 150, 370
Lewis Gebhard, 125, 55, 9000, 200, 1345
John M. Breeden, 70, 30, 5000, 150, 240
James B. Robinson, 260, 70, 16500, 200, 465
John Chambers, 40, -, 2800, 120, 180
William Power, 90, 10, -, 100, 171
Danl. Shafer, 8, -, 400, 100, 7
Jesse Fristoe, 70, 30, 5000, 375, 153
Richard Fristoe, 70, 70, 5600, 200, 610
Jesse Jefferson, 95, 80, 5452, 250, 959
Jesse Jefferson, 25, 44, 2070, 75, 100
Green H. McAtee, 190, 128, 15400, 300, 670
Thomas Baldwin, 65, 55, 6000, 150, 225
John Purdrim, -, -, -, 200, 400
Bartholomew Close, 120, 100, 4400, 250, 370
Thomas Mannen, 400, 246, 28000, 350, 1380
George Wood, 260, 160, 21500, 300, 1425
John W. Mifford, 120, 26, 6370, 200, 350
Joseph Mifford, 60, 7, 3300, 200, 300
Nancy Willitt, 122, 55, 8200, 75, 206
Robt. T. Blanchard, 300, 2175, 25750, 350, 492
Charles A. Marshall, 300, 110, 21700, 450, 2800
James A. Ward, 180, 130, 15000, 400, 800
Ann Cotton, -, -, -, 150, 340
Edward P. Lee, 400, 300, 35000, 600, 2253
John Lamb, 230, 111, 13640, 400, 1215
William K. Wood, 130, 40, -, 125, 305
John B. Harber, -, -, -, -, 700
Benjamin P. Parry, 162, 15, 9000, 200, 290
John Jas. Key, 228, -, 15000, 300, 1180
Henry Waller (Walles), 68, 10, 9000, 150, 706
John Newdegate, 100, 30, 10400, 400, 870
Edward Webb, 83, -, 4980, 350, 560
Marshall Key, 100, -, 6000, 400, 720
Edward P. Parry, 100, 20, 6000, 200, 620
Walker Lake, 75, 31, 3180, 30, 235
Lawson Stout, 50, 10, 1000, 100, 265
Latta Weaver, 50, 70, 2000, 50, 294

Jesse L. Davis, 70, 20, 1500, 152, 244
Alfred Fail, 16, 10, 500, 75, 100
Abram Johnson, 200, 90, 14500, 200, 1320
Isaac Dye, 130, 50, 6300, 175, 600
Thomas Fulcher, 130, 57, 6545, 150, 730
James Dye, 100, 100, 4000, 150, 762
Thomas Clarke, 350, 120, 25650, 620, 2370
Susan Wilson, 100, 53, 7350, 40, 356
William Mitchell, 150, 230, 14500, 300, 840
Rolly D. Chism, 50, 22, 3550, 200, 285
James Arther, 130, 70, 10000, 300, 1988
Philip A. Coale, 135, 65, 10000, 300, 983
Danl. R. Runyon, 80, 55, 5800, 200, 695
Wm. B. Owens, 18, -, 650, 75, 86
Milton Johnson, 190, 60, 12500, 400, 1735
Thomas Small, 122, 35, 7740, 400, 1055
Wm. V. Morris, 40, 28, 3160, 120, 488
John S. Mitchell, 300, 112, 20600, 50, 1665
Cornelius Drake, 375, 150, 28200, 500, 3065
Pearce Kruser, 28, -, -, 20, 211
David Roff, 57, -, 3420, 5, 240
Cornelius Chism, 65, 10, 3750, 175, 317
Nancy Lacy, 66, 100, 3400, 20, 188
Mathew White, 8, -, -, 18, 70
Benj. Warden (Warder), 120, 58, 7120, 200, 430
Miles C. Drake, 150, 30, 8450, 200, 513
Cornelius Waller, 150, 80, 1150, 250, 1145
John Cole, 135, 100, 9000, 200, 865
William Combes, 6, -, 60, 5, 150
William Forman, 350, 250, 32000, 400, 1190
John Miller, 50, 20, 2100, 20, 150
Abel Rees, 300, 200, 16000, 300, 644
Leonard Piles, 250, 240, 5000, 150, 710
Moses Mullakin, 40, 37, 1100, 25, 283
C. O. Whitescarver, 110, 69, 3500, 50, 181
Claiborn Wiggins, 30, 611, 1880, 15, 68
John Wiggins, 30, 64, 1880, 15, 128
John Collins, 10, 11, 315, 15, 40
Levi Wheeler, 50, 250, 3000, 150, 260
Polly Wheeler, 325, 209, 14610, 200, 1288
Lawrence Wheeler, 85, 20, 2100, 125, 550
Alfred Charston, 135, 65, 8000, 200, 670
Calvin Bland, 200, 1000, 9150, 150, 665

*Charles Bland, 200, 100, 9150, 150, 160
Milton Bratton, 100, 50, 6000, 100, 270
H. G. Music, 250, 100, 14000, 250, 1430
John Allen, 55, 62, 2575, 75, 325
Susannah Anderson, 25, 25, 500, 10, 60
H. D. McDonald, 30, -, 400, 10, 215
Thomas Andrews, 75, 40, 3150, 12, 190
*J. D. Wheeler, -, -, -, 10, 174
* A. J. Adamson, -, -, -, 10, 70
* John Wheeler, -, -, -, 15, 75
George Robb, 75, 125, 1000, 50, 225
Singleton Clarke, 20, 19, 400, 12, 50
Otho Soot, 50, 50, 1000, 12, 200
Armistead Clarke 55, 25, 1000, 12, 120
Thomas Soot, 80, 25, 1890, 80, 245
William Callumber, 40, -, 400, 10, 25
Albert Owens, 35,65, 500, 12, 130
Richard Johnston, 100, 33, 1330, 50
*H. N. Johnston, -, -, -, 5, 75
Harrison Craycraft, 60,76, 1360, 20, 187
Edward Poe, 100, 95, 1600, 75, 250
Luke Dye, 40, 153, 2513, 100, 200
Isaac S. Reed, 25, -, 500, 12, 150
Peyton White, 30, 90, 7000, 300, 386
James Lacy, 75, 20, 200, 60, 150
Fountelroy Ball, 86, 164,m 3965, 120, 225
Jesse Combess, 40, 70, 300, 10, 200
Cain Watson, 75, 89, 2000, 100, 250
Cain Jefferson, 45, 38, 800, 100, 175
James Donoven, 30, 40, 600, 20, 175
John Morgan, 20, 40, 600, 10, 160
B. F. Campbell, 50, 150, 1000, 10, 150
Josiah Reeves, 25, 63, 600, 15, 150
William Campbell, 35, 54, 5334, 60, 156
Hugh D. Campbell, 8, 162, 300, 14, 140
James Adamson, 100, 77, 1770, 50, 425
John Burton, 20, 26, 300, 5, 78
B. E. Pompelly, 25, 40, 300, 20, 125
David Douglass, 90, 40, 2000, 20, 200
Washington Wheeler, 25, 25, 600, 20, 130
Aron Prather, 10, 16, 250, 10, 40
James H. Lawless, 80, 233, 1000,15, 275
Stephen Donaldson, 40, 60, 500, 60, 100
Samuel Watson, 67, 20, 3045, 100, 310
Alexander Watson, -, -, -, -, 100
T. B. Craycroft, -, 26, 200, 50, 200
Henry Howard, 40, 66, 848, 20, 1200
Otho Moran, 70, 112, 2740, 20, 271
Robert Kennard, 50, 77, 365, 25, 170
Elcana Jefferson, 130, 75, 4500, 100, 300
John Trigg, 75, 30, 1500, 30, 200
Asberry Hinson, 12, 12, 120, 10, 40

Phylander Samples, -, -,-, 15, 130
Edward Case, -, -, -, 10, 30
John Vancamp, 30, 10, 800, 120, 280
July A. Browning, 250, 25, 10000, 150, 870
Cybell Wheeler, 36, 9, 1980, 10, 140
Samuel Craycroft, 125, 237, 6900, 100, 260
Jeremiah Craycraft, 27, -, 2000, 10, 250
Henry S. Jefferson, 100, 65, 2475, 256, 800
William Hitt, 25, 8, 300, 10, 75
Joseph S. Ray, 65, 50, 1200, 100, 266
John H. Adamson, 45, 38, 830, 15, 130
William Craycraft, 30, 80, 530, 10, 100
Zachariah Moran, 35, 225, 1040, 10, 175
Washington Prather, 123, 25, 5500, 100, 200
George Nibbs, 50, 50, 400, 20, 100
Ross Stephenson, 65, 35, 3000, 150, 300
Cunningham Holloday, 30, 20, 2000, 50, 140
William Krusor, 30, 35, 600, 50, 85
John Prather, 65, 61, 2500, 23, 150
W. R. Prather, 60, 44, 2000, 50, 200
John Howard, 80, 84, 1200, -, 100
Littleton Dryden, 35, 150, 2500, 55, 100
Cyntha Reed (Reece), 130,2, 1320, 50, 300
John Kennard, 80, 60, 700, 100, 350
Allen Pompelly, 100, 200, 1800, 150, 460
John Harbor, 75, 25, 1000, 30, 213
Mary Owens, 75, 25, 1000, 20, 145
Thomas Kennady, 50, 50, 500, 10, 100
Louis Linville, 50, 80, 1300, 100, 420
Abner Hall, 50, 97, 1470, 60, 190
Jackson Hinson, 4, 8, 100, 8, 40
Margaret Paul, 75, 52, 630, 20, 340
Solomon Orins (Orinz), 75,m 36, 1110, 50, 520
Clement Riggs, 30, 38,340, 15, 80
Bennet Collins, 30, 100, 650, 15, 250
Robert Ross, 20, 30, 250, 10, 80
Elijah Hawkins, 20, 30, 250, 10, 140
George Jefferson, 30, 70, 500, 10, 150
Britton Poe, 30, 20, 250, 10, 60
Thomas Wiggins, 65, 35, 1700, 200, 75
Walter Soats(Soots), 30, 20, 1000, 10, 120
Thomas Paylon, 84, 4, 3, 500, 40, 200
John R. Fields, 70,80, 1700, 15, 200
Joseph Galbreath, 70, 30, 3500, 25, 150
Thomas Parry, 278, 11120, 100, 800
John Beedin, 65, 12, 2340, 60, 300
Horace Clift, 100, 60, 4800, 75, 400

Michael Durye (Durje), 200, 82, 11280, 250, 980
Milton J. Collins, 80, -, 720, 50, 250
Washington Kirk, 30, 15, 675, 50, 100
Joseph Howe, 60, 110, 2550, 30, 580
Thomas Nolin, 12, -, 480, 10, 120
Ross Prather, 60, 25, 3400, 110, 489
Nathan Hill, 70, 30, 900, 10, 100
John Riggs, 100, 30, 7950, 100, 238
Winneyford Hedgerman (Heageman), 35, 7, 1120, 15, 230
John McCarthy, 200, 150, 3500, 100, 720
Levin Stephens, 80, 28, 1620, 50, 400
Joseph Poe, 70, 30, 1500, 75, 375
Edward Gault, 200, 311, 4088, 150, 740
John Gault, 120, -, 3300, 260, 780
William Mason, 70, 85, 1200, 30, 294
Rebecca Williams, 65, 45, 880, 20, 168
Alexander Dillon, 50, 26, 380, 15, 151
Ann (Aura) Williams, 25, 20, 225, 10, 100
William Woodward, 40, 260, 1500, 25, 225
Hiram Woodward, 50, 70, 850, 50, 300
Jacob J. Williams, 40, 40, 700, 100, 240
John Woodward, 40, 74, 510, 50, 229
Isaac McGraw, 125, 75, 1700, 200, 400
Wilfred Owens, -, -, -, 75, 220
William Hinson, 140, 335, 1900, 100, 300
Cornelius Stiles, 12, 28, 320, 15, 120
John Stiles, 40, 60, 800, 120, 150
Theodocius Curtis, 50, 97, 735, 100, 200
George Stiles, 75, 72, 2000, 150, 190
John Monahan, 70, 88, 800, 20, 125
Jefferson Gallagher, 20, 20, 120, 10, 70
John Gallagher, 50, 20, 1400, 50, 270
John Reeves, 130, 84, 2140, 150, 380
George Monahan, 175, 25, 2000, 150, 370
James Savage, 400, 200, 22800, 300, 1420
Elijah L. Currens, 220, 110, 13200, 200, 315
Robert A. Tabb, 35, 32, 2680, 100, 820
John A. Coburn, 200, 130, 9900, 130, 960
S. F. Pollock, 30, 20, 2000, 50, 480
Ephraim Pollock, 20, 65, 2425, 100, 140
Katharine Browning, 48, 2, 2000, 20, 300
Andrew J. Whipps, 80, 40, 4200, 150, 400
Samuel Loyd, 150, 105 5000, 100, 450
James Norris, 220, 314, 9208, 125, 734

Theodoric Owens, 165, 683, 4280, 150, 500
Cleon Owens, 375, 513, 8880, 250, 1285
Sophia Hill, 60, 10, 600, 40, 60
Linzy Hill, 65, 45, 800, 25, 167
Anderson White, 75, 80, 1240, 100, 2000
William Hinson, 60, 40, 800, 75, 195
Thomas Dillon, 60, 40, 800, 50, 130
Alexander White, 40, 80, 1000, 20, 100
John Dillon, 20, 35, 375, 10, 100
Martin Browning, 60, 51, 900, 10, 150
John Stephenson, 100, 200, 5000, 75, 150
John M. Fleming, 130, 75, 7150, 100, 616
Elizabeth G. Wells, 250, 250, 5000, 75, 300
Mahaly Biggers, 80, 120, 2000, 50, 430
Thomas Poe, 100, 1160, 6160, 150, 750
John Heck, 50, 40, 2200, 50, 360
Garland Biggers, 140, 80, 2200, 150, 590
Diadenia Killgore, 70, 210, 2800, 80, 100
Daniel Rees, 100, 301, 10500, 100, 670
Gideon Kirk, 310, 40, 1400, 150, 1335
James H. Devire, 100, 60, 3200, 100, 515
Charles Killgore, 425, 360, 35000, 200, 10000
William Sallie, 50, -, 250, 100, 230
John F. Killgore, -, -, -, 75, 365
Milton C. Smith, 80, 20, 5000, 150, 290
Charles Gordon, 67, 77, 6480, 150, 530
Madison Worthington, 224, 85, 11630, 150, 670
Samuel Worthington, 215, -, 10750, 250, 900
Jesse Evans, 65, 70, 6730, 200, 400
Alexander McJ____, 100, 80, 8100, 100, 900
Benjamin W. Wood, 300, 120, 21000, 200, 1300
Joseph F. Kirk, 100, 57, 4710, 20, 200
John H. Curtis, 300, 170, 9400, 200, 1465
Abram S. Tennis, 100, 80, 3600, 30, 300
Wyatt Weeden, 273, -, 10800, 200, 700
Abner Best, 80, 70, 6000, 100, 50
Peyton Key, 90, 60, 7500, 150, 600
Snowden Rodes, 25, 33, 1400, 40, 756
Robert Cummings, 100, 61, 2000, 150, 300
Nancy Curtis, 120, 72, 5760, 150, 900
Jacob Slack Jr., 80, 30, 3300, 50, 340

Judson Wood, 75, 35, 4500, 40, 400
James Best, 300, 200, 20000, 200, 1335
James Gault, 200, 85, 15250, 200, 970
Mariah Walker, 80, -, 4300, 50, 130
James M. Tucker, 1349, -, 5360, 90, 280
Alexander Hunter, 720, 132, 13626, 200, 840
Benedict Kirk, 230, -, 13500, 230, 3980
Gabriella Danitts (Darritts), 416, 211, 22066, 250, 2180
Joseph Forman, 280, 80, 21600, 250, 1325
James Wood, 133, 3, 6980, 230, 700
Green B. Goggin, 255, -, 15300, 200, 1500
William R. Gill, 200, 55, 14250, 250, 1100
Con___ W. Owens, 43, -, 2580, 10, 250
John Curtis, 200, 94, 14700, 370, 1295
James D. Claybrook, 420, 210, 28000, 500, 2200
Thomas Kirk, 50, 16, 3310, 150, 440
John K. Best, 100, -, 4500, 100, 300
Watkins Walton, 75, 25, 6000, 200, 510
Jacob A. Slack, 640, 35, 32440, 300, 2200
Thomas Worthington, 405, 10, 21375, 250, 1250
John Brough, 120, 70, 7600, 300, 500
John Stroud, 29, 22, 2100, 20, 200
James Stroud, 90, 66, 4600, 100, 250
Sarah Proctor, 70, 30, 5300, 73, 550
Thomas Cushman, 240, 205, 16475, 300, 4921
Rebeca Donathon, 75, 43, 5310, 60, 400
Miles Willson, 85, 47, 6600, 30, 600
John Mannen, 65, 30, 3808, 136, 400
Joseph Frazee, 220, 530, 20000, 300, 800
John L. Brooks, 100, 50, 7300, 230, 900
John Reed, 120, 120, 7200, 150, 550
John L. Tabb, 30, 41, 2130, 30, 200
John H. Walter (Walker), 90, 80, 6000, 100, 450
Samuel Frazee, 120, 195, 6300, 75, 600
David Mannen, 100, 80, 5400, 100, 630
Henry A. Harget, 125, 38, 1956, 30, 500
Isaac Reynolds, 40, 55, 3335, -, 300
James (Jane) S. Pepper, 300, 130, 17200, 200, 1050
James Parry, 158, 100, 17900, 100, 880
Osgood Burgess, 120, 217, 5000, 75, 569
Andrew Wood, 850, 410, 50400, 400, 3000
Augusta Dillon, 110, 87, 1270, 15, 280
Wilford Ball, 60, 15, 3000, 125, 300
Benjamin Ball, 150, 80, 4600, 150, 400
Joseph F. Jones, 32, -, 1280, 75, 300

Meade County Kentucky
1850 Agricultural Census

The Agricultural Census for 1850 was filmed for the University of North Carolina from original records at Duke University in Durham North Carolina.

The following are the items represented and separated by a comma: for example, John Doe, 25, 25, 10, 5, 100. This represents:

Column 1 Owner
Column 2 Acres of Improved Land
Column 3 Acres of Unimproved Land
Column 4 Cash Value of Farm
Column 5 Value of Farm Implements and Machinery
Column 13 Value of Livestock

The following symbol is used to maintain spacing where there are no numbers: (-)
Attempts were made to identify as many letters in names as possible. When the first letter of last name was not identifiable, be sure to check the very beginning of the index as that is where those names would be indexed. Where the first letter of the last name was visible but the second letter was missing, check the beginning of that letter. For example, F_oster, would be found at the beginning of the Fs.

John Byrne, 20, 220, 2000, 100, 523
Gabriel Huff, 30, -, -, 20, 140
Thomas Peak, 80, 70, 300, 65, 346
Charles Peak, 80, 230, 1000, 100, 320
Samuel Simmons, 80, 220, 1200, 50, 240
Benjamin Peak, 35, 42, 200, 60, 120
William Alvey, 30, 57, 200, 8, 100
Henry Buckler, 50, 110, 600, 50, 130
Valentine Brown, 40, 100, 420, 8, 129
James Brown, 35, -, -, 8, 167
Peter Brown, 35, 60, 300, 5, 71
William Shepherd, 40, -, -, 10, 170
Augustus Brown, 20, 180, 700, 25, 130
James Norris, 45, 10, -, 10, 200
Richard Brown, 55, -, -, 15, 180
Daniel Brown, 70, 600, 2000, 100, 500
John Crutcher, 350, 929, 12790, 400, 1256
Sarah Swan, 100, 250, 4000, 100, 280
Clement Goraty, 60, 148, 625, 50, 180
Edmund Lancaster, 60, 440, 4000, 100, 432
William Lancaster, 30, -, -, 12, 187
Sylvester Wheatly, 40, 90, 700, 10, 160
James R. Bourman, 175, 225, 2260, 30, 370
Benjamin Elder, 120, 80, 1600, 40, 440
Clement Buckersaw, 125, 165, 350, 100, 350
James Rhodes, 80, 134, 1000, 9, 175
John A. Rhodes, 150, 129, 1500, 150, 465
Austin French, 60, 40, 500, 15, 120
Anselm Clarkson, 250, 100, 2124, 100, 425
Robert Reed, 32, 20, 300, 20, 146
James Dowell, 60, 40, 800, 10, 466
John Medley, 77, 70, 300, 75, 383
Eliza Brown, 60, -, -, 40, 250
John Chaffin, 18, 80, 250, 10, 70
William Conn, 100, 60, 400, 10, 280
Harris Walker, 30, 55, 300, 50, 250
William Mitchell, 50, -, -, 100, 215
David Shacklett, 60, 300, 1200, 100, 350
Absolom Shacklett, 70, 60, 650, 100, 278
Burnice Shacklett, 40, 200, 600, 20, 160
Felix Allen, 100, 121, 1200, 100, 624
John Stinnel (Stinnet), 20, 50, 250, 10, 136
Robert Brown, 20, -, -, 10, 194
Thompson Kendall, 60, -, -, 100, 250
Elizabeth Leslie, 30, -, -, 15, 260
Thomas Rush, 100, 240, 1000, 100, 200
Samuel Williams, 65, 75, 800, 75, 235
Elijah Shacklett, 160, 335, 2000, 200, 660
George Miles, 40, -, -, 20, 136
John Vanmeter, 200, 200, 3500, 130, 465
Anselm Ray, 40, -, -, 100, 178

Herry Bunger (Burger), 25, -, -, -, 90
Johnathan Greanes, 25, -, -, 25, 164
James L. Payne, 120, 130, 1800, 100, 490
Daniel Shacklett, 40, -, -, 20, 100
Daniel Vanmeter, 80, 220, 150, 70, 395
Nathan Walker, 45, 120, 800, 20, 170
James B. Paget, 30, -, -, 10, 160
James Whalin, 100, 250, 150, 100, 280
Daniel Hayden, 150, 308, 2000, 200, 470
Charles Jones, 40, -, -, 15, 140
Thomas J. Clarkson, 150, 150, 2000, 200, 710
Charles Craycroft, 250, 340, 1450, 200, 1215
David Herndon, 275, 625, 6000, 200, 765
William Elliott, 100, 180, 1200, 50, 145
John Steth, 50, 178, 700, 30, 213
Daniel Steth, 64, 136, 1000, 6, 157
William Burnet, 12, 34, 200, -, 102
Edmund Steth, 80, 130, 1200, 100, 203
Leonard Buckman, 150, 350, 4000, 100, 475
Thomas Steth, 150, 250, 2000, 100, 430
Henry Steth, 60, 110, 600, 40, 232
William O'Bryan, 130, -, -, 20, 235
James C. Clarkson, 275, 220, 400, 100, 470
James F. Clarkson, 400, 1200, 4000, 300, 1000
Jesse J. Steth, 110, 120, 700, 100, 398
Judith Gray, 40, 318, 1500, 50, 410
William Harned, 100, 130, 1000, 50, 370
Jesse M. Robinson, 110, -, -, 40, 625
Henry Copel, 40, -, -, 15, 195
James Jones, 50, 110, 500, 100, 315
Conrad Nisehart, 120, 280, 3000, 100, 385
Henry S. Bell, 200, 200, 1600, 100, 520
Helony Howard, 55, -, -, 30, 191
Robert Chaffin, 22, 30, 400, 12, 165
Daniel Shacklett, 66, 65, 900, 50, 330
Hannah Taylor, 150, 200, 2000, 200, 690
Reuben G. Clarkson, 160, 136, 1200, 120, 445
John Martin, 160, 140, 1000, 175, 450
Roland Jourdan, 75, 76, 300, 20, 160
Griffin Steth, 150, 250, 1500, 180, 550
Jeremiah Adams, 60, 200, 700, 50, 180
John Dowell, 40, 47, 600, 100, 200
George Melbourn, 25, -, -, 15, 220
John Sypes, 75, 85, 1200, 50, 284
Felix G. Sypes, 12, -, -, 12, 50
William Herndon, 250, 275, 4000, 200, 100
William Steth, 100, 65, 1200, 70, 220
Littlebery Wright, 40, 48, 440, 10, 135
James _. Dowell, 150, 80, 1000, 150, 160
Armistead Barnes, 70, 63, 400, 150, 400
William Dowell, 50, 85, 650, 130, 235
James Lamptor, 125, 285, 2000, 140, 430
William A. Steth, 100, 125, 1000, 10, 85
James Martin, 15, 45, 250, 30, 120
James R. Ross, 100, 100, 500, 75, 470
Barbery Willett, 100, 60, 500, 75, 350
Richard Willett, 60, 200, 1300, 75, 305
James Thompson, 200, 200, 2000, 125, 400
Benjamin Steth, 100, 200, 1200, 50, 345
Henry Cain, 60, 113, 500, 20, 87
Henry Hardeway, 100, 400, 2500, 100, 300
Archibald Anderson, 250, 400, 3944, 100, 430
Green Dowell, 80, 130, 1200, 175, 457
John Cain, 65, 65, 600, 50, 335
Blancet Shacklett, 130, 102, 1160, 100, 460
Barbary Humphrey, 75, 25, 300, 10, 210
Benjamin Jenkins, 80, 70, 1200, 50, 215
Richard Jenkins, 15, 72, 100, 15, 90
Adin Crume, 33, -, -, 50, 179
MtJoy Wilson, 100, 77, 1000, 150, 300
William Berryman, 60, 240, 1000, 10, 264
David Johnson, 25, 75, 400, 50, 200
John Johnson, 22, 280, 900, 154, 100
John Howard, 20, 205, 675, 20, 20
John Shacklett, 95, 75, 150, 60, 245
Richard Shacklett, 120, 80, 2000, 100, 400
William Fouchee, 150, 150, 3000, 150, 327
Johng. Shacklett, 20, -, -, 10, 275
William McGehee, 200, 500, 700, 200, 755
William Haynes, 100, 400, 400, 100, 555
Benjamin W. Shacklett, 300, 430, 3800, 300, 680
William Marks, 160, 170, 2000, 200, 936
Aaron Sherril, 25, -, -, 20, 151
Benjamin Etherton, 50, 420, 1000, 100, 258
Henry Haynes, 130, 223, 100, 100, 270
John Robertson, 35, 165, 600, 50, 270
Richard A. Shacklett, 1-, -, -, 10, -
Daniel Kenaday, 100, 330, 2000, 100, 350

George Kenaday, 40, 60, 600, 20, 140
Elsey Hickerson, 18, 68, 400, 15, 120
Tilghman Chiles, 60, -, -, 20, 183
George McDonald, 120, -, -, 40, 185
John S. Mills, 80, -, -, 100, 288
William Hardesty, 12, -, -, 15, 95
Susan Smith, 150, 50, -, -, -
Elizabeth Woolfolk, 220, 72, 3000, 300, 900
Richard Spires, 250, -, -, 175, 1005
Daniel Fulton, 200, 200, 3000, 200, 458
Patrick Terel, 120, 120, 1000, 100, 588
Jacob Kendall, 250, 250, 3000, 250, 300
James Kendall, 100, -, -, 125, 240
John Fouchee, 30, -, -, 15, 106
John B. Shacklett, 60, -, -, 60, 260
Richard Wright, 70, 98, 700, 10, 160
Blancet J. Shacklett, 23, 80, 400, 100, 230
Leonard Miller, 60, 142, 800, 65, 65
James Rachford (Rockford), 40, -, -, 15, 100
Sexton Richardson, 75, 425, 1000, 200, 341
Harrison McIntire, 12, 98, 200, 10, 130
James Fouchee, 30, -, -, 10, 130
William K. Brown, 50, 110, 650, 650, 75, 300
Thomas Payne, 10, 110, 200, 50, 490
David Hamilton, 45, 35, 4000, 75, 316
Richard Anderson, 100, 130, 6000, 100, 500
Burwell Perkins, 32, -, -, 20, 145
William Penny, 300, 176, 14000, 300, 920
Peter Boley, 12, -, -, 10, 110
Thomas Scott, 160, 256, 8000, 150, 557
Aosburn Booth, 35, -, -, -, 80
William Booth, 20, -, -, -, 60
Wallen (Waller) Booth, 20, -, -, -, 75
John Smith, 60, 40, 700, 15, 190
Buckner Steth, 125, 275, 2000, 175, 491
William Kendall, 100, 65, 600, 75, 370
Warren Richardson, 200, 600, 2400, 150, 78
Lucy Cox, 150, 250, 3000, 100, 250
Mary Richardson, 120, 163, 1000, 75, 250
Daniel S. Richardson, 80, 1200, 7200, 500, 1200
George W. Neafus, 700, 100, 1350, 100, 378
Richard A. Brown, 50, -, -, 60, 100
Freeborn J. Miller, 500, -, -, 50, 200
Lewis Miller, 20, -, -, 10, 100
Thomas Shain, 40, -, -, 20, 150

Mary Powell, 45, 75, 600, 100, 100
William Campbell, 65, 35, 300, 50, 160
Richard Berndon(Herndon), 160, 540, 3000, 125, 510
Basel Arnold, 16, 100, 300, 10, 240
Thomas Hardesty, 45, 100, 500, 30, 175
William Hardesty, 40, 100, 500, 10, 160
James Stiff, 70, 30, 250, 100, 255
Charles T. McGlothlons, 30, 90, 250, 10, 100
Nathaniel Stiff, 30, 70, 250, 10, 200
Thomas Hall, 20, 135, 350, 10, 120
Joseph Croome, 50, 80, 300, 30, 60
William Chapell, 30, 70, 300, 100, 200
Joseph Kerrick, 125, 135, 500, 75, 300
James Kerrick, 25, 85, 350, 10, 90
Benedict Clements, 40, -, -, 25, 80
Edward Rhodes, 40, 200, 800, 100, 275
Fleming Edmonds, 100, 225, 100, 50, 240
George Gardner, 30, 300, 600, 15, 200
James Brown, 75, 200, 800, 100, 240
Benedict Greenwell, 100, 160, 1000, 200, 492
Jabez Brashear, 30, 250, 1000, 25, 200
Thomas Brashear, 20, 189, 700, 50, 178
John Stiff, 30, 70, 300, 20, 170
William Stiff, 30, -, -, 10, 120
Cypasan A. Sanders, 20, -, -, 10, 180
Rollins R. Miller, 10, 100, 250, 10, 150
William Basinger, 30, 80, 300, 40, 120
William Burkhurt, 75, 115, 500, 100, 200
Wilkinson King, 25, 115, 300, 20, 135
Daniel Brown, 60, 84, 800, 28, 289
William A. Brown, 20, -, -, 15, 96
Samuel Brown, 30, -, -, 10, 160
Robert Prather, 70, 80, 300, 100, 355
Micajah Moorman, 40, -, -, 25, 300
Peter Basinger, 50, 150, 400, 50, 270
James C. Moorman, 50, 60, 400, 10, 150
Robert Monasch, 25, -, -, 50, 135
Ann Mills, 170, 700, 1000, 75, 250
Leo Pike, 40, 450, 600, 100, 270
William Allen, 50, 75, 500, 100, 200
John Hazelhurst, 180, 350, 2500, 150, 465
William Greenwalt, 50, -, -, 70, 200
Samuel B. Kendall, 30, -, -, 12, 60
John M. Chism, 20, 80, 250, 10, 160
Abraham Yountsten, 90, 350, 300, 30, 175
Johnson Bennett, 30, 120, 350, 85, 180
Luther Stiles, 60, 172, 1000, 100, 190
Alvey Stiles, 20, -, -, 20, 50
Johnson Bennett, 10, 50, 200, 10, 55

Micajah Bennett, 40, 150, 400, 10, 200
Jacob Bennett, 20, 150, 400, 10, 150
Irving Dailey, 70, 100, 1000, 100, 300
Benjamil Dailey, 25, 12, 250, 75, 290
George W. Plummer, 50, 150, 400, 25, 200
John Chism Sr., 25, 120, 350, 50, 180
Peter Stiles 14, 74, 250, 10, 84
William Y. Bogard, 10, 100, 100, 210, 90
Richard Chism, 16, 75, 200, 400, 100
James Chism, 12, 130, 200, 30, 120
Beall D. Calvin, 35, 115, 400, 40, 260
Milton Greenwood, 20, 50, 300, 1 0, 110
Jubal Massey, 35, 70, 200, 10, 180
Richard Brown, 30, 50, 200, 50, 130
Joshua R. Brown, 60, 40, 400, 100, 220
Thomas Evesin, 50, 20, 900, 10, 250
John Purbin, 18, 30, 75, 10, 120
Lenard Bearan (Beavan), 80, 70, 900, 10, 150
James Mulbary (Mulvany), 20, 80, 400, 10, 75
Edward Cummings, 40, 100, 1500, 80, 300
Joseph S. Burch, 8, 6, 300, 50, 60
Thomas J. Gough, 100, 175, 2500, 150, 786
Edward Stewart, 50, 40, 540, 50, 200
Hezekiah N. Roberts, 40, 50, 1200, 100, 220
John Davis, 60, 150, 2000, 20, 120
Joseph Pike, 80, 150, 1000, 100, 320
Joseph Cody, 40, -, -, 15, 175
Benedict J. Greenwell, 40, 100, 450, 75, 150
James Pike, 35, 100,3 00, 15, 160
Nicholas Beavan, 25, -, -, 8, 50
Benedict O'Bryant, 40, -, -, 10, 230
Elizabeth Elder, 80, 220, 600, 15, 200
John Smith, 60, 140, 1600, 50, 230
Robert O'Bryant, 20, 116, 800, 15, 130
Henry O'Bryant, 40, 60, 800, 20, 340
Hamilton Barns, 30, 700, 400, 20, 190
Francis Elder, 15, -, 200, 20, 109
William Payne, 75, 100, 900, 80, 310
James (Jane) E. Mills, 30, 40, 300, 30, 126
Adam Gilleland, 30, -, -, 10, 116
Thomas O'Bryant, 100, 100, 800, 15, 200
Edward Greenwell, 30, 345, 300, 10, 150
Raphael Wathen, 210, -, -, 80, 130
John F. Greenwell, 20, -, -, 10, 175
Calvin Trent, 3, 70, 100, 15, 200
John H. Staples, 25, -, -, 20, 250
William B. Harrison, 80, 720, 800, 100, 250
Joshua R. Frans, 30, 270, 800, 100, 250
Jane Trent, 17, 75, 300, 10, 75
Christopher Hall, 250, 100, 5400, 250, 660
George W. (N.) Medley, 175, 180, 2000, 150, 880
John Hall, 200, 380, 2500, 100, 610
John Smock, 15, 35, 100, 20, 164
William Etherton, 35, 200, 600, 40, 125
Isac Troutman, 30, 120, 200, 30, 100
Richard Chism Jr., 20, 150, 435, 50, 150
Milton B. Webster, 30, 27, 300 20, 200
Archibald Johnson, 25, 175, 1035, 70, 300
Hendson (Hindson), Pepes, 20, -, -, -, 400
John Green, 20, -, -, 12, 130
Susan Riddle, 80, 416, 4000, 20, 330
Maria Jobin, 30, 670, 3000, 15, 160
William Elden (Elder), 80, 95, 1000, 100, 890
Thomas W. Owings, 126, 3000, 10000, 150, 890
Harnson Sewell, 14, 86, 200, 15, 115
Smith Parn, 60, 40, 400, 80, 280
Felix G. Parn, 50, 50, 500, 12, 140
Franklin F. Parn, 40, 80, 720, 100, 270
Elizabeth Parn, 60, 67, 500, 15, 250
John Hardin, 35, 34, 800, 10, 210
Peter F. Fulenweden, 75, 100, 1050, 50, 300
William W. Clark, 60, -, -, -, 100
Warren Hardin, 250, 400, 13000, 120, 340
Maxfield Willet, 300, 300, 12000, 150, 650
Robert Smith, 18, -, -, -, 175
Hiram C. Boon, 300, 550, 10000, 150, 940
Blancet Shacklett, 25, -, -, 15, 230
Barnabas Pennel, 12, -, -, 15, 160
Joseph Fouchee, 30, 300, 1000, 100, 280
John Finch, 70, 160, 2000, 15, 200
Franklin Galoway, 42, 270, 1200, 50, 150
William S. Wilson, 200, 268, 10500, 200, 500
James Ashcraft, 125, 216, 1400, 50, 300
Philip B. Shepherd, 120, 96, 1500, 95, 270
Jacob A. Aydelotte, 50, 100, 2000, 200, 220
David McNeal, 50, 125, 850, 100, -
John H. Greenwell, 50, 50, 500, 50, 130

James M. Greenwood, 12, 140, 300, 50, 120
Raphael Greenwell, 150, 346, 1200, 150, 415
Andrew J. Greenwell, 25, 250, 100, 150, 150
Edmund F. Greenwell, 125, 90, 1000, 100, 380
William Logsdon, 25, -, -, 10, 125
Elizabeth Sherrill, 40, 60, 300, 50, 200
Hayden Moreman, 50, 100, 375, 150, 224
Worden Kendall, 80, -, -, 50, 200
Nathan Anderson, 60, 300, 2500, 150, 330
Burrel Horsely, 50, -, -, 26, 220
Martha Morgan, 40, -, -, 50, 115
Michael Dooley, 40, 60, 400, 100, 218
William Haynes, 150, -, -, 100, 130
Samuel Woolfolk, 120, 130, 2500, 150, 205
William Haynes, 40, -, -, 100, 230
George Rhodes, 80, -, -, 80, 150
John Lewis, 15, 85, 125, 20, 90
James Gallagher, 80, -, -, 80, 394
John Hoffman, 40, 30, 300, 50, 200
Benjamin Hamelton, 200, 500, 3500, 100, 350
Joseph Atwell, 300, 700, 10000, 350, 831
Francis King, 28, 380, 600, 75, 150
Lewis Spinks, 100, 200, 300, 100, 520
Wornel (Norvel) Spinks, 30, -, -, 30, 180
Ronamics Burch, 30, -, -, 30, 160
John Greer (Green), 75, 500, 6000, 100, 210
George H. Aydelotte, 150, 450, 9000, 100, 250
Alexander Sootes (Sooter), 20, -, -, 10, 125
John Curts, 25, -, -, 15, 200
James Cannon, 6, 210, 3000, 30, 240
Henry Corselus, 50, 57, 1000, 50, 233
Austin Slaughter, 60, 105, 2500, 100, 441
Spang__ Peckenpauh, 45, -, -, 100, 260
Harvey Sutser (Lutser), 30, -, -, 75, 220
William T. Locken, 30, -, -, 50, 30
Samuel Landers, 35, -, -, 65, 196
James Popham, 80, 363, 3000, 18, 352
William Edmunds, 20, -, -, 10, 65
Joseph Woolfolk, 140, 443, 2000, 150, 400
John Meeks, 35, 207, 800, 20, 195
John Brown, 20, -, -, 10, 80
Daniel Jones, 20, 160, 1800, 100, 554

George Bell, 30, -, -, 15, 200
William Rhodes, 140, -, -, 20, 117
William Skelman (Steelman), 72, -, -, 15, 190
John Leslie, 50, 50, -, 50, 240
Robert Abell, 60, 140, -, 50, 325
John Wemp (Kemp), 300, 120, 3360, 300, 922
Ephraim Wemp (Kemp), 75, 35, 1000, 150, 316
William Chiles, 25, -, -, 15, 140
Mary Williams, 175, 225, 3000, 150, 488
Gabriel Board, 120, -, -, 150, 550
George Free___, 120, 142, 1200, 325, 385
Orla Richardson, 600, 1500, 4000, 500, 1770
Alanson Mooreman, 700, 2300, 33000, 600, 2050
Nathaniel Board, 40, -, -, 25, 95
Richard S. Mooreman, 250, 350, 15000, 500, 965
Abell Bentley, 100, 80, -, 300, 2240
Samuel Sherman, 70, 3 00, 300, 100, 280
Walter Summons, 28, 80, 600, 15, 160
George Cox, 45, -, -, 10, 45
Stephen Mills, 75, 100, 800, 60, 220
William Gilpin, 48, -, -, 10, 130
David Henry, 100, 300, 2500, 100, 595
William Bulez, 85, 115, -, 50, 208
John Neafus, 50, -, -, 100, 300
Green Torplett, 20, -, -, 10, 150
Lewis Bennet, 80, -, -, 100, 117
Abraham Lamb, 60, -, -, 15, 2116
Thomas McMullen, 26, -, -, 10, 330
Nancy Smith, 125, -, -, 50, 430
Avenias Triplett, 30, -, -, 7, 312
William Torplett, 75, 120, 1300, 75, 260
Philip Bell, 130, -, -,25, 365
Pascal Meaden, 80, 145, 1200, 100, 158
John Webb, 140, 300, 2500, 100, 380
William Hill, 54, 26, 250, 10, 270
Calvin Hendrick, 150, 1028, 3500, 75, 850
Mary Nelson, 140, 15, 450, 75, 270
Elizabeth Ashcraft, 120, 264, 2000, 75, 850
Joseph Mills, 60, 56, 700, 60, 207
Bassett (Barnett) Rouse (Rouso), 12, 188, -, 100, 92
James Hardesty, 200, 200, 2500, 150, 480
Damascus Buford, 60, -, -, 20, 310
Jane Sabin, 128, 111, 1200, 60, 261
Edward White, 40, 30, 200, 30, 65

Washington Coleman, 16, 241, 250, 15, 85
Franklin Ditto, 275, 440, -, 300, 1180
Ralph Reeson (Reesor), -, -, -, -, -
John Johnson, 125, 1600,300, 80, 230
Fredrick Benedict, 10, -, -, 8, 140
James Dow, 25, 50, 150, 8, 150
Thomas P. Scott, 20, -, -, 60, 225
Edward Griffe, 22, -, -, 10, 175
David Vanmeter, 300, 1800, 10000, 250, 700
Isaac Ventress, 30, -, -, 10, 230
Samue P. Sterret, 90, 100, 2000, 150, 100
Evan Pusy, 45, 235, 2000, 40, 250
Collins Fetch, 100, 300, 4000, 150, 600
John C. Hogland, 10, 90, 300, 10, 141
Samuel D. Bunger, 55, -, -, 160, 520
Daniel Snow, 40, 60, 600, 10, 85
Elizabeth Hinton, 6, 130, 800, 20, 375
William L. Shackleford, 100, -, -, 200, 388
Enoch Borro, 100, 170, 2500, 100, 375
John L. McGinnis, 60, 110, 1700, 70, 440
William S. Pilcher (Pilchen), 10, 110, 700, 150, 1200
James Pate, 25, 100, 1000, 100, 182
Warner McCarthy, 50, 50, 1000, 50, 100
Lewis Withers, 200, 500, 7000, 400, 1200
James Gill, 30, 120, 400, 50, 200
John B. Watts, 100, 300, 2400, 160, 550
Jane Pierman (Purman), 30, 100, 650, 10, 177
Olley Withers, 300, 600, 7250, 500, 520
Ann Pusey, 70, 123, 950, 125, 310
Paul Reeson, 30, 100, 500, 20, 116
Peter A. Edmonson, 50, 50, 800, 60, 210
Virginia Nevel, 85, 115, 1200, 130, 450
James Higbee, 80, 100, 1200, 75, 178
William Pusey, 40, 135, 700, 100, 200
Reubin R. Jones, 100, 300, 2000, 150, 400
Thomas J. Lucket, 55, 70, 800, 10, 143
Joseph Shinkliff, 60, 95, 1000, 50, 240
James Cosby, 40, 100, 7000, 60, 174
William Riney, 40, 60, 300, 50, 212
Dimmet Allen, 25, 130, 300, 5, 40
Martin Peters, 35, 43, 35, 50, 192
Henry C. Crist, 100, 147, 1200, 200, 245
Bernard Pike, 100, 79, 250, 35, 127

Isac L. Hynes, 200, 650, 5000, 200, 685
Allen T. Buckler, 60, 200, 1000, 100, 340
Jarret Smith, 35, -, -, 20, 143
John L. Redman, 50, 200, 1000, 50, 300
Sarah Payne, 200, 200, 4000, 150, 515
Matthew C. Steth, 200, 250, 2000, 100, 660
Thomas Moreman, 100, 400, 3000, 100, 400
James C. Ditto, 100, 400, 4000, 50, 444
David T. Lewis, 90, 90, 1100, 35, 140
Robert C. Jenkins, 100, -, -, 130, 425
John L. Prewit, 180, 400, 2000, 20, 225
Ovid McCrackin, 400, 1000, 8000, 200, 280
N. G. & O. M. Anderson, 300, 1400, 10000, 500, 660
William Roberts, 12, -, -,100, 210
Robert Graham, 200, 1000, 3200, 300, 650
Henry B. Truman, 100, 600, 4000, 200, 970
Josiah Watts, 80, 150, 1500, 50, 230
Pleasant Moreman, 60, 200, 1000, 20, 190
Susan Yeager (Yeagen), 25, 80, 200, 10, 120
Joseph Sheets, 80, 200, 1000, 50, 300
Catharine Lewis, 80, 2200, 1500, 10, 225
William Peak, 40, 170, 400, 60, 200
James Lawson, 75, 155, 500, 100, 310
John Croak (Crook), 60, 100, -, 50, 260
Philip Peak, 75, 196, 300, 75, 296
John K. Peak, 30, -, 300, 10, 200
Ignatius Byrne, 40, 64, 500, 10, 250
Pius Nevit (Nebit), 30, 72, 500, 60, 170
Samuel Overton, 60, 90, 300, 80, 245
William Lane, 20, 175, 200, 100, 200
Ben Keith, 30, -, -, 10, 135
Jacob Reeson, 45, 32, 1500, 60, 150
Jacob Mossbarger, 28, -, -, 100, 265
Peter King, 250, 2100, -, 70, 500
William Bunger, 70, -, 1000, 100, 525
Chester Ritchie, 22, -, -, 30, 230
John A. Rush, 130, 200, -, 30, 182
Brazella Lawson, 25, -, -, 10, 124
James Thomas, 60, 12, 500, 150, 449
Delos Thomas, 30, -, -, 20, 150
Samuel Cely, 20, -, -, 10, 70

Mercer County Kentucky
1850 Agricultural Census

The Agricultural Census for 1850 was filmed for the University of North Carolina from original records at Duke University in Durham North Carolina.

The following are the items represented and separated by a comma: for example, John Doe, 25, 25, 10, 5, 100. This represents:

Column 1 Owner
Column 2 Acres of Improved Land
Column 3 Acres of Unimproved Land
Column 4 Cash Value of Farm
Column 5 Value of Farm Implements and Machinery
Column 13 Value of Livestock

The following symbol is used to maintain spacing where there are no numbers: (-)
Attempts were made to identify as many letters in names as possible. When the first letter of last name was not identifiable, be sure to check the very beginning of the index as that is where those names would be indexed. Where the first letter of the last name was visible but the second letter was missing, check the beginning of that letter. For example, F_oster, would be found at the beginning of the Fs.

Isaac Gray, 355, 100, 10000, 254, 980
Me_bel Williams, 11, 5, 1000, 50, 220
Daniel Vanarsdale, 150, 530, 2000, 500, 350
Sidney McFatridge, 177, 20, 5900, 200, 942
Robt. Forsythe, 700, 200, 15000, 250, 3100
Joseph Bogart, 120, 30, 2700, 75, 655
James C. McAfee, 300, 300, 11800, 200, 1000
Stephen Hughes, 150, 50, 6000, 40, 300
Robt. Lowery, 200, 100, 11000, 400, 680
Joseph Woods, 32, 7, 1200, 100, 200
Joseph McGee, 160, 70, 7000, 200, 1000
Joseph Lillard, 120, 132, 7500, 250, 790
Harvey Woods, 60, 20, 2200, 100, 200
Rebecca Lillard, 100, 100, 6000, 50, 250
Abraham McMordie, 60, 40, 3000, 300, 940
P. R. Dunn, 200, 190, 11700, 500, 1630
Andrew Woods, 80, 70, 3000, 200, 400
James Forsythe, 270, 180, 13500, 220, 3895
George Davis, 150, 86, 9000, 120, 500
Samuel Alexander, 170, 190, 8560, 280, 3265
Peter Vanarsdale, 70, 15, 1800, 150, 300
William Davis, 200, 100, 600, 50, 780
Reuben Hawkins, 175, 80, 2540, 100, 470

James Williamson, 30, -, 75, 150, 230
Ebenezar Magoffin, 150, 135, 8500, 300, 550
William Davis, 245, 200, 14200, 150, 910
David McGee, 200, 139, 10770, 200, 1619
Simon Vanarsdale, 380, 100, 1440, 250, 1895
Simon Vanarsdale, 235, 105, 6000, 250, 1156
Harrison Ransdell, 80, 60, 1680, 20, 320
Caleb Kelly, 50, 150, 1830, 100, 275
Edmond Quinn, 25, 15, 400, 10, 65
John Beasley, 27, 33, 600, 10, 140
William Covert, 50, 100, 1500, 10, 145
Abraham Vanarsdale, 300, 165, 13530, 500, 5000
Thomas Smity, 200, 140, 400, 250, 780
Elijah Vorhiss, 115, 18, 1560, 125, 468
William Smith, 75, 53, 3172, 100, 351
John McAfee, 140, 110, 7500, 150, 800
John Burford, 60, 75, 2700, 100, 470
Joseph Adams, 150, 50, 6000, 300, 4486
William McAfee, 300, 200, 15000, 300, 2124
Thomas Cleland, 15, 45, 5000, 150, 690
Sarah Ritchie, 100, 125, 6700, 100, 530
Phillip, Dedman, 60, 10, 2800, 134, 1000
Phillip Mosley, 100, 58, 4800, 150, 1110
Lambert Bower, 100, 50, 3400, 200, 550

Lewis James, 100, 42, 4260, 100, 365
John Dedman, 120, 50, 5000, 50, 1130
Robt. Armstrong, 120, 125, 9000, 150, 2190
Lambert Armstrong, 75, 55, 3900, 100, 580
John Finnell, 225, 75, 9000, 250, 540
Bazel Cornn, 40, 10, 1000, 15, 233
Samuel Hedges, 15, 5, 400, 15, 126
James Vandiver, 30, 20, 500, 15, 83
John Dispinnett, 60, 40, 2000, 50, 350
Henry Norton, 35, 15, 1000, 10, 121
John Jenkins, 25, 15, 500, 200, 150
John Mukes, 200, 300, 15000, 200, 1160
James Vanarsdale, 120, 105, 6750, 100, 570
Jacob Tresler, 80, 20, 2000, 20, 100
Isaac Follis, 80, 40, 2400, 100, 300
Edmond Burris, 300, 200, 15000, 250, 3600
Nathaniel Burriss, 180, 120, 6000, 200, 1230
Peter Rynerson, 90, 60, 3700, 250, 680
William Vandyke, 60, 20, 2400, 200, 780
Andrew Forsythe, 300, 227, 15700, 250, 5500
John McAfee, 120, 38, 4740, 250, 800
Thomas Sanders, 30, 30, 600, 30, 120
James Burriss, 100, 100, 600, 200, 500
Phillip Kenueda, 180, 70, 7500, 200, 700
Thomas Smith, 150, 50, 5000, 100, 550
Merritt Cunningham, 140, 110, 7500, 200, 3000
Joseph McConn, 90, 70, 4800, 150, 555
Napoleon Hudson, 40, 36, 760, 150, 400
Nancy Vorheis, 80, 60, 2800, 150, 500
Gabriel Monday, 80, 80, 4800, 150, 2240
Laurence Egbert, 90, 40, 2600, 100, 600
Archabald Woods, 75, 50, 1250, 100, 350
James Thompson, 60, 40, 1000, 50, 280
Abraham Goodnight, 60, 40, 2000, 75, 400
Otha Wheat, 150, 37, 3800, 200, 600
Eli Wheat, 140, 54, 2900, 100, 570
John McAfee, 200, 130, 9900, 200, 4000
Aaron Gritton, 100, 70, 3400, 150, 540
Ephraim Cunningham, 100, 70, 1700, 150, 500
James Irvine, 75, 25, 2500, 200, 500
Samuel Wright, 30, 44, 740, 75, 305
John Davenport, 60, 58, 1180, 100, 370
Thomas Brown, 45, 30, 756, 75, 250
Julius Jenkins, 140, 50, 1900, 50, 510

Robert McAfee, 120, 230, 3500, 100, 1005
John Paulter, 40, 20, 600, 50, 550
Sawney Meaux, 30, 100, 3000, 150, 280
Isaac Cole, 40, 86, 1260, 100, 300
Daniel Right, 70, 55, 1250, 20, 210
George Morgan, 300, 480, 31600, 250, 2000
William Davis, 110, 40, 4500, 150, 500
Samuel Harmon, 20, -, 1500, 120, 390
Leonard Yoste, 90, 352, 4620, 200, 760
John Sallie, 200, 300, 5000, 200, 880
Harrison Dunn, 70, 30, 2000, 150, 360
William Cole, 45, 15, 650, 130, 342
Green Johnston, 125, 75, 2000, 80, 625
Jesse Deshazer, 150, 140, 2900, 100, 675
James May, 100, 100, 2000, 200, 600
Shelton Ransdall, 150, 50, 6000, 250, 1090
Cornelius Davis, 64, 40, 1000, 50, 70
Francis Kirby, 200, 60, 7880, 200, 3100
Isaac Willham, 75, 33, 1620, 100, 635
Benjamin Wheeler, 65, 95, 2200, 100, 410
Uce Sanford, 100, 50, 2200, 100, 620
Lemuel Haydon, 45, 30, 750, 25, 200
George Hurst, 200, 185, 3850, 150, 700
George Wright, 40, 40, 800, 30, 300
John Hutchison, 75, 45, 1220, 30, 400
William Massey, 100, 60, 1600, 100, 550
Harvey Burns, 60, 40, 1000, 50, 350
William Yates, 180, 107, 5740, 200, (blotched)
William Edwards, 60, 40, 800, 30, 384
Jesse Reed, 45, 30, 750, 30, 140
David Whitenhill, 100, 60, 1600, 125, 580
Robert Curry, 100, 50, 1500, 100, 505
Andrew Jenkins, 70, 50, 1440, 100, 386
Charles Wright, 160, 108, 2680, 100, 590
Rollin Wright, 75, 25, 500, 20, 259
John Despinnett, 80, 222, 3000, 150, 1584
William Threldkeld (Threldkill), 80, 20, 1500, 175, 418
John Vanarsdall, 160, 40, 4000, 200, 645
Felix Ransdall, 150, 50, 2000, 100, 848
Westley Light, 150, 50, 6000, 50, 970
James Cruise, 50, 70, 1200, 75, 670
William Morris, 70, 290, 2600, 50, 350
John Case, 50, 70, 1200, 100, 390
Martin Yocum, 65, 81, 1460, 150, 430
Thomas McGinnis, 65, 95, 1600, 100, 315

Andrew Whitenick, 65, 75, 1400, 100, 450
Alexander Stines, 70, 150, 7200, 25, 222
Garre Bonta, 150, 100, 7500, 500, 1160
Leonard Brubacler (Brubacker), 70, 30, 1000, 50, 230
Lewis Gabhart, 150, 50, 2000, 100, 774
Clarkson Utley, 30, 150, 1800,3 0, 300
Robert Robards, 100, 50, 3000, 40, 294
William Kenada, 100, 100, 3000, 100, 545
Harvy (Harry) Cunningham, 125, 125, 5000, 150, 1000
James Kenada, 80, 60, 3000, 100, 360
Edward Burris, 175, 65, 6600, 150, 715
John Bownan (Bowman), 65, 22, 1700, 30, 245
Stanfield Burris, 70, 50, 2400, 25, 325
Samuel Street (Strut), 85, 55, 2100, 100, 410
Floyd Gritton, 60, 75, 2700, 100, 650
Thomas Birdwhistle, 200, 100, 9000, 200, 1060
Sidney Smith, 45, 18, 1800, 100, 270
Joel Bickers, 50, 16, 1800, 75, 356
John Bickers, 110, 24, 1340, 80, 630
Owen Randall, 50, 50, 2000, 100, 360
Uriah Randall, 40, -, 800, 160, 490
Thomas Wheat, 45, 55, 2500, 125, 210
William Lyons, 75, 45, 1800, 125, 505
James Woods, 150, 90, 7200, 150, 805
Bennett Littles, 100, 77, 1770, 125, 430
William Keatch, 50, 20, 1400, 100, 512
Mary Burris, 500, 500, 15000, 2000, 770
John Jourdan, 100, 200, 3000, 40, 400
William Sale, 70, 30, 1000, 125, 545
Thurson Cox, 100, 80, 1800, 100, 545
John Walls (Watts), 40, 42, 820, 25, 180
Henry Hawkins, 60, 40, 1000, 25, 416
Samuel Martin, 40, 30, 700, 30, 190
William Harrison, 75, 125, 2000, 100, 227
David Bass, 100, 120, 2200, 125, 200
Sarah Young, 50, 90, 1400, 25, 200
John Cole, 25, 59, 840, 30, 220
John Gritton, 130, 136, 1660, 100, 680
Harvey Gritton, 35, 35, 700, 40, 420
Robert Cole, 40, 50, 900, 45, 325
Thomas Overstreet, 50, 50, 1000, 100, 630
Jacob Driskill, 60, 100, 1600, 75, 625
John Streeton (Stratton), 75, 325, 4000, 150, 1250
William Riley, 180, 140, 3800, 150, 1020
George Whitehead, 30, 40, 500, 40, 170

Andrew Rodgers, 55, 25, 800, 50, 240
Levi Stratton, 20, 120, 1400, 75, 345
Abram Sharp, 200, 165, 3650, 100, 910
William Davenport, 80, 31, 1110, 40, 320
Samuel Davenport, 100, 48, 1480, 125, 416
James Smithy, 80, 20, 1500, 75, 700
Aquilla Hendren, 15, 38, 530, 20, 290
James Green, 50, 50, 1000, 75, 320
Michael Gabhart, 100, 200, 3000, 100, 670
Lewis Burns, 90, 50, 1400, 40, 500
Charles Rakes, 250, 150, 12000, 200, 1440
Abram Whiteneck, 85, 23, 1080, 100, 180
John Brown, 35, 40, 7750, 50, 180
Larkin Chumley, 20, 10, 300, 40, 200
William Emonds, 50, 24, 840, 40, 200
John Dearlin, 70, 10, 800, 40, 415
John Den, 70, 30, 1000, 75, 448
Abram Vanarsdale, 100, 100, 4000, 100, 750
Isaac Vandivere, 60, 28, 880, 125, 426
Abram Terhune, 40, 30, 700, 75, 280
Peter Vandivere, 50, 65, 2300, 75, 322
John McIntire, 90, 80, 1700, 100, 428
Sanford Ransdall, 80, 40, 1200, 75, 365
Richard Clark, 35, 31, 660, 40, 160
Elijah Williams, 100, 58, 3740, 75, 570
William Atkerson, 28, 75, 1000, 75, 172
Josiah Wilson, 60, 40, 2000, 100, 475
Henry Whitenick, 60, 60, 4400, 100, 810
Jacob Wickersham, 60, 63, 1230, 75, 185
John Stagg, 40, 27, 1340, 75, 420
Simon Stagg, 40, 10, 1000, 24, 365
John Whiteneck, 60, 10, 1000, 75, 210
William Tromble, 45, 55, 2000, 75, 161
Simon Whiteneck, 60, 20, 1600, 75, 380
Logan Burks, 80, 20, 1000, 75, 200
Robert Phillips, 35, 60, 950, 75, 220
Jeremiah Tumey, 21, 19, 400, 75, 280
Jackson Gabhart, 100, 180, 2800, 75, 580
Joseph Debame (Debaun), 100, 200, 3000, 200, 1000
William Vanarsdall, 40, 110, 1500, 50, 255
John Vanarsdall, 40, 110, 1500, 75, 390
Elias Gibson, 20, 10, 300, 20, 225
Oliver Threldkill, 75, 75, 3000, 75, 500
Robert Hudson, 75, 65, 2800, 100, 640
Oliver Springate, 150, 50, 4000, 150, 640

Patrick Mause (Manse, Maux), 70, 60, 1300, 80, 645
Henry Lyons, 100, 40, 2100, 40, 500
Stephen Lyons, 150, 150, 4500, 125, 1015
Nathaniel Burris, 300, 275, 11400, 200, 2570
Evan Brown, 80, 40, 1200, 100, 452
Adam Sharp, 200, 100, 6000, 225, 850
William Davenport, 30, 30, 1600, 80, 425
John Meaux, 60, 40, 1000, 80, 525
Joseph Meaux, 80, 120, 2000, 40, 300
George Brown, 100, 80, 1800, 100, 635
Humphrey Meaux, 50, 50, 1000, 80, 415
Martha Voris, 40, 26, 1320, 30, 250
John Vandyke, 80, 80, 2400, 125, 1070
John Mondy, 40, 40, 800, 25, 280
Abram Sharp, 160, 80, 4800, 85, 1000
Harvey Craig, 60, 20, 1600, 100, 595
William Bell, 80, 20, 2000, 200, 465
James Smith, 60, 55, 2300, 80, 470
Hardin McKinny, 90, 40, 1300, 100, 415
Jacob Sharp, 150, 150, 6000, 200, 1840
Rowan Gritton, 50, 50, 1500, 85, 600
Balis Riley, 250, 250, 5000, 125, 1180
Abrous Brown, 60, 40, 1000, 100, 646
Jacob Sately, 30, 20, 500, 25, 250
Jeremiah Royalty, 70, 70, 1400, 100, 700
John Demaree, 70, 70, 1400, 85, 480
Nelson Brown, 70, 95, 1650, 80, 700
John Eaton, 44, 50, 900, 40, 310
John Driskill, 75, 85, 1600, 150, 450
Pat__Alfred, 50, 25, 750, 85, 400
Peter Demaree, 100, 100, 3000, 125, 640
Alexander Riley, 100, 70, 1700, 90, 555
Samuel Reed, 70, 30, 1000, 85, 500
David Reed, 40, 30, 700, 25, 214
Dewane Shelton, 60, 40, 1000, 80, 310
Isaac Biship, 40, 50, 900, 30, 400
Samuel Demaree, 140, 60, 2000, 90, 615
Preston Cox, 125, 50, 1750, 80, 560
Andrew Deringer, 24, 16, 400, 20, 200
Wiliam Bogart, 60, 40, 2000, 75, 500
John Cardwell, 225, 750, 5000, 200, 1250
Isaac Terhune, 80, 90, 1800, 150, 680
William Dean, 40, 26, 660, 25, 450
William Downey, 30, 7, 370, 20, 170
David Chambers, 44, 6, 500, 25, 100
Jame Ransdall, 50, 30, 800, 75, 400
Thomas McIntire, 15, 35, 500, 25, 115
Harry Banta, 90, 110, 6000, 85, 670
Levi Divine, 30, 70, 1000, 30, 126
William Norval, 60, 40, 100, 90, 320
Michael Horn, 100, 150, 3000, 50, 410

William Leonard, 50, 50, 1000, 40, 275
Nancy Clark, 50, 50, 1000, 75, 320
Turner Britton, 150, 150, 3000, 100, 900
John Leonard, 20, 30, 500, 80, 450
Harry Divine, 100, 50, 1500, 40, 275
William Bottom, 50, 70, 1200, 80, 320
John McIntire, 40, 15, 550, 25, 240
Harvy Vanderisse (Vanderipe), 60, 40, 1500, 75, 285
Daniel Block, 10, 20, 300, 20, 150
John Tumy, 18, 31, 350, 20, 240
Harvy Carter, 70, 42, 1200, 80, 226
William Carter, 50, 15, 1000, 80, 365
Turner Bottom, 300, 500, 10000, 100, 1100
John Hale, 35, 55, 900, 40, 360
Jour(d)an McIntire, 30, 25, 550, 75, 325
Fielding Ransdall, 60, 40, 1000, 30, 385
Ephraim Black, 20, 100, 1200, 20, 200
Micajah Mosby, 60, 105, 1650, 60, 310
Asberry Norton, 100, 125, 2250, 80, 570
Elizabeth Parsons, 50, 50, 1000, 40, 360
Daniel James, 30, 30, 600, 70, 290
Mathew Cummings, 90, 50, 1680, 80, 460
Abraham Voris, 30, 20, 600, 25, 350
James Gray, 20, 70, 1220, 60, 585
Nimrod Hendren, 50, 75, 1220, 60, 585
Sidney Hendren, 75, 55, 1300, 25, 195
John Beasley, 40, 35, 750, 30, 610
Anthony Jenkins, 150, 75, 2250, 80, 1000
Harrison Demaree, 65, 25, 900, 30, 495
Robert Adkerson, 130, 30, 1600, 80, 265
Daniel Britton, 40, 44, 840, 75, 270
Thomas Smith, 35, 145, 1800, 40, 227
Mitchell Million, 80, 50, 1300, 85, 380
John Adkerson, 40, 20, 600, 25, 370
Thomas Johnson, 30, 20, 700, 75, 280
John Johnson, 30, 20, 500, 80, 300
Bluford Poulter, 100, 150, 2500, 85, 500
Balis Rutherford, 50, 50, 1000, 25, 200
Isaac McCray, 60, 40, 1200, 20, 470
John Lay, 20, 20, 400, 20, 290
John Thompson, 30, 30, 600, 80, 270
Stephen Anderson, 60, 30, 900, 40, 460
Johnson Lay, 30, 34, 640, 50, 315
Wesley Graham, 60, 96, 1560, 85, 370
Henry Brown, 80, 76, 1560, 85, 275
Robinson Wooner, 70, 30, 600, 80, 280
Andrew Sims, 40, 20, 600, 80, 280
Beverly Sims, 45, 10, 500, 25, 300
William Sherley, 40, 40, 800, 30, 255
Reston Cloyd, 50, 30, 800, 70, 230
Samuel Tumy, 60, 20, 1600, 85, 330
Philip Burns, 100, 100, 2000, 125, 890

Henry Vanarsdall, 100, 70, 1700, 100, 270
Cornelius Vanarsdall, 40, 10, 500, 50, 250
John Vandevier, 50, 50, 1000, 75, 325
Samuel Nash, 35, 15, 550, 100, 290
Jacob Peveler, 30, 30, 600, 75, 270
Samuel Lewis, 60, 20, 800, 25, 510
Joseph Walter, 70, 50, 1200, 20 290
Garret Derlin, 40, 45, 850, 40, 595
Barnette Brewer, 40, 35, 500, 150, 780
Henry Gabbert, 80, 100, 1800, 125, 480
Cornelius William, 40, 60, 1000, 750, 360
David Bruner, 30, 45, 750, 20, 200
Jacob Gast, 25, 25, 500, 20, 150
John Gabbert, 30, 100, 1300, 100, 340
Linsey Sweeny, 30, 20, 500, 25, 200
Felix Franklin, 40, 20, 600, 50, 220
Lunsford Nall, 20, 30, 500, 20, 210
Hamilton Franklin, 60, 20, 500, 20, 210
Harry Denny, 20, 10, 300, 20, 185
Iverson Bottom, 100, 50, 1500, 150, 540
Turner Bottom, 100, 50, 1500, 80, 620
Andrew Divine, 75, 175, 2500, 80, 680
Elijah Gabbert, 200, 60, 4000, 100, 860
James Divine, 100, 25, 1250, 80, 465
Charles Hemgate, 50, 50, 1000, 80, 610
Samuel Graves (Groves), 30, 20, 500, 25, 185
William Dollins, 75, 125, 2000, 30, 260
Jesse Hale, 60, 60, 1200, 30, 330
James Martin, 40, 80, 11250, 80, 275
David Divine, 40, 80, 1200, 75, 370
James Divine, 40, 80, 1200, 30, 400
John Downy, 80, 170, 2500, 150, 580
Mathew Cummin, 35, 45, 800, 100, 265
Mason Collier, 60, 100, 1100, 100, 870
Daniel Collier, 80, 100, 1800, 125, 290
Harrison Steel, 40, 20, 600, 85, 300
Joseph Hall, 30, 40, 700, 75, 320
David Waner, 80, 120, 3000, 150, 680
James Sims, 40, 100, 1400, 100, 425
Allin Wheeler, 120, 100, 2200, 120, 700
Joseph Yeast, 150, 235, 3000, 125, 580
Samuel Corn, 50, 60, 1100, 40, 240
William Vandevier, 40, 60, 1000, 70, 300
Eleven Vratch, 60, 40, 1000, 45, 540
Henry Adams, 70, 50, 1200, 80, 370
Oliver Sally, 70, 80, 1500, 80, 635
Jeremiah Donavan, 80, 20, 1500, 100, 728
Daniel Moore, 75, 135, 3100, 80, 640
Jessee Moore, 25, 35, 600, 30, 180
Lewis Peeveler, 16, 14, 300, 20, 140
John Gabbart, 100, 150, 5000, 250, 1100
Daniel Sanders, 75, 50, 1600, 100, 500
Sumpson Wickersham, 100, 120, 2200, 125, 570
William Quinn, 70, 30, 1500, 40, 580
Henry Waner, 60, 40, 1500, 100, 580
William Reed, 50, 75, 200, 50, 421
Simon Reed, 100, 80, 5400, 75, 450
John Ludwick, 150, 220, 7400, 125, 600
Jeremiah Claunch, 75, 75, 1500, 100, 450
Jacob Horn, 50, 75, 1250, 80, 540
Nelson Rue, 175, 125, 9000, 200, 1760
Jackson Mann, 100, 120, 6600, 150, 1000
William Ervin, 75, 65, 3900, 125, 710
Samuel Holsclaw, 70, 18, 1760, 100, 370
Stephen Terhune, 75, 25, 3000, 150, 590
John Terhune, 80, 40, 2400, 100, 450
James Terhune, 50, 10, 1200, 75, 390
Isaac Westerfield, 10, 150, 3200, 80, 745
Garrete Terhune, 165, 60, 2500, 150, 2850
William Vanarsdall, 50, 50, 2000, 80, 485
Peter Terhune, 80, 100, 3600, 150, 450
Rubin Williamson, 75, 25, 2000, 100, 475
Cornelius Vandevier, 100, 60, 3200, 100, 485
William Davis, 100, 50, 4500, 100, 540
Thomas Allen, 200, 100, 12000, 250, 2160
John Vanfleet, 80, 30, 3300, 125, 470
Isaac Vanfleet, 100, 35, 2600, 100, 400
Isaac Sanders, 50, 100, 1500, 80, 330
Samuel Taylor, 25, 25, 500, 25, 145
James Downy, 20, 30, 500, 20, 100
James Taylor, 450, 200, 9000, 600, 1680
Nimrod Harris, 250, 150, 8000, 200, 1200
Benjamin Allin, 180, 20, 6000, 150, 610
Erasmus Luster, 150, 150, 2000, 85, 430
Obediah Luster, 200, 200, 3000, 80, 800
John Kirkland, 50, 80, 1300, 90, 600
Garland Sims, 220, 1000, 1220, 200, 2100
Harbin McIntire, 35, 15, 500, 25, 250
John Kirkland, 50, 100, 1500, 40, 310
Abram Luister, 65, 75, 1000, 30, 300
Wiley Landers, 45, 30, 2000, 100, 260
George Cannon, 75, 210, 2000, 80, 560
Thomas Crawford, 60, 90, 1500, 100, 300
William Powel, 100, 150, 2500, 100, 610
John Bohon, 150, 50, 4000, 100, 610

Ludwel Cornish, 50, 50, 2000, 200, 718
John Nicholson, 40, 50, 900, 50, 310
Burr White, 40, 20, 600, 80, 320
Thomas Utley, 100, 60, 1600, 85, 465
William Nichols, 30, 20, 500, 25, 300
Joseph Simmons, 50, 20, 700, 30, 215
Harvey Rice, 50, 50, 1000, 80, 350
Obediah Hatchet, 30, 20, 500, 25, 300
John Dye, 50, 50, 1000, 125, 520
Benjamin Board, 300, 300, 600, 80, 415
Absolam Brashears, 30, 20, 500, 80, 300
Enoch Cofman, 100, 60, 1600, 40, 365
James McCartha, 100,1 60, 2600, 100, 940
Alfred Tucker, 150, 100, 2500, 125, 600
John Anderson, 40, 20, 600, 20, 250
Jonathan Thomas, 40, 25, 650, 25, 340
Jeremiah Martin, 40, 20, 600, 30, 260
Albert Banta, 30, 20, 500, 20, 200
Morris Chatham, 30, 30, 600, 30, 300
Thomas Williams, 40, 60, 1000, 100, 615
John Ward, 60, 20, 800, 80, 565
William Patterson, 40, 10, 500, 85, 250
Banister Jones, 60, 60, 1200, 100, 600
Mathew Cummins, 30, 70, 100, 25, 300
Charles Hale, 100, 150, 2500, 85, 450
James Deshazer, 50, 70, 1200, 40, 360
Jefferson Thomas, 130, 70, 600, 125, 510
Milton Busby, 100, 50, 3000, 250, 760
Jessee Sweeney, 50, 26, 4000, 100, 680
Joseph Allin, 45, 17, 3000, 100, 270
William Pruitt, 60, 16, 760, 90, 300
James Neff, 50, 25, 750, 85, 330
David Ryan, 75, 55, 4000, 125, 430
Jacob Mitchel, 80, 120, 200, 185, 510
Philip Kapnall, 300, 125, 17000, 250, 1310
Isaac Silcox, 60, 40, 4000, 100, 370
Andrew Kyle, 300, 223, 18000, 300, 4040
John Williams, 150, 75, 1500, 200, 500
William Ryan, 50, 38, 1700, 100, 720
William Adams, 100, 27, 3000, 150, 720
Peter Tumy, 75, 35, 1110, 100, 440
James Mann, 100, 45, 4350, 175, 800
Alexander Vanarsdale, 120, 80, 6000, 80, 700
David Banta, 50, 50, 3000, 85, 415
William Rice, 40, 60, 500, 80, 275
John Adams, 150, 170, 7000, 150, 865
James Vanhice, 50, 25, 2200, 85, 330
James Westerfield, 100, 30, 4000, 80, 820

Isham Vanarsdall, 45, 20, 4000, 100, 1200
William Colman, 250, 30, 8000, 150, 1240
Joseph Willis, 150, 100, 4000, 200, 1000
Henry Banta, 80, 20, 3000, 80, 500
Henry Comingore, 100, 65, 4000, 123, 620
Abraham Comingore, 70, 70, 3000, 100, 410
Rule Terhune, 75, 25, 2000, 80, 550
William Lemonis, 70, 45, 2300, 85, 500
Mary May, 75, 45, 2300, 80, 750
Jane McGuinis, 50, 50, 3000, 40, 350
David Board, 50, 50, 3000, 80, 600
John Tumy, 100, 100, 6000, 125, 800
James Adams, 100, 100, 6000, 150, 725
James Daviss, 130, 100, 7000, 173, 850
Daniel Cozatt, 100, 100, 6000, 100, 570
James Vanhise, 70, 30, 3000, 100, 525
Harvy Riker, 80, 20, 2500, 50, 300
Armsted Patterson, 30, 30, 600, 25, 230
Peter Patterson, 70, 50, 1200, 100, 380
James Divine, 40, 60, 1000, 30, 260
John Patterson, 40, 40, 800, 85, 340
Alexander Christson, 70, 25, 1000, 100, 260
Vincent Blackster, 30, 40, 70, 30, 315
Smith Christson, 30, 40, 700, 25, 275
Samuel Simpson, 30, 20, 500, 20, 200
Henry Taylor, 60, 60, 1200, 100, 380
Burman Hatchet, 30, 30, 600, 40, 320
John Taylor, 30, 55, 850, 20, 230
James Matherly, 25, 50, 750, 25, 270
William Dye, 30, 40, 200, 20, 260
John Hudson, 50, 30, 800, 25, 210
John White, 30, 40, 700, 20, 210
Allen Stewart, 60, 40, 1000, 100, 1000
William May, 50, 100, 1500, 100, 410
John Yankey, 46, 60, 1000, 25, 252
Thomas Bottom, 100, 100, 2000, 125, 548
Lambert Lawson, 50, 20, 700, 25, 350
Lewis Richardson, 30, 20, 500, 20, 250
Anderson Richardson, 20, 30, 500, 25, 160
Eli Salmon, 30, 40, 700, 20, 240
John Lawson, 40, 20, 600, 25, 380
Banister Matherly, 125, 175, 3000, 125, 625
James Leonard, 30, 20, 500, 20, 200
John Leonard, 40, 20, 600, 15, 200
Jeremiah Quilos, 50, 50, 1000, 80, 360
John Sally, 60, 70, 1300, 30, 360
Eleven Anderson, 25, 25, 500, 20, 200
Aechleos Norvel, 35, 30, 60, 25, 205

James Pankey, 30, 40, 70, 20, 210
John Baily, 100, 120, 2200, 700, 390
James Westerfield, 140, 20, 400, 100, 610
Vance Wilson, 150, 50, 6000, 150, 1180
Aeon Alexander, 300, 100, 15000, 400, 3000
Wm. Robertson, 5, -, 50, 5, 112
Sol Short, 25, 30, 550, 15, 154
Thos. Hawkins, 40, 90, 500, 50, 238
Chas. Galoway, 18, -, 100, 20, 10
Jas. Galoway, 25, -, 250, 15, 130
Jno. McCoy, 100, 50, 1500, 75, 225
Stephen Lillard, 100, 40, 3000, 100, 1425
Fr. Hawkins, 100, 250, 2000, 100, 375
Jas. Johnson, 50, 50, 1000, 50, 195
Wm. Daniel, 5, -, 100, 5, 90
Nancy Macaium, 60, -, 1200, 50, 160
Jesse Bradshaw, 20, -, 400, 25, 190
Richd. Shackofford, 75, 30, 3100, 75, 414
Wm. Jefferson, 20, -, 250, 20, 100
M. Lingle, 20, 20, 800, 15, 150
Richd. Holeman, 200, 61, 3525, 100, 555
Jno. Vanarsdall, 5, -, 50, 10, 20
John Jones, 2, -, 3000, 75, 300
John Basez (Basey), 140, 20, 4800, 75, 462
James M. Alexander, -, -, 400, 75, 200
John Vauaughlen, -, -, -, -, 20
James Bottom, -, -, -, -, 20
Chas. Clark, -, -, -, -, 100
Clinton Reese, -, -, -, -, 120
Chas. Spellman, -, -, -, -, 150
Henry Canada, -, -, -, -, 120
Jas. Curd, -, -, -, -, 120
O. P. Reese, -, -, -, -, 125
Wm. Alexander, -, -, -, -, 25
Louisa Keller, -, -, -, -, 35
J. W. Cardwell, -, -, -, -, 75
R. McGrath, -, -, -, -, 20
A. D. Haynes, -, -, -, -, 520
R. Satfield, -, -, 800, 75, 210
Jas. Messick, -, -, -, -, 20
Moses Hawkins, -, -, -, -, 30
S. Redman, -, -, -, -, -
Jas. Smith, -, -, -, -, 150
E. P. Rogers, -, -, -, -, 30
A. S. Robertson, 26, -, 5250, 100, 250
Thos. Cany (Carry), 5, -, 3800, 10, 28
M. A. Lafon, -, -, -, -, 425
Nancy Scott, -, -, -, -, 25
Thos. Feony (Feor_y), -, -, -, -, 25
K. Creagh, -, -, -, -, 20
H. Smith, -, -, -, -, 150

J. D. Hardin, 40, 80, 4500, -, 80
Wm. J. Molerly (Molerg), 70, -, 24000, 300, 15845
M. T. Garrett (Garnett), -, -, -, -, 150
W. A. Hooe (Hove), 70, 30, 2000, -, 50
J. Woods, 8, -, 4000, -, 180
J. Hatch, -, -, -, -, 30
N. Hackworth, -, -, -, -, 80
M. B. Pulliam, -, -, -, -, 180
Eliza Passmore, 5, -, 500, -, 40
W. Pherigo, -, -, -, -, 50
H. Cozine, -, -, -, -, 175
L. Lancaster, -, -, -, -, 25
T. C. Coghill, 2, -, 2000, -, 60
G. Wheatley, 2, -, 1400, -, 200
E. Pulliam, 1, -, 1500, -, 20
W. Payne, 240, -, 18000, 300, 1400
J. Searens, 2, -, 6000, -, 175
Jas. Williams, 10, -, 11000, 80, 175
R. Vandivere, -, -, -, 100, 125
S. Yantes, 18, 48, 4500, 125, 250
W. Hughs, 10, -, 500, -, 181
J. D. Merryman, 3 ½, -, 800, -, 75
J. Hance (Harm, Hunn), -, -, -, -, 100
L. Raily, 10, -, 6000, 20, 130
C. Martin, -, -, -, -, 20
Jas. Hunt, -, -, -, -, 150
D. Miller, -, -, -, -, 75
H. W. Reed, 39, -, 6500, 125, 400
J. Newland, -, -, -, -, 50
C. Chinn, 25, -, 13000, 75, 506
Jas. Moore, 10, -, 300, 100, 100
L. Dane, -, -, -, -, 25
B. Passmore, 20, -, 5000, 50, 234
A. Hungate, 1, -, 300, -, 16
John Gray, 34, 26, 600, 5, 50
Jesse Brickl (Bricky), 80, 32, 3800, 150, 258
Ed Henry, 80, -, 1000, 20, 100
Dr. Newton, 250, 25, 3390, 20, 2000
C. C. Gorden, 130, -, 1560, 20, 1440
L. Gorden, 50, -, 1000, 50, 265
Jas. Rainey, 160, -, 4800, 100, 4290
J. Bradly, 200, -, 500, -, 128
Mary Newton, 77, -, 1540, 200
I. Tally, 3, -, 100, 100, -
W. Harper, 60, 15, 1200, 50, 255
D. Waner, 100, 40, 2800, 75, 450
S. Graves, 158, -, 2370, -, 550
Jas. Fry, -, -, -, 10, 175
W. Battey, 50, -, 500, 40, 250
W. Jenkins, 18, -, 360, 50, 265
J. Evans, 45, 65, 2000, 25, 140
A. Long, 84, -, 1260, 25, 150
Lydia Bricky, 50, -, 1500, 100, 130
Jas. Smart, 120, -, 2500, 30, 400

Os__ Dan___, 30, 60, 1500, 15, 125
W. Bishop, 30, 40, 700, -, 85
M. Bishop, 25, -, 300, 20, 80
W. Gains, 55, -, 500, 100, 200
R. J. Overstreet, 160, -, 3200, 200, 500
R. Overstreet, 200, 20, 5000, 200, 1390
Thos. Moore, 300, -, 7500, 25, 910
Jas. Moore, 18, -, 450, 50, 250
H. N. Harriss, 40, 10, 1250, 100, 1330
C. Brown, 200, -, 5500, 5, 290
Jas. Dennis, 10, 25, 175, 25, 100
Thos. Adenson, 100, 102, 2424, 100, 155
Jas. Noab, 150, 50, 5000, 15, 1818
Marie Robards, 57, -, 600, -, 112
C. Veris, -, -, -, 150, 100
Geo. Davis (Daris), 125, -, 3125, 20, 1440
S. Simpson, 27, -, 710, 150, 255
Thos. Coleman, 130, -, 5000, 50, 955
A. Gibson, 100, -, 450, -, 667
R. L. Landrem, -, -, -, 100, -
Jas. Ficklin, 71, -, 2480, -, 216
J. S. Davis (Daris), 2, -, 60, 2, 170
Lem May, 6, -, 180, -, 30
S. E. Daris, 300, -, 10500, 100, 1180
W. (or N.) Hooper, 10, -, 600, 50, 133
D. W. Jones, 200, 22, 7660, 100, 1100
J Turner, 240, -, 600, 150, 1730
Joe Dean, 150, -, 6000, 150, 100
Dal Covert, -, -, -, -, 300
Geo. C. Thompson, 1262, 100, 53400, 800, 5098
M. Vance, 415, -, 20000, 200, 2300
D. W. Thompson, 387, 68, 22750, 300, 3000
B. D. Wilson, 5, -, 500, 5, 100
N. Tally, -, -, -, -, 120
Thos. Dean, 670, 24458, 300, 3585
E. Maxy, 75, -, 300, 100, 470
Geo Dean, -, -, -, -, 125
Sol Jones, 4645, -, 27000, 200, 2468
Thos. M. Burford, 225, -, 9900, 200, 2800
R. W. Lewis, 12, -, 500, 20, 270
N. Card, 2, -, 100, 158, 205
M. Serrell (Senel, Sorrell), 880, -, 75, 20, 125
M. Mitchell, 73, -, 2190, 20, 130
A. Magohan, 50, -, 1500, 25, 235
W. L. Coleman, 438, -, 14920, 200, 1600
S. Mosby, -, -, -, -, 700
S. Chapsline, 146, 800, 9800, 175, 500
Geo.Coleman, 130, -, 475, 75, 520
W. Chapsline, 390, 800, 22500, 100, 5230
Jas. Allin, 103, -, 3090, 150, 550

G. Goodman, 2, -, 500, -, 45
W. S. Clair, 90, -, 1800, 150, 305
J. Philips, -, -, -, -,25
M. Turner, ½, -, 608, -, -
J. Turner, 1, -, 300, 5, 120
R. Alexander, 280, -, 9805, 105, 1420
G. _. Zolson (Jolson), 100, 12, 2400, 100, 300
D. Thompson, 40, -, 800, 25, 136
H. Noel, -, -, -, -, 60
J. D. Davis (Daris), 175, 125, 10000, 150, 1220
Flem. McHenry, -, -, 1200, 10, 200
Wyatt Hendrem, 63, -, -, 100, 346
Byram Monroe, -, -, -, -, 8
G. Cummins, -, -, -, 5, 40
S. James, 80, 53, 2660, 100, 511
M. James, 50, 20, 1050, 50, 355
Jas. Carr (Caw), 1, -, 100, 10, 100
Jas. Baldwin, 600, -, 12000, 200, 700
S. Bundle, 100, -, 2000, 25, 590
Jas. Haynes, 150, 50, 4000, 30, 1740
L. Burton, 225, -, 4500, 150, 665
J. Bohon, 121, -, 2420, 100, 600
N. Harris, 40, -, 800, 10, 158
Thos. Smith, 75, -, 1875, 30, 211
Geo. Martin, 100, -, 2500, 100, 650
P. Reed, 100, -, 2000, 85, 405
A. Smith, 80, -, 1200, 75, 454
H. W. L___ , 4, -, 60, 20, 105
S. Daris, 10, -, 400, 15, 200
Lucy Davis (Daris), 80, -, 3000, 30, 280
Wm. Simpson, 47, -, 1410, 100, 280
_. Jones, 110, -, 3300, 50, 464
W. Jones, 100, 55, 2320, 50, 393
_. Jones, 200, 50, 2500, 100, 423
Jas. Wilson, 7, -, 300, -, 100
J. Preston, 2, -, 200, -, 24
J. Jenkins, 2, -, 200, -, 30
Jas. Roach, 150, 100, 2500, 100, 1518
May Lamily, 17, -, 170, -, 227
Ed Roach, 25, -, 250, 75, 75
D. M. Boxton, 10, -, 100, 10, 80
J. Highberger, -, -, -, -, .63
Jno. Hailgen, 15, 15, 300, 10, 105
J. Dunn, 10, 20, 300, 7, 730
Jas. Currans, 30, -, 450, 20, 790
R. Currans, 150, 40, 2700, 100, 125
Jas Wilks (Wicks), ¾, -, 1800, -, 65
John Cox, 2 ½, -, 350, -, 375
Jas Graham, 12, -, 2500, 150, 250
Thos. Gray, -, -, -, 100, 220
S. Engleman, 1, -, 400, 10, 415
H. Cunningham, 122, -, 2440, 100, 80
W. Brown, -, -, -, -, 402
J. Lyon, 1, -, 50, 50, 90

Geo. Marshall, 35, -, 1050, 100, 340
J. Brown, 50, -, 500, 100, 445
Thos. Lyon, 20, -, 400, 10, 55
Jas. McDaniel, 40, 80, 600, 10, 170
Esppy Highberger, 20, -, 400, 20, 80
A. Bi___ran, 46, -, 835, 15, 191
H. Currans, 50, -, 750, 15, 200
M. Nicholas, 200, 168, 2944, 75, 395
L. Holeman, 150, 150, 1500, 50, 264
E. Adams, 12, -, 96, 10, 50
J. Word, 22, -, 175, 5, 35
N. Galloway, 30, -, 700, 15, 392
Jas. McMichael, 150, -, 450, 150, 432
Amisted During, 20, -, 1200, 5, 225
Dr. Nelson, 1, -, 2000, -, 200
Dr. Fleece, 1, -, 800, -, 100
Alexr. Dean, 2, -, 800, -, 125
S. Marrs, ¼, -, 1000, -, 105
E. Mac__n, 5, 20, 1200, 5, 110
F. N. Mcafee, 1, -, 1000, -, 910
Jacob Kennaday, 1, -, 1000, -, 85
R. L. Loony, 1 ½, -, 500, -, 15
Benj. Burrel, 2, -, 700, -, 140
W. Bucks, 1, -, 500, -, 30
W. Craig, 1, -, 500, -, 20
Wm. Mcafee, 14, -, 1350, -, 280
Rice Mcafee, 170, -, 360, 100, 518
E___ Fields, 130, -, 2600, 100, 578
A. J. McMinerney (McMininly), 1 ½, -, 2000, -, 180
M. _rizue, 1 ½, -, 900, -, 40
J. Cunningham, 280, -, 5600, 150, 740
J. Short (Shirt), 10, 34, 440, 15, 130
W. Nichols, 30, 70, 500, 75, 1520
R. Montgomery, 11, -, 110, -, 30
Jno. Holeman, 20, 30, 500, 10, 100
Geo. Snelland, 25, -, 250, 10, 70
Joshua Nichols, 50, 30, 800, 75, 241
Edwd. Nichols, 100, 50, 4500, 100, 620
Jas. Nichols, 70, 47, 1170, 75, 207
John Dean, 100, -, 3000, 50, 780
P. Standiford, 5, -, 150, 5, 50
P. Stephes, ½, -, 90, 10, 11
H. Stephes, 5, -, 400, 100, 185
S. Jones, 450, -, 13500, 200, 1080
Dicy Mcafee, 150, -, 4500, 100, 484
J. Renfro, 150, -, 6400, 150, 815
E. Burton, 4, -, 1045, -, 75
W. Robinson, 160, -, 6400, 150, 400
W. Jones, 200, 80, 5600, 100, 610
J. Lapsley, 140, -, 5600, 100, 610
J. Armstrong, 214, -, 8560, 200, 965
C. Asher, 4, -, 160, -, 35
J. Robinson, 150, -, 3000, 100, 540
W Hogue, 4, -, 160, -, 125
J. Smith, 135, 127, 3160, 100, 754

C. D. Keller, 150, -, 2750, 200, 631
A. Bournan, 60, 54, 1140, 20, 85
D. Jones, 700, -, 14000, 300, 3050
J. Ray, 6, -, 120, 5, 110
Wm. Key, 250, -, 5000, 100, 584
J. Jones, 186, 10, 3900, 100, 765
J. Moore, 150, -, 3750, 100, 410
Warren (don't know if this if first or last name), -, -, -, -, 50
J. Anderson, 80, 40, 2400, 50, 285
J. Dean, 130, -, 3250, 25, 658
J. Deer, 80, -, 1200, 30, 337
J. Bantas (Bantae), 250, -, 5000, 25, 519
S. Burton (Banten), 550, -, 16900, 200, 780
J. Wilson, 115, -, 4200, 30, 255
F. Bantas, -, -, -, 40, 237
Joel Burton, -, -, -, 30, 300
G. Smith, 182, -, 3640, 40, 580
S. Mcafee, 172, -, 5160, 100, 810
S. Slaughter, 120, -, 2400, 75, 375
R. Slaughter, 5, -, 250, -, 150
J. James, 50, 40, 900, 250, 254
Wm. Sulterfield (Satterfield), 50, -, 100, 25, 140
Jno. Sulterfield (Satterfield), 100, 50, 3000, 100, 308
Jas. Armstrong, 80, 20, 2000, 150, 340
F. G. Matheny, -, -, -, -, -
W. Brown, 120, -, 4800, 150, 388
Anslem Cole, 40, -, 800, 5, 110
R. Tallis, 70, 56, 1572, 80, 335
Rebecca Magee, 100, 30, 2600, 75, 250
G. M. Slaughter, 200, 160, 3600, 150, 590
Jas. Tallis, 3, -, 100, 5, 70
Wm. Jones, 15, -, 150, 10, 50
E. Crassfield (Crossfield), 100, 75, 1750, 75, 338
P. B__ten, -, -, -, 100, 321
C. Graham, 225, 35, 7200, 200, 412
S. Montgomery, -, -, -, -, 40
J. L. B. Shy, 157, -, 3725, 50, 20
H. Baldwin, 118, -, 2950, 120, 222
L. Jones, 150, 130, 5600, 50, 415
Jas. Blake, 25, 25, 500, 20, 145
Wm. Bucks, 175, 38, 3195, 150, 520
S. Jones, 75, 61, 2040, 100, 371
W. Roach, 150, 375, 5300, 100, 1385
Chas. Roach, -, -, -, 15, 150
M. Meris, 75, 75, 1800, 25, 431
S. Dean, 100, 183, 1839, 30, 338
Jas. Dean, 65, -, 975, 20, 200
Joel Cummins, 80, 33, 791, 100, 153
Ben Cummins, 65, -, 650, 10, 40
W. Vardeman, 35, -, 500, 15, 70

W. Bowman, 96, -, 4920, 100, 365
E. Bowman, 60, -, 1500, 25, 175
Robt. James, 60, -, 1200, 25, 236
Dolly Carr, 30, -, 200, -, 22
J__ Bright, -, -, -, -, 5
Jas. Asher, 80, -, 900, 25, 125
Henry Bach, 75, -, 750, 25, 195
Nancy Bach, 15, -, 140, 20, 150
Wm. Newton, 40, -, 400, 10, 68
Jas. Green, 40, -, 400, 10, 100
E. Cummins 70, -, 350, 25, 160
J. Cummins, 40, 40, 640, 5, 25
J. Padgett, 2, -, 50, 2, 15
W. Noel, 2, 28, 150, 5, 85
J. Waggoner, 17, -, 100, 10, 160
M. Doggett, 110, -, 2750, 50, 200
Jas. Yeagler, 150, -, 3000, 100, 1520
William Cook, 260, -, 14400, 300, 3660
Robt. Daris (Davis), 600, -, 30000, 800, 3000
Rufus Terhune, 160, -, 6400, 100, 800
W. Venleyke, 20, -, 1200, 50, 150
P. Dernott, 4, -, 240, 75, 100
G. Dunn, 15, -, 460, 10, 75
S. Lewis, 212, -, 3915, 100, 500
Jesse Gritton, 60, -, 1200, 50, 300
J. Philips, 45, -, 600, 50, 300
J. Rue, 220, 30, 3500, 100, 650
C. Rose, 170, 50, 4000, 100, 620
C. Vanarsdall, 75, -, 1500, 100, 6500
Jas. McNiel, 21, -, 1050, 100, 460
S. Selch, 2, -, 200, 20, 100
J. Saloman, 48, -, 3000, 100, 180
J. C. Vanarsdall, 5, -, 400, 20, 205
W. Perine, 1, -, 50, 150, 200
J. Verion (Veriou), -, -, -, -, 100
J. P. Williams, 575, 600, 23500, 150, 4365
W. Worthington, 560, -, 20000, 200, 1140
J. H. Grimes, 455, -, 13650, 200, 6350
William Mcafee, 230, -, 5750, 150, 935
P. B. Thompson, 95, -, 10000, 200, 850
Jas. Rucker, 325, -, 390, 150, 890
J. Ellis, 17, -, 340, 10, 105
A. Walden, 200, -, 5000, 100, 1700
H. Negley, -, -, -, -, 20
James M. Jones, 245, -, 7350, 200, 2500
T. H. Daris (Davis), 500, -, 15000, 200, 2240
J. Brown, 75, -, 1000, 50, 110
G. Tompkins, 175, 100, 7800, 150, 1200
J. Grimes, 370, -, 18500, 300, 4850
Robt. Patterson, 170, -, 8500, 250, 2708
Jas. Nifeng, 55, -, 1650, 100, 475
Geo. Wooldrige, 20, -, 800, 15, 128

H. Coleman, 104, -, 2600, 200, 550
J. Burton, 414, -, 22000, 500, 1600
J. Carter, 2, -, 120, 5, 50
F Bradshaw, 5, -, 500, 35, 57
A. Butchet, -, -, -, -, 10
C. Murphy, 2, -, 300, 25, 75
M. Bowers, 2, -, 60, -, 25
P. Philips, 16, -, 480, 25, 100
B. Coleman, 75, -, 1500, 100, 350
J. Smock, 115+, -, 3000, 150, 540
M. R. Coleman, 255, -, 10200, 200, 1044
W. Daniel, -, -, -, -, 100
A. Smith, 80, -, 32000, 500, 8360
H. Smith, 200, -, 5000, 150, 1140
E. Hutchenson, 1000, -, 40000, 1000, 12270
Thos. Bohon, -, -, -, -, 20
H. Morris, 230, -, 11500, 200, 2800
Jas. H. Withers, 235, -, 7030, 100, 630
Jas. E. Thompson, 844, -, 25320, 200, 5850
B. Bradshaw, 123, -, 6150, 100, 650
J. Ballard, 21, -, 1550, 20, 200
W. Bradshaw, 66, -, 3300, 100, 515
H. Bradshaw, 50, -, 2500, 40, 170
E. Daries (Davies), 120, -, 6000, 50, 278
P. Negley, 118, -, 5900, 50, 689
N. Bradshaw, 100, -, 3000, -, 275
J. Taylor, 122, -, 3660, 100, 700
J. Murphy, -, -, -, -, 25
Thos. Sayers, -, -, -, 30, 90
J. Bright, 30, -, 600, 60, 277
L. Munday, 200, -, 4000, 50, 350
W. Crutcher, 124, -, 3080, 50, 600
D. C. Long, 12, -, 300, 10, 75
J. Furgerson, 100, 100, 3000, 100, 360
W. Patterson, 40, -, 800, 100, 375
T. Sugg, 26, -, 260, 5, 180
I. Coghill, 75, -, 1500, -, 80
M. Coghill, 30, -, 600, -, 100
G. Gatewood, -, -, -, -, 100
N. Jewel, 5, 45, 2000, 10, 100
Richd. Walters, 75, 55, 2600, 150, 500
At Coghill, 10, -, 375, 20, 120
John B. Bowman, 350, -, 10500, 100, 1760
Strother Ellis, 50, -, 1000, 25, 213
Wm. Butchett, 2, 23, 3000, 10, 110
Carter Oliver, 80, 30, 2200, 100, 350
John Holsclaw, 15, -, 150, 20, 55
Thos. Baker, 25, 50, 900, 300, 55
Robert Rice, 8, 10, 180, 15, 93
H. Procter, 111, -, 1665, 100, 180
Mrs. Lucy Lassie, 75, 65, 2100, 75, 485
Mrs. S. Thomas, 100, 90, 2780, 75, 330

W. H. H. Bowman (Bourman), 250, 65, 7875, 200, 1280
Mrs. M. Dodd, 35, -, 700, 20, 70
Mrs. S. Procter, 30, -, 600, 5, 100
Jas. Procter, 50, -, 1000, 50, 200
F. M. Procter, 20, -, 400, 2, 125
Jas. England, 90, 150, 3400, 2, 430
John Hardwick, 2, -, 75, 4, 50
J. Dodd, 100, 140, 8800, 200, 560
Jas. Ki___, 70, -, 1400, 40, 200
Jesse Stone, 60, 100, 2250, 70, 150
M. Steenbergen, 20, -, 300, 20, 40
R. P. Steenbergen, 75, 125, 3000, 150, 300
W. P. Smith, 6, 26, 450, 20, 140
Geo. W. Shouse, 15, 10, 500, 10, 90
Wm. Bruta (B_uta), 14, 44, 700, -, 50
Brice Bradshaw, 5, -, 175, 3, 200
Jack Steenbergen, 30, -, 450, 50, 380
W. Dening, 120, 80, 3000, 150, 540
L. Banta, 30, 30, 700, 50, 260
Richd. Burks, 80, 80, 3200, 250, 510
Geo. R. Curd (Card), 45, 15, 400, 75, 200
Ben Card (Curd), 300, 50, 3500, 150, 5000
Eliza Barder, -, -, -, -, -
Wm. Card, -, -, -, 50, 100
Jas. Card, 12, -, 60, 5, 100
John Card, 200, -, 1800, 75, 350
G. Jenkins, 25, -, 260, 5, 35
Benj. Long, 86, -, 860, 75, 300
Thos. Card, 7, -, 350, 50, 200
R. Robinson, 12, -, 350, 15, 175
Jepa Maccum, 2, -, 100, 5, 120
J. Curd, 100, 110, 2110, 75, 380
Ann E. Pearson, 115, -, 1000, 10, 60
C. Murphy, 2, -, 75, 12, 20
S. Eperson, 15, -, 150, 5, 100
Edward Slaughter, 6, -, 600, -, 300
R. Curd, 100, 75, 1760, 100, 325
Jos. Curd, 300, -, 3000, 100, 400
H. Morehead, 4, -, 500, -, 150
Geo. W. Bradley, 100, -, 2000, 150, 1100
John Bowman, 710, -, 17550, 250, 2821
W. Lancaster, 40, 20, 1800, 100, 298
J. Utley, 150, 50, 4000, 100, 700
W. Harris, (Hawn), -, -, 300, 25, 150
Jas. England, 93, -, 1935, 100,3 50
T. Sneed, 75, -, 1500, 100, 250
D. McDaniel, 135, -, 4000, 75, 400
V. Hutton, 425, -, 8500, 100, 2875
J. Treford, 136, -, 2140, 75, 260
W. Vivian, 488, -, 14600, 150, 500
Wm. Hutchinson, 600, -, 15000, 200, 4700
A. King, 14, -, 200, 5, 55
S. Warner, 80, -, 800, 50, 400
J. Wallace, 70, -, 1400, 50, 225
J. G. Handy, 310, -, 18600, 400, 1490
N. Keas, 83, -, 4320, 40, 510
W. Rice, 52, -, 2080, 100, 120
J. Houchins, 52, -, 800, 75, 145
J. Campbell, 400, -, 8000, 100, 1200
Lucinda Alsop, 50, -, 1000, 50, 300
A. Veris (Verses), 60, -, 600, 50, 390
C. Veris (Vesis), -, -, -, -, 190
S. Cook, 150, 86, 4120, 100, 300
J. Linsy, 6, -, 500, 5, 15
G. Roberts, -, -, -, 5, 75
Jas. Sallee, -, -, -, -, 60
S. Stone, 100, -, 2000, 40, 300
R. Robbins, 116, -, 2088, 100, 350
Jas. Smith, 86, -, 4720, 75, 50
D. Hyeren__s, 125, -, 3125, 125, 350
B. Bradshaw, -, -, 1000, -, 80
Jacob Ling (Long), 37, -, 2500, 75, 75
D. Robins, 1, -, 200, 25, 75
J. H. Stagg, 1, -, 1000, 10, 25
S. Pearsin, 3, -, 300, 10, 50
M. Cannon, 4, -, 2500, 100, 200
N. Thompson, 2, -, 9000, -, 40
J. Philips, 1, -, 1000, -, 25
S. Hogue, 3, -, 1200, -, 275
J. Carter, 2, -, 900, -, 30
S. Daviess (Dariess), 100, 300, 1600, 100, 620
Blank Line
Buckner Miller, 350, 27, 10365, 150, 1500
A. Thomas, 4, -, 1500, -, -
G. Finnel, 5, -, 100, -, -
W. Stinnet, 8, -, 2000, -, 85
W. Day, -, -, -, -, 40
F. P. Kinkead, 200, 50, 10000, 300, 1705
Jno. Fennell, 4, -, 800, -, 205
S. Bryant, 19, -, 1000, 25, 295
S. Taylor, 330, -, 10000, 200, 1835
A. Godfrey, -, -, -, -, 30
D. Robins, -, -, -, -, 20
B. Noel (Neel), -, -, -, -, 100
Wm. Smith, -, -, -, -, 275
M. Mullick, -, -, -, 50, 325
J. Daris (Davis), 1, -, 200, -, 120
C. Jones, 160, -, 3000, 100, 500
J. R. Bryant, 2500, 975, 96000, 2000, 14000
A. H. Bowman, 400, -, 16000, 250, 3800
N. R. Smith, -, -, -, -, 100
Blank Line

Blank Line
Blank Line
Wm. Thompson, 1125, -, 45000, 400, 6500

Milton Lamb, 25, -, 21200, 200, 9869
Jno. Ashby, 25, 20, 600, 40, 200
T. G. Mathey, 320, 80, 15000, 200, 1550

Monroe County Kentucky
1850 Agricultural Census

The Agricultural Census for 1850 was filmed for the University of North Carolina from original records at Duke University in Durham North Carolina.

The following are the items represented and separated by a comma: for example, John Doe, 25, 25, 10, 5, 100. This represents:

Column 1 Owner
Column 2 Acres of Improved Land
Column 3 Acres of Unimproved Land
Column 4 Cash Value of Farm
Column 5 Value of Farm Implements and Machinery
Column 13 Value of Livestock

The following symbol is used to maintain spacing where there are no numbers: (-)
Attempts were made to identify as many letters in names as possible. When the first letter of last name was not identifiable, be sure to check the very beginning of the index as that is where those names would be indexed. Where the first letter of the last name was visible but the second letter was missing, check the beginning of that letter. For example, F_oster, would be found at the beginning of the Fs.

Lee R. Denham, 125, 25, 300, 40, 75
Jesse J. Pitcock, 46, 64, 300, 3, 72
Jefferson Gee, 140, 130, 1100, 200, 220
Arron Bevil, 14, 61, 75, 1, 50
Saml. Brown, 50, 140, 475, 10, 175
John R. Lane, 9, -, 27, 10, 95
Hiram Hagan, 130, 175, 900, 6, 140
S. F. Drake, 60, 90, 1000, 300, 300
Wm. Butler, 50, 50, 750, 75, 500
Wm. Rush, 50, 85, 400, 10, 75
Price Bayless, 70, 300, 500, 10, 120
Joseph Lee, 55, 45, 300, 3, 100
Ben. H. McPherson, 100, 200, 900, 15, 320
Parrish Sims, 85, 163, 1800, 40, 250
Thomas H. Rhea, 15, 60, 50, 4, 35
James White, 75, 100, 200, 15, 233
Jonas Emberton, 30, 29, 300, 10, 200
Eleanor Evans, 50, 50, 400, 70, 180
Wm. Vance, 50, 50, 400, 15, 140
Arch. McMillen, 100, 900, 1800, 30, 200
Wash. Harris, 55, 25, 400, 70, 150
Washington Watson, 75, 170, 404, 80, 100
John W. Moore, 70, 76, 400, 20, 250
E. W. Hammer, 75, 154, 500, 20, 200
Elias B. Cunningham, 80, 135, 500, 100, 167
Sarah Cullen, 30, 105, 500, 3, 108
Wm. Taylor, 100, 83, 518, 200, 218
Abijah T. Marrs, 40, 110, 400, 200, 600
Francis Harris, 100, 150, 1000, 75, 150
Thos. J. Denham, 12, 98, 100, 5, 60
Hiram C. Rush, 40, 110, 150, 10, 100
Marcus Z. Keley (Zokeley), 30, 98, 200, 70, 187
David Denham, 45, 80, 250, 25, 250
Thornton P. Harrison, 50, 90, 300, 35, 275
Jacob Jackson, 75, 96, 400, 100, 300
Labson Pitcock, 75, 75, 150, 50, 175
John C. Hibbitts, 300, 1200, 2000, 250, 500
Wm. Emberton, 16, 24, 150, 5, 120
Wm. A. Nelson, 85, 104, 350, 25, 775
Saml. S. Bushong, 20, 10, 150, 6, 180
Robert Harris, 80, 120, 600, 75, 200
Jas. B. Strode, 40, 34, 110, 5, 80
Norris High, 50, 50, 250, 15, 125
Moses Ferguson, 60, 140, 800, 15, 150
James Brown, 30, 30, 150, 5, 115
Ira Bevil, 70, 28, 200, 2, 40
Williard Chism, 200, 550, 1200, 200, 550
Richard M. Hammer, 35, 69, 300, 5, 140
John Emberton jun., 20, 55, 150, 5, 50
Greenberry Hix, 150, 60, 1000, 150, 700
John L. Maxey, 125, 800, 2000, 125, 876
Jefferson Dority, 40, 82, 250, 6, 78
John G. Bailey, 200, 100, 600, 55, 500
Wm. T. Boles, 75, 135, 600, 20, 243
Wm. Harvey, 80, 43, 300, 25, 185

Danl. Ferguson, 50, 210, 400, 5, 161
John R. Ferguson, 50, 200, 700, 120, 258
Milton B. Hayes, 75, 175, 750, 30, 356
Thos. White, 100, 200, 800, 35, 473
Jas. C. Walch, 26, 7, 300, 2, 86
Axer__ Whitley, 50, 40, 150, 5, 83
Jesse Headrick, 30, 50, 200, 75, 180
R. J. Ferrier, 20, 50, 200, 5, 100
Joseph P. Carter, 50, 90, 300, 5, 178
Jas. Grace, 9, 41, 50, 5, 130
James Crawford, 60, 80, 500, 50, 100
Jas. L. Smith, 5, 45, 50, 10, 70
Wm. B. Hughes, 40, 160, 600, 12, 200
Henry Morgan, 20, 80, 200, 7, 100
Thos. Bartley, 85, 115, 500, 15, 148
Geo. Miller, 15, 25, 100, 5, 76
Winford Daniels, 85, 65, 400, 12, 285
Thompson Peden (Peder), 70, 40, 500, 20, 187
Joshua K. Bush, 90, 80, 600, 30, 300
Thomas Webb, 30, 120, 550, 10, 237
James F. Gerald(s), 60, 120, 450, 50, 200
Fendal Hogan, 10, 110, 450, 5, 75
Thos. Emberton jun., 30, 50, 300, 10, 111
Benjamin Gist, 80, 80, 400, 20, 228
Haley Pennington, 45, 30, 250, 10, 139
Stephen C. Waldren, 50, 80, 550, 10, 100
Wm. Maxey, 150, 150, 1000, 75, 300
John H. McPherson, 70, 130, 1000, 200, 400
Ben. F. Bedford, 100, 100, 1700, 40, 300
Wm. Strode, 130, 70, 1000, 200, 800
James Means, 75, 50, 500, 30, 200
Thos. A. Stephens, 75, 200, 500, 90, 150
Wm. G. Howard, 100, 400, 800, 100, 800
Hugh McNiece, 6, 71, 75, 5, 80
Wm. Dunlap, 40, 30, 275, 15, 150
Wm. H. Hagan, 45, 405, 300, 6, 150
Preston H. Leslie, 60, 70, 500, 100, 500
John C. Conkin, 50, 45, 275, 15, 125
David Almorecy, 15, 95, 125, 5, 150
Jas. R. Emberton, 43, 17, 150, 12, 180
John H. Copaso, 20, 40, 200, 10, 150
David Prophet, 50, 100, 200, 15, 189
Wm. N. Hood, 25, 6, 120, 12, 70
Hiram Jobe, 45, 200, 900, 12, 300
L. D. Harris, 60, 80, 300, 120, 200
Jas. Adair, 40, 60, 300, 10, 75
Allen Hayes, 100, 400, 1000, 40, 529
Joshua Bartlett, 150, 267, 1000, 15, 500
Soloman Bartlett, 50, 130, 200, 8, 200
Richd. H. Hammer, 30, 182, 260, 5, 175
Reuben Sherley, 90, 60, 400, 50, 160
Geo. W. Smith, 28, 42, 200, 7, 150
John Robinson, 40, 40, 400, 15, 150
Anthony Smith, 100, 60, 500, 100, 400
Henderson Ryherd, 30, 45, 150, 3, 100
Wm. A. Rich, 10, 41, 150, 7, 120
Geo. W. Hood, 30, 45, 375, 10, 100
Silas Emberton, 40, 20, 150, 10, 214
Thos. Sherley, 50, 50, 500, 50, 300
Jesse F. Gerald(s), 100, 170, 1000, 30, 300
Saml. S. Jones, 90, 110, 800, 150, 300
John Emberton sen., 70, 130, 500, 125, 261
Esther Charleton, 50, 120, 700, 10, 170
Nancy Jackson, 25, 25, 200, 100, 206
Seth Russell, 40, 35, 250, 5, 40
Silas Mercer, 25, 75, 375, 5, 90
Harmon Howard, 200, 500, 2500, 200, 1095
Jas. G. Hix, 120, 130, 1000, 150, 480
Jas. P. Conkin, 200, 200, 1200, 100, 700
Jesse Wood, 50, 77, 300, 10, 75
Geo. W. Nelson, 80, 30, 500, 20, 200
Lenny Curtice, 60, 130, 200, 5, 44
Geo. Harling, 85, 95, 600, 30, 442
Anny Woods, 72, 81, 500, 6, 70
Saml. Miller, 30, 170, 600, 5, 57
Jas. Harling, 65, 85, 600, 6, 150
John Ray sen., 200, 200, 2000, 90, 350
Allen Denham, 80, 40, 500, 5, 345
Elizabeth Marshall, 50, 40, 500, 5, 345
Jacob Roten, 100, 200, 800, 15, 100
Isaac C. Penington, 50, 90, 250, 10, 250
John Moore, 100, 400, 500, 15, 300
John Combs, 40, 100, 300, 10, 186
Saml. Hastend, 25, 100, 200, 10, 48
Andrew Little, 15, 90, 100, 10, 150
Jas. Rush, 30, 200, 250, 10, 150
Wm. Baster, 22, 30, 100, 8, 65
Danl. N. Combs, 35, 40, 100, 10, 200
Wm. Hamilton, 40, 50, 125, 6, 100
Alex. Hastend, 50, 50, 200, 4, 125
Joshua K. Hastend, 65, 100, 500, 30, 300
Philip Hastend, 65, 100, 500, 30, 300
Joseph Mulkey, 45, 85, 150, 10, 200
Thos. Brown jun., 75, 125, 700, 20, 300
Danl. Bradley, 40, 40, 200, 20, 170
Joseph Walden, 35, 65, 500, 100, 353
Philip Emmert jr., 50, 100, 300, 10, 115
Benjamin Malone, 35, 30, 200, 10, 200
Benjamin Ford, 30, 70, 200, 10, 200
Philip Emmert sen., 45, 149, 400, 20, 300
John Grindstaff, 50, 60, 400, 8, 156
Nicholas Grindstaff, 75, 68, 400, 60, 200
Willis Eubank, 100, 30, 1000, 25, 766

Byram Malone, 70, 80, 300, 60, 200
Wilson Penington, 40, 160, 200, 20, 60
John Crawford, 70, 50, 200, 10, 220
John Thompson, 35, 60, 200, 5, 75
Thos. Means, 40, 60, 300, 75, 230
Wm. S. Rush, 60, 180, 500, 25, 200
John Brown, 40, 100, 250, 10, 50
F. D. Keys, 60, 40, 300, 8, 50
Kesiah Hammer, 300, 100, 400, 35, 163
Abraham Hastend, 40, 90, 500, 15, 250
Cornelius Denton, 65, 152, 800, 15, 200
Jesse Mulkey, 60, 20, 300, 5, 100
Jesse Mulkey, 40, 60, 200, -, -
Bennet Spears, 40, 60, 250, 30, 212
Martin Bailey, 40, 195, 500, 30, 250
Jas. P. Bailey, 50, 100, 400, 10, 100
Cornelius Bidwell, 60, 90, 300, 10, 115
Hiram Bailey, 35, 115, 450, 15, 350
John H. Meherran, 31, 129, 200, 10, 125
Jas. Rich, 20, 80, 175, 10, 100
Moses Kirkpatrick, 80, 85, 1500, 150, 652
Wm. Matthews, 35, 25, 200, 5, 150
Hamilton Savage, 100, 200, 1500, 20, 750
Henry Baxter, 75, 150, 1500, 5, 126
Thos. S. Vawters, 40, 60, 500, 20, 100
Geo. W. Whiteside, 140, 100, 200, 30, 440
John Sims, 250, 350, 3000, 150, 800
Geo. C. Williams, 70, 250, 1200, 30, 300
Thos. Moore, 80, 50, 1400, 55, 184
Wm. T. Williams, 60, 210, 700, 115, 250
Thos. T. Halsell, 100, 115, 1600, 20, 300
Josiah B. Langford, 72, 128, 1300, 20, 300
John Savage, 75, 25, 400, 35, 1000
Wm. Moore, 40, 50, 400, 5, 1000
Stephen Cable, 26, 75, 700, 8, 60
Thompson Arterberry, 50, 150, 1500, 15, 500
Thos. Lester, 70, 83, 800, 20, 250
Bennet Spears sen., 12, 50, 200, 5, 150
Wm. Tade, 12, 37, 200, 3, 25
Enoch Pypock, 35, 130, 400, 5, 200
Mordecai Halsell, 28, 200, 400, 5, 250
Edward Bulford, 24, 40, 600, 5, 116
Jesse Coe, 50, 100, 1300, 30, 300
Saml. Smith, 70, 130, 1000, 100, 600
Micajah Poindexter, 45, 156, 900, 35, 200
Robt. Langford, 16, 34, 100, 40, 200
Stephen _. Killamon, 25, 25, 150, 10, 75
Edmond Jennings, 15, 75, 200, 10, 150
Colby Barry, 50, 150, 800, 30, 400
Wm. F. Jones, 20, 10, 200, 30, 150

Francis M. Kerr, 60, 200, 2000, 60, 300
John Scott, 40, 20, 300, 5, 150
Wm. L. Hull, 70, 90, 800, 100, 300
Moses Kirkpatrick jr., 60, 150, 1300, 25, 400
David Jones, 50, 50, 500, 15, 230
Saml. Love, 40, 60, 300, 30, 250
Francis Hill, 70, 130, 1500, 150, 1000
Robt. F. Hill, 60, 185, 1500, 50, 345
John Jones, 75, 60, 1000, 30, 300
Geo. Martin, 100, 200, 3000, 50, 1250
John B. Gee, 120, 160, 2400, 100, 710
Robt. C. Maxey, 50, 97, 600, 50, 360
Wm. Sims, 35, 65, 600, 12, 175
Chas. Jones, 140, 144, 1500, 40, 382
Jas. A. McMillen, 40, 65, 800, 12, 100
Jas. Sims, 70, 76, 1000, 100, 300
Saml. Bigerstaff, 75, 85, 1300, 20, 200
Elizabeth Bigerstaff, 20, 30, 200, -, 200
Martin Hull (Hall), 40, 100, 350, -, -
Saml. B. Wilson, 100, 150, 3000, 500, -
James Wilson, 100, 100, 2500, 50, 800
Harvey Wilson, 60, 60, 1250, 25, 225
Wm. Andrews, 140, 200, 1500, 100, 500
John Maxey, 50, 103, 1000, 30, 250
Radford Maxey, 200, 275, 1000, 100, 500
Jas. H. Graves, 15, -, 180, 12, 155
Edward Ball, 450, 450, 6300, 325, 1500
Jas. F. Geralds, 70, 330, 1200, 100, 500
Hugh Kirkpatrick, 120, 170, 3000, 175, 800
Hugh Kirkpatrick, 100, 152, 1000, -, -
Stephen Bedford, 80, 150, 1000, 90, 300
Wm. F. Geralds, 70, 39, 1000, 30, 400
Lewis Vandover, 25, 27, 700, 60, 150
Rufus M. Wilson, 18, 42, 180, 10, 75
Elizabeth Kirkpatrick, 100, 100, 1500, 100, 600
Jas. H. Milam, 40, 110, 400, 25, 200
Hardin S. Gentry, 50, 37, 700, 20, 300
John Wetherow, 9, 11, 850, 12, 150
Robt. Richardson, 100, 50, 800, 50, 700
Wm. H. Richardson, 100, 50, 800, 50, 700
Alexr. Wilson, 60, 40, 300, 20, 216
Jas. Tooley, 12, 63, 100, 5, 75
Thos. Wilson, 40, 285, 600, 100, 300
Calvin s. Mynett, 35, 40, 250, 10, 75
Hiram Bigerstaff, 100, 30, 2000, 75, 1141
Benjamin T. Peterman, 12, 38, 200, 5, 100
Francis Walker, 90, 114, 3000, 20, 500
Wm. Kirkpatrick, 100, 500, 2000, 200, 800

Jas. T. Hutchens, 100, 200, 2000, 100, 800
John W. Williams, 65, 240, 1200, 150, 300
Wm. Kidwell, 80, 220, 1500, 100, 400
John Belcher, 50, 78, 800, 40, 324
Saml. Page, 40, 125, 650, 40, 600
Arther Tooley, 30, 370, 500, 20, 376
Peter Stephens, 10, 40, 150, 8, 200
Jonas Hagler, 40, 60, 100, 5, 30
Edward Fraley, 20, 80, 200, 10, 75
Lucretia Stephens, 50, 150, 400, 14, 200
Ancil C. Stephens, 30, 70, 200, 8, 144
Rachael Rush, 90, 58, 400, 30, 328
Elijah Harling, 70, 130, 400, 107, 350
Hiram Cable, 35, 120, 150, 25, 100
John Sartain, 36, 58, 150, 7, 196
Wm. W. Geddings, 57, 67, 315, 5, 70
Ebzwick Thompson, 40, 160, 500, 20, 300
Rawden Thompson, 70, 100, 400, 40, 400
Mary Thompson, 30, 70, 1000, 5, 89
Keenan McMillen, 24, 176, 800, 35, 150
John H. McMillen, 100, 50, 1100, 100, 595
Isham Dicker (Decker), 125, 375, 2700, 150, 750
Wm. Moody, 40, 560, 1200, 35, 213
Hopkins Belcher, 14, 36, 13, 540, 103
Chas O. Page, 10, 50, 400, 8, 250
Chas. Oldham, 40, 105, 1100, 44, 376
Richd Oldham, 30, 70, 400, 200, -
Roland Brown, 70, 152, 1000, 30, 400
John Brown, 80, 132, 500, 30, 241
Stephen Moody, 60, 216, 800, 15, 416
Henry Simpson, 20, 55, 150, 15, 60
John Lyons, 20, 105, 200, 10, 90
Wm. Brown, 12, 38, 100, 10,100
Elizabeth Lester, 40, 40, 100, 15, 20
Thos. Pitcock, 35, 105, 200, 12, 250
John F. Pitcock, 40, 110, 100, 15, 252
Geo. Goodman, 12, 68, 100, 10, 116
Robt. Gentry, 30, 250, 600, 8, 300
Jas. Gentry, 300, 1000, 3500, 200, 1000
Wm. Tooley, 80, 83, 600, 100, 227
Joseph E. Varster, 25, 105, 400, 100, 182
John T. Page, 20, 80, 200, 25, 300
John Kidwell, 30, 12, 100, 10, 165
John Kidwell jun., 30, 120, 400, 7, 55
John Smith, 30, 55, 450, 20, 200
Saml. Smith, 50, 83, 600, 20, 250
Leonard Garmon, 50, 100, 1000, 30, 330
Wm. H. Murphy, 40, 260, 1000, 70, 250
Elizabeth Ball, 60, 53, 1000, 15, 450
John Martin, 30, 10, 500, 60, 240

Mary Autrey, 40, 60, 700, 6, 190
Wm. Lorton, 150, 150, 3000, 40, 250
John F. Geralds, 100, 130, 2300, 20, 175
Aaron Biggerstaff, 140, 400, 30000, 100, 737
Turner McComas, 80, 220, 900, 161, -
Lydia McComas, 70, 330, 2500, 40, 230
Thos. Pate, 23, 27, 300, -, -
Isaac Bigerstaff, 55, 49, 700, 30, 305
Wilson Bigerstaff, 541, 75, 1200, 80, 315
Henry Strode, 6, 54, 700, 30, 305
Osborne Bland, 30, 20, 180, 5, 40
John B. Page sen., 50, 85, 600, 45, 400
Robt. A. Ross, 35, 300, 1200, 30, 400
Wm. Kidwell jun., 15, 21, 250, 10, 100
John Wilson, 60, 340, 500, 40, 375
Reuben B. Hutchins, 8, 92, 100, 10, 115
Jas. Bibbert, 20, 80, 200, 12, 125
Wm. W. Moody, 45, 120, 600, 10, 187
Lewis Thomas, 30, 70, 300, 5, 40
Henry P. Pitcock, 15, 60, 150, 10, 100
Leonard J. Pitcock, 25, 15, 100, 10, 107
John Holland, 60, 245, 450, 78, 285
Wm. Tooley jun., 50, 135, 400, 16, 138
Wm. A. Brannon, 35, 75, 300, 20, 200
Madison H. Hardin, 40, 110, 500, 50, 220
Fleming Harper, 15, 123, 200, 20, 93
Fendel Palmore, 40, 160, 400, 10, 120
Grant Holloway, 13, 103, 144, 25, 88
Avary S. Lacefield, 30, 70, 25, 15, 120
Thos. Wilson jun., 40, 10, 250, 10, 125
Robt. Chapman, 80, 30, 500, 25, 310
Jno. R. H. Palmore Sr., 70, 270, 680, 100, 216
Jas. L. Chapman, 80, 30, 500, 25, 310
Jno. W. Gentry, 14, 86, 150, 10, 138
Jas. Brown, 10, 90, 50, 10, 53
McHenry Osborne, 20, 270, 400, 10, 150
Fleming S. Page, 100, 62, 1000, 50, 470
Wm. A. Thomas, 12, 88, 300, 50, 100
Thos. G. Piland, 12, 38, 150, 5, 56
Thos. Bigger, 30, 120, 400, 20, 400
Thos. Copass, 100, 200, 300, 10, 200
Stephens Pitcock, 40, 10, 200, 30, 90
Leander P. Hammer, 50, 104, 300, 100, 154
Isaac Keyes, 35, 65, 250, 35, 250
John Hayes, 80, 220, 350, 50, 408
Jas. Lawrence, 70, 34, 650, 150, 337
John A. Eubank, 60, 210, 600, 12, 160
Saml. Crawford, 130, 445, 800, 200, 471
Jas. H. Arterburne, 6, 33, 100, 10, 105
Jno. C. Simpson, 35, 115, 300, 10, 200
Jas. McMurtrey,45, 55, 200, 20, 182

Jane White, 80, 80, 900, 50, 283
Jno. W. Wilson, 30, 129, 400, 100, 180
Wm. H. Dickson, 60, 147, 500, 20, 224
David N. Ryherd, 14, 108, 200, 6, 200
Jas. Chapman, 80, 120, 400, 6, 200
Wm. Bartley, 60, 40, 700, 100, 400
Jno. B. Page, jr., 75, 125, 700, 50, 128
Wm. Ryherd, 50, 50, 350, 20, 250
Henry Cunningham, 70, 40, 500, 30, 241
Jesse Biggers, 60, 52, 400, 80, 353
Geo. W. Lee, 75, 64, 400, 75, 390
John Morehead, 50, 70, 700, 5, 140
Wm. M. Brown, 80, 120, 700, 20, 212
Saml. H. Hood, 18, 65, 200, 5, 15
Henry Bushong jun., 90, 60, 750, 100, 400
John W. Howard, 25, 25, 200, 5, 80
Mark High, 50, 150, 300, 100, 230
Wm. A. Hammer, 10, 50, 150, 25, 100
Jesse Hord, 46, 54, 400, 10, 110
Henry Payne, 100, 82, 450, 20, 300
John W. Stean, 60, 190, 250, 25, 350
John Jourden, 35, 115, 500, 10, 31
Richard Hammer, 130, 70, 400, 40, 180
Andrew Bushong, 75, 20, 200, 50, 323
Emanuel Pitcock, 30, 82, 226, 5, 30
Aaron Pitcock, 60, 100, 200, 3350, 200
Wm. Pickrell, 30, 40, 140, 60, 154
Jas. Page, 50, 150, 300, 30, 200
Jeremiah Crew, 50, 50, 150, 20, 170
Jas. Harvey. 65, 211, 600, 150, 400
Sarah S. Wade, 50, 240, 600, 40, 300
Chas. P. Parke, 30, 113, 190, 100, 250
John P. Page, 30, 60, 300, 30, 250
Jesse Gee, 20, 180, 400, 100, 135
Saml. _. Gebhart, 40, 110, 800, 60, 200
Anderson T. Page, 11, 89, 300, 35, 100
David N. Crew, 20, 70, 300, 5, 100
Joseph Parke, 10, 40, 100, 13, 4
James Parke, 8, 42, 75, 15, 200
Jas. Clemons, 25, 40, 100, 10, 100
Dennis Rush, 18, -, 90, 15, 200
Jesse Jackson, 25, 100, 600, 15, 165
Christopher Ferguson, 20, 100, 150, 15, 100
Erastus Ferguson, 9, 66, 250, 5, 200
Jas Little, 15, 50, 50, 10, 100
John Brown, 20, 80, 100, 15, 100
A. O. Ferguson, 20, 75, 100, 20, 150
David Waldren, 40, 69, 200, 20, 200
Saml. S. Page, 35, 20, 150, 15, 138
Saml. Clemons, 30, 100, 300, 8, 150
Joseph Clemons, 40, 90, 500, 20, 100
Wm. Clemons, 30, 120, 200, 45, 150
Geo. Bartley, 20, 180, 900, 15, 150
Nancy Harvey, 15, 125, 150, 10, 82
Andrew Lazewell, 30, 270, 250, 5, -
Marshall Gipson, 30, 112, 300, 15, 130
Simeon Huffman, 30, 270, 450, 80, 200
Geo. B. Harling sen., 50, 150, 500, 30, 200
Wm. D. Arterburne, 20, 100, 350, 10, 102
Jno. Hamilton, 55, 105, 480, 75, 500
Owen Bigger, 30, 102, 500, 75, 253
Chas. Hord, 12, -, 36, 50, 100
Geo. McPherson, 150, 200, 2000, 200, 1000
Robt. S Hamilton, 30, 60, 350, 25, 150
John Hamilton jun., 40, 127, 520, 40, 250
Thos. Hamilton, 60, 150, 500, 30, 300
Hiram Johnson, 6, 107, 125, 10, 50
Joseph H. Lawrence, 45, 175, 400, 20, 150
Wm. A. Huffman, 15, -, 45, 15, 150
Jas. Harling, 80, 250, 400, 50, 300
Charity Harling, 40, 60, 200, 15, 100
Wm. A. Harling, 40, 60, 200, 15, 100
Miles Darrington, 13, -, 40, 30, 100
Green Holloway, 40, 50, 250, 20, 200
Harman B. Howard, 70, 230, 900, 75, 400
Mary Hayes, 70, 115, 450, 40, 400
Jas. Bushong, 8, 58, 100, 10, 112
Robt. Washam, 16, 44, 200, 30, 200
Wm. L. Hamilton, 10, 80, 400, 30, 80
Margt. Bartley, 75, 75, 300, 10, 200
Wm. Brown, 30, 77, 760, 15, 200
Edwd. P. Hughes, 15, 30, 300, 20, 100
Jacob C. Simpson, 40, 74, 450, 10, 300
Jas. H. Keen, 50, 50, 300, 20, 100
Caleb Norman, 80, 20, 1000, 60, 632
Jno. F. Hammer, 100, 100, 300, 100, 370
Chas. Harvey, 50, 90, 300, 6, 65
Sarah Walden, 100, 77, 400, 50, 300
Geo. Bushong jr., 100, 50, 1200, 500, 392
Jas Hayes, 30, 100, 300, 50, 1160
Jas. Finley, 35, 50, 200, 10, 185
John Pitcock, 40, 71, 200, 10, 150
Calvin R. Page, 40, 60, 300, 18, 100
John B. Carter, 50, 150, 700, 100, 438
Richd. Walden, 15, 185, 500, 10, 150
Wm. Strode jun., 20, -, 40, 15, 125
Rubin Payne, 130, 170, 900, 70, 800
Moses Ferguson, 100, 145, 450, 200, 310
Spannell Ferguson, 30, 96, 350, 100, 150
Killion Carter, 17, 13, 100, 5, 63
Henry B. Bushong, 12, 20, 100, 10, 75
Henry Harling, 3, 47, 130, 16, 60

Joseph A. Carter, 25, 50, 300, 100, 150
Henry Bray, 80, 120, 300, 25, 236
Abraham Miller, 80, 150, 200, 125, 300
Alsey High, 40, 60, 500, 100, 300
Saml. Jackson, 75, 125, 600, 150, 240
Enoch M. Groom, 140, 130, 408, 20, 314
Malen Jones, 75, 175, 900, 30, 300
Saml. Ray, 90, 321, 1600, 200, 644
Isaiah Bartlett, 120, 155, 500, 25, 323
Isaac Headrick, 80, 86, 500, 50, 400
John W. Howard, 200, 150, 1200, 75, 1100
Harvey Jones, 40, 70, 330, 20, 300
Jas. Dewl___, 11, 50, 200, 10, 100
Jesse Howard, 150, 75, 800, 150, 900
Ota Meadow, 40, 110, 400, 25, 200
John K. Ferguson, 100, 38, 600, 75, 125
Jane Binge, 20, 130, 150, 8, 84
Peter Pingsey, 50, 200, 200, 150, 200
John Daniels, 100, 200, 1500, 200, 700
John T. Corcoran, 30, 40, 300, 8, 10
Henry Frazier, 60, 67, 700, 20, 200
Wm. C. Kellow, 20, 80, 200, 10, 75
Wm. H. Adair, 35, 126, 260, 100, 100
John Arterburne, 50, 140, 1500, 200, 250
Jas. Payne, 50, 100, 600, 30, 250
Wm. Kingsey, 15, 15, 75, 6, 20
Enoch Payne, 80, 90, 750, 15, 274
John Payne, 70, 80, 600, 25, 200
Joseph Jackson, 20, 70, 200, 5, 10
John Webb, 60, 113, 579, 130, 700
Claiborne Webb, 40, 252, 876, 10, 350
Francis Watt, 60, -, 180, 5, 65
Wm. Gentry, 25, -, 75, 200, 378
Jams Frazier, 150, 150, 2000, 150, 655
Wm. Slaughter, 20, 30, 100, 70, 140
Thos. L. Sabens, 100, 177, 1000, 100, 740
Martin Meadow, 45, 55, 200, 100, 283
John Adwell, 50, 168, 500, 6, 200
Calvin Sabens, 60, 40, 400, 10, 300
Wm. Wilburne, 100, 230, 400, 10, 300
Jas. R. Wilburne, 100, 100, 600, 75, 600
Washington Sabens, 70, 195, 1400, 100, 700
George W. Biggers, 30, 65, 300, 100, 300
Waslter W. Chess (Chism), 60, 83, 370, 15, 200
Abner Peeler, 35, 75, 350, 15, 175
James Frazier, 26, 82, 250, 50, 80
Jacob Kingsey, 40, 185, 1000, 20, 150
Jas. Johnson, 50, 150, 500, 50, 73
Francis Uptegrove, 140, 75, 500, 50, 600
Martha Bowles, 40, 50, 300, 8, 150
Wm. Kingsey, 45, 175, 1100, 10, 100
John P. Payne, 35, 57, 200, 5, 70
Saml. Carder, 50, 50, 300, 10, 140
Saml. Marshall, 75, 235, 900, 150, 500
Wm. Johnson, 40, 153, 700, 8, 225
Jas. T. Chism, 150, 160, 1500, 150, 469
Andrew Lee, 45, 100, 400, 10, 100
Stephen L. Keen, 50, 50, 100, 20, 139
Wm. Webb, 35, 95, 300, 15, 60
Ruben Daniels, 80, 120, 500, 10, 100
Little B. Doss, 25, 100, 200, 5, 50
Joseph Turner, 45, 120, 1000, 40, 200
Aikin F. Gerald, 150, 100, 700, 50, 800
John Turner, 30, 90, 400, 10, 100
Edward Thomas, 25, -, 100, 20, 135
David S. Turner, 30, 45, 700, 10, 105
Hilligan D. Spratt, 50, 40, 300, 30, 180
Jesse Gum, 25, 50, 300, 20, 252
Mary Robison, 20, 80, 200, 20, 60
Chasteen Eubank, 60, 140, 400, 20, 200
Allen Thomas, 40, 160, 400, 20, 300
Thomas Hood, 35, -, 200, 15, 200
Archibald Lane, 10, 93, 206, 10, 30
Anderson Lane, 10, 10, 50, 10, 72
Robert Smith, 20, 120, 280, 15, 106
Jess L. Ryherd, 140, 360, 1000, 100, 40
Adam Fox, 36, -, 75, 15, 100
Wyatt Turner, 30, 25, 250, 10, 150
Jas. M. Turner, 40, 59, 200, 8, 150
Wm. Turner, 75, 225, 825, 150, 385
Jose Philpot, 30, 87, 400, 75, 260
N. Banes, 50, 150, 500, 15, 150
Jas. L. Greenup, 50, 118, 400, 10, 150
Elias Mayberry, 75, 235, 900, 3, 100
Elisha England, 35, 165, 800, 20, 200
Salomon Bartlett jr., 45, 60, 400, 7, 175
___iah Bartlett, 75, 100, 300, 60, 300
Saml. Miller, 60, 40, 600, 8, 100
Joshua Wilburne, 100, 100, 400, 150, 500
Mary Branch, 30, 70, 200, 10, 80
Wm. Martin, 500, 500, 6000, 300, 1000
Joel W. Flowers, 100, 116, 700, 50, 400
Saml. Pickens, 50, 150, 650, 15, 141
Thos. W. Wilson, 25, -, 100, 35, 118
Saml. Johnson, 150, 200, 800, 110, 400
Clinton Wade, 4, 46, 100, 5, 45
John Wilson, 70, 158, 900, 20, 300
John H. Hayes, 50, 75, 375, 15, 158
John G. Pardue, 25, 25, 125, 10, 150
Joseph England, 20, 180, 300, 25, 175
Elizabeth Quinn, 10, 90, 100, 10, 72
Woodford Boyd, 20, 89, 400, 10, 216
Thos. B. Boyd, 80, 75, 600, 20, 700
Martha Chism, 80, 75, 600, 30, 400
Green Webb, 15, 85, 200, 10, 85
Wm. R. Taylor, 15, 32, 800, 10, 100

_. A. Whitehead, 60, 94, 1000, 40, 271
Joseph Burkes, 50, 150, 800, 25, 600
John S. Barlow, 400, 800, 4500, 300, 200
Chas. Johnson, 100, 191, 1800, 30, 1000
L. B. Burkes, 100, 313, 1700, 40, 600
Jesse J. Burkes, 20, 20, 100, 7, 70
Jefferson Turner, 38, 137k 200, 100, 178
Benjamin Lane, 50, 100, 800, 50, 700
Danl. Isenbergh, 80, 380, 750, 20, 300
Joseph Harvey, 35, 90, 400, 15, 120
Joseph B. Isenbergh, 20, 35, 200, 10, 74
M. N. Jeffries, 56, 244, 1000, 10, 107
Smith Jackson, 70, 130, 500, 100, 300
Thos. Emberton sen., 75, 65, 400, 125, 200
Thos. Brown, 100, 60, 320, 30, 316
Hannah Iseley, 45, 60, 200, 5, 200
Alley Emberton, 30, 70, 400, 5, 111
Saml. Crumpton, 40, 60, 350, 10, 210
Eleansor _. Thomas, 10, 40, 160, 400, 45, 400
Isaac Beals, 25, 25, 230, 10, 30
Zerena C. Watson, 94, 300, 1400, 60, 180
Jacob Bowman, 35, 45, 200, 10, 125
John Hatcher, 10, 190, 400, 13, 54
Wm. Hughes, 40, 60, 200, 8, 200
Wm. Copass, 15, 45, 100, 10, 42
Wm. McPeat, 55, 145, 400, 70, 160
Zachariah King, 30, 60, 200, 10, 300
Alponzo King, 20, 55, 75, 3, 43
Elizabeth Curtice, 10, 60, 70, 5, 96
Henry Ritter, 24, 76, 100, 7, 100
Henry Ritter jun., 15, 126, 200, 15, 81
Sarah Crumpton, 40, 60, 200, 5, 188
Green B. Curtice, 50, 60, 250, 10, 75
Preston Belcher, 20, 32, 75, 10, 200
Wm. B. Eubank, 35, 127, 750, 150, 800
John Lloyd, 45, 788, 2000, 15, 250
John M. Frame, 200, 300, 3000, 175, 1125
Hamilton Greenleaf, 6, 34, 25, 10, 50
Danl. E. Downing, 100, 110, 1050, 75, 405
William B. Neal (written over), 100, 200, 800, 12, 500
Peter Goodall, 60, 145, 350, 10, 250
Benjamin Neal, 60, 70, 390, 150, 300
John Isenburgh, 100, 50, 500, 30, 500
John Newman, 35, 65, 500, 3, 102
Thos. Neal, 60, 72, 400, 30, 200
Danl. Seard, 45, 55, 200, 5, 83
Eliza Arterburne, 100, 150, 1000, 35, 350
Wm. H. Lewis, 30, 18, 300, 75, 103

Geo. Newman, 20, 50, 150, 10, 110
Danl. Campbell, 40, 160, 600, 35, 264
John P. Hunt, 20, -, 100, 15, 230
James Flippen, 150, 357, 1500, 75, 500
Saml. Jenkins, 25, 155, 200, 20, 150
S. B. Jenkins, 15, 20, 150, 10, 92
Saml. M. Jenkins, 60, 180, 800, 10, 200
Jackson Jenkins, 35, 65, 200, 5, 24
Catherine West, 40, 90, 300, 10, 65
Wm. Jourdan, 50, 175, 1000, 10, 471
Abner Akers, 50, 130, 700, 70, 235
Henry B. Dunn, 250, 250, 500, 15, 280
Jemima Jenkins, 8, 92, 200, 10, 85
Isaac B. Taylor, 16, 92, 200, 10, 85
Gideon Wells, 40, 400, 600, 5, 200
Benjamin C. Hawthorne, 60, 140, 600, 15, 300
Thos. Simmons, 100, 25, 1200, 15, 50
John Murphy, 45, 157, 400, 15, 200
Wiley J. Simmons, 40, -, 150, 15, 250
Nacey Simmons, 90, 30, 180, 40, 250
Moses Campbell, 60, 140, 300, 50, 300
John Speakman, 30, 20, 100, 8, 80
Oley Flippen, 60, 180, 900, 20, 247
Thos. Gibbs, 35, 39, 125, 5, 55
A. B. Bush, 50, 50, 200, 20, 116
Thompson Manion, 100, 333, 1200, 60, 760
Wm. B. Steen, 6, -, 50, 3, 300
Elisha Fortan, 100, 143, 1000, 50, 400
Ambrose P. Borland, 200, 600, 3000, 200, 1550
John J. Goodman, 75, 45, 800, 200, 500
David Walbert, 100, 140, 500, 75, 400
Abraham Campbell, 40, 70, 400, 20, 150
David M. Goodman, 18, 5, 75, 15, 125
Mary Hagan, 50, 150, 600, 5, 150
Joel Brown, 50, 110, 200, 20, 200
John C. Howard, 125, 475, 2000, 110, 774
Dicey Short, 32, 68, 500, 10, 270
John P. Hughes, 40, 60, 1000, 15, 224
John A. Pare (Pase), 25, 175, 600, 10, 200
Thos. Pare (Pase), 125, 35, 1000, 120, 1025
Geo. W. Ballew, 80, 274, 1000, 200, 300
Wm. Akers, 40, 300, 1500, 25, 250
Martin Grider, 70, 440, 1400, 50, 500
James Akers, 70, 200, 700, 50, 377
Henry Smith, 50, 200, 700, 50, 377
John Gum, 75, 75, 900, 75, 400
Jacob Gum, 35, 65, 500, 15, 200
Elizabeth Bush, 60, 310, 1000, 2, 130
Jno. Bush, 20, 500, 400, 10, 150
Isaac Creek, 9, 91, 125, 5, 72

Eli Ryherd, 100, 445, 2000, 25, 350
Joseph Lee, 75, 325, 1000, 40, 400
John E. Brannon, 50, 50, 100, 10, 200
Alexr. Brannon, 120, 380, 500, 50, 300
Wm. McNiece, 75, 138, 600, 25, 200
Isaac England, 12, 38, 100, 10, 57
Claiborne Gum, 100, 100, 800, 20, 200
A. S. Jeffries, 14, 36, 175, 10, 60
Elisha England, 60, 240, 700, 20, 135
Mary Parriot, 5, 73, 156, 5, 60
Wm. McNiece jun., 9, 57, 100, 10, 35
Henry Counts, 25, 175, 300, 10, 80
Wm. P. McNiece, 18, 132, 225, 5, 31
Leroy England, 80, 160, 900, 50, 400
Henry Gramblin, 75, 55, 200, 60, 250
Geo. Cunningham, 40, 48, 200, 20, 250
David Hall, 30, 70, 125, 15, 150
John A. Goad, 20, 100, 300, 15, 146
Robt. Hibbitts, 40, 100, 400, 30, 300
John H. Meadow, 100, 425, 1200, 100, 700
Richd. Gentry, 50, 63, 450, 10, 250
Wm. Kirby, 75, 240, 700, 70, 200
Hickison Parker, 50, 150, 350, 35, 200
Abraham Jenkins, 12, 113, 200, 20, 100
Lodewick Creek, 150, 285, 450, 50, 250
Wm. Crawford, 130, 600, 1500, 200, 822
John Comer, 110, 300, 2050, 200, 1000
David Crumpton, 50, 85, 200, 70, 150
Jesse Kirby, 58, 40, 400, 50, 100
Calvin Harling(Hasling), 5, -, 200, 30, 250
Andw. Bowman, 80, 320, 900, 30, 700
Ruben Emberton, 18, 60, 300, 5, 59
Henry B. Marrs, 60, 105, 600, 100, 400
Alexr. Silvey, 42, 20, 100, 20, 94
Chas. Smith, 100, 180, 600, 6, 16
Martin Carey, 30, 70, 150, 50, 150
Susan Burnet, 80, 50, 200, 5, 60
Hiram Quin, 40, 30, 75, 25, 105
John A. Turner, 48, 132, 3600, 15, 150
Jane Jenkins, 9, 93, 100, 8, 93
Joseph Fox, 30, 30, 300, 10, 40
Christopher Hayes, 110, 190, 1400, 150, 375
Barton England, 20, 80, 75, 6, 66
Reuben Billingsley, 100, 150, 1250, 8, 100
James Brandon, 50, 199, 500, 100, 250
Jesse Gum, 45, 75, 400, 20 200
Milton A Flippen, 20, -, 200, 10, 100
Nancy Flippen, 46, 184, 800, 20, 300
Wm. Parr, 30, 60, 225, 35, 250
Jas. Holland, 30, 120, 250, 20, 200
Jeremiah Parr, 75, 225, 600, 75, 350
Jas. A. Johnston, 50, 75, 500, 10, 125
Robt. Taylor, 30, 70, 600, 10, 150
Catherine Howard, 80, 20, 800, 20, 300
Barney Lane, 15, 30, 100, 25, 300
Geo. Pattison, 70, 530, 700, 50, 600
Thos. Howser, 90, 110, 2000, 150, 500
John Akers, 90, 300, 2000, 75, 500
Josiah Newman, 150, 500, 2000, 100, 450
Wm. Butram, 40, 60, 300, 5, 130
John Butram, 50, 115, 300, 20, 210
Ota Butram, 40, 150, 450, 80, 226
Geo. Obanion, 20, 30, 150, 10, 60
Jas. H. Harling (Hasling), 100, 50, 800, 20, 653
Andrew J. Hibbitt, 50, 157, 500, 15, 185
Jonathan Moore, 8, 142, 150, 10, 70
Jason Comer, 80, 120, 700, 15, 250
John N. Pendergast, 6, 70, 150, 10, 120
Chafen D. Crumpton, 20, 80, 100, 10, 100
Anna Bray, 90, 110, 400, 100, 350
Saml. Thomas, 100, 100, 700, 200, 590
Jane Walch, 175, 175, 2000, 5, 71
Nancy Walch, 40, 27, 450, 8, 103
Saml. Comer, 40, 256, 1000, 10, 240
Chas. Browning, 70, 200, 1000, 20, 200
Joseph Holly, 15, 50, 225, 5, 43
Jane Walch, 40, 60, 450, 20, 200
John A. Curtice, 100, 400, 500, 50, 400
James Goad, 25, 50, 100, 10, 118
James Goad, 10, 45, 100, 10, 80
John Kirby, 75, 75, 500, 15, 360
Wm. D. Martin, 400, 400, 2000, 300, 1160

Montgomery County Kentucky
1850 Agricultural Census

The Agricultural Census for 1850 was filmed for the University of North Carolina from original records at Duke University in Durham North Carolina.

The following are the items represented and separated by a comma: for example, John Doe, 25, 25, 10, 5, 100. This represents:

Column 1 Owner
Column 2 Acres of Improved Land
Column 3 Acres of Unimproved Land
Column 4 Cash Value of Farm
Column 5 Value of Farm Implements and Machinery
Column 13 Value of Livestock

The following symbol is used to maintain spacing where there are no numbers: (-) This county was very difficult to read as many names were badly faded. Some pages were bound too close to the edge making first names or initials difficult to identify. Attempts were made to identify as many letters in names as possible. When the first letter of last name was not identifiable, be sure to check the very beginning of the index as that is where those names would be indexed. Where the first letter of the last name was visible but the second letter was missing, check the beginning of that letter. For example, F_oster, would be found at the beginning of the Fs.

George Howard, 75, 45, 6000, 150, 915
Samuel D. Everett, 1244, 100, 52000, 500, 12231
Thomas Bolls, 69, -, 3430, 150, 635
Aberam Wilkinson, 30, -, 1800, 150, 440
Charles Williams, 40, -, 4100, 200, 516
Willis Prewitt, 300, -, 10600, 120, 1955
William H. Nelson, 740, 10, 22500, 250, 7275
James B. Grigsby, 350, -, 10000, 150, 1275
Richard Oldham, 100, -, 1800, 75, 417
John McClure, 194, -, 3540, 90, 520
Tilden Walden, 90, -, 1350, 50, 450
Thomas Rabourn, 100, -, 2000, 180, 435
William Shouse, 100, -, 1500, 60, 371
William Barrow, 200, -, 2000, 100, 600
John Whitsett, 133, -, 3325, 50, 652
Elizabeth Whitsett, 100, -, 2500, 80, 365
James Willoughbyby, 116, -, 2320, 40, 287
Danl. W. Morrer (Morris), 67, 5, 1500, 20, 240
Miller Black, 174, 7, 4525, 70, 775
Charles W. Daniel, 301, -, 12041, 150, 1535
Joseph Reed, 120, 100, 4700, 50, 471
Nelson Prewitt, 600, 25, 15750, 150, 2330

Jesse Coffee, 40, 7, 300, -, 66
James Prewitt, 657, 40, 20850, 200, 5350
William Fletcher, 144, -, 5040, 50, 456
Jeremiah White, 150, -, 3750, 50, 778
Nicholas Hadden, 360, -, 10800, 75, 1270
James Kitchens, 100, -, 300, 65, 470
James McKee, 200, -, 6000, 100, 739
Fendley Garrett, 100, -, 2500, 50, 466
John Fletcher, 230, -, 6900, 60, 555
William Ragan, 428, -, 17120, 75, 1687
George P. Jones, 20, -, 800, 10, 247
William Summers, 180, -, 6300, 40, 932
Alfred Ragan, 100, 5, 4200, 100, 322
Richard French, 322, -, 18217, 100, 2083
Terry Griffin, 38, -, 1140, 20, 175
Stephen Treadaway, 200, -, 7500, 135, 644
John Congleton, 258, -, 9030, 125, 1579
Paul W. Reed, 38, -, 1320, 75, 719
Saml. McCullough, 100, 30, 4000, 75, 453
Andrew Baker, 48, -, 1440, 20, 313
John White, 148, -, 4440, 75, 738
__rd G. Burrows, 102, 127, 2241, 40, 549
William Hatly (Hutly), 98, -, 3430, 45, 525

Wm. J. Donahoo, 260, -, 8100, 165, 1370
(Ho)mer Orear, 140, 650, 6000, 200, 1522
Daniel Orear, 100, 150, 4073, 75, 396
John F. Anderson, 105, -, 4020, 150, 1152
Thomas Ragan, 120, -, 4800, 55, 788
Benjamin T. Botts, 100, -, 3000, 50, 619
William P. Smith, 165, -, 6600, 100, 1031
Homer Allison Jr., 92, -, 2760, 15, 555
Willis Warren, 93, -, 1075, 125, 815
Jesse Grubbs, 230, -, 9200, 120, 836
Levi H. Butler, 55, -, 2200, 55, 593
Willis Roberts, 113, 15, 2580, 25, 436
Thos. Johnson, 303, -, 1377, 200, 7635
Harvey Wilson, 400, -, 16000, 200, 3805
Robert Evans, 225, -, 10000, 150, 822
James Terry, 140, -, 4320, 50, 727
James Bean, 510, -, 22955, 250, 7305
Sarah Matier (Martin), 205, -, 9225, 50, 582
Robert Orear, 244, -, 9760, 185, 1514
Jonas Hedge, 39, -, 1560, -, 275
Ezekiel Fluty, 40, -, 1200, 50, 229
Class T. Jones, 173, -, 5190, 50, 1108
Etho Barnes, 27, -, 11768, 250, 1789
James M. Stone, 500, -, 17500, 300, 7675
Benjamin Hurt (Hart), 200, 20, 6600, 100, 794
Belvard J. Peters, 116, -, 6960, 300, 3175
Burwell Tipton, 190, -, 9500, 125, 1372
Harriet Smith, 93, -, 4650, 60, 890
Enoch Smith, 330, -, 16500, 135, 5177
Thomas Grubbs, 551, 22260, 500, 12415
John Williams, 257, -, 12840, 200, 1675
William Judy, 444, -, 17760, 200, 6810
Joseph Nelson, 250, -, 7620, 100, 607
Nathe Divne (Divine), 265, 13050, 200, 1305
John M. Smith, 245, -, 11025, 200, 3929
James AH. Sidener, 560, -, 29250, 200, 4670
R. L. P. Anderson, 116, -, 4640, 90, 655
Newton Orear, 35, -, 350, 20, 365
James S. Gatewood, 330, -, 7900, 130, 1322
William T. Gatewood, 300, -, 3000, 160, 1430
W. H. Warner, 47, 30, 770, 15, 55
Joseph Russell, 150, 25, 2525, 75, 484
Beryn Robertson, 230, -, 4600, 100, 573

John B. Howard, 600, 600, 4000, 100, 2129
Beryn Fortune, 100, 50, 500, 50, 408
Beryn F. Dooley, 65, 15, 640, 75, 296
Squire _. Redman, 85, 30, 1725, 70, 448
John Gillman (Gillmore), 87, -, 1305, 65, 461
William F. White, 750, -, 18750, 500, 5820
William Jackson, 18, -, 180, 25, 180
Jesse Evans, 80, 45, 1500, 35, 437
Letty Stult, 25, -, 500, 10, 223
Amy Stringer, 60, 15, 1125, 15, 215
Josiah Moxley, 150, -, 3750, 125, 655
John Smith, 50, -, 1008, 60, 193
Jesse Yates, 600, -, 18000, 200, 4240
William White, 24, -, 500, 125, 800
Edgar Thompson, 50, -, 1000, 15, 294
Horatio Thompson, 80, -, 1600, 75, 460
Elizabeth Kelly, 25, -, 350, 10, 75
Thomas Payne, 36, -, 1080, 15, 125
Uriah Keath, 168, -, 5880, 100, 590
James Cheatham, 110, -, 2200, 100, 464
Philip H. Ryan, 100, 20, 1800, 100, 259
James Turley, 60, -, 1200, 25, 335
Harrison Alexander, 50, 30, 1600, 20, 311
Milton Darnall, 120, -, 3000, 50, 643
John Mitchell, 200, -, 6000, 75, 622
Samuel Wilson, 200, -, 4700, 125, 909
John H. Finch, 86, 2150, 125, 587
John H. Handby, 16, -, 400, 10, 303
Enoch Terry, 10, -, 5700, 140, 675
William Scobee, 98, -, 2940, 135, 494
William Scott, 330, 14, 12040, 200, 1805
Lewis C. Tomlinson, 100, -, 3000, 65, 535
James Allison Jr., 100, -, 3000, 75, 310
Jonah Ferguson, 200, -, 6000, 100, 359
Charles Harris, 286, -, 11440, 100, 3682
David L. Jones, 100, -, 5600, 125, 992
William Nelson, 460, -, 12000, 125, 3778
William Cravens, 333, -, 11655, 150, 1462
John Hardman, 20, -, 800, 25, 242
Henry Smith, 233, -, 8735, 125, 1639
Joseph Warner, 100, -, 2000, 15, 515
Samuel Carrington, 210, -, 6300, 200, 2480
Daniel Walker, 240, -, 8400, 200, 2470
Thos. S. Mobley, 279, -, 9765, 150, 1594
William T__ble, 125, -, 4375, 100, 925
Thomas Coliver, 97, -, 3255, 75, 722
James Clark, 960, -, 6400, 225, 852

Nimrod Garrett, 180, -, 6300, 75, 635
Patsey Davis, 206, -, 8240, 100, 1297
Henry P. Reed, 275, -, 9625, 150, 1198
Armistead Morton, 196, -, 2850, 50, 960
Greenberry Riggs, 125, -, 4375, 75, 774
John H. Riggs, 100, -, 3500, 50, 395
Aaron Callaghan, 60, -, 2100, 20, 443
Polly Harrow, 55, -, 1925, 50, 341
Rachel Gist, 310, -, 12400, 50, 838
Polly Davis, 48, -, 1520, 20, 347
Thomas W. Pierce, 118, -, 1180, 100, 324
William Mitchell, 500, -, 17210, 120, 1893
Edward Bondurant, 307, -, 14280, 50, 315
Van Thompson, 216, -, 7540, 150, 1170
George W. Thomas, 190, -, 7600, 100, 1589
Robert Scobee, 20, -, 600, 20, 135
Preston Stith, 195, -, 4900, 40, 950
James Allen, 225, -, 6985, 50, 2304
Joseph Frakes, 123, -, 4305, 30, 274
Jacob Stull, 86, -, 1720, 40, 417
Walker Bourn, 375, -, 15000, 200, 1910
James B. Moore, 97, -, 2300, 50, 457
Thomas Foster, 132, -, 3300, 125, 3152
James r. Wilson, 54, -, 1350, 25, 217
Jmaes M. Moberly, 95, -, 2850, 25, 600
William Dale, 108, -, 3780, 100, 1492
James W. Oden, 75, -, 2150, 55, 270
Oliver B. Williams, 71, -, 2800, 125, 590
William Ferguson, 400, -, 15000, 200, 2720
Joel H. Grubbs, 150, -, 7500, 25, 932
James _. Roberts, 183, 14, 5910, 50, 345
Walter Futcher (Fulcher), 40, -, 1200, 15, 320
Nimrod A. Wilkinson, 285, -, 5700, 150, 750
Thomas Calks, 800, 1500, 40750, 250, 4041
William Hodge, 110, -, 4400, 100, 500
William Williams, 180, 20, 7000, 75, 920
James Bruton, 402, -, 16080, 2225, 3840
Benjamin F. Hayes, 157, -, 4110, 150, 325
Micha Faul (Farel), 50, -, 1250, 100, 249
Susan Faul (Farel), 50, -, 1250, 100, 119
Joseph Ringo, 300, -, 12000, 100, 926
Joseph Bondurant, 1040, -, 41600, 300, 3340
Joshua Owings, 350, 3500, 14700, 200, 4000
David Ramsey, 50, -, 2000, 20, 252
Davis Norvell (Harvell), 430, -, 12900, 120, 2245
Milton Allison, 207, -, 7242, 100, 610
John Alexander, 250, 100, 3500, 50, 302
Hilliam Allison, 25, -, 250, 15, 104
James Butt, 70, -, 2100, 15, 250
James W. Wren, 100, -, 11020, 15, 802
Anna Johnson, 253, -, 10620, 150, 2815
William Jones, 330, -, 13200, 120, 826
Thomas Webster, 20, -, 800, 15, 144
Milton Jamison, 265, -, 10600, 150, 4700
William A. Bradshaw, 100, -, 4000, 100, 2185
William T. Darnall, 350, -, 10500, 300, 1747
Green Scott, 98, -, 2940, 50, 267
Alexander Fredy (?), 274, -, 8220, 150, 2764
John W. Denton, 115, -, 3450, 150, 447
George Duckworth, 35, -, 750, 10, 203
Perry Arnold, 125, -, 2750, 27, 748
William Northcut, 65, -, 1950, 40, 325
William Edmondson, 95, -, 3325, 20, 531
Richard H. Gardner, 132, -, 1440, 20, 164
Thomas Faul (Farel, Paul), 72, -, 3000, 50, 452
James Moore, 88, -, 3080, 50, 452
Daniel Priest, 258, -, 6450, 250, 1127
Lewis Grinstead, 195, -, 390, 100, 649
Joshua Smawley, 70, -, 2700, 200, 384
Edward Kemper, 260, -, 6530, 150, 1460
Landie Barnett, 135, -, 3875, 30, 450
Lewis Douthett, 200, -, 4000, 150, 2960
Jacob Shouse, 50, 100, 1500, 75, 266
Carter Daniel, 100, -, 1100, 100, 311
James Bartlett, 118, -, 3540, 55, 390
William A. Elliott, 30, 70, 1000, 50, 103
McElberry Hervard, 30, 12, 504, 20, 64
Elijah H. Smith, 30, 35, 650, 20, 279
John F. Haggard, 50, 64, 1200, 20, 186
Andrew Willis, 168, -, 3024, 100, 646
John A. Smith, 156, 20, 2440, 125, 456
Andrew Shouse, 15, 20, 225, 10, 116
Jesse Haveline (Hamline), 150, 160, 2540, 100, 659
Ezekiel Rose, 85, -, 2121, 35, 425
Lewis J. Gipson, 25, 5, 900, 50, 545
Saml. Baldwin, 90, -, 2250, 70, 892
James Anderson, 330, -, 6600, 500, 1806
Stephen E. Hanks, 133, 2, 3225, 50, 530
Henry H. Pence, 40, -, 1700, 70, 235
James Spry, 40, -, 1700, 10, 161
John Choat, 140, -, 2800, 120, 773

William Allen, 164, -, 4920, 75, 1040
James Graves, 250, -, 8750, 200, 840
William Reynolds, 112, -, 4480, 75, 609
Robert H. Gatewood, 325, -, 3000, 180, 1825
Peter Fitzpatrick, 116, -, 3480, 50, 575
John Brothen, 76, -, 1520, 125, 269
William Rebelin, 135, -, 2700, 75, 639
Rowland Moore, 235, -, 3525, 60, 750
Willis Turley, 45, -, 450, 20, 83
Green Thompson, 83, -, 2490, 40, 600
Chloe Jackson, 54, -, 1080, 25, 203
Travis Montgoy, 195, -, 3900, 100, 490
Daniel Conner, 40, 60, 1500, 50, 336
Garret Montgoy, 30, -, 600, 10, 107
Berya H. Graves, 220, 170, 2790, 200, 1025
Mildred Speller, 33, -, 660, 100, 271
George Wood, 52, -, 1040, 10, 114
Isaac Stevenson, 170, -, 590, 150, 835
David Bruton, 245, -, 7350, 100, 690
William Moore, 61, -, 1800, 50, 912
Thomas Jones, 150, -, 6000, 100, 661
William M. Arnold, 195, -, 4895, 100, 433
John Thompson, 400, -, 5500, 125, 976
Lanier G. Magowan, 106, -, 6240, 50, 352
Hiram Bridges, 115, -, 4023, 150, 897
Horace Rodgers, 680, -, 17000, 250, 1270
James W. Mitchell, 68, -, 1840, 30, 544
James Phelps, 140, -, 2300, 75, 1008
Joseph Passmore (Passman), 125, -, 1400, 50, 244
John Phelps, 122, -, 2440, 75, 524
Nelson Gillespie, 45, -, 1800, 40, 125
John Mason, 600, -, 24000, 200, 1850
John W. Alexander, 20, -, 400, 40, 295
John A. Dinsmore, 10, -, 400, 10, 218
John S. Hodge (Hedge), 106, -, 3180, 15, 206
Elizabeth Dabney, 100, -, 3000, 65, 420
John Clark, 243, -, 7290, 175, 2163
James Duckworth, 15, -, 420, 20, 197
Garrett Gillespie, 111, -, 2200, 110, 688
Jeremiah Northcut, 110, -, 2800, 80, 319
Hugh Gelvin, 33, -, 990, 15, 195
David Legate, 88, -, 1760, 15, 415
John T. Johnson, 125, -, 3750, 10, 122
Jacob Johnson, 53, -, 1590, 40, 156
William Legate, 7, -, 221, 14, 130
Hugh Legate, 143, -, 4290, 31, 331
James F. Rodgers, 60, -, 1800, 50, 317
James A. Duncan, 40, -, 1200, 10, 246
Moses M. Johnson, 45, -, 1300, 15, 138

Thomas Coliver, 39, -, 1170, 30, 245
Dudley Caywood, 25, -, 750, 6, 65
Johoda Johnson, 102, 5, 3210, 75, 331
Richard T. Johnson, 25, -, 750, 50, 328
Thomas Johnson, 53, -, 1590, 15, 136
Alex Frazier, 70, 5, 2250, 20, 394
Jackson Combs, 16, -, 480, 5, 194
Lucy Duncan, 61, -, 1830, 20, 358
Mary Dale, 70, -, 2100, 50, 239
David Wilson, 50, -, 1500, 75, 406
John Wilson, 15, -, 450, 10, 204
Elizabeth Coliver, 56, -, 1560, 23, 364
Jefferson T. Robinson, 120, -, 5100, 100, 2981
John Duckworth, 45, -, 1320, 100, 423
Hugh Gelvin, 45, -, 1350, 15, 333
Netoson Reed, 150, -, 4500, 100, 726
Abram Turpin, 68, -, 1840, 50, 357
James M. Mitchell, 184, -, 5520, 100, 1518
John A. Lidener, 144, -, 4320, 100, 900
John A. Treadaway, 20, -, 600, 10, 320
Armisted Reed, 60, -, 4864, 100, 675
Charles T. Thornton, 250, -, 7500, 1207, 1150
George Henry, 50, -, 1000, 10, 115
Peter H. Anderson, 227, -, 6810, 100, 826
John Green, 350, -, _110, 500, 500, 1946
Thos. T. Dobbyns, 273, -, 18125, 150, 2042
Enoch Jeffries, 67, -, 2010, 50, 264
Martin Clark, 53, -, 2325, 50, 366
George S. Wren, 50, -, 2400, 25, 472
Eleanor A. Wren, 60, -, 1800, 100, 500
John Donahoo, 280, -, 2800, 50, 1230
John F. Teplett, 113, -, 3390, 75, 641
Lloyd Thompson, 137, -, 5580, 150, 520
John Rodgers, 115, -, 3450, 25, 577
William Bean, 449, -, 20205, 250, 2933
Machael L. Stiner, 442, -, 15470, 250, 6735
Aaron Martenson, 160, -, 4000, 150, 3778
John Carrington, 73, -, 2730, 100, 650
Presella Harrison, 71, -, 2860, 75, 370
John Webster, 10, -, 400, 15, 135
William Cravens, 12, -, 450, 15, 136
David H. Cravens, 24, -, 960, 15, 238
David Hathaway, 375, 75, 18000, 200, 3055
Clement Conner, 300, -, 4500, 200, 1187
John Wilson, 200, -, 4000, 150, 963
Jabez Dooley, 298, -, 8940, 200, 1674
William Hoffman, 40, -, 3000, 25, 110
Thomas M. Hart, 200, -, 8000, 50, 1157

David O. Tully, 59, -, 2360, 44, 495
John H. Mark, 330, -, 8255, 50, 1718
Thornton M. Northcut, 108, -, 3780, 100, 810
Denman Highland, 286, -, 8580, 100, 2086
Andrew Swope, 95, 150, 1040, 25, 250
_. A. Garrett, -, -, -, -, 75
A. D. Merrell, 30, 670, 2000, -, 4
James Blythe, 12, 50, 180, 5, 90
William Roberts, 45, -, 115, 860, 10, 120
Hiram Bowlin, 70, 65, 600, 25, 270
Thomas White, 45, 50, 704, 15, 150
A. M. Adams, -, -, -, -, 20
James S. Adams, 4, -, 16, -, -
R. W. Belford, 12, -, 96, -, 94
Robert Blythe, 80, -, 486, 3, 100
Isah Johnson, 12, -, 75, 5, 120
John French, 100, 700, 5000, 25, 150
John Botts, -, -, -, -, 220
James W. Franklin, 30, 170, 500, 5, 100
Augustin Fracy, 75, 100, 1200, 15, 100
Henry S. Beningfield, 40, 130, 800, 15, 60
Emanuel Holley, 1, 7, 34, -, 3
William Welch, 60, 70, 200, 15, 175
Benjamin Holmes, 3, 247, 125, 15, 70
Henderson Conley, 19, -, 200, 30, 200
Gary Hooker, 2, -, 6, -, -
Ephraim Hatton, -, -, -, -, 40
Hiram F. Hatton, 35, 550, 700, 25, 100
Willia Hatton, 40, 185, 330, 25, 200
John Hatton Jr., 45, 575, 375, 12, 125
Green W. Hatton, 5, 95, 100, 5, 70
James Bradshaw, 4, -, 40, -, -
Westley Garret, 35, 70, 500, 10, 40
William Randall, 20, 10, 100, 10, 75
Greenberry Thomas, 150, 300, 1500, 25, 300
John Ewing, 125, 135, 2500, 25, 319
William Curry, 30, 113, 500, 20, 146
Thomas W. Hatton, -, 75, 75, 5, 50
Mary Clark, 2, 10, 10, -, -
Jesse Garrett, 25, 25, 300, 10, 250
Nancy Mausson (Maupin), 20, 30, 150, -, 25
Adam Hatton, 30, 120, 200, 2, 100
Thomas Patton, 15, 180, 300, 10, 250
Hohn Patton, 30, 120, 200, -, 50
Thos. C. Judy, 100, 135, 3000, 150, 350
Almarza Daniel, 40, 110, 300, 75, 130
Solomon Wright, 20, 10, 150, 10, 160
Samuel Rudolph, 18, 40, 75, 3, 40
Saml. Randall Sr., 40, 310, 2400, 10, 100
Danl Crow Sr., 12, 100, 75, 10, 25
Harvey Flynn, 25, 75, 250, 50, 100
Richard Anderson, 25, 75, 500, 5, 50
James Frazier, 40, 85, 500, 75, 500
G. W. Howell, 18, 500, 130, 95, 100
Thomas Hall, 20, 980, 300, 10, 25
Henry Reynolds, 20, 130, 300, 5, 100
Jeremiah Lambertson, 30, 7120, 350, 10, 128
George M. Rodgers, 30, 70, 100, 5, 20
Thomas Powell, 15, 200, 100, 5, 75
Jacob Laurenson (Sarrinson), 7, 10, 10, 5, 75
Daniel Reed, 5, -, 25, -, 15
Catharine Meadows, 30, 210, 400, 30, 100
Marcus Powell, 20, 480, 250, 75, 100
Solomon Centers Jr., 30, 120, 300, 10, 150
James Centers, 5, -, 25, 5, 35
H. H. Reynolds, 3, 30, 50, -, 15
Solomon Centers Jr., 15, 185, 100, 5, 30
Powell Centers, 15, 75, 100, 5, 100
J__m Hall, 15, 30, 300, 5, 125
Caleb Hall, 60, 140, 1000, 30, 500
Richd. Crow Jr., 44, 45, 800, 20, 125
Kendrick Johnson, 15, 30, 700, 10, 154
Sarah Hall, 65, 185, 1000, 15, 600
Berya Martin, 14, -, 75, 10, 180
Hiram B. Daniel, 50, 50, 800, 60, 330
William Johnson, 30, 15, 300, 10, 75
Locreton Johnson, 40, 6, 900, 10, 40
Garret Fletcher, 40, 100, 1300, 20, 300
Joseph Smith, -, -, -, -, 40
Hugh Maxfield, 40, 310, 1000, 10, 150
Samuel Forman, 15, 30, 150, -, 15
Martin Wills, 70, 100, 800, 125, 200
Ira Kirkpatrick, 50, 30, 1100, 15, 200
James M. Daniel, 20, 50, 500, 75, 100
James Starnes, -, -, -, -, 20
Mat_son Stuart, 70, 230, 1500, 40, 270
Reuben Murray, 5, -, 25, 5, 15
Louisa Williams, 70, 180, 1000, 20, 350
Mitchel P. Hardwick, 2, -, 500, 5, 75
Berya Hatton, 5, 45, 83, -, -
John Benningfield, -, 6, 30, 5, 40
Daniel Birch, 40, 138, 900, 100, 400
Telfrond Welch, 70, 130, 1200, 75, 225
John N. Hardwick, 10, 30, 50, 10, 100
Hezekiah Bowen, 75, 337, 2000, 100, 570
Va___ Hanks, 60, 115, 600, 11, 275
Littleton Martin, 25, 75, 130, 10, 150
James Lockridge, 110, 363, 1000, 10, 75
Elisha Everman, 7, -, 35, 3, 45
Jesse Tharp, 25, -, 700, 50, 75
Jancer H. Haveline, 12, -, 50, 80, 30
William Martin, 10, 200, 300, 15, 50

William Bowen, 60, 160, 200, 75, 300
Armistead Bowen, 90, 28, 2080, 80, 200
Hezekiah Morton, 80, 50, 1000, 80, 350
Richard Martin, 100, 800, 900, 150, 480
Nimrod Lee, 50, 50, 900, 100, 330
Tandy Centers, 17, 133, 300, 8, 60
Julia A. Oliver, 6, -, 30, -, 30
Thomas Knox, 18, 300, 200, 15, 100
Stephen Centers, 10, 200, 25, 10, 45
Joshua Centers, 5, 10, 25, -, 25
Sarah Noland, 5, -, 25, 5, 65
Arthur Hall, 91, 200, 100, 10, 200
Sarah Hall, -, -, -, -, 50
George Knox, 100, 900, 1500, 40, 330
Joshua Wright, -, -, -, -, 15
Green Hall, 130, 2447, 8300, 100, 1100
James K. Blackburn, 20, 980, 150, 10, 80
Thos. B. Hall, 40, -, 600, 10, 400
William Hanks, 70, 430, 1000, 100, 400
David Shawley, 100, 1600, 1100, 100, 300
John B. Shawley, -, -, -, -, 200
Elizabeth Townsend, 20, 80, 300, 15, 30
William Townsend, 15, 60, 330, 5, 50
William Green, 50, 500, 500, 15, 320
Obediah Estis, 5, -, 50, -, 20
Josiah Rose, 18, 278, 300, 10, 75
Powell Rose, 80, 1420, 1500, 250, 440
Saml. McDonald, -, -, -, -, 40
John Waller, 35, 265, 300, 10, 100
James Fortner, 115, 1200, 2000, 100, 568
John Wills, 140, 200, 2000, 40, 410
John Miller, 100, 210, 1500, 60, 475
James H. Hall, 89, 200, 1510, 75, 450
Merry (Henry) Fortner, 40, 25, 1000, 75, 330
A. W. Welch, 260, 800, 7000, 175, 1265
Isaac Hohn, 137, 300, 1497, 100, 778
Jesse Fortner, 10, -, 100, 10, 60
James S. Wills, 30, -, 300, 10, 150
Robt. D. Gay, 500, 700, 12000, 150, 2270
Archibald Hanks, 15, -, 150, 5, 45
William Hohn, 75, 200, 825, 100, 385
John Holmes, 30, 20, 250, 50, 200
William Frost, 5, 4, 30, -, -
Hamilton Firman, 2, 48, 100, -, 60
John L. Martin, 40, -, 400, 25, 400
William Holmes, 30, -, 45, 50, 225
Harrison J. Anderson, 55, 61, 1000, 20, 175
Jas. M. Mansfield, 40, 65, 500, 25, 90
William Ewing, 70, 80, 1000, 20, 350
John Kirkpatrick, 20, 80, 200, 20, 100

Henry W. Hale, 30, 78, 400, 15, 150
James Conley, 50, 38, 800, 10, 60
Henry Conley, -, -, -, -, 80
William Ficklin, -, 35, 35, 5, 120
James Hudson, 25, 80, 500, 10, 150
James Q. Stephens, 20, 20, 200, 5, 100
Lewis Shubert, 200, 100, 900, 50, 212
Peter Couchman, 80, 45, 2000, 50, 230
W. H. Stewart, -, -, -, 15, 150
William Willoughby, 75, 125, 1000, 20, 131
Randall Gorden, 130, 220, 3350, 200, 525
William B. Gorden, 70, 33, 1000, 10, 200
Joel L. George, 16, -, 480, 12, 130
David F. Trimble, 25, 80, 250, 13, 130
John Ficklin, 40, 30, 1200, 20, 130
Frances Myres, 200, 200, 3300, 200, 624
H. D. Myres, 30, -, 300, -, 500
Elisha Estap, 15, 150, 300, 2, 150
Job Ingraham, 5, 135, 130, 8, 90
Moses Halsey, 6, -, 30, 10, 120
Robert Simpkins, 2, 95, 100, -, 10
William Ingraham, 10, 40, 150, 5, 60
James Lawson, 10, 40, 100, 3, 60
Thomas Igo, -, 100, 125, 10, 70
C. G. Glover, ½, 25, -, -, -
James Lawson, 3, 345, 300, 5, 168
Mulan Willoughby, 60, 10, 180, 25, 145
Nathan Williams, 25, 125, 200, 10, 120
C. M. Stewart, 50, 25, 600, 15, 150
John Hedges, 30, 10, 100, 8, 75
Philip Peyton, 75, 43, 810, 20, 250
W. T. Green, 38, 15, 330, 5, 50
John Frame, 80, 230, 1500, 120, 560
John Warmsley, 100, 200, 2000, 5, 390
John Craig, 150, 215, 2500, 100, 500
Harvey Daniel, 50, 190, 1200, 100, 283
W. C. Shubert, 30, 100, 300, 25, 160
J. W. Stephens, 200, 760, 2500, 100, 763
Jesse Yocum, 3, ½, 3, 3, 85
Wade Willoughby, 40, 130, 510, 10, 8
John Frost, 25, 15, 300, 5, 60
Eastridge Daniel, 75, 50, 1000, 100, 400
John Hensley, 80, 160, 1400, 20, 265
Will C. Means, 40, 70, 400, 20, 150
M. C. Walker, 28, 28, 250, 5, 60
James Hindes, 20, 80, 100, 3, 40
Patterson Clemm, 30, 250, 150, 15, 150
John Rymers, 4, 8, 30, 4, 20
R. G. Allen, 30, 450, 870, 30, 130
Mary Keathley, 90, 200, 1400, 20, 300
H. Tomlinson, 75, 52, 800, 10, 230
David Stewart, 25, 75, 1000, 15, 150

Dillard Hazelwrigg, 222, -, 12000, 210, 1300
Richard Apperson, 90, 30000, 36000, 200, 1350
Matthew Pounter, 50, 150, 600, 50, 325
John McCormick, 100, 800, 2000, 200, 355
James A. Kirk, 25, 1000, 200, 1200, 180
William S. Wilson, 121, -, 5600, 120, 335
J. D. Wilson, 30, 600, 1000, -, 820
Neriah Holley, 100, 100, 2000, 100, 576
L. H. Williams, 45, 50, 950, 10, 185
Alexr. W. Ficklin, 60, 30, 100, 25, 100
Walter S. Myres, 40, 170, 500, 10, 213
John Jeffries, 20, 300, 1200, 50, 100
John S. Myres, 83, 485, 2500, 90, 170
James Kirkpatrick, 120, 50, 6000, 120, 916
Walter Brasher, 30, 70, 700, 15, 302
Robert Welch, 100, 50, 1560, 50, 335
Thomas W. Redman, 120, -, 2400, 40, 837
Geore W. Kincade, 60, -, 900, 150, 500
Mary M. Hale, 1, -, 500, -, 75
J. M. C. Stephens, 18, 40, 1500, 50, 200
Mary Stephens, 45, 130, 900, 40, 170
Obediah Smith, 200, 400, 1760, 500, 610
Jesse Anderson, 6, -, 40, -, 15
John Howard, ½, -, 100, -, 80
William Shoultz, 14, 4, 330, 30, 165
N. H. Pierce, 6, -, 100, 3, 50
Robert Noel, 18, -, 360, -, 50
Robert Ware, 55, 56, 1330, 20, 240
John Ware, 12, -, 180, 10, 15
Claibourn Barnettz, 12, 30, 500, 10, 120
Makenzie Clark, 10, 40, 100, 10, 50
Nancy Wells, 5, -, 25, -, 15
Martha P. Young, 15, 85, 300, 10, 80
Robert Randolph, 3, 134, 40, -, 15
H. H. Laurence, 32, 42, 500, 30, 140
William B. Laurence, 20, 63, 325, 20, 50
William F. Craig, 100, 300, 2500, 100, 230
Mary A. Philips, 40, 60, 500, 5, 140
William Norris, -, -, -, 15, 35
Joshua Duncan, 8, 56, 150, 15, 30
M. G. Anderson, -, -, -, 5, 50
Joseph Morris, 30, 70, 600, 70, 150
David A. Wilson, 20, 80, 500, 75, 200
Jesse Wilson, 14, 86, 300, 20, 120
Mile L. Lock_and, 10, 90, 300, 15, 130
Thomas Brannum, 20, 90, 300, 5, -
James Westbrook, 22, 8, 200, 65, 75
David Hultz, 1, -, 50, 5, 50
John Wykoff, 1, 59, 120, 15, 75

W. Summers, 2, -, 50, -, -
Doyle Summers, 20, -, 100, 10, 60
Vol. C. Haveline, 3, -, 400, -, 100
James Smith, 20, 20, 700, 120, 200
Ann White, 20, 30, 300, -, 125
Richard Stone, 15, 34, 400, 10, 125
Thomas M. Handi, 30, 36, 500, 40, 75
Lectious Spratt, 8, -, 80, 5, 25
Solomon Spratt, 70, 400, 2000, 50, 150
Owen C. Spratt, 70, 40, 1200, 100, 150
James Garret Jr., 65, 80, 800, 100, 360
William Bartlett, 15, 35, 200, 15, 40
Charles G. Phillips, 200, 92, 300, 30, 175
John Garret, 30, 334, 1500, 250, 330
John Adams, 10, 396, 600, 50, 170
Harvey Philips, 1, -, 50, 5, 100
Hezekiah Fletcher, 40, 60, 500, 20, 190
William Branman, 11, 37, 150, 5, 15
Benjamin Hedger (Hedges), 25, 130, 500, 15, 75
Garret Phillips, 40, 260, 1500, 15, 40
Abram Garret, 35, 480, 450, 15, 140
David Pate, 60, 80, 1000, 150, 300
Josiah J. Vaughn, -, -, -, 90, 100
William Conner, 15, 5, 100, 5, 125
William Hawkins, 50, 150, 1200, 120, 300
Robert Adams, 30, 20, 300, 80, 200
Woodford Pigg, 30, 60, 300, 15, 250
Elsberry Martin, 12, 38, 130, 5, 60
James Hudson, 30, 308, 500, 10, 100
John Strange, 28, 50, 375, 20, 120
Jacob Donohoo, 60, -, 150, 14, 40
David McLaughlin, 75, 225, 1500, 120, 375
Seth Botts, 95, -, 5700, 28, 510
Sarah McLaughlin, -, -, -, 5, 60
Joseph Woodard, 10, -, 50, 5, 25
William French, 140, 440, 3000, 150, 775
Hugh Johnson, 38, 70, 480, 15, 140
F. J. Johnson, 70, 144, 1100, 25, 200
Madison Grooms, 15, 55, 130, 10, 100
John H. Bradshaw, 20, -, 200, 20, 140
Malinda Hohn, 175, 630, 1110, 60, 500
William Yelum, 1, -, 75, -, 220
Nathaniel Prather, 3, 7, 50, -, -
B. H. Willoughby, 65, 900, 1000, 20, 150
Varnan Robinson, 15, 384, 300, 10, 80
Moses J. Hohn, 10, 2990, 1500, 10, 120
John M. Yocum, 20, -, 100, 80, 325
Saml. Frame, 50, 250, 1500, 50, 420
Thomas Hudson, -, -, -, -, 60
David Trimble, 20, 230, 200, 15, 120
Morris Bristol, 5, 135, 500, 15, 740

Abel Yocum, 50, 150, 600, 100, 130
Arthur Prince, 35, 65, 25, 5, 75
James Feans, 40, 110, 600, 2, 178
Washington Fox, 100, 80, 1000, 100, 410
Ann Anderson, 4, -, 100, -, 60
Evans Hensley, 70, 170, 800, 20, 314
Harrison Fox, 400, 200, 800, 20, 200
John Fox, 20, 330, 600, 10, 50
William Fox, -, 500, 310, 10, 50
Andrew H. Wills, 100, 130, 1400, 50, 360
John B. Magowan, 80, 150, 1000, 30, 400
Matthew Kirk, 25, 350, 1200, 10, 100
Levi Refet, 10, -, 50, 5, 65
Allan White, 20, 970, 1000, 50, 110
William Edwards, 1, -, 30, -, 35
James Ballard, 44, 656, 700, 50, 230
William Hensley, 5, -, 400, 5, 10
John White, 21, -, 100, 15, 60
John Cook, 30, 70, 800, 10, 150
David Cox, 50, 30, 700, 20, 125
William Carter, 75, 25, 800, 25, 300
Isham Daniel, 280, 340, 1200, 20, 375
Almanza Hensley, 35, 36, 1200, 20, 375
Travis Kirtley, 10, 160, 200, 15, 200
Rebecca Kirtley, 25, 375, 800, 10, 178
Lucinda Wymer, 50, 450, 1000, 20, 150
Franklin Yocum Jr., 50, 450, 1000, 20, 150
Jesse Yocum, -, -, -, -, 70
David Wymer, 20, 130, 250, 15, 150
Henry Smith, 15, 83, 360, 10, 150
James Willoughby, 100, 450, 100, 20, 260
John Martin, 30, 20, 440, 10, 75
W. H. Martin, 25, 150, 500, 5, 50
Berya L. Ronkwright, 30, 20, 150, 10, 85
Jon___ Yocum, -, -, -, -, 20
William Hensley, 10, 60, 150, -, 20
Peter Wymer, 25, 81, 100, 10, 150
James Maxwell, 70, 183, 1000, 10, 150
Hinaldson Craig, 145, 25, 2000, 175, 1100
Eleanor Lance, 1, -, 30, -, 100
Frances Ficklin, 160, 10, 1100, 80, 230
George Turner, 150, 40, 5000, 175, 750
William Wood, 96, -, 1200, 25, 330
Charles Gilkey, 310, -, 7000, 150, 1500
Thomas Baldwin, 125, 220, 3000, 75, 620
William Baldwin, 300, 5, 6400, 230, 860
Saml. R. Collins, -, -, -, -, 1430
Ann Haveline, 208, -, 5500, 200, 1200
Daniel Dickey, 30, -, 900, 30, 250
William Dickey, 50, -, 1500, 20, 265
Benson Mason, 32, -, 960, 20, 120
Maria Dickey, 23, -, 700, 10, 220
George Black, 144, 970, 5240, 100, 967
R. F. A. Grigsby, 130, -, 4500, 60, 600
William Cockrell, 370, -, 14210, 200, 3775
Andrew Black, 200, 26, 4500, 100, 925
Charles Hazelwrigg, 102, -, 3060, 175, 500
John Sloffer, 324, -, 12960, 200, 2315
John Sappington, 150, -, 4500, 120, 695
Jame Cockrell, -, -, -, -, 12
W. P. Tipton, 133, -, 2660, 50, 300
Richard Oldham, 490, -, 14700, 200, 4645
Grandison Parrish, 90, -, 2000, 25, 430
L. D. Wilson, 126, -, 2500, 100, 713
Josiah Anderson, 282, -, 4800, 300, 3465
Welsley Orear, 200, -, 3200, 125, 1000
Maatthew Sons, 55, 43, 300, -, 25
John Banes, 25, 25, 150, 2, 60
A. G. Clemm, 50, 30, 500, 15, 80
Henry Greenwade, -, -, -, -, 100
Elizabeth Barnet, 304, -, 1250, 110, 170
Samuel Greenwade, 200, 300, 4000, 150, 900
William King, -, -, -, -, 40
Stephen King, 2, -, 40, -, 40
Harrison Biggers, 20, 15, 506, 10, 280
John Richardson, 3, 60, 100, 15, 83
Solomon Ringo, 25, 35, 150, 25, 150
Ambrose McNeld, 15, 15, 1300, 15, 350
Thomas Mangon, 5, -, 400, 100, 3070
Asa F. Pelet, 20, -, 5000, -, 200
John Holley, 103, -, 2000, 120, 650
James F. Jones, 100, -, 2000, 30, 430
Benjamin F. Hinds, 110, -, 1200, 400, 380
Edwin Hinds, 80, -, 1106, 25, 200
William Gipson, 192, -, 3000, 50, 1300
Samuel Gipson, 192, -, 3000, 50, 1300
Anderson Johns, 115, -, 172, 100, 320
David Cheatham, 114, -, 2250, 100, 780
John Means, 11, -, 150, 5, 60
John Gipson, 284, -, 3400, 20, 945
Berya F. Jameson, 4, -, 400, -, 100
George Cooper, 186, -, 3720, 200, 500
James Clark, -, -, -, 100, 215
O. G. Orear, 2, 11, 150, 1100, 230
B. F. Gilkey, 132, -, 2280, 75, 750
James F. Means, 130, 32, 2730, 100, 580
A. B. Dishong, 98, -, 1096, 200, 500
Jeremiah Dean, 85, -, 1700, 75, 400
Levi Youcum, 132, -, 2640, 100, 900
Trimble John, 32, 60, 300, 15, 175

Isaac Trimble, 12, 100, 400, 15, 15
Henry B. Hawkins, 35, -, 300, 50, 150
William Walker, 5, -, 50, 10, 120
Mary Walker, 14, 45, 150, -, 60
Ninrod Anderson, 30, 30, 250, 15, 210
Jesse Stephens, 80, 175, 500, 50, 300
Reuben C. Poter, 35, 90, 600, 25, 250
Lyman Poter, 50, 75, 800, 50, 340
J. C. Orear jr., 160, 820, 2000, 150, 400
John Shubert, 40, 300, 300, 20, 740
Thomas Bruner, 5, 145, 250, 50, 40
James H. Trimble, 80, 75, 250, 20, 206
Thomas Fox, 50, 100, 600, 50, 400
Eli Stewart, 35, 45, 500, 30, 768
Joshua L. Stephens, 73, 125, 1000, 130, 200
Phebe A Bowen, 33, 67, 400, 10, 160
John McDonald, 33, 67, 400, 10, 75
Patsey Alexander, 60, 500, 1000, 100, 308
Derrit Refet, 8, -, 80, 5, 50
Martin Stone, 20, 30, 200, 5, 50
John Faul (Farel), 15, 55, 213, 5, -
James Wills, 115, 840, 4500, 200, 620
William Combs, 30, 470, 560, 20, 280
Washington Combs, 15, 1385, 330, 5, 80
Henry Lawson, 4, 96, 100, 5, 60
Daniel Lawson, 5, -, 25, -, 13
Francis Lawson, 10, 15, 100, 5, 50
William Lawson, 10, 15, 100, 5, 80
William Ratcliff, 10, 90, 300, 5, 80
James Ratcliff, 40, 60, 600, 10, 270
Seborn Combs, 10, 90, 300, 5, 300
William Lawson, 30, 30, 500, 10, 130
David Divitz, 10, 90, 100, 5, 90
Henry Gode (Gose), 20, 1280, 500, 15, 230
James Conwell (Cornwell), 15, -, 160, 20, 100
Nicholas Bowen, 5, -, 50, -, 60
Thomas Becroft, 10, -, 100, 10, 60
Jesse Cornwell, 15, 53, 300, 26, 300
Levi Hall, -, -, -, 10, 100
James Koffett, 20, 100, 100, 10, 60
Washington Pitts, 12, 30, 60, 5, 100
Robert Hodge, 10, 10, 150, 10, 100
James Reffett, 47, 100, 720, 15, 100
Nimrod A. Wells, 120, 130, 1200, 120, 370
John Donahoo, 50, 50, 500, 50, 350
Robert Hedger (Hedges), 50, 60, 600, 100, 400
William Carter, 40, 90, 500, 10, 200
Elizabeth Downs, 50, 351, 500, 10, 200
Garret Ballard, 30, 70, 400, 15, 320
William F. Green, 48, 15, 350, 15, 100
Elizabeth Green, 38, 15, 350, 15, 150
Joseph Smith, 230, 62, 250, -, 100
Harvey Hensley, 23, 2, 230, 20, 130
Thomas T. Anderson, 22, 23, 200, 3, 45
Archd. Hubbard, 15, 10, 125, 5, 80
Hannah Ramey, 30, 20, 250, 20, 290
Hannah Hubbard, 25, 40, 300, 15, 85
Shelby Daniel, 40, 70, 1100, 25, 420
Matthew Stewart, 35, 100, 500, 25, 220
James Anderson, 10, 40, 150, 10, 60
George Myres, 20, 108, 300, 25, 150
Lewis Fortune, 119, 200, 1600, 125, 823
James S. Megowan, 500, 4787, 21500, 300, 1000
John Clemm, 15, 15, 120, 5, 100
Thomas Hicks (Hanks), 110, 600, 2600, 100, 350
Hiram Myres, 60, 21, 1100, 60, 340
William J. Miller, 30, 115, 2500, 60, 500
Henrietta Stewart, 80, 20, 1000, 60, 520
Milton P. Stephens, 50, 10, 600, 25, 385
John M. Stephens, 50, 80, 800, 50, 300
R. J. Shubert, 100, 100, 1000, 10, 200
Matthew Warmsley, 50, 58, 500, 10, 200
Nathaniel _. Moss, 125, -, 7125, 20, 830
R. P. Kelley, 80, _, 500, 75, 1070
R. W. Combs, 100, -, 1500, 30, 820
Margaret McClure, 112, 4170, 4000, 50, 1000
Samuel Wilson, 160, -, 3200, 200, 865
Haden Wyatt, 170, -, 7000, 200, 800
L. D. Craig, 140, 93, 3000, 100, 850
Jas. N. Allen, 5, 845, 500, 1500, 820
Joshua L. Stephens, 88, -, 1000, 125, 440
Fandy Chenault, 698, -, 28000, 200, 3378
John Coons, 330, -, 8750, 200, 1300
Johnson Fletcher, 60, -, 2000, 25, 320
George Beaty, 150, -, 4500, 120, 800
Abram Phepps, 50, -, 2500, 20, 300
John Grubbs, 520, -, 20800, 200, 3100
John Berry, 420, 690, 7000, 200, 1280
James M. Foster, 147, -, 3000, 100, 430
John Tipton, 247, 150, 13735, 200, 965
Anderson Chenault, 515, -, 27550, 150, 2950
William Tipton, 272, -, 13600, 200, 4450
Robert Botts, 750, -, 7500, 100, 1100
Harrison Orear, 160, -, 8000, 200, 900
Harvey Myres, 25, -, 1150, 15, 15
Daniel McCullough, 150, -, 3600, 30, 750
Alexander McDonald, 50, -, 4000, 60, 400
Thomas Ricketts, 80, -, 1600, 200, 1600
James Turley, 181, -, 4000, 300, 800

Chelton Russell, 100, -, 5000, 104, 600
S. D. Mitchell, 25, -, 3000, 100, 25
Furman Gilkey, 100, -, 5000, 40, 75
John Birkley, 160, 68, 3000, 150, 800
William O. Jameson, 310, 400, 5150, 100, 900
John Jameson, 98, -, 1350, 5, 110
John H. Jones (James), 80, -, 1600, 25, 250
Simeon Watson, 182, -, 3000, 50, 450
Joseph Smith, 178, 76, 3500, 100, 700
Jackson Hanks, 125, 200, 2500, 15, 613
Curtis P. Wade, 70, -, 1400, 200, 400
Wilson R. Maupin, 380, -, 9500, 150, 2000
Perry Cheatham, 83, -, 1500, 35, 450
Jeptha D. Camper, 50, -, 1400, 200, 300
Lucy A. Lockridge, 250, -, 10000, 75, 650
J. V. Kemper, 60, -, 1800, 150, 300
Furman Cheatham, 100, -, 2000, 55, 410
Thomas W. Redman, 325, -, 7000, 200, 900
Permelia Coons, 70, -, 1400, 10, 370
Robert Wade, 80, -, 1300, 100, 465
Susan Kirk, 53, -, 1500, 25, 378
Matthew Adams, 70, -, 1000, 150, 500
John Rose, 60, -, 800, 15, 150
Joel Stephens, 80, -, 600, 20, 250
John Alexander, 30, 150, 800, 10, 120
Amos Williams, 104, -, 1000, 250, 650
Meredith Wright, 125, -, 5000, 100, 800
Jackson Hensley, 20, -, 400, 15, 75
Geroge Burhop (Bishop), 80,-, 800, 50, 125
John Miller, 110, -, 4000, 150, 400
Robert Ramey, 25, -, 1500, 20, 300
John D. Orear, 400, 593, 14685, 1000, 2600
James Petagowan (Pekagowan), 640, 7200, 34400, 300, 5400
Jer. C. Orear senr., 170, -, 6800, 200, 600
Berya (Benja) Northcut, 135, -, 4000, 150, 100
Abraham Ingram, 113, -, 2825, 50, 550
William Hensley, 90, -, 900, 15, 300
John C. Evans, 100, -, 2000, 50, 300
William Stakeley, 20, 280, 300, 20, 150
Sandford Garrett, 20, 230, 300, 80, 90
Horace Benton, 400, -, 12000, 100, 6187
George Frazier, 40, -, 1200, 15, 363
John Combs, 140, -, 4200, 50, 1025
Henry Galeskill (Gateskill), 220, -, 6600, 50, 855
David S. Hazelwrigg, 147, -, 3675, 150, 1008
William Bradley, 165, -, 4125, 75, 700
James Hampton, 35, -, 1250, 15, 243
John Moore, 250, -, 9500, 75, 932
William P. Mark, 350, -, 11400, 125, 1038
Edwin Lamb, 113, -, 3090, 75, 500
James Bullock, 85, -, 2550, 15, 382
Paul C. Bedford, 95, -, 2850, 50, 677
Elisha Moore, 280, -, 8400, 100, 1104
James M. Bibb, 50, -, 1500, 15, 550
Harvey Jeffries, 215, -, 6450, 30, 968
Frances Green, 200, -, 700, 150, 660
Richard D. Green, 260, 200, 13800, 150, 1115
Thadius Green, 300, -, 11500, 250, 1282
Saml. Williams, 450, -, 18000, 300, 2560
William Yates, 170, -, 8550, 75, 415
William Hickman, 50, -, 2000, 50, 350
Hiram Lane, 196, -, 6860, 150, 979
Geroge Burroughs, 84, -, 1260, 20, 350
John Roberts, 25, -, 375, 15, 115
Woodford Roberts, 75, 25, 1200, 15, 226
James King, 75, -, 900, 20, 277
William Thompson, 90, -, 1350, 12, 238
Luconda Thompson, 105, -, 3150, 20, 417
Reuben Moore, 219, -, 3570, 45, 687
James T. Quisenberry, 66, -, 1980, 15, 372
William M. Nelson, 58, -, 1740, 15, 340
Thomas Wren, 105, -, 3150, 75, 860
William Bradshaw, 50, -, 2600, 20, 382
James C. Hamilton, 1400, -, 63000, 300, 11560
William Chapel, 60, -, 2400, 20, 714
James A. White, 45, -, 675, 15, 232
Lydofy D. T. A. Glover, 173, -, 5190, 50, 945
John B. Moore, 42, -, 1240, 15, 99
Saml. Glover, 51, -, 1785, 20, 410
Thomas White, 75, -, 1950, 15, 200
Thomas H. McKinney, 50, -, 3200, 150, 1029
Samuel Onings (_nings), 373, -, 14920, 100, 1273
Mary Harrow, 135, -, 4625, 25, 398
Saml. B. F. Crane, 142, -, 5650, 75, 769
Enoch _. Wren, 90, -, 2800, 30, 594
Jack Sowell, 15, -, 1300, 15, 320
Saml. Brooks, 31, -, 930, 15, 450
John A. Crawford, 137, 500, 6900, 100, 522
George W. Dale, 100, -, 3000, 15, 277

Jeremiah Cravens, 220, -, 8800, 200, 2572
Elizabeth Gilkie, 150, -, 4500, 50, 515
Archibald Allen, 30, -, 960, 15, 200
James O. Howard, 91, -, 2730, 25, 156
John W. Hood, -, -, -, 100, 300
Asa B. Gatewood, -, -, -, 100, 100
Saml. G. Herndon, 44, -, 3200, 5, 540
Amon Young, -, -, -, -, 175
James Howard, 65, -, 14000, 75, 2000

Morgan County Kentucky
1850 Agricultural Census

The Agricultural Census for 1850 was filmed for the University of North Carolina from original records at Duke University in Durham North Carolina.

The following are the items represented and separated by a comma: for example, John Doe, 25, 25, 10, 5, 100. This represents:

Column 1 Owner
Column 2 Acres of Improved Land
Column 3 Acres of Unimproved Land
Column 4 Cash Value of Farm
Column 5 Value of Farm Implements and Machinery
Column 13 Value of Livestock

The following symbol is used to maintain spacing where there are no numbers: (-)
Attempts were made to identify as many letters in names as possible. When the first letter of last name was not identifiable, be sure to check the very beginning of the index as that is where those names would be indexed. Where the first letter of the last name was visible but the second letter was missing, check the beginning of that letter. For example, F_oster, would be found at the beginning of the Fs.

Thomas H. Caskey, 80, 485, 450, 15, 200
David P. Lykins, 35, 140, 225, 10, 78
Isaac Ferguson, 50, 200, 400, 20, 150
Thomas Smith, 30, 195, 300, 5, 40
John W. Preuitt, 20, -, 150, 5, 80
Moses Conley, 18, 25, 150, 8, 100
Isaac Conley, 25, 50, 175, 6, 125
James Howerton, 70, 125, 1000, 12, 340
Peter Day Sr., 100, 250, 1000, 50, 340
William Mynhiem, 65, 200, 800, 30, 200
Alexander Boyd, 40, 175, 600, 4, 40
Benson C. Davis, 75, 725, 1600, 30, 100
John W. Day, 40, 60, 300, 10, 150
Gideon Lewis, 18, 82, 200, 7, 75
Enoch Lewis, 30, 200, 300, 9, 100
David Trimble, 20, 130, 400, 15, 216
Harrison McKenzie, 25, 125, 500, 10, 100
William Deal Jr., 20, 125, 150, 4, 100
James Brown Sr., 60, 800, 800, 20, 150
Thornton Williams, 40, -, 500, 18, 100
Thomas D. Perry, 200, 5000, 5000, 150, 1000
James M. Howerton, 105, 400, 1800, 50, 3 0
John Brown, 40, 200, 600, 30, 100
John Nickel, 25, 625, 1000, 20, 480
William Pearce, 50, 1180, 900, 25, 190
James Fugett, Jr., 25, 75, 300, 10, 100
Hosea Fuller, 30, 70, 800, 15, 200
Uriah Cottle, 150, 350, 1000, 75, 250
Harry Brown, 40, 200, 700, 10, 35
John H. Day, 40, 90, 300, 10, 80
Francis Lewis Jr., 80, 900, 1000, 15, 175
William F. Williams, 75, 1175, 1000, 50, 450
Allen T. Day, 80, 800, 1500, 20, 160
James Elam Sr., 200, 400, 2500, 90, 225
William K. Elam, 80, 250, 850, 60, 320
Israel Johnson, 15, 200, 100, 6, 50
George W. Stampson, 100, 90, 1000, -, 65
John Wells, 20, 60, 200, 4, 40
Silas Nickell, 15, 185, 500, 10, 100
Joannah Easterling, 50, 210, 1000, 30, 350
Sarah Mary, 25, 135, 400, 10, 220
John B. Lacy, 100, 1900, 2000, 25, 250
Mahlda Nickell, 50, 250, 800, 10, 215
Daniel Brown, 50, 350, 800, 5, 150
Jesse J. McQuire, 20, 180, 500, 10, 80
John D. Nickell, 75, 125, 500, 10, 75
William Coffee, 50, 200, 600, 70, 250
Thomas B. Keeton, 110, 250, 2000, 60, 300
Edwin Evans, 35, 100, 400, 15, 75
Elijah Williams, 100, 650, 2000, 25, 165
B. M. Evans, 30, 80, 250, -, 75
Robert Prater, 100, 700, 2500, 50, 400
Andrew J. Hammons, 25, 1000, 800, 10, 90

John Hammons, 30, 400, 400, 10, 150
Jeremiah Elam, 150, 600, 2000, 100, 472
Elijah Brown, 70, 110, 1000, 15, 300
Thomas Prater, 50, 400, 800, 20, 175
Elizabeth Williams, 25, 200, 400, 10, 140
Henry Easterling, 40, 114, 500, 10, 125
Allen Adams, 40, 700, 500, 15, 125
Samuel W. McGuire, 25, 25, 300, 10, 150
George W. Keeton, 40, 1000, 500, 10, 300
John B. Bays, 12, 85, 300, 5, 200
Ezekiel Gullett, 30, 700, 450, 10, 100
Wiley J. Coffee, 40, 202, 100, 10, 100
William D. Prater, 20, 150, 250, 10, 100
James Howard Sr., 50, 475, 1000, 20, 350
Joseph Hammonds, 50, 125, 500, 5, 150
Archibald Risner, 30, 370, 500, 5, 275
Reuben Howard, 50, 250, 650, 15, 250
Henry Howard Sr., 40, 435, 800, 15, 300
James Howard Jr., 40, 680, 650, 10, 200
Benjamin Hammon, 100, 500, 1000, 100, 500
Stephen Hensley, 20, 150, 200, 8, 225
John Lykins, 130, 320, 1500, 40, 500
Andrew Howard, 25, 125, 350, 5, 500
Moses Howard Sr., 30, 60, 250, 5, 50
James Perkins, 18, 72, 200, 3, 90
John Phipps, 75, 250, 700, 10, 500
Gilbert Adams, 10, 30, 100, 5, 100
Ambrose C. McGuire, 20, 200, 400, 15, 150
Moses McClanahan, 45, 250, 500, 15, 100
Richard M. Oakley, 30, 270, 800, 10, 100
Isaac Hall, 30, 700, 150, 10, 200
Peter H. Amyx, 16, 534, 550, 10, 120
John Cassity, 50, 500, 1000, 20, 450
Isaac Cassity, 25, 170, 400, 10, 40
Joseph Myers, 35, 165, 600, 20, 75
Paterson Utterback, 60, 600, 600, 10, 75
Elisha Bishop, 60, 400, 500, 5, 80
Henry Epperhart, 50, 200, 600, 10, 60
Davis Fannin, 40, 1000, 1000, 20, 150
James P. Kendall, 40, 500, 600, 50, 350
William Kendall Jr., 12, 100, 200, 5, 80
George B. Clark, 40, 1731, 1000, 10, 100
Watson Montgomery, 20, 75, 100, 10, 75
John Jennings, 10, 70, 250, 10, 40
John E. Brown, 13, 500, 1000, 30, 250
George McDaniel, 25, 50, 200, 5, 70

Isaac Jones, 40, 500, 500, 10, 125
William Sargent, 40, 50, 15, 5, 150
Anderson Blain, 75, 600, 1500, 30, 200
James Thomas, 50, 200, 500, 10, 200
Daniel Litrel, 6, 50, 200, 5, 100
John Conley, 15, 150, 400, 5, 60
John W. Ferguson, 10, 140, 400, 5, 150
John Thomas, 15, 35, 150, 10, 150
Enoch G. Templeman, 7, 43, 100, 12, 100
John Stultz, 50, 264, 500, 5, 150
Milton Perry, 20, 80, 300, 5, 75
Alexander Kirk, 40, 800, 2000, 20, 250
Benjamin Rogers, 30, 110, 500, 10, 100
James A. Day, 30, 400, 800, 5, 130
Matthew Lee, 45, 461, 900, 10, 300
Josiah Browning, 25, 75, 300, 5, 90
Fowler Nickell, 25, 135, 200, 5, 160
Thornton W. Sanford, 30, 70, 400, 10, 100
George White, 60, 70, 300, -, 320
Augustus Sanford, 140, 1520, 1500, 75, 500
James Edwards, 26, 675, 600, 20, 200
John Royce, 30, 95, 200, 10, 125
Joel Parker, 30, 226, 500, 10, 125
William Jackson, 40, 110, 400, 15, 140
James Nickell, 14, 26, 150, 5, 100
Hezekiah McDaniel, 35, 165, 400, 10, 125
Anderson Jackson, 30, 169, 350, 60, 150
Susannah Day, 40, 127, 500, 15, 185
James McGuire, 20, 163, 300, 10, 120
William Craig, 12, 328, 400, 5, 190
Abraham Ellington, 25, 125, 300, 5, 40
Daniel Perry, 25, 235, 500, 15, 200
Lovel Sargent, 40, -, 300, 10, 125
Henry Blankenship, 23, 205, 350, 10, 150
Samuel Caskey, 20, 30, 300, 5, 75
Henry H. Lewis, 110, 800, 1200, 35, 310
Matthew McClure Sr., 140, 1260, 1650, 100, 300
Sevannah Baley, 35, 100, 400, 5, 225
Harrison Cole, 50, 2500, 1000, 100, 340
Thomas Caskey Jr., 50, 50, 300, 5, 100
Mary Cole, 30, 100, 600, 15, 125
James Henson, 15, 185, 300, 5, 250
William Oakley, 25, 75, 300, 5, 120
Beverly McClain, 45, 755, 500, 15, 450
Wm. H. H. Lewis, 100, 300, 1500, 20, 140
John P. Lewis Sr., 35, 1700, 1200, 10, 175
Daniel Peyton Sr., 50, 1000, 2000, 100, 260

John Ellington, 40, 160, 500, 10, 125
Alfred Ellington, 20, 175, 250, 10, 100
Lewis Hunt, 35, 800, 800, 15, 100
John J. Trimbo, 18, 100, 400, 5, 180
Benjamin Ellington, 6, 54, 150, 3, 50
A. D. D. Hunt, 14, 400, 1000, 10, 120
Alfred Daley, 20, 230, 350, 10, 130
John Daley, 20, 230, 350, 5, 120
John Armitage, 50, 200, 1000, 20, 100
Joseph Hunt, 35, 265, 1000, 20, 600
Alfred Dunahoo, 45, 230, 500, 10, 120
James Dunahoo, 40, 310, 800, 12, 75
Charles S. Wilson, 90, 260, 1300, 15, 165
Abijah Wilson, 300, 400, 8000, 100, 400
Isaiah Wilson, 70, 700, 2000, 80, 350
Isaac Day, 50, 130, 500, 15, 130
John W. Ellington, 50, 750, 700, 10, 225
Isaac Cassity Sr., 50, 290, 1000, 10, 200
Jacob Ellington, 60, 240, 1000, 50, 300
Isaac Ellington, 15, 685, 700, 10, 140
Thomas Craig, 20, 80, 300, 15, 120
James Jones, 45, 1000, 800, 30, 300
Mordecai Pearce, 50, 150, 1000, 80, 1 50
Joseph Utterback, 28, 125, 800, 20, 160
Samuel Smedley, 75, 10000, 3500, 40, 415
James Brown, 50, 250, 500, 50, 175
Jacob Hall, 50, 250, 500, 50, 175
Jacob Hall, 30, 550, 500, 15, 200
Adam Crose, 20, 280, 300, 20, 40
Solomon H. Mynhiem, 40, 60, 330, 20, 100
Samuel Elliott, 25, 125, 250, 10, 175
Marcus Lam, 40, 710, 1000, 75, 175
Thomas J. Cassity, 40, 110, 600, 10, 100
William Havens, 60, 190, 600, 10, 150
Richard Wells, 25, 235, 400, 20, 75
John Caskey Sr., 70, 406, 500, 80, 275
Mary Fugett, 52, -, 700, 10, 150
Lewis Henry Jr., 35, 365, 1100, 10, 200
James Hammons, 75, 625, 1600, 30, 300
Austain Oakley, 50, 530, 1000, 25, 150
William M. Fugett, 30, 270, 500, 15, 200
Daniel Brown, 8, 92, 100, -, 65
Cyrus Perry Sr., 25, 475, 600, 10, 165
Joseph Perry, 50, 350, 600, 15, 250
Josiah Carpenter, 25, 125, 300, 12, 135
Levi Carpenter, 30, 120, 300, 10, 100
George W. Goodpaster, 36, 140, 600, 18, 220
Harrison McGuire, 18, 130, 400, 15, 50
Joseph Lawson, 40, 70, 600, 15, 200
Elizabeth Dennis, 40, 310, 1000, 20,3 00
Jacob Pearce, 60, 540, 1100, 10, 200
Richard Combs, 40, 300, 600, 10, 250

Boon Hoards, 75, -, 1000, 15, 425
Jeremiah Power, 40, 390, 500, 10, 200
Richard Wells Sr., 40, 216, 550, 10, 175
Gabriel Hughes, 75, 235, 600, 20, 200
Hezekiah Barker, 12, 188, 400, 10, 100
Shelton Wells, 25, 175, 500, 10, 160
Enoch B. Carter, 15, 110, 500, 140, 280
Levi Kash, 40, 160, 1000, 7, 70
John P. Orsburn, 70, 530, 1700, 35, 200
William P. Lawson, 25, 75, 350, 6, 230
Jame K. Nickell, 35, 65, 400, 5, 70
Mary A. Ward, 60, 140, 800, 10, 240
Milton Nickell, 45, 255, 600, 10, 360
Stephen S. Dennis, 25, 475, 1700, 30, 175
John Henry Jr., 25, 275, 600, 12, 130
James Gose, 65, 155, 1000, 20, 286
Travis Lawson, 30, 170, 500, 10, 120
Eli Ly Peratt, 50, 590, 1200, 50, 200
Shelby Kash, 60, 190, 800, 20, 200
Isaac Ingram, 54, 65, 600, 20, 175
Jacob Dennis, 25, 225, 700, 10, 120
Abraham Ingram, 55, 108, 700, 15, 230
Thomas Peratt, 50, 200, 500, 10, 190
Jbal Mannin, 50, 100, 600, 15, 120
Michael Henry, 60, 170, 500, 50, 300
William Yocum, 40, 10, 600, 20, 200
James Kash, 150, 950, 2500, 150, 850
Elizabeth Dean, 30, 45, 100, 5, 130
Pleasant Martin, 75, 425, 1000, 6, 135
William Martin, 25, 75, 200, 6, 100
Henry Carpenter,100, 200, 1500, 75, 480
Napoleon B. Oakley, 60, 540, 2300, 20, 275
Raney Carter, 30, 270, 100, 10, 175
James W. Day, 75, 475, 1200, 25, 250
Solomon Jenkins, 50, -, 500, 10, 160
Hamilton W. Vest, 20, 275, 500, 10, 140
Ebenezer Gibbs, 23, 227, 1000, 30, 345
Margaret Oakley, 40, 60, 500, 8, 128
John Peratt, 100, 430, 3000, 70, 400
Samuel Elam Sr., 65, 185, 600, 10, 80
Watters (Walters) Elam, 40, -, 600, 5, 130
David Day, 80, 600, 800, 20, 350
James Elliott, 80, 208, 800, 50, 200
Samuel Jackson 40, 87, 400, 75, 70
Richmond Adams, 35, 65, 350, 25, 260
John Barker, 45, 65, 500, 10, 60
William Lykins, 250, 3250, 3500, 100, 250
Travis Fannin, 25, 675, 1000, 10, 200
James Davis, 150, 467, 2000, 125, 465
Levi Phipps, 60, 90, 700, 10, 120
David Lykins, 40, 260, 600, 75, 150
John Henry Sr., 60, 740, 1500, 40, 250

Elijah Keeton, 40, 210, 500, 5, 350
Andrew Nickel, 50, 75, 800, 50, 175
James Gibbs, 50, 450, 800, 15, 200
Gardner Lewis, 40, 1160, 1000, 10, 110
C. M. Hanks, 100, 1300, 2000, 25, 310
William Ratliff, 32, 220, 500, 7, 40
Samuel H. Hurst, 100, 1600, 1500, 100, 700
Daniel Williams, 40, 360, 800, 20, 250
Matthew McClure Jr., 15, 80, 400, 15, 550
Perry Howerton, 25, 200, -, 2, 125
John Conley Jr., 30, 95, 450, 3, 60
James Fugett Sr., 60, 140, 500, 10, 300
Jesse Kendall, 75, 1125, 1200, 25, 250
Ananius Reed, 100, 200, 1200, 100, 300
Robert A. Horton, 50, 1000, 1000, 25, 200
James Davis Jr., 20, -, 200, 8,1 80
Ambrose Williams, 70, 110, 800, 8, 300
John Bird, 20, -, 300, 10, 135
William Cock, 40, -, 450, 10, 150
Samuel McGuire, 45, -, 200, 20, 100
John Williams, 25, 425, 1500, 75, 426
William Tutt, 30, 20, 250, 10, 8
Thomas P. Day, 30, 145, 175, 15, 80
Thomas Haven, 20, 130, 300, 15, 100
Thomas E. Lewis, 85, 1415, 1500, 20, 300
James Landson, 12, 88, 300, 35, 250
Daniel Reed, 100, 1650, 1200, 40, 500
William Easterling, 75, 75, 1000, 10, 290
Peter Day Jr., 60, 200, 600, 15, 80
William Cox, 100, 1100, 3000, 150, 400
Robert C. Day, 12, 225, 300, 6, 90
John P. Lewis, 80, 150, 600, 15, 250
William Day, 35, 900, 800, 10, 250
Thornton Williams, 60, 250, 1000, 50, 90
Richard S. White (Whitt), 60, 1160, 600, 20, 100
Joseph H. Amyx, 35, 5000, 2000, 25, 305
Robert Caskey, 100, 1500, 2000, 150, 600
Jesse Caskey, 20, 80, 300, 30, 150
Rufus Humphrey, 60, 180, 1000, 8, 160
Joseph Lewis, 20, 80, 300, 5, 140
Thomas L. Lewis, 35, 1365, 600, 6, 240
James J. Ferguson, 80, 259, 800, 15, 128
John Pelfrey, 80, 660, 600, 400, 428
James Fannin, 40, 150, 600, 12, 130
James P. Day, 50, 100, 300, 10, 285
James Mason, 25, -, 300, 10, 65

Abraham Adkins, 100, 600, 2000, 60, 300
Lewis Adkins, 25, 125, 150, 6, 70
William Conley, 30, 120, 200, 5, 110
George Fannin, 80, 220, 700, 10, 175
William Barker, 20, 150, 400, 5, 155
John Conley Sr., 40, 70, 300, 40, 200
David Conley, 25, 100, 250, 3, 250
Isaac Isom, 40, 35, 500, 20, 185
Benjamin Hamilton, 30, 20, 200, 5, 100
Nelson Keeton, 75, 625, 850, 15, 100
Wallace W. Brown, 25, 315, 600, 5, 275
John Borders, 55, 180, 500, 5, 115
William Ferguson, 100, 250, 800, 75, 390
William Brown, 90, 550, 1200, 25, 250
Elijah Smith Sr., 45, 155, 400, 10, 145
David Smith, 20, 65, 200, 5, 140
Elijah Smith, 35, 175, 400, 10, 225
Elisha Smith, 22, 228, 400, 8, 145
Spencer Hill, 50, 580, 500, 7, 290
John Hambleton, 100, 365, 1500, 20, 390
William Hill, 35, -, 300, 5, 170
Edward Hill, 70, 630, 250, 60, 320
Francis Dyer, 40, 360, 300, 8, 130
Jesse Gillum, 40, -, 100, 6, 77
Lancaster Lemasters, 30, 595, 600, 10, 313
Henry Smith, 25, 55, 100, 5, 90
John Cantril, 22, 128, 150, 5, 120
Mason W. Coffee, 35, 335, 500, 5, 150
Elizabeth Ferguson, 50, 390, 600, 10, 280
Jane Williams, 75, 265, 600, 12, 443
Francis Lewis Sr., 67, 53, 500, 60, 286
Edmond W. Ellington, 40, 560, 1000, 15, 100
David Walsh, 20, 380, 400, 8, 70
William Muclemdon, 25, 125, 150, 4, 55
Cornelius Howard, 168, 440, 1000, 100, 650
Straley Adkins, 20, 130, 500, 6, 97
William S. Black, 150, 1850, 2800, 115, 322
Daniel Horten, 200, 800, 2800, 15, 537
Martin Whitt, 18, 82, 300, 12, 35
Moses Adkins, 25, 25, 350, 10, 75
Martin Steagall, 35, 475, 700, 10, 206
John Bumgardner, 23, 277, 600, 10, 151
William H. Cl__, 100, 350, 900, 20, 237
Richard Whitt Sr., 45, 155, 500, 16, 100
William Adkins, 65, 135, 1000, 6, 200
Westley Adkins, 40, 160, 600, 15, 250
Phillip Barker, 36, 364, 800, 5, 205
Moses Brown, 50, 197, 50, 6, 210

Phillip Fraley, 60, -, 500, 5, 260
Drinkard Steagall, 22, 278, 300, 10, 150
Jesse Con, 50, 450, 800, 4, 64
Milton Carter, 25, -, 400, 8, 107
Drew Evans, 25, 275, 700, -, 60
Jesse W. Bryant, 40, 210, 500, 5, 100
Reuben Nickell, 35, 65, 200, 10, 153
Tobias Cock, 65, 189, 500, 20, 177
Elizabeth Cross, 25, 125, 500, 6, 144
John H. Ramsey, 70, 730, 600, 8, 128
David Roe, 40, 235, 800, 12, 100
John W. Porter, 25, 125, 450, 5, 80
A__ Skaggs, 50, 75, 600, 10, 170
Braddock Holbock, 35, 135, 500, -, 148
Squire Skaggs, 20, 80, 300, 4, 37
William Porter, 35, 120, 500, 2, 60
Davidson Davis, 45, 105, 400, 15, 72
John A. Tacket, 75, 200, 1000, 50, 167
James Stafford, 40, 260, 400, 12, 82
William H. Vansant, 74, 525, 16500, 85, 340
John Flannary Jr., 17, 283, 800, 18, 200
John Stephens, 14, 136, 500, 22, 150
Andrew Stephens, 30, -, 300, 20, 70
Jarret W. Boling, 40, 140, 600, 11, 65
Bartlett Adkins, 45, 55, 800, 8, 130
John Diehart, 60, 240, 500, 5, 200
James Roe, 28, 138, 400, 8, 110
William Barker, 28, 212, 400, 6, 202
Nathan Adkins, 60, 190, 600, 18, 238
George Howard, 100, -, 900, 8, 105
Sylveter D. Hunter, 25, 275, 900, 12, 125
Howard Adkins, 47, 123, 600, 14, 350
Joseph Adkins, 40, 60, 500, 12, 210
James Henson, 70, 230, 900, 45, 350
Rebecca Terry, 22, 48, 900, 2, 80
Solomon Lewis, 37, 95, 400, 8, 230
William Lewis, 45, 55, 300, 10, 180
Ira Isom, 30, 145, 400, 10, 100
RollyWatson, 80, 180, 1000, 10, 200
Bales Sargent, 40, 600, 200, 16, 100
Jefferson Mason, 40, -, 200, 20, 200
Bird Isom, 20, 70, 600, 5, 75
John Lewis, 40, -, 400, 4, 190
Doctor Isom, 20, 80, 300, 6, 161
George D. Brown, 40, 210, 500, 12, 100
Lewis Kendall, 50, 550, 800, 7, 140
Jesse Stephens, 15, 85, 150, 6, 100
Lewis Henson, 17, 163, 300, 4, 50
Daniel Stephens, 20, 180, 150, 3, 80
William Binyan (Brinjan), 12, 88, 100, 2, 55
Stephen Stephens, 40, 260, 600, 12, 151
Solomon Stephens, 30, 70, 300, 10, 108
Francis Hunter, 207, 2000, 3000, 150, 808
James S. Foster, 30, -, 150, 10, 150
Hampton Foster, 50, 115, 500, 15, 200
Jacob Weddington, 100, 900, 1200, 20, 323
Hezekiah Adkins, 20, -, 200, 3, 55
William H. Kendall, 80, 470, 2000, 100, 862
Caswell Adkins, 30, 70, 700, 80, 225
Wiley Adkins, 14, -, 400, 4, 100
Mitchel Adkins, 20, 480, 700, 6, 140
John M. Adkins, 40, 960, 1500, 15, 335
William B. Smith, 25, 180, 475, 62, 317
James Elliott, Sr., 70, 430, 800, 10, 295
William Howard, 30, 470, 700, 8, 346
Gabriel Dehat, 40, 135, 400, 25, 182
William W. Elam, 18, 132, 450, 4, 70
Jesse Day, 30, 400, 400, 7, 10
Joseph Carter, 125, 875, 2000, 70, 300
Jesse Oldfield, 40, 160, 1000, 4, 420
Joel Havens, 50, 225, 1500, 8, 170
James Kash Sr., 75, 179, 900, 30, 215
Enoch Gillmore, 40, 560, 800, 18, 224
Miles Murphy, 70, 180, 800, 20, 278
Alexander Gillespie, 25, 225, 250, 12, 08
Raney Maxey, 75, 485, 1000, 50, 420
Charles Mannin, 40, 360, 60, 12, 210
James P. Holderby, 90, 410, 2000, 50, 518
Caleb Kash, 150, 700, 3000, 50, 509
Lewis Power, 30, 650, 800, 25, 150
John Tutt, 35, 981, 500, 15, 200
James A. Lock, 19, 191, 500, 15, 175
John Cox, 30, 330, 600, 100, 438
Benjamin F. Cox, 40, 100, 1500, 2, 132
Joshua Cox, 27, 73, 400, 18, 290
Archibald Day, 60, 440, 1500, 8, 80
Joseph Nickell, 80, 470, 3300, 200, 610
Johnson Morgan, 30, 400, 600, 7, 200
James Gillmore, 35, 86, 400, 10, 150
Phillip Little, 85, 2415, 2800, 100, 400
Solomon Cox, 60, 180, 2500, 25, 150
Peter Little, 25, 400, 1000, 3, 150
Tilman Johnson, 40, 235, 1100, -, 200
David C. Dennis, 25, 135, 300, 10, 125
Stephen Swango, 80, 480, 1200, 100, 400
Calvin S.Gillespie, 15, 85, 300, 5, 118
Harrison Swango, 80, 1100, 2200, 50, 600
William Cornwell, 30, -, 260, 7, 60
Clabourn Stacy, 40, -, 400, 5, 162
William Ohain, 200, 1200, 3000, 60, 200
William Trimble, 200, 300, 10000, 200, 1200

Nathan Gibbs, 30, 120, 2000, 100, 350
Isaac Peck, 35, 165, 600, 12, 95
William Wells, 200, 1000, 4500, 100, 1421
William Caskey, 60, 540, 1000, 25, 373
William Gillmore, 100, 1200, 1500, 25, 696
Watters (Walter) C.Easterling, 26, 44, 300, 6, 140
Samuel W. Brown, 60, 190, 650, 12, 361
John G. Gillespie, 12, -, 200, 18, 130
George W. Johnson, 15, 385, 400, 50, 444
William P. Nickell, 30, 70, 200, 10, 150
Western W. Cox, 22, 42, 305, 18, 80
William Nickell, 70, 530, 1000, 45, 301
Samuel Orsburn, 10, 90, 150, 10, 75
Hiram Patrick, 50, 150, 700, 100, 181
William K. Nickell, 65, 285, 600, 10, 346
John Downing, 15, -, 100, 7, 50
Samuel May, 85, 192, 1500, 85, 715
Volentine Peratt, 40, 545, 900, 10, 280
David Carter, 30, 270, 600, 20, 200
James B. Tutt, 40, 460, 800, 20, 178
William Robinson, 30, 210, 200, 15, 150
Francis Lacy, 60, 590, 1000, 25, 125
Lorenzo D. Landson, 15, 385, 600, 40, 300
David Gilmore, 75, 475, 1000, 10, 500
Westerb Payton, 90, -, 700, 20, 136
Margarett Stamper, 100, 400, 300, 30, 230
Geore Asberry, 90, 219, 600, 40, 315
Abram Swango, 300, 1000, 4000, 200, 1654
David Lindon, 55, 1445, 1000, 35, 410
William Murphy Sr., 180, 1520, 4000, 150, 1000
William Murphy Jr., 20, -, 300, 20, 200
John Murphy, 80, 620, 1200, 25, 410
William Jones, 15, -, 75, 10, 50
Andrew Kash, 20, 180, 300, 20, 112
John F. Little, 40, 310, 300, 15, 117
Charles Little, 100, 334, 1200, 75, 324
John J. Sweatnam, 60, 340, 1500, 40, 300
James T. Crain, 28, 147, 300, 12, 95
Stephen Orsburn, 40, 960, 800, 8, 190
Lewis Trimble, 25, 125, 300, 7, 110
Richard Crain, 20, 80, 200, 8, 60
Edmund P. Lewis, 17, -, 500, 8, 91
John C. Lewis, 17, 550, 500, -, 64
James C. Lewis, 40, 460, 500, 50, 141
Margarett Congleton, 50, 50, 800, 30, 158

Matilda Stamper, 70, 2030, 1500, 6, 304
George Hanks, 75, 925, 2000, 100, 402
Elkana Garrett, 60, 1140, 200, 30, 423
Allen Day, 40, 360, 1000, 15, 135
James Hammons Sr., 70, 630, 2300, 37, 209
Silas Hammons, 25, 275, 800, 16, 121
Washington Swango, 70, 430, 1000, 20, 340
John Rose, 60, 440, 1500, 20, 416
William B. Rose, 50, 350, 1200, 28, 380
John D. Rose, 30, 370, 500, 8, 230
David Rose Sr., 80, 185, 4000, 130, 600
Bowen Rose, 75, 425, 1000, 20, 350
David Rose Jr., 30, 470, 1000, 18, 400
James N. Rose, 20, 480, 800, 8, 180
Abraham Phillips, 80, 920, 1500, 15, 263
Asey Lacy, 40, 70, 250, 12, 160
Harvy Lacy, 40, 160, 400, 8, 117
William Lacy, 50, 200, 1000, 18, 185
Marcus Lacy, 45, 41, 800, 9, 180
William P. Trimble, 65, 370, 1200, 100, 437
McKinley Cockerel, 100, 302, 1500, 25, 409
Joseph Wilson, 80, 920, 1200, 18, 396
James B. Stamper, 100, 290, 1500, 100, 405
Andrew Nickell, 100, 900, 1500, 40, 446
Andrew Wilson, 75, 1925, 1500, 15, 387
Shelby Wilson, 50, 550, 1000, 10, 654
William Childers, 15, 185, 300, 5, 95
Frances Lyon, 40, 600, 300, -, 100
Samuel Haddox, 25, 975, 400, 4, 100
James McQuinn, 40, 960, 800, 12, 190
Robert Wilson, 60, 440, 800, 30, 250
Matilda Walters (Watters), 50, 2950, 1200, 12, 223
Allen Kendall, 80, 920, 1400, 18, 445
Jacob Henry, 20, 580, 1000, 20, 200
Lewis Henry Sr., 140, 560, 2500, 80, 310
Benjamin F. Wells, 150, 550, 2500, 85, 740
Watters (Walters) Easterling, 30, 110, 400, 18, 237
Bryant Fannin, 35, 165, 200, 5, 48
Gardner Caskey, 25, 25, 400, 100, 207
Charles T. Adams, 25, -, 500, 2, 100
William Henry, 75, 425, 1500, 75, 250
Elizabeth Bishop, 15, 135, 200, 6, 86
Isom Henry, 30, 163, 800, 10, 80
James Prater, 60, 200, 700, 50, 200
Mason Williams, 55, 745, 1500, 20, 345
Robert C. Cottle, 70, 40, 1000, 18, 300
Jesse Cassity, 40, 310, 500, 40, 325

Peter Lykins, 45, 250, 400, 4, 150
Daniel W. Allen, 40, 60, 500, 25, 125
Charles Kilgore, 30, 70, 200, 10, 15
William Ferguson, 50, 270, 500, 6, 70
George W. Prater, 50, 205, 400, 15, 218
Harman Lewis, 25, 25, 250, 10, 200
George W. Oldfield, 35, 165, 300, 15, 150
Eli Phipps, 14, 186, 300, 12, 125
Francis Elam, 125, 125, 2000, 15, 220
John May, 75, 925, 1500, 80, 477
Archibald Prater, 50, 750, 1000, 150, 400
Hugh A. Stacy, 35, 365, 400, 15, 150
George Stacy, 30, 270, 400, 7, 230
Joshua Perkins, 60, 260, 300, 8, 100
Matthew Meadows, 60, 140, 400, 15, 350
Joel Davis, 40, 429, 400, 6, 110
Thomas L. Day, 140, 360, 2000, 100, 600
Isaac Cottle, 50, 50, 800, 25, 500
David N. Cottle, 65, 135, 1150, 100, 512
James F. Cottle, 20, 380, 300, 10, 277
Thomas Lewis, 33, 217, 500, 5, 231
John Lewis Sr., 200, 280, 2500, 50, 390
Jeremiah Elam, 30, 20, 300, 10, 108
John Montgomery, 47, 553, 400, 28, 200
John Risner, 20, 380, 200, 8, 310
Davis Kenard, 25, 225, 600, 6, 150
Lee Cooper, 23, 377, 200, 20, 300
John Patrick, 50, 170, 1000, 20, 320
Edmund Conley, 30, 470, 500, 12, 142
John Bays, 100, 200, 1000, 40, 400
Abagail Cordell, 40, 160, 800, 6, 130
William Adams, 200, 6800, 4000, 150, 610
Benjamin F. Gardner, 300, 9700, 5000, 200, 1400
Michael Risner, 40, 125, 500, 25, 165

Sanford Reed, 90, 200, 2000, 80, 670
James May Jr., 50, 920, 800, 18, 430
James Haney Sr., 55, 190, 800, 22, 155
William Stacy, 25, 375, 400, 3, 95
Samuel Prater, 200, 270, 2500, 100, 325
Andrew Burton, 100, 1400, 750, 20, 336
James May Sr., 150, 950, 2000, 40, 530
Franklin Gullett, 40, 60, 450, 15, 3214
Campbell May, 12, 288, 400, 5, 190
Ephraim Hamons, 75, 200, 500, 8, 75
John Gullett, 30, 1380, 1000, 6, 150
David M. Cooper, 45, 555, 1000, 8, 200
George W. Rice, 50, 750, 1200, 12, 220
George W. Hammons, 40, 260, 400, 25, 150
Josiah Hammons, 10, 190, 200, 10, 150
Elijah Prater, 75, 100, 1200, 14, 160
Charlotte Patrick, 75, 525, 1600, 15, 417
John Gose, 60, 240, 1200, 20, 300
Moses Wages, 100, 650, 1200, 19, 400
Joshua Wilson, 50, 950, 1000, 8, 250
Jilson P. McQuire, 55, 95, 800, 7, 150
Richard Allen, 45, 700, 450, 14, 250
Daniel Burton, 40, 145, 350, 2, 120
John Sebastian, 60, 40, 500, 8, 300
Morgan Barker, 30, 170, 600, 8, 140
Phillip Christy, 90, 910, 1100, 55, 200
David Wells, 50, 100, 1200, 12, 250
John Howerton, 90, 110, 1200, 10, 500
Cyrus Perry Jr., 25, 1975, 1500, 9, 120
Samuel R. Turner, 50, 30, 500, 30, 200
John Jones, 70, 130, 1200, 10, 207
John Ferguson, 30, 470, 1000, 45, 229
John W. Hazelwrigg, 50, 1500, 6000, 125, 700
John T. Williams, 30, 170, 600, 125, 700
William H. Burns, 75, 115, 1800, 100, 200

Muhlenberg County Kentucky
1850 Agricultural Census

The Agricultural Census for 1850 was filmed for the University of North Carolina from original records at Duke University in Durham North Carolina.

The following are the items represented and separated by a comma: for example, John Doe, 25, 25, 10, 5, 100. This represents:

Column 1 Owner
Column 2 Acres of Improved Land
Column 3 Acres of Unimproved Land
Column 4 Cash Value of Farm
Column 5 Value of Farm Implements and Machinery
Column 13 Value of Livestock

The following symbol is used to maintain spacing where there are no numbers: (-)
Attempts were made to identify as many letters in names as possible. When the first letter of last name was not identifiable, be sure to check the very beginning of the index as that is where those names would be indexed. Where the first letter of the last name was visible but the second letter was missing, check the beginning of that letter. For example, F_oster, would be found at the beginning of the Fs.

A. Shaver, 60, 100, 500, 15, 128
John W. Whitmore, 60, 65, 600, 50, 200
Wilson Turner, 80, 430, 300, 200, 287
Jacob Shank, 40, 160, 600, 5, 125
Jacob Short, 90, 360, 2045, 20, 244
Lewis Phillips, 40, 70, 100, 10, 434
Ephraim Short, 32, 1270, 770, 15, 145
Jacob Phillips, 20, 35, 350, 10, 150
William Irvin, 80, 145, 500, 80, 318
Thomas Irvin, 50, 150, 600, 150, 318
B. E. Smith, 30, 60, 270, 10, 40
Thomas McGinis, 30, -, 90, 7, 90
John Miller, 100, 200, 600, 40, 80
James Hunt, 25, 123, 400, 40, 154
Chestley Stobaugh, 25, 75, 200, 10, 92
Benjamin B. Wilson, 65, 105, 150, 10, 162
John Stobaugh, 25, 105, 150, 10, 162
Samuel W. Earl, 50, 98, 600, 50, 300
William Eades, 75, 100, 700, 20, 250
John Shank, 30, 170, 300, 40, 120
John Miller, 30, 136, 300, 150, 200
Michael Whitmore, 20, 156, 220, 12, 150
Phillip Phillips, 12, 127, 260, 6, 50
David Miller, 25, 175, 200, 10, 100
Jeremiah Whitmore, 20, -, 60, 5, -
Henry Stobaugh, 60, 104, 500, 50, 425
Joseph Hendrix, 25, 71, 288, 20, 225
Martin Miller, 30, 70, 300, 10, 105
Martin Miller, 30, 143, 552, 50, 176

Mike Miller, 27, 88, 150, 6, 105
John Jarrett, 25, 65, 180, 10, 40
George Browning, 25, 35, 125, 10, 478
David Morris, 23, 47, 100, 4, 149
S. D. Underwood, 18, 109, 200, 10, 131
David Vincent, 2, 150, 150, 15, -
Nathan Harper, 19, 150, 499, 15, 90
Seba Harper, 16, -, 64, 5, 35
Westley Langley, 100, 600, 2550, 100, 125
Jesse Forehand, 35, 114, 220, 10, 15
Christopher Gish, 30, 110, 600, 20, 153
Jame W. Hendrix, 25, 35, 240, 15, 36
Daniel Overhouse, 27, 106, 350, 15, 183
James M. Miller, 20, 79, 270, 75, 211
Christopher C. Gish, 20, 55, 150, 5, 60
James Brick (Burch), 22, 80, 55, 150, 5, 60
Mary Mcelvain, 25, 89, 750, 8, 125
Turner Vincent, 13, 157, 200, 15, 120
Charles Vincent, 40, 100, 120, 15, 195
Jackson Thompson, 20, 155, 350, 15, 140
Griffin Ingram, 75, 225, 600, 25, 100
John Vincent, 50, 200, 400, 30, 200
William Wright, 30, 50, 120, 20, 50
John Vincent, 25, 60, 93, 15, 60
William Wright, 25, -, 75, 10, 75
James Vincent, 20, 130, 150, 10, 75
Thomas Vincent, 20, 100, 360, 10, 80

Nathan Eades, 20, 67, 500, 5, 200
Drury Eades, 15, 170, 600, 10, 120
Samuel Eades, 75, 274, 1600, 100, 300
Sapson Bethel, 25, 65, 300, 10, 150
Wm. B. Eades, 35, 65, 250, 10, 100
Wm. Richardson, 50, 110,339, 10, 100
John Jarvis, 200, 230, 400, 200, 300
John Ingram, 50, 70, 300, -, 175
Samuel McDaniel, 50, -, 800, 155, 150
M. McDaniel, 25, -, 175, 15, 30
K. B. McDaniel, 15, -, 75, -, 50
Claborn Rice, 24, 324, 730, 8, 152
Daniel Tudor, 80, 220, 925, 25, 309
John Roark, 20, -, 60, 10, 50
George Tooley, -, -, -, 100, 300
John Roark, 55, 100, 100, 20, 3115
Wm. Roark, 65, 100, 600, 125, 239
James Tinsley, 28, 75, 300, 12, 140
Green W. Richardson, 10, 115, 300, 18, 110
John Turner, 60, 90, 300, 30, 200
John B. Staples, 50, 209,1000, 250, 200
John L. Ford, 30, 90, 400, 10, 150
J. C. Reynolds, 150, 1350, 4500, 150, 1820
Wm. Allen, 15, 185, 650, 10, 125
William Wells, 20, 60, 150, 6,80
John S. Duvall, 20, -, 60, 6, 522
Howard Duvall, 75, 200, 400, 65, 240
James Duvall, 50, 60, 300, 50, 300
John Edwards, 30, 70, 200, 10, 200
John Jackson, 75, 100, 500, 25, 449
Jacob Johnson, 40, 100, 200, 10, 200
Benjamin Vincen, 40, 153, 300, 60, 130
Gideon Edwards, 45, 155, 350, 6, 100
Josiah Dukes, 50, 50, 100, 10,130
Lida A. B. Turner, 30, 65, 300, 25, 300
William Rice, 20, 80, 100, 10, 100
Green Rice, 40, 135, 525, 25, 154
Starlin Hill, 15, 42, 114, 10, 80
John Cobb, 40, 140, 200, 8, 200
John J. Grace, 40, 25, 200, 5, 240
John Edwards, 25, 25, 150, 10, 150
Goldman Wells, 25, 25, 150, 6, 100
Elizabeth Wells, 50, 150, 601, 30, 145
M. K. Wells, 50, 120, 300, 100, 230
Thomas Hill, 35, 140, 250, 7, 170
John Utley, 25, -, 75, 10, 140
Perry Hill, 50, 100, 260, 75, 240
Preston Wilson, 50, 100, 200, 8, 130
John Tolbort, 25, 39, 100, 10, 200
John Reston, 60, 165, 400, 7, 100
Archible Cook 20, 75, 270, 50, 200
JohnWells, 40, 410, 250, 10, 150
David Dukes, 40, -, 240, 10, 150
Jeremiah Cobb, 50, 10, 350, 12, 260

John Row, 50, 200, 400, 15, 358
Jones Walker, 150, 200, 600, 20, 200
Jacob Dukes, 40, 140, 270, 10, 80
Jacob Hethley, 30, 152, 500, 8, 100
Thomas Hale, 30, 170, 500, 10, 320
Jacob Utley, 80, 50, 300, 65 577
M. H. Utley, 100, 281, 650, 10, 100
James Row, 20, -, 60, 150, 600
Joshua Elkins, 250, 200, 1500, 15, -
William Hottsly, 50, 150, 900, 10, 250
S. Drake, 50, 100, 300, 75, 400
Britton O. F. Drake, -, -, -, 10, 140
William Drake, 150, 450, 1000, 40, 300
Micager Wells, 100, 240, 600, 30, 440
Edmond Drake, 130, 170, 600, 60, 660
M. C. Drake, 100, 80, 500, 75, 1500
A. H. Drake, 50, 50, 200, 70, 200
Charles Bivens, 50, 140, 300, 25, 300
Jonathan Shutt, 100, 300, 500, 100, 365
Jefferson Shutt, 25, 80, 115, 15, 200
Henry Gates, 40, 250, 480, 75, 270
David Gates, 40, 200, 350, 150, 246
Noah Gines, 50, 50, 100, 15, 300
Cebron Jines, 12, 38, 50, 15, 91
Wm. B. Underwood, 40, 140, 300, 50, 150
Gabriel N. Shelton, 100, 822, 1415, 85, 4118
Wm P. Shelton, 15, 100, 115, 5, 138
William H. Finley, 40, 100, 225, 15, 170
Archible Duvall, 5, 50, 100, 50, 700
Micager Drake, 10, 190, 200, 20, 100
James B. Hancock, 60, 170, 1200, 100,300
W. D. Hancock, 100, 260, 2000, 78, 463
RileyWells, 25, 35, 200, 50, 214
Henry Bogges, 40, 74, 200, 15, 346
Benniah Michell, 30, 143, 300, 12, 70
Gregory Shelton, 70, 50, 300, 50, 20
Claborn Rice, 50, 50, 40, 75, 300
Wm. B. Kyle, 30, 80, 500, 25, 290
Eliza Smith, 40, 20, 250, 20, 150
William P. Evans, 12, 92, 250, 25, 270
Janus Dunn, 20, 30, 150, 20, 140
Joseph H. Baker, 25, 59, 200, 10, 100
Lucinda Humphrey, 18, 47, 130, 40, 175
Andrew J. Turner, 40, 60, 300, 25, 200
Joseph Paxton, 50, 100, 285, 70, 130
Eli Scipworth, 15, 50, 200, 10, 75
Strother Jones, 120, 537, 1400, 100, 500
Mosely P. Wells, 200, 1967, 2500, 900, 950
Henry Jenkins, 40, 337, 336, 69, 236
Thomas Jenkins, 25, 175, 400, 8, 240
Wm. Sherfield, 25, 65, 250, 8, 200
George H. Williams, 7, 118, 500, 8, 125

John Chandler, 25, 125, 200, 8, 60
John M. Williams, 9, 114, 650, 10, 200
Stephen Harris, 30, 200, 790, 60, 488
D. Vincent, 100, 270, 500, 20, 250
Robert W. Eades, 30, 112, 450, 20, 175
Wyatt Wells, 40, 160, 400, 30, 400
A. N. Davis, 70, 230, 600, 25, 300
E. R. Dillingham, 70, 175, 300, 30, 100
L. O. Dillingham, 45, 200, 600, 40, 250
B. F. Dillingham, 275, 600, 2000, 150, 300
Sylvester Lewis, 20, 60, 160, 15, 100
C. C. Oates, 250, 500, 2500, 150, 350
Theophilus Isbell, 20, -, -, 10, 100
James Forehand, 150, 850, 1770, 30, 300
L. W. W. Vick, 100, 400, 1500, 65, 300
Martha Oates, 40, 850, 450, 12, 106
Thos. Morgan, 36, 702, 1200, 50, 250
Michael Philips, 30, 165, 582, 25, 196
Absalom Vickers, 40, 160, 1600, 125, 300
Isaac Vickers, 30, 380, 2000, 15, 200
John Rickard, 60, 40,-, 10, 150
Mary Rickard, 60, 40, 300, 8, 100
John Garst, 20, 200, 350, 10, 130
Samuel Eaves, 150, 3000, 4000, 150, 1500
John McLaughlin, 60, 162, 1000, 20, 400
William Worthington, 60, 45, 750, 100, 168
Benjamin Davis, 50, 200, 400, 10, 200
Caget Scott, 50, 175, 700, 10, 220
William Miller, 35, 35, 150, 10, 100
Jacob Rickard, 40, 40, 240, 15, 100
David Rickard, 20, -, 80, 12, 60
Henry Heron, 30, 69, 250, 5, 130
Wm. McLaughlin, 35, 81, 446, 15, 150
William Lott, 15, -, 60, 3, 50
John J. Rust, 20, 1200, 3600, 50, 600
Jeremiah Arnold, 50, 90, 650, 75, 320
John Ellis, 60, 140, 700, 25, 250
John Bidwell, 60, 137, 800, 20, 273
Elijah Warston, 50, 25, 375, 15, 186
Jas. W. Rice, 120, 800, 800, 20, 300
Geo. O. Prouse, 130, 1100, 1300, 30, 250
Joseph Mitchell, 40, 83, 230, 20, 175
Moses Rice, 70, 80, 301, 20, 150
John Richardson, 30, 100, 390, 10, 100
Richard Thompson, 100, 260, 2000, 150, 780
Jacob Imbler, 100, 300, 1800, 150, 100
Jno. L.Atkinson, 75, 300, 1500, 20, 300
Jesse W. Manguson, 18, -, 73, 10, -
Jas. H. Lile, 25, 30, 135 25, 50

Jas. S. Green, 30, 220, 495, 10, 200
James Utley, 100, 250, 400, 70, 400
Wm. J. Utley, 35, 60, 200, 10, 150
L. C. Carey, 100, 500, 700, 100, 1000
L. F. Carey, 25, 75, 150, 50, 250
N. D. Owen, 28, 100, 384, 10, 200
Michl. Lovell, 100, 300, 1200, 20, 420
Lewis Eades, 20, 30, 200, 17, 273
Felix Martin, 100, 300, 800, 100, 300
Nathl. Green, 40, 200, 800, 30, 100
Jno. Sherod, 45, 105, 300, 45, 350
John Spurlin, 160, 2200, 4000, 50, 650
Chas. C. Martin, 100, 490, 600, 50, 850
Wm. Martin, 80, 180, 600, 20, 220
Chas. W. Lovell, 5, 60, 200, 10, 75
John Lovell, 45, 105, 750, 10, 308
Saml. Bell, 150, 300, 1250, 20, 200
J. H. Reno, 30, 88, 295, 10, 100
V. L. Dillingham, 80, 177, 800, 60, 500
Cynthia Dillingham, 50, 100, 500, 35, 100
Barnet Eades, 90, 580, 2500, 150, 555
J. M. Vick, 40, 85, 500, 20, 206
Isaac Branscom, 130, 500, 2000, 150, 500
Robt. Williams, 300, 1600, 4000, 150, 400
Leonard Lewis, 12, 40, 150, 5, 70
Wm. Gill, 35, 63, 200, 10, 125
Archd. Coleman, 30, 107, 250, 10, 140
Beverly H. Coleman, 50, 87, 250, 20, 200
Nancy Stanley, 40, 30, 1000, 25, 130
Hugh W. McNary, 306, 7500, 7200, 200, 2000
William C. McNary, 80,320, 500, 100, 500
Wm. D. Martin, 25, 70, 400, 25, 100
Simmeon Roark, 15, 100, 400, 100, 400
William Martin,100, 500, 1000, 125, 350
Jefferson M. Martin, 50, 175, 375, 20, 300
(line left blank)
William Bennett, 35, 15, 200, 10, 150
Phillip Bennett, 40, 60, 150, 20, 200
James Loney, 20, 30, 150, 10, 150
Gillis Mercer, 100, 880, 1000, 100, 520
Lucy Stobaugh, 25, 75, 200, -, 75
Edward Jarvis, 5, 1--, 150, 5, 70
Isaac Wood, 55, 200, 500, 70, 200
Ashford Randolph, 30, 250, 280, 26, 76
Wm. Uzzle, 25, 133, 350, 15, 150
Joseph Forrester, 20, 166, 360, 5, 100
Richard Cash, 18, 200, 690, 5, 57
Jason Mercer, 35, 170, 400, 20, 275
Pillis Spinks, 30, 270, 750, 6, 40

James Bennett, 35, 45, 175, 8, 100
Darren Uzzle, 20, 100, 360, 5, 60
Martin Uzzle, 18, 150, 300, 5, 150
B. E. Oates, 150, 150, 1500, 100, 600
Jesse Oates, 100, 100, 400, 50, 360
John E. Eaves, 500, 4700, 6000, 200, 870
Gilbert Clarke, 200, -, 1800, 100, 100
Morris Moore, 150, 800, 2500, 100, 400
Beverly Coleman, 70, 580, 800, 130, 300
R.B. Earle, 75, 127, 500, 20, 200
Isaac Malone, 30, -, 80, 15, 200
A. M. Lewis, 15, 67, 205, 10, 60
Thomas C. Summers, 80, 200, 800, 150, 480
Rebecca Summers, 35, 10, 500, 50, 175
Ely Ford, 37, 175, 800, 100, 300
David James, 50, 145, 200, 5, 100
Thomas H. Ighly, 16, 130, 200, 6, 50
Lewis Arnett, 40, 100, 250, 8, 75
B. Wilkins, 23, 67, 200, 4, 150
James Arnett, 25, 98, 300, 3, 75
James Wilkins, 9, 41, 50, 2, 100
Archible Caine, 100, 300, 400, 50, 100
Isaac Standley, 20, 100, 250, 5, 200
Moses Standly, 50, 122, 200, 100, 100
JohnS. Eaves Jr., 40, 127, 600, 100, 1300
Jesse Woods, 10, 100, 220, 20, 300
Daniel Stewart, 12, 49, 135, 15, 100
James Tyson, 10, 90, 150, 3, 20
Duncan Stewart, 12, 40, 75, 8, 16
David Oates, 140, 180, 600, 70, 400
Zacheus Hobbs, 18, 60, 234, 8, -
Thomas Norman, 20, 60, 150, 15, 100
Lemuel Brown, 12, 190, 300, 5, 500
E. B. Hobbs, 80, 120, 400, 25, 100
Joseph Matthews, 25, -, 75, 15, 100
Jesse Lee, 16, 34, 160, 20, 100
Thomas Terry, 60, 440, 400, 100, 240
William Lee, 12, 132, 400, 5, 170
John Jones, 25, 57, 125, 5, 80
James Durham, 6, 45, 300, 45, -
Richard Foster, 10, 90, 200, 6, 90
James Kyle, 25, 40, 180, 3, 53
Joseph Turner, 40, 60, 300, 15, 100
James W. Allison, -, -, -, 158
R. R. Rice, 60, 240, 600, 25, 150
John Jeffreys, 30, 137, 270, 50, 70
Thomas Walker, 15, 285, 500, 12, 140
Robt. Bogges, 60, 200, 920, 100, 255
Elijah Dukes, 30, 270, 1000, 10, 400
Howard, Duvall, 15, 131, 450, 10, 200
Benjamin Duvall, 50, 50, 300, 10, 100
Thomas Martin, 50, 350, 800, 25, 250
Wm. C. Martin, 65, 135, 700, 35, 238
John Shelton, 50, 275, 30, 300
Vincent Shelton, 18, 55, 30, 25, 150
Richard Reynolds, 16, 170, 500, 5, 30
Thomas H. Reynolds, 10, 170, 500, 6, 30
G. Craig, 50, 49, 30, 40, 300
John Robertson, 50, 370, 800, 100, 400
J. J. Robertson, 200, 116, 1264, 200, 576
Americus Mitchell, 13, 22, 150, 10, 100
Alney M. Dennis, 15, 132, 360, 15, 107
Wm. Bell, 80, 320, 2400, 200, 444
Alfred Shutt, 13, 52, 140, 4, 150
Gilbert Clark, 200, 150, 1500, 75, 470
Charles F. Wing, 96, 220, 1246, 124, 485
Jesse K Reno, 60, 70, 600, 30, 750
E. M. Brank (Branch), 130, 270, 2000, 500, 500
Elijah Jarvis, 13, 107, 240, 5, 100
George W. Shutt, 90, 130, 2000, 100, 750
David T. Short (Shutt), 150, 380, 4000, 100, 1506
George W.Eaves, 75, 577, 1000, 30, 500
Wyatt Oates, 80, 470, 1200, 50, 235
Wm. W. Martin, 65, 147, 700, 25, 280
Saml. Wilkins, 110, 600, 2500, 150, 800
Andrew L. Martin, 50, 50, 300, 40, 500
Thos. J. Rice, 75, 45, 400, 30, 500
Isaac Bard, 100, 900, 2000, 50, 400
Wm. Adkins, 40, 60, 300, 10, 175
Wm, Tyson, 40, 360, 500, 15, 350
Rezon Cash, 13, 47, 400, 10, 238
Hugh Martin, 125, 156, 2300, 100, 325
E. D. Elliott & Co., 300, 2500, 20000, 500, 2300
John Jenkins, 70, 660, 1075, 120, 651
Wm. R. Smith, 30, 105, 370, 65, 284
Jonathan Shutt, 35, 65, 150, 80, 300
Alney (Alvey) M Jenkins, 30, 390, 600, 10, 150
Leond. H. Jenkins, 30, 70, 300, 60, 214
Geo. W. Shelton, 50, 332, 800, 75, 300
Robt. A. Ce_s_a, 20, 105, 150, 10, 78
Ira C. Skipworth, 12, 88, 250, 10, 112
Joshua Tetterton, 75, 137, 200, 18, 490
Willis G. Skipworth, 18, 196, 400, 10, 150
Green Craig, 26, 125, 300, 10, 175
David Mcpherson, 35, 185, 300, 8, 149
Obediah Stroder, 25, 135, 150, 10, 150
Joseph Mcpherson, 20, 421, 500, 15, 210
Thos. Greenwood, 30, 170, 200, 25, 200
Saml. T. Davenport, 55, 325, 500, 15, 300
Wm. M. Blackwell, 12, 229, 400, 10, 145
Jesse Mcpherson, 40, 70, 300, 10, 200

Alexr. Mcpherson, 80, 720, 875, 150, 600
David Shelton, 15, 95, 110, 15, 100
Thos. Whitaker, 90, 375, 475, 120, 100
Wm. Whitaker, 30, 34, 150, 10, 250
Wm. A. Grable, 75, 799, 204, 15, 400
Saml. Turner, 40, 125, 600, 25, 276
Robt. Welborn, 75, 632, 1308, 30, 218
Wm. Staples, 9, 40, 250, 8, 85
Ephraim B. Welborn, 30, 25, 300, 100, 260
Henry H. Welborn, 30, 178, 600, 60, 105
Peter Price, 20, 30, 100, 12, 80
Thos. Welborn, 50, 50, 200, 15, 210
Jas. Taggert, 75, 25, 200, 200, 240
Wm. Welborn, 70, 260, 900, 25, 448
Benjm. Linton, 20, 45, 180, 12, 80
Thos. Palmer, 10, 40, 100, 6, -
William Bell, 80, 334, 150, 100, 514
Thos. Newman, 85, 511, 1075, 75, 391
Jas. E. Newman, 40, 160, 440, 8, 180
Andrew Craig, 50, 1450, 750, 10, 230
John Wright, 60, 290, 600, 15, 369
Alfred Johnson, 25, 45, 500, 10, 200
Stephen Wright, 60, 240, 600, 25, 476
Jacob Crumpecker, 40, 110, 1200, 50, 70
Alfred Miller, 40, 60, 600, 50, 240
Rufus Linthicum, 100, 125, 1200, 50, 350
Henry Dosseth, 350, 60, 550, 200, 200
Ralph Vickers, 110, 180, 2000, 150, 600
Jacob Vickers, 45, 150, 650, 50, 230
Jacob Vickers, 60, 40, 600, 15, 150
David W. Strong, 40, 216, 600, 15, 240
Enos West, 70, 125, 975, 75, 200
Jos. Ethington, 20, 100, 360, 5, 100
Joseph P. Short, 200, 1000, 3100, 150, 1236
Benjn. Jagoe, 80, 120, 600, 100, 500
Henry Eades, 30, 110, 420, 75, 150
Peter Shaver, 65, 85, 750, 150, 370
Wm. Whitmer, 25, 375, 1600, 20, 100
Joseph Hinkle, 45, 60, 600, 100, 350
Simon Miller, 21, 28, 250, 75, 120
Elizabeth Gish, 50, 103, 370, 10, 100
J. N. Gish, 25, 140, 660, 10, 140
John Whitmer, 40, 120, 1000, 10, 111
Saml. Whitmer 30, 80, 900, 150, 250
John M. Gish, 45, 55, 600, 200, 280
Essex Spurrier, 30, 1300, 2000, 10, 122
Jesse Welch, 60, 100, 640, 60, 200
Jacob Jagoe, 70, 55, 1000, 100, 239
Benjm. Shaver, 70, 190, 1000, 20, 145
Wesley Wilcox, 10, 50, 180, 12, 60
Benjn. Gish, 20, 80, 600, 5, 200
George Gish, 45, 55, 600, 15, 150
Valentine Whitmer, 40, 60, 600, 95, 197
Thomas Whitmer, 13, 68, 450, 8, 150
Peter Shaver, 85, 220, 1500, 100, 500
Danl. M. Whitmer, 38, 128, 900, 120, 300
Henry Stobaugh, 30, 71, 400, 50, 100
Alfred Garst, 12, 48, 260, 15, 90
Isaac Miller, 40, 110, 705, 150, 278
Esram Hendrix, 40, 130, 1200, 100, 370
Martin Combs, 30, 30, 280, 10, 100
Wm. Jagoe, 200, 400, 2000, 150, 548
Saml Short, 20, 80, 600, 10, 75
John Philips, 40, 160, 500, 20, 162
Jacob Dame, 100, 900, 800, 80, 160
Mary Ray, 65, 135, 400, 100, 200
Catharine Pitt, 40, 130, 370, 10, 145
Larry Vancleave, 30, 70, 300, 12, 157
Thomas Dame, 40, 460, 100, 45, 260
Joseph Faith, 80, 130, 1000, 80, 250
Benjn. Pitt, 50, 160, 600, 100, 300
Andrew Lynn, 90, 230, 1000, 15, 528
Jonathan Vancleave, 30, 200, 690, 100, 200
George Dame, 25, 75, 400, 20, 200
John Ellis, 50, 375, 1000, 25, 500
Jacob Shutt, 140, 500, 1000, 200, 600
Abraham, Shutt, 65, 285, 1300, 15, 700
Martin Sisk, 20, -, 100, 15, 185
John Ballentine, 30, 70, 250, 200, 175
Saml. France, 26, 60, 344, 25, 300
Nathan Lynn, 20, 30, 200, 10, 150
Dillis Dyer, 40, 750, 3000, 50, 700
E. Fleming, 50, 575, 4300, 200, 450
Jacob Shutt, 75, 250, 1135, 15, 250
Robert Smith, 15, 200, 645, 5, 150
Wm. M. Moore, 100, 100, 1000, 100, 100
Ann Keith, 36, 64, 300, 8, 100
William Keith, 50, 130, 846, 20, 190
Isaac Coffman, 125, 225, 1200, 150, 568
Isaac Coffman, 25, 30, 300, 15, 70
John Dame, 40, 300, 1100, 5, 150
Josiah Ellis, 40, 67, 500, 20, 200
Jos. L. McLaughlin, 30, 100, 590, 10, 100
Ralph V. Johnson, 18, 200, 436, 6, 100
Elijah Johnson, 30, 70, 400, 80, 200
Jacob Rickard, 50, 55, 300, 10, 175
Jackson Rickard, 25, 25, 200, 7, 100
Jas. F. Moore, 25, 35, 300, 10, 150
Saml. Baker, 60, 250, 2000, 50, 200
David Baker, 75, 200, 1925, 100, 500
Byrd Stringer, 20, 130, 340, 10, 170
Elizabeth Donohoe, 70, 230, 1200, 60, 250

Adam S. Huston, 150, 350, 2500, 75, 200
Chas. Dexter, 20, 40, 200, 8, 100
Jacob Whitmer, 33, 67, 800, 100, 200
James Row, 50, 229, 1200, 10, 75
Simeon Everly Jr., 100, 92, 1044, 22, 319
Simeon Everly Sr., 80, 300, 900, 10, 80
Wm. J. Everly, 30, 245, 1225, 70, 329
Jesse Stroud, 50, 218, 500, 20, 202
Edwin Davis, 30, 50, 300, 10, 152
Eli Johnson, 30, 270, 500, 25, 162
Uriah Sullivan, 60, 242, 1000, 130, 130, 273
Richard Webb, 30, 185, 672, 4, 78
Julian Whitescarver, 30, 150, 230, 10, 100
Stephen Watkins, 9, 91, 800, 16, 160
John A. Downs, 80, 170, 1300, 143, 242
Elisha Hancock, 14, 100, 400, 75, 130
James Drake, 60, 75, 1700, 84, 293
George Walker, 200, 100, 1800, 100, 512
Catharine Everly, 90, 210, 1500, 10, 152
Washington Burnett, 60, 76, 816, 25, 190
John Bland, 200, 1000, 2530, 236, 800
John F. Coffman, 75, 85, 1360, 105, 492
Edmond Mattingly, 12, 488, 1000, 109, 39
John Hughes, 30, 20, 300, 15, 300
Joseph Dexter, 25, 25, 300, 15, 131
Joseph Bullock, 45, 220, 1500, 15, 148
Samuel Everly, 25, 92, 800, 30, 227
Jessee Ellison, 55, 49, 600, 26, 249
Wm. Kinchlow, 200, 550, 2500, 250, 826
Sarah Campbell, 75, 157, 1428, 100, 323
Wm. D. Morehead (Mosehead), 125, 175, 1300, 107, 367
Thomas Combs, 130, 170, 1800, 125, 367
Porter H. Calvert, 40, 1180, 1500, 30, 318
John Vickers, 18, 1820, 9000, 90, 585
Jesse Bates, 60, 67, 700, 30, 246
John Plain, 115, 165, 1480, 106, 622
Alfred Moorman, 40, 160, 1400, 105, 244
Joseph Hendricks, 25, 50, 400, 100, 250
Joseph Gregory, 65, 115, 1260, 100, 250
Wm. Lawton, 40, 150, 150, 15, 95
Pascal L. Downs, 25, 1750, 10000, 130, 448
R. E. Humphrey, 40, 180, 1000, 17, 171
Martin Humphrey, 30, 100, 1000, 30, 150
William Nall, 150, 300, 3000, 150, 1026
John L. Coffman, 90, 170, 1040, 100, 221
Joseph Coffmam 90, 160, 700, 50, 187
Felix Friends, 60, 80, 560, 117, 200
Catharine Plain, 100, 500, 2400, 135, 308
Wm. Grundy, 45, 55, 500, 100, 157
Prucilla Lott, 40, 77, 500, 20, 226
William Gregory, 50, 130, 800, 130, 159
David Evans, 200, 4000, 5000, 186, 456
Wm Ellison, 30, 55, 300, 20, 72
William Grundy, 70, 130, 1000, 56, 176
Anderson Gross, 21, 79, 350, 131, 141
Lewis Wiggins, 65, 60, 1000, 30, 400
Benjamin Steward, 75, 142, 650, 123, 255
Elizabeth Miller, 30, 100, 300, -, 36
Charles Evans, 30, 220, 1250, 15, 155
Elijah Wilkins, 30, 70, 300, 15, 159
Joseph Kneel, 45, 70, 400, 20, 282
Joseph Littles, 30, 70, 300, 15, 55
Jacob Gross, 22, 78, 400, 25, 105
Anderson Kittinger, 40, 190, 690, 112, 244
Jacob Gish, 100, 100, 100, 75, 301
Jacob France, 25, 75, 500, 50, 189
Conrad Gross, 35, 50, 255, 12, 111
David Whitmore, 80, 88, 504, 37, 231
Michael Whitmore, 30, 70, 500, 20, 157
James H. Scott, 100, 500, 2500, 275, 443
Samuel O. Grundy, 35, 131, 580, 62, 184
William Lerry, -, -, -, 8, 103
Mary Overhutts, 60, 105, 660, 15, 278
Jacob Hill, 50, 130, 1000, 108, 286
John Danner, 30, 135, 400, 12, 156
Jacob Grove, 65, 100, 500, 12, 183
Samuel Danner, 35, 65, 500, 53, 178
Jacob Gossett, 35, 85, 720, 30, 170
John Gossett, 150, 150, 900, 150, 375
Elisha Wilkins, 100, 134, 1356, 62, 171
John Nofsinger, 140, 182, 2000, 100, 500
Isaac Reed, -, -, -, 12, 114
J. B. Millard, 25, 175, 800, 6, 106
Julia Edwards, 40, 60, 300, 14, 181
Thomas Gervin, 100, -, 200, 15, 460
Revd. Richd. Jones, 25, 165, 500, 40, 240
Edwad J. Wilson, -, -, -, 100, 260
Fielding Foster, 40, 60, 300, 80, 160
John Bruce, 35, 190, 600, 20, 112
Joseph Kittinger, 15, 122, 200, 10, 140
Daniel Stroud, 40, 80, 240, 100, 167

Martin Kittinger, 50, 190, 300, 20, 128
James Lin_ley, 100, 182, 566, 100, 303
Jessee Moore, 75, 125, 600, 150, 343
George Young, 60, 180, 600, 100, 340
Nathan Harper, -, -, -, -, 20
Thomas Weathers, 45, 105, 150, 10, 100
James Quisenbery, 100, 100, 1000, 100, 358
William Evans, 90, 40, 737, 100, 365
Robert Cessna, 50, 160, 570, 80, 258
Stephen Garret, 35, 65, 500, 15, 220
John P. Ward, 100, 180, 850, 20, 214
Jackson Fontain (Fontuer), 50, 480, 1060, 30, 240
Jacob Miller, 10, 153, 489, 10, 106
John Stroud, 140, 70, 1000, 150, 629
Dr. J. Travis, 75, 525, 600, 15, 170
John Baxter, 80, 140, 850, 100, 637
Revd. Jacob Horn, 110, 620, 1530, 75, 299
Elizabeth Ferguson, 100, 150, 600, 150, 683
Joseph Milligan, 30, 300, 600, 50, 243
Robert W. McClain, 20, 163, 500, 20, 170
Joseph Hick, 70, 130, 400, 90, 295
Mary Linsley (Linsby), 50, 345, 495, 10, 196
Edmond Batsel, 70, 134, 1020, 70, 279
Samuel Drake, 30, 2243, 1050, 150, 261
F. Kirtley, 75, 115, 700, 125, 283
Wm. Kittinger, 85, 115, 1200, 30, 170
Roughby Sullivan, 125, 101, 1070, 250, 405
Nancy Gish, 75, 425, 3000, 60, 376
Catharine Gish, 30, 120, 400, 20, 151
Felix Nall, 130, 170, 1800, 75, 610
Sarah Rose, 40, 60, 500, 10, 213
Richard Nall, 37, 13, 200, 20, 141
S___y Bidwell, 75, 475, 1050, 100, 315
David A. Jernigan, 100, 75, 1000, 100, 295
L. P. Jernigan, 20, 124, 600, 83, 185
Wm. Robertson, 100, 80, 1000, 30, 231
D. W. Jernigan, 100, 104, 1500, 30, 290
David Jernigan, 55, 150, 1200, 72, 220
Isaac Luce, 50, 295, 1000, 50, 344
Henry Rhodes, 90, 410, 1000, 30, 325
Moses Wickliffe, 150, 1630, 3000, 100, 271
Andrew Glenn Sr., 100, 600, 800, 125, 5600
George Clark, 58, 340, 780, 30, 232
Andrew Glenn Jr., 100, 245, 1500, 130, 724
George Hadon, 20, 199, 500, 20, 366
Reason Pool, 265, 345, 2300, 100, 780
O. C. Vanlandingham, 265, 345, 2300, 100, 780
Martha Hunley, 25, 75, 300, 35, 225
Randolph (Rudolph) Yonts, 30, 130, 800, 85, 259
Willie Dearing, 75, 195, 500, 20, 234
Leonard Smith, 15, 155, 100, 100, 207
Asher Stroud, 80, 325, 1200, 60, 380
Susan Berriman, 25, 25, 300, 5, 122
Wm. Drake, 30, 93, 600, 10, 95
Dr. Wm. D. Dempsey, 100, 154, 1500, 55, 220
Gilbert C. Vaught, 100, 150, 500, 75, 382
Thomas Howerton, 50, 150, 500, 30, 335
Elizabeth Dearing, 75, 100, 400, 12, 243
Elizabeth Weis, 60, 140, 1000, 25, 216
E. V. Kirtley, 75, 345, 2100, 125, 630
Daniel Kittenger, 30, 100, 900, 100, 250
Sarah O. Casey, 40, 160, 300, 75, 329
Ruth Dennis, 25, 175, 400, 20, 69
Reubin B. Landran, 40, 160, 500, 50, 174
L. B. Witney, 50, 320, 600, 100, 335
Isaac Roth, 40, 25, 175, 25, 144
Robert Cundiff, 20, 135, 550, 10, 184
Absalom, J. Rhoades, 200, 405, 1205, 400, 760
Nathan J. Rhoades, -, -, -, 6, 83
Joseph Depoisterson, 80, 300, 1000, 160, 241
Jacob Rhoades, 75, 180, 600, 80, 217
Ancel Adcock, 15, 70, 150, 5, 55
Prsley Rhoades, 30, 103, 500, 30, 257
Bryant S. Cundiff, 150, 50, 600, 100, 573
David Rhodes, 5, 100, 400, 20, 192
Gilbert _. Rhodes, 75, 75, 1200, 100, 943
Benjamin Cundiff, 30, 150, 540, 10, 174
Noah Adcock, 10, 18, 250, 7, 79
S. A. Rickets, 18, 377, 175, 20, 179
Alvey (Alney) Mneil, 20, 30, 175, 10, 96
J. A. Wilkerson, 45, 156, 400, 35, 147
Hall Loveley, 55, 160, 600, 15, 139
Josiah Reed, 30, 370, 1000, 20, 272
S. C. Rhodes, 30, 450, 900, 30, 250
James M. Casebier, 80, 120, 400, 75, 321
Nancy Jackson, 50, 176, 300, 90, 189
Isaac Newman, 100, 600, 2200, 130, 352
James S. Smith, 90, 110, 700, 200, 449
Jefferson Cundiff, 60, 400, 300, 25, 375
O. V. Tolbert, 20, 400, 300, 25, 375
Peter Borggess, 33, 316, 1396, 13, 125

Elizabeth Langsby (Langley), 20, 30, 100, 10, 167
Saml. M. Ross, 104, 604, 1400, 90, 260
Mary A. Casebier, 40, 60, 100, 15, 173
Thomas Bell, 60, 219, 542, 25, 172
Leonard Collins, 30, 70, 120, 5, 81
George M. Kimmel, -, 50, 75, 15, 110
Thomas Summers, 60, 120, 400, 10, 94
William Hill, 50, 45, 100, 120, 448
Reubin Arnold, 30, 220, 500, 25, 120
Richard Arendale, 28, 72, 170, 10, 443
R. H. Simmons, 30, 770, 1400, 125, 305
James Buchannon, 25, 145, 350, 10, 144
Mary Vanlandingham, 56, 561, 2846, 60, 297
Philip H. Howerton, 23, 109, 400, 8, 119
Michael Heifner, 25, 25, 300, 10, 214
Wm. Williams, 100, 540, 1270, 100, 444
Israel J. Baker, 50, 100, 800, 100, 268
Anthony Holloman, 40, 126, 550, 20, 152
Aaron F. Smith, 100, 536, 1076, 100, 396
Wm. Young, 40, 125, 400, 10, 188
James R. Howerton, 40, 85, 300, 15, 103
Sarah Smith, 30, 145, 200, 7, 136
Enos Hunt, 60, 312, 400, 40, 202
Elijah Hunt, 50, 160, 150, 10, 300
Joseph Hunt, 50, 150, 600, 50, 314
James Hope, 25, 25, 100, 10, 80
Jas. M. Hope, 40, 259, 600, 15, 191
Charles Dooley, 25, 115, 300, 20, 70
John Wood, 30, 170, 300, 25, 135
Zilman Wood, 40, 450, 700, 130, 279
Lewis McPherson, 40, 60, 200, 25, 246
Levy Ball, 10, 290, 600, 10, 113
Daniel Ball, 23, 80, 130, 10, 249
Augustus J. Weatherford, 60, 240, 600, 10, 108
Mary M. Myres, 60, 618, 1218, 30, 182
Thomas W. Weatherford, 25, 125, 150, 10, 168
Solomon Myres, 60, 90, 200, 12, 152
Edward Kingsley, 75, 125, 600, 100, 300
Joseph Jones, 15, 385, 400, 12, 118
Jonathan C. Keith, 40, 190, 250, 5, 50
Thomas Wood, 80, 120, 300, 60, 213
P. W. Smith Jr., 75, 575, 1300, 10, 168
Richd. A. C. Dewitt, 100, 175, 700, 100, 150
Willis Wilborn, 60, 40, 300, 15, 238
Jane W. Wilborn, 25, 175, 200, 5, 245
A. M. Tolbert, 50, 50, 300, 150, 629
Isaac Wood, 80, 440, 1330, 100, 598
Southall Turner, 45, 65, 500, 150, 182
Daniel (David) Jackson, 50, 65, 500, 150, 182
Richard T. Mitchell, 50, 65, 200, 10, 88
Benjamin R. Wilborn, 40, 130, 500, 15, 190
Joseph McCown, 40, 204, 429, 12, 171
Lewis McCown, 65, 85, 400, 150, 475
Wm. McCown, 30, 65, 300, 30, 570
Josiah Bell, 80, 100, 800, 25, 271
Simpson Smith, 30, 110, 620, 25, 207
Peter Smith, 100, 600, 1600, 20, 344
Frederick Uneil, 106, 194, 300, 15, 100
Needham Wyatt, 35, 65, 300, 12, 60
Thompson B. Smith, 125, 175, 1000, 150, 363
Wm. B. Smith, 40, 205, 400, 25, 158
Peter W. Smith, 25, 75, 400, 12, 279
Rebecca Bell, 35, 253, 800, 10, 298
Wiley J. Fry, 40, 100, 400, 25, 132
Josiah Busby, -, 350, 1000, -, -
Abraham Dennis, 100, 500, 3000, 300, 670
James Rothruck, 30, 745, 2800, 60, 245
Savereigh Hallowell, 70, 162, 2500, 150, 347
C. W. Dozier, 35, 98, 730, 15, 297
Edmond Blocklick, 100, 350, 1350, 30, 317
Lewis McCown, 15, 121, 816, 15, 160
Jared Wallace, 25, 25, 300, 10, 128
Mary E. Taylor, 35, 238, 1092, 8, 217
Ann Calvert, 70, 30, 500, 75, 330
Cornelius Drake, 75, 140, 100, 100, 392
Wm. T. Short, 50, 275, 3000, 100, 405
Bluford Calvert, 20, 35, 165, 10, 80
Daniel Kimmel, 75, 372, 600, 75, 338
John Hill, 30, 80, 300, 5, 75
James Hill, -, 60, 60, 10, 37
Harvey Taylor (Saylor), 50, 250, 1500, 100, 440
Wm. S. Grable, 50, 370, 1200, 5, 170
H. L. Simmons, 31, -, 3000, 5, 78
George Mafford, 30, 204, 350, 12, 230
Sarah Mafford, 20, 40, 150, 5, 94
Henry Traughber, 10, 90, 1000, 15, 83
John T. Cawfield, 70, 208, 2284, 175, 430
Zibra Cawfield, 60, 190, 350, 10, 84
S. C. Flemings, 44, 170, 800, 15, 238
Zachariah Brooks, 30, 55, 150, 10, 166
John G. Hauserman, 12, 188, 400, 5, 53
George Buchannon, 30, 150, 400, 30, 262
Ira A. Cawfield, 40, 707, 494, 75, 248
David Kimmell, 100, 450, 1100, 50, 234
Fielding Robinson, 15, 68, 80, 7, 89

Matthew Nanney, 30, 70, 200, 25, 262
John J. Williams, 80, 300, 1200, 15, 149
Francis Ward, 20, 180, 400, 5, 100
Mary Wood, 20, 60, 80, 5, 150
Margaret Wood, 28, 267, 1500, 10, 110
Elizabeth Pool, 60, 250, 1000, 100, 625
Edmond Nanney, 15, 180, 200, 5, 50
James Wood, 45, 115, 300, 140, 300
Joseph Dobbs, 20, 2380, 2380, 10, 115
Wm. G. Gates, 40, 71, 222, 20, 200
Ven (Ben) B. Depayster, 18, 2330, 2330, 12, 327
Burrill Spears, 30, 70, 100, 6, 145
S. B. Spears, 30, 552, 500, 100, 222
David Penrod, 20, 230, 250, 20, 145
George R. Shelton, 60, 190, 230, 10, 96
James Hughes, 40, 185, 300, 15, 195
Joseph Bowling, 50, 114, 200, 6, 150
Abner Ward, 75, 665, 1500, 100, 385
John C. Williams, 5, 195, 175, 5, 89
Martin Blane, 35, 96, 300, 5, 155
John W. Jaco, 30, 69, 100, 6, 70
George Penrod, 60, 440, 300, 25, 227
Henry Yonts, 4, 184, 188, 10, 104
Lawrence Yonts, 50, 250, 800, 125, 239
Moses F. Glenn, 100, 325, 1200, 40, 466
John S. Yonts, 50, 138, 500, 200, 288
Elizabeth Danles, 20, 169, 756, 25, 147
Isaac Davis, 150, 650, 2100, 86, 781
J. W. Yonts, 90, 110, 600, 50, 115
Revd. Nelson Sharp, 80, 163, 1000, 50, 291
Bennet B. Spence, 10, 50, 75, 10, 39
Nancy McConnel, 100, 150, 800, 110, 288
Thomas S. Young, 20, 145, 495, 35, 164
Mary Douglass, 50, 75, 100, 5, 50
Upton Noffsinger, 60, 170, 600, 30, 523
James Rose, 100, 170, 600, 30, 523
John Whitehouse, 40, 104, 300, 25, 149
Joseph Adcock, 90, 127, 400, 98, 220
Zachariah Ross, 35, 7, 300, 12, 158
Samuel Griffith, 30, 65, 200, 12, 161
Philip W. Hensley, 16, 309, 475, 32, 89
Benjamin T. Casebier, 65, 288, 650, 106, 332
Thomas Smith, 30, 100, 150, 10, 154
Henry Miller, 30, 66, 175, 37, 87
Robert W. Bodine, 150, 450, 1300, 75, 435
Philip Yonts Jr., 100, 300, 1200, 100, 315
Robert Wickliffe, 180, 162, 542, 400, 570
David Roll, 3, 252, 200, 6, 224
Richard Roll, 35, 105, 300, 25, 283

B. W. Rhoades, 100, 180, 800, 90, 337
Susan Helsley, 50, 150, 300, 50, 254
J. F. Ferguson, 60, 100, 500, 20, 184
Wm. Whitehouse, 18, 78, 100, 5, 95
Aaron Wickliffe, 16, 384, 800, 10, 101
William Cundiff, 40, 160, 600, 30, 204
Wiley Hay, 85, 680, 1500, 100, 659
Tabitha Wilcox, 25, 225, 250, 5, 115
Henry M. Hughes, 45, 68, 250, 15, 266
Dulaney Jones, 35, 58, 800, 15, 166
William Duke, 40, 110, 300, 20, 113
Susanna Wilcox, 30, 266, 600, 10, 99
Thomas G. Jernigan, 50, 193, 1000, 60, 230
Henry W. Jernigan, 50, 206, 1380, 100, 262
Levy Bidwell Jr., 22, 78, 300, 20, 329
J. W. I. Godman, 300, 500, 3200, 345, 828
Charles F. Robinson, 120, 145, 1060, 100, 598
Margaret Nicholls, 200, 660, 4310, 150, 430
Wm. P. Nicholls, 75, 325, 3000, 150, 346
James Nicholls, 100, 300, 2800, 100, 417
Henry Drury, 30, 163, 1158, 60, 109
John Nicholls, 50, 350, 1600, 60, 199
Winston Deck, 100, 100, 800, 70, 482
George Gibson, 70, 132, 1000, 100, 369
Robert Clark, 80, 80, 640, 60, 325
Charles Mosehead (Morehead), 175, 275, 2000, 150, 535
B. D. Bailey, 125, 176, 1500, 100, 577
Thomas Wright, 20, 120, 250, 8, 100
Joseph Bell, 56, 144, 1200, 125, 185
Wm. F. Steward, 22, 48, 2120, 35, 177
Peter Jones, 100, 500, 1000, 30, 365
John Benton, 60, 70, 800, 60, 243
Nancy Young, 200, 300, 2000, 30, 560
William Sharp, 8, 391, 625, 140, 363
Robert C. Sharp, 70, 470, 1200, 158, 540
Samuel Sharp, 50, 150, 1100, 20, 318
Wilson G. Cates, 45, 63, 572, 25, 130
John Brown, 25, 175, 1300, 20, 148
Dr. R. D. McLane, 80, 570, 2000, 30, 330
H. G. Smith, -, -, -, 20, 253
William Yonts, 30, 20, 100, 10, 100
Thomas M. Smith, -, -, -, 8, 10
C. C. Sharp, 50, 150, 100, 100, 406
H. D. Rothruck, 18, 118, 800, 20, 255
Asa Coombs, 150, 100, 1000, 150, 489
Elias Davis, 100, 100, 500, 20, 446
Richard H. Jones, 60, 290, 800, 20, 290

William H. Davis, 80, 155, 500, 25, 190
Francis Vaught, 45, 155, 500, 25, 190
Divid Dillman, 30, 50, 300, 25, 249
J. S. H. Graves, 75, 249, 1400, 10, 263
Jesse F. Graves, 25, 175, 1000, 4, 170
Phillip Yonts, 100, 200, 450, 98, 185
Jonathan Rogers, 20, 250, 300, 12, 124
Hannah Reed, 100, 100, 1000, 35, 117
John Reed, -, -, -, 15, 168
Joseph Nofsinger, 14, 56, 280, 12, 118
Bradford Nofsinger, 34, 93, 635, 25, 135
Samuel Nofsinger, 60, 400, 700, 130, 336
Thomas Drake, 65, 30, 460, 125, 197
Elizabeth Nofsinger, 60, 96, 468, 30, 204
Joseph N. Rodes, 40, 135, 730, 150, 204
David Shaver, 12, 129, 564, 5, 134
Joseph McIntire, 100, 400, 2500, 87, 320
Jesse Millard, 30, 40, 280, 100, 147
Elizabeth Wright, 50, 110, 320, 7, 107
Lewis Watkins, 116, 890, 2000, 100, 425
Joseph Gish, 45, 192, 600, 10, 160
Lewis Watkins, 20, 70, 400, 31, 243
Charles Watkins, 40, 60, 300, 25 178
John Gossett, 40, 60, 300, 104, 178
John Durall, 40, 160, 400, 4, 106
Michael Goodnight, 40, 60, 200, 5, 87
Stephen Wadkins, 80, 420, 1000, 300, 280
John D. Goodnight, 25, 33, 200, 4, 61
Eli Fortney, 30, 341, 1000, 20, 284
R. P. Jenkins, 40, 146, 600, 25, 362
H. H. Luckett, 130, 170, 1500, 25, 519
John A. Stokes, 60, 110, 500, 15, 337
Wm. B. Wickliffe, 70, 50, 180, 150, 429
Lancaster D. Fentress, 50, 194, 300, 10, 146
Dalia Boyd, 85, 615, 2300, 95, 478
Thomas Anthony, 45, 205, 1200, 100, 763
Pleasant Cobb, 45, 135, 600, 15, 157
Thomas R. Calvert, 75, 439, 1000, 15, 169
James Pate, 50, 152, 400, 10, 163
Leander Cown, 21, 79, 100, 8, 107
Solomon Harrison, 35, 65, 200, 15, 124
William Anderson, 40, 68, 216, 10, 119
Gossett W. Calvert, 35, 155, 380, 5, 97
Randolph D. Rene, 60, 109, 330, 20, 196
Theophilus Watkins, 35, 165, 400, 70, 128
Saml. Gossett, 75, 165, 658, 69, 195
Timothy Humphrey, 60, 140, 200, 42, 172
Reubin C. Calvert, 150, 200, 1150, 161, 408

Samuel Drake, 80, 192, 1360, 68, 37
James Henry, 60, 90, 1000, 269, 307
Burrell Herndon, 40, 60, 600, 15, 121
Rowlin Stroud, 40, 230, 1000, 258, 246
K. G. Hay, 25, 75, 350, 57, 173
Wm. P. Welch, 100, 200, 1800, 100, 418
Charles Lord (Land), 20, 280, 400, 20, 53
Jacob N. Coffman, 45, 55, 500, 10, 150
Susanna Hendricks, 35, 65, 600, 72, 84
Wm. Inglehat, 33, 47, 400, 10, 137
Isaac Johnson, 70, 230, 1700, 106, 389
James P. Nall, 120, 209, 2300, 140, 447
Gray Stringer, 35, 65, 500, 21, 188
Elizabeth Sketo, 40, 60, 400, 9, 142
Thomas Worthington, 175, 815, 2490, 120, 566
Anthony Donaho, 50, 175, 1125, 75, 217
Michael Donaho, 8, 42, 150, 21, 87
Sandy D. Dossett, 150, 400, 3200, 30, 81
Benjamin Donaho, 4, 96, 400, 18, 90
Jesse Plain, 35, 265, 1800, 40, 128
Robert Stringer, 80, 570, 3000, 150, 302
John Gross, 13, 200, 1000, 5, 27
John Burden (Bender), 80, 628, 4000, 130, 504
Jacob F. Garst, 70, 180, 1500, 154, 276
Benjamin F. Arnold, 25, 28, 300, 57, 172
Benjamin Coffman, 150, 600, 300, 153, 688
Frederick Graddy, 30, 80, 300, 42, 193
William Deaver, 35, 68, 300, 98, 234
George Johnson, 25, 15, 240, 78, 145
Peter Johnson, 50, 190, 980, 114, 280
Ethelred Baggot, 35, 165, 800, 33, 61
Philip Bennet, 60, 54, 570, 75, 265
Wm. H. Kittinger, 20, 33, 371, 10, 112
Erastus Smith, 23, 33, 330, -, 81
Catharine Ellison, 30, 110, 600, 10, 96
Samuel Coffman, 14, 36, 300, 10, 96
John J. Ingles, 75, 100, 400, 20, 231
James W. Wilbourn, 35, 50, 135, 5, 76
Philip Smith Jr., 10, 190, 300, 5, 65

Nelson County Kentucky
1850 Agricultural Census

The Agricultural Census for 1850 was filmed for the University of North Carolina from original records at Duke University in Durham North Carolina.

The following are the items represented and separated by a comma: for example, John Doe, 25, 25, 10, 5, 100. This represents:

Column 1 Owner
Column 2 Acres of Improved Land
Column 3 Acres of Unimproved Land
Column 4 Cash Value of Farm
Column 5 Value of Farm Implements and Machinery
Column 13 Value of Livestock

The following symbol is used to maintain spacing where there are no numbers: (-)
Attempts were made to identify as many letters in names as possible. When the first letter of last name was not identifiable, be sure to check the very beginning of the index as that is where those names would be indexed. Where the first letter of the last name was visible but the second letter was missing, check the beginning of that letter. For example, F_oster, would be found at the beginning of the Fs. This county was particularly hard to read because it was really faint.

F. P. Linthicum, 54, 54, 1900, 200, 250
Wm. McDonough, 300, 440, 4000, 200, 500
W. A. Hickman, 115, 260, 7000, 250, 500
Charles Hayden, 6, -, 4000, 35, 160
Ben Hardin, 200, 1500, 25000, 2000, 3000
J. W. Wilson, 45, 98, 5000, 150, 420
J. H. Blandford, 50, 15, 1200, 75, 120
A. Fennell, 16, -, 420, 50, 100
E. Crawford, 300, 200, 10000, 125, 660
P. Conner, 75, 75, 1800, 100, 450
L. Spalding, 90, 54, 2160, 151, 376
Henry Roby, 80, 28, 1400, 50, 200
Woodson Coke, 65, 47, 3000, 200, 250
J. G. Evans, 170, 130, 6000, 100, 640
Mary Hopkins, 65, 63, 2500, 100, 110
Lewis Thomas, 18, -, 180, 50, 120
W. Hopkins, 100, 48, 3368, 120, 735
H. W. McAtee, 210, 60, 1500, 75, 335
Ann Lancaster, 350, 400, 12000, 140, 751
John Mackay, 400, 15, 8000, 200, 3035
Charles Drury, 200, 25, 4500, 90, 300
J. S. Coomes, 75, 51, 3000, 200, 1000
J. Maryman, 200, 15, 4000, 50, 360
A. C. Wilson, 900, 80, 25000, 800, 4000
S. J. Philips, 850, 50, 20000, 700, 3000

B. Whelan, 80, 80, 3200, 100, 260
H. Nicholls, 400, 600, 6000, 400, 2145
M. Conley, 45, 40, 1500, 100, 150
Henry Gore, 230, 115, 6200, 200, 860
M. Smith, 72, 73, 2900, 30, 367
A. Ringo, 120, 40, 2700, 28, 470
Danl. Langsford, 200, 50, 5000, 150, 732
T. Tichenor, 110, 60, 3400, 125, 360
George Wells, 56, 28, 1950, 65, 365
A. Bodine, 180, 54, 4500, 150, 1400
R. Morrison, 300, 150, 10000, 200, 415
F. N. Pitt, 120, 40, 2400, 250, 540
S. Grigsby, 240, 60, 4600, 1000, 512
S. Hunter, 90, 44, 2000, 200, 350
Ben. Downs, 60, 40, 1400, 50, 375
James Wootton, 100, 50, 2250, 120, 300
James Marry, 248, -, 5000, 150, 600
F. Lloyd-tenant, 50, 15, 200, 110, 200
C. Ludwick, 220, -, 5600, 200, 948
S. Tichnor, 150, 65, 4300, 100, 300
W. Wathen, 50, 40, 1800, 50, 180
Uriah Hughes, 50, 53, 2060, 25, 150
John Bell, 53, 7, 1200, 75, 135
E. Tichenor, 44, 16, 900, 150, 300
P. Fulkerson, 44, 16, 1000, 100, 250
N. Langsford, 80, 28, 2100, 100, 400
John Brewer, 80, 60, 2800, 150, 300
George Wright, 70, 53, 2460, 100, 200
John Condey, 70, 60, 2000, 80, 225

Mary Condey, 30, 10, 480, 20, 130
Mary Conley, 30, 10, 480, 20, 290
Dvid Wright, 90, 30, 2460, 100, 150
John Whelan, 70, 14, 1680, 20, 200
G. Wilkinson, 200, 100, 6000, 200, 540
James Allen, 200, 300, 10000, 350, 560
E. Adams, 250, 50, 6000, 150, 1000
S. Wilkinson, 250, 190, 8900, 250, 1200
Z. Mason, 25, 10, 700, 25, 20
C. Duncan, 64, -, 1280, 25, 214
P. Brewer, 25, -, 500, 100, 200
Pius Brewer, 55, 25, 1600, 200, 378
Thos. Tichenor, 180, 130, 6200, 150, 640
Isaac Hale, 70, 50, 2400, 75, 260
T. Conner, 73, 6, 660, 100, 100
T. Duncan, 270, 130, 8000, 500, 1000
Volney Gore, 80, 30, 2400, 150, 200
R. Roomes, 100, 75, 4000, 200, 610
James Porter, 278, -, 6000, 150, 850
Asa Rogard, 40, 30, 1400, 40, 240
James Greer (Green), 230, 120, 2000, 150, 728
Mary Mason, 100, 60, 3200, 150, 365
E. Moseley, 25, -, 500, -, -
J. McKay, 180, 10, 3800, 150, 500
M. Hodges, 240, 10, 5000, 750, 575
J. Merrifield, 250, 50, 6000, 250, 1060
John Lewis, 100, 25, 3500, 150, 430
Sarah Brown, 250, 290, 10800, 250, 675
Wm. Downs, 60, 55, 2300, 50, 281
B. Mason, 37, 5, 840, 100, 110
G. Millegan, 40, 10, 1000, 30, 100
T. Gardiner, 90, 60, 3000, 100, 570
John Rogan, 200, 100, 6000, 100, 400
John Weaver, 130, 60, 3800, 75, 220
A. Bryant, 150, 163, 6260, 500, 1050
H. Hagan, 140, 60, 4000, 300, 910
Richard Lilly, 140, 60, 4000, 150, 400
B. Clark, 450, 50, 10000, 500, 2000
Henry Bell, 160, 115, 5500, 150, 635
Wm. Clark, 130, 55, 4100, 50, 560
E. Bennett, 90, 38, 2560, 150, 520
J. Bennet, 400, 200, 12000, 500, 760
J. Stanley, 200, 125, 6500, 500, 1200
S. Wills, 150, 150, 6000, 200, 1200
John Bell, 140, 60, 4000, 200, 1200
D. Jewell, 120, 40, 3200, 150, 280
Elisha Wells, 100, 105, 4100, 200, 820
J. Reddish, 100, 57, 4100, 200, 820
John Hickman, 112, 54, 3320, 50, 450
Abner King, 170, 146, 4320, 260, 663
B. Stone, 420, 70, 7400, 150, 1000
Wm. Boze, 80, 69, 2980, 100, 400
A. Beard, 250, 164, 8280, 250, 300
P. Grant, 100, 200, 6000, 200, 480

F. McGaw, 15, 75, 3000, 10, 250
John Hardy, 20, 30, 1000, 75, 150
M. Thompson, 60, 20, 1600, 100, 370
John Hessey, 100, 124, 4480, 150, 340
A. Sherley, 70, 430, 10000, 70, 500
Nancy Hobbs, 70, 70, 2800, 150, 240
Martin Forman, 100, 100, 4000, 150, 150
G. Crume, 150, 175, 6500, 203, 810
Isaac Miller, 300, 150, 9000, 200, 1650
J. Forman, 375, 282, 13120, 250, 1275
G. Forman, 200, 120, 6595, 187, 575
Ellen Hobbs, 120, 59, 3580, 40, 240
Thos. Higdon, 120, 40, 3200, 200, 610
Saml. Clark, 224, 64, 5760, 100, 800
Wm. Neile, 100, 70, 3600, 60, 335
_. N. Lilly, 30, 12, 840, 28, 170
John Boyle, 100, 60, 3200, 70, 370
G. Wilkerson, 125, 92, 4140, 150, 900
Saml. Bealmear, 300, 32, 8640, 400, 1000
Wm. Forman, 300, 240, 10800, 400, 1025
John Young, 80, 21, 2020, 200, 370
Able Crawford, 240, 90, 6600, 250, 525
E. Crawford, 60, 78, 2760, 150, 340
Richard Adams, 70, 45, 2300, 75, 440
N. Cartmill, 300, 520, 10400, 150, 510
Thos. Roly, 70, 148, 2360, 150, 538
John Powers, 20, 80, 500, 25, 80
George Cose (Cox), 75, 65, 2800, 100, 200
T. Wellington, 220, 180, 8000, 200, 700
Ben Biven, 59, 65, 2400, 25, 150
Thos. Aud (Ard,And), 120, 55, 35, 175, 540
Nancy Clark, 80, 20, 2000, 400, 900
Wm. Taylor, 25, 15, 800, 100, 300
Mary Taylor, 30, 17, 940, 50, 150
Westley Task (Pask), 200, 115, 6300, 500, 1000
David Cose (Cox), 80, 60, 2800, 120, 570
John Nelson, 50, 30, 1600, 150, 300
R. Napper, 80, 35, 2300, 100, 350
J. Anderson, 40, 20, 1200, 50, 120
J. Fonworthy, 150, 40, 3600, 400, 1265
R. Walker, 120, 110, 5600, 400, 800
Morris Hobbs, 100, 70, 3400, 100, 600
J. Allison, 60, 10, 1400, 240, -
Wm. Wayne, 40, 10, 1000, 50, 130
Wm. Gilbert, 80, 10, 1800, 200, 370
Martha Coke (Cake), 55, 15, 1400, 200, 370
S. Young, 28, 10, 760, 20, 300
R. Philips, 80, 20, 2000, 100, 370

J. Ludwick, 20, 40, 2600, 150, 900
Wm. Bell, 100, 39, 2780, 175, 500
Charles Warren, 100, 40, 2800, 100, 360
John Anderson, 100, 40, 2800, 100, 360
James Brown, 180, -, 2800, 250, 800
Joseph Brown, 200, 185, 11550, 300, 750
Daniel Talbott, 280, 100, 8800, 300, 1050
Thos. Riley, 150, 220, 10000, 250, 1220
Edward Hayden, 75, 69, 2880, 150, 420
C. Bean, 60, 40, 2000, 100, 300
S. Wiseheart, 70, 39, 2180, 100, 400
Martin Miller, 65, 52, 2340, 100, 400
J. Weller, 30, 60, 2600, 150, 300
J. Hefley, 45, 74, 2380, 125, 425
Wm. Newboult, 100, 120, 4400, 200, 260
Ann Wiseheart, 50, 10, 1200, 100, 200
Wm. Hunter, 200, 220, 8400, 400, 464
Thos. Coomes, 75, 45, 2400, 200, 325
Wm. O'Bryan, 50, 36, 1720, 200, 300
Lloyd O'Bryan, 180, 77, 3140, 200, 415
John Stuart, 170, 138, 6160, 200, 700
E. Gardiner, 500, 350, 25000, 1000, 1520
E. Gore, 100, 63, 3360, 150, 620
E. Blair, 125, 95, 4400, 100, 890
C. McGee, 230, 230, 9200, 200, 600
John Task, 200, 500, 1400, 500, 1800
E. Osburn, 100, 50, 3000, 75, 170
Danl. Harkins, 150, 67, 4340, 200, 300
Henry Simms, 40, 46, 2120, 150, 150
Wm. Simms, 70, 95, 3200, 100, 240
George Bean, 70, 95, 3700, 100, 240
R. Murphy, 40, 50, 1800, 100, 250
S. Murphy, 60, 40, 2000, 100, 300
Thos. Hammands, 165, 92, 5140, 300, 650
James Biven, 30, -, 600, 5, 75
J. Fonworthy, 60, 16, 1520, 125, 300
Thos. O'Bryan, 80, -, 1600, 200, 300
James Forman, 60, 120, 3600, 100, 350
H. Dacore (Dacon), 60, 140, 4000, 100, 480
Henry Ash, 25, 25, 1000, 200, 380
B. Wethers, 20, 30, 1000, 150, 340
A. Oliphant, 250, 150, 8000, 500, 1210
Alfred Hibbs, 100, 100, 4000, 20, 150
Nelson Hibbs, 35, 74, 2200, 20, 100
N. Ash, 75, 75, 3000, 25, 450
J. Murphy, 100, 127, 4940, 150, 260
A. Dacon (Dacore), 750, 150, 4000, 50, 250
L. Breashear, 70, 129, 2000, 100, 300
E. Thompson, 50, 50, 1000, 40, 320

Thos. Clarke, 60, 40, 1000, 150, 300
Austen Mudd, 28, 48, 760, 50, 228
Wm. Newboult, 400, 600, 10000, 500, 800
Peter Stoner, 175, 275, 6000, 200, 720
Charle Lutz, 100, 180, 2800, 100, 400
John Overale, 150, 850, 7500, 1000, 1250
A. Brown, 50, 50, 1000, 150, 320
E. Brown, 75, 100, 1250, 125, 150
John Brown, 100, 50, 1500, 150, 365
Mary Duval, 150, 238, 3000, 50, 250
M. Kurtz, 100, 100, 2000, 150, 400
J. Hibbs, 70, 60, 1300, 150, 330
James Breashear, 200, 131, 3310, 150, 340
Robert Hagan, 70, 50, 2400, 60, 310
Thos. Miles, 100, 50, 3000, 100, 540
Taylor Samuels, 100, 100, 4000, 150, 450
J. T. Jenkins, 90, 54, 2880, 115, 420
F. Glassgo, 40, 26, 1320, 10, 150
E. Summers, 70, 60, 2600, 100, 200
Elisha Yates, 250, 250, 10000, 300, 728
Wm. Livers, 75, 65, 2800, 100, 600
J. Roby, 90, 75, 3300, 200, 320
B. Task, 50, -, 1000, 100, 560
Coleman Wells, 60, 48, 2160, 100, 350
M. Greenwell, 200, 392, 2368, 300, 500
Wm. Sutherland, 400, 400, 16000, 1500, 3620
Edwin Barnes, 100, 100, 1600, 100, 250
H. Mobley, 150, 150, 900, 100, 450
P. Slaughter, 280, 120, 6000, 100, 630
G. Dickerson, 120, 100, 2200, 250, 550
R. Barnes, 60, 70, 1330, 25, 200
Ben Tobin, 300, 804, 8832, 400, 1265
G. Barnes, 80, 141, 3768, 150, 475
Thomas Jee, 40, 20, 600, 25, 280
Urbin Speaks, 75, 125, 3000, 150, 2000
Henry Wathen, 140, 160, 4200, 300, 200
Edward Miles, 110, 165, 6000, 300, 550
French Slaughter, 40, 20, 600, 100, 300
John Troutman, 400, 1100, 10000, 1000, 1400
G. Simmons, 365, 165, 4820, 300, 800
L. Vititoe, 90, 110, 800, 100, 140
John Johnson, 300, 750, 5800, 400, 1150
Ralph Cotton, 300, 300, 6000, 1000, 1540
John Gardiner, 250, 410, 6600, 200, 665
L. Burch, 300, 180, 7200, 300, 600
M. Jupin, 73, 40, 2800, 100, 125
Ben Wilson, 122, 235, 3600, 200, 510
S. Vititoe, 200, 250, 1350, 150, 300
B. Summers, 220, 255, 3800, 350, 35

N. Bealsmear, 200, 143, 764, 200, 380
Wm. Tankersley, 25, 28, 500, 150, 260
J. F. Wight, 100, 64, 3280, 150, 325
Tyler Wilson, 400, 200, 12000, 500, 3030
Ben Beeler, 200, 128, 2000, 250, 850
E. Manica, 90, 110, 4000, 200, 1100
M. Norris, 40, 177, 1085, 100, 175
John Kendall, 20, 50, 200, 40, 170
Wm. Ritchie, 170, 139, 6180, 200, 550
J. Pennebaker, 100, 178, 1650, 125, 280
B. Kurtz, 125, 75, 4000, 150, 465
George Haynes, 600, 725, 13250, 800, 1200
E. Johnson, 40, -, 2000, 150, 440
Stanley Young, 150, 250, 4000, 100, 400
W. Samuels, 200, 200, 4800, 350, 1000
Q. Hagan, 60, 48, 700, 50, 250
Thos. Lewis, 251, 310, 4160, 50, 500
R. Barnes, 70, 50, 1200, 150, 260
M. Georynn, 8, 57, 3740, 100, 210
N. Smith, 600, 646, 12460, 1000, 1400
C. Tewell (Terrell), 200, 262, 4260, 600, 565
Sarah Conally, 60, 80, 1400, 10, 140
Stephen Hughes, 20, 30, 500, 5, 100
John Newman, 10, 110, 3000, 150, 1160
P. Terrell, 60, 140, 2000, 150, 430
John Brown, 60, 140, 1120, 100, 250
Perry Watson, 40, 20, 600, 75, 200
Henry H. Miles, 180, 70, 5000, 200, 615
Charles Brown, 30, 20, 800, 125, 80
Wm. Wight, 75, 125, 3600, 200, 440
A. Brown, 65, 55, 2400, 100, 200
Wm. Unsell, 110, 75, 2600, 60, 80
Ben Kurtz, 35, 25, 1200, 150, 400
E. Irvin, 120, 130, 3000, 230, 120
Martha Bard, 110, 190, 6000, 80, 400
S. Shehan, 47, 75, 2400, 80, 300
John Shopstaugh, 60, 65, 2500, 18, 300
J. Fowler, 60, 24, 1680, 50, 280
T. O'Bryan, 150, 88, 3760, 100, 340
A. Walker, 113, 113, 3390, 100, 480
E. Hagan, 125, 98, 4460, 150, 410
B. Wisenheart, 80, 160, 4800, 150, 385
Henery Livers, 200, 160, 7200, 300, 620
Wm. Weller, 60, 30, 1600, 150, 220
H. Patterson, 65, 75, 2800, 40, 130
Mary Hessey (Hersey), 75, 75, 3000, 80, 310
Mary Livers, 150, 147, 5940, 200, 660
John Samuels, 140, 210, 2450, 100, 550
J. E. Heal, 50, 50, 1000, 125, 2000
David Jenkins, 20, 23, 430, 15, 110
M. Lloyd, 75, 39, 1140, 75, 80
J. Greenwell, 80, 10, 800, 80, 230

J. Barger, 125, 125, 5000, 200, 220
Danl. Step, 29, -, 200, 10, 110
Wm. Ashlock (Asblock), 25, 10, 350, 12, 170
James Porter, 25, 25, 500, 25, 110
Ben Flanders, 100, 80, 1800, 150, 240
G. Mattingly, 160, 210, 7800, 700, 700
Ben Dents, 45, 50, 800, 21, 120
Wm. Kurtz, 25, 19, 440, 75, 200
Henry Napper, 100, 80, 1900, 100, 320
D. Greatehouse, 200, 84, 5680, 200, 740
R. Runner (Dunner), 100, 70, 1800, 150, 200
Henry Streete, 75, 75, 2000, 200, 370
Mary Fields, 200, 120, 1600, 100, 375
Mary Demitt, 70, 180, 2500, 10, 110
Peter Dragoo, 50, 250, 1000, 100, 550
F. Vaughan, 13, 26, 390, 20, 70
S. Wiseheart, 40, 160, 1000, 40, 280
George Jenkins, 32, 70, 525, 100, 450
James Vittitoe, 100, 50, 2000, 150, 400
Ellen Miller, 100, 150, 2500, 50, 220
M. A. Atherton, 100, 120, 2700, 150, 460
Danl. Vittitoe, 100,1 05, 1640, 150, 400
Wm. Davis, 50, 100, 500, 100, 360
N. Miller, 100, 100, 2500, 150, 275
R. Mattingly, 46, 17, 630, 20, 200
J. W. Burch, 30, 70, 1000, 20, 220
L. Shawler, 100, 50, 2000, 30, 240
Philip Norris, 50, 20, 800, 150, 240
S. Greenwell, 60, 50, 600, 125, 240
F. Thornsbury, 30, 50, 400, 20, 250
Jame Culver, 60, 89, 700, 80, 250
John C. Cose (Cox), 80, 40, 1800, 300, 470
P. Devany, 70, 30, 600, 50, 120
Lewis Ritchie, 150, 50, 3000, 200, 825
Mary Dugan, 120, 120, 2800, 30, 235
Elie Humphrey, 100, 120, 1710, 75, 665
Isaac Marks, 100, 60, 2560, 60, 260
E. Milligan, 200, 31, 2350, 75, 100
William Dickerson, 80, 85, 1600, 20, 140
Warren Dodson, 95, 38, 1675, 75, 216
John Roberts, 75, 25, 1000, 60, 195
William Lentz, 80, 60, 1820, 100, 450
James Biship, 100, 100, 3600, 130, 722
John L. Biship, 100, 50, 1500, 50, 200
J. L. Dodson, 80, 20, 1000, 100, 212
G. W.Tucker, 120, 70, 1500, 100, 300
Jesse Thompson, 120, 63, 2512, 125, 465
R. L. Brickles (Buckles), 12, -, 180, 100, 120
W. P. Moor, 15, 29, 880, 100, 120

Morris Cotton, 63, -, 1240, 15, 405
William Morris, 160, 55, 3800, 210, 436
Richard Johnson, 200, 80,3 360, 200, 650
R. M. Graham, 60, 40, 4400, 15, 340
Presley Dodson, 90, 70, 3000, 150, 400
William L. Remey, 100, 65, 3300, 400, 364
W. S. Ferguson, 120, 60, 2700, 130, 805
R. M. Graham Jr., 65, 45, 1500, 80, 209
James Hobbs, 90, 24, 1000, 70, 272
E. J. Pottinger, 100, 55, 5000, 150, 255
Nimrod Beckham, 130, 100, 4000, 150, 250
Andrew Briggs, 500, 450, 19000, 300, 1270
Thomas Briggs, 40, -, 800, -, 100
John R. Briggs, 80, 100, 2560, 80, 330
Richard Clark, 110, 115, 5000, 150, 670
Elizabeth Dugan, 140, 250, 11250, 150, 615
Green Duncan, 690, 50, 12500, 200, 1800
John Pence, 300, 157, 10000, 175, 550
Robt. C. Herral, 250, 150, 8000, 100, 600
Moses Herral, 200, 200, 6000, 100, 360
Lavina Roberts, 25, 15, 1000, 35, 175
John D. Huston, 75, 50, 1400, 40, 328
Dugan & Dugan, 350, 173, 13000, 200, 400
J. N. Bodine, 150, 45, 2200, 100, 575
W. M. Foster, 120, 50, 3400, 150, 425
Gaily Bodine, 130, 100, 3480, 150, 485
H. Orimie, 150, 56, 3000, 25, 449
Thomas Huston, 250, 250, 10000, 150, 1105
William Williams, 50, 30, 1920, 40, 200
Benj. Duncan, 250, 100, 7720, 150, 600
Perry Hobbs, 70,3 0, 1650, 80, 208
Harriett Lewis, 250, 45, 5500, 250, 556
Nancy Hobbs, 100, 75, 2625, 25, 260
Abagail Wakefield, 115, 55, 3500, 15, 438
J. E. Settle, 150, 52, 4000, 300, 400
J. F. Selecman, 75, 75, 5230, 200, 500
Charles Dawson, 180, 80, 3700, 100, 325
Micajah Glascock, 80,3 0, 2500, 100, 410
Lloyd Johnson, 86, -, 2580, 100, 200
Robt. Sanders, 35, 35, 1400, 20, 180
Abram Smith, 90, 71, 1600, 75, 250
Silwell Heally, 148, 48, 2612, 100, 535
E. E. Murphy, 150, 120, 5000, 115, 642

Phillip Murphy, 30, 20, 750, 25, 181
Edward Graves, 110, 67, 3200, 120, 630
Leucratus Blanton, 150, 20, 2500, 75, 1350
Bryant Z. Nal, 80, -, 1500, 100, 362
R. L. Murphy, 120, 100, 4000, 50, 609
John Wageman, 100, 100, 1200, 50, 537
P. G. Blanton, 90, 24, 500, 60, 595
_. Cokendolpher, 100, 53, 2000, 50, 237
L. W. Kinchloe, 260, 140, 10000, 200, 325
Elias Kinchloe Sr., 400, 72, 4000, 250, 371
Robt. Smither, 100, 200, 1300, 150, 229
Elijah Davis, 400, 200, 12000, 100, 2010
Harden Edwards, 585, -, 18000, 300, 1108
John Berniss, 370, -, 11200, 300, 932
Joseph McCleskey, 268, 18, 5600, 150, 3128
John N. Stone, 140, 10, 3000, 150, 595
Presley Melton, 100, 60, 2080, 150, 330
Joseph Lowber (Sowber), 71, -, 1400, 15, 100
David Cronore, 100, 220, 6400, 100, 380
John Terrell, 15, 11, 260, 15, 135
Eliza Melton, 100, 250, 700, 150, 500
_. H. Terrell, 130, 20, 2400, 100, 440
Robert Ford, 85, 70, 1200, 75, 450
John Whitehead, 45, 75, 1000, 25, 100
George R. Able, 60, 70, 400, 125, 525
George R. Able, 60, 30, 1300, -, -
William Elliott, 170, 145, 4094, 200, 700
R. L. Pottinger, 130, 10, 2800, 150, 382
William Peak, 75, 105, 300, 65, 100
Henry Bartlet, 35, 95, 100, 60, 75
G. W. S. Willett, 275, 325, 2000, 60, 330
Thomas Woods, 100, 50, 350, 50, 100
John Donohoo, 250, 190, 1000, 150, 251
Mary Shanecy, 70, 180, 500, 12, 240
Richard Vowells, 100, 30, 620, 10, 129
James Clark, 40, 120, 1200, 60, 671
W. Y. Linton, 100, 400, 1500, 40, 322
Monks of Gethsemanae, 400, 1173, 6000, 300, 700
Thomas Hutchins, 97, -, 776, 100, 262
William H. Cissell, 80, 180, 250, 70, 275
Charles Head, 100, 30, 1000, 75, 300
J. L. Clark, 120, 180, 900, 75, 343
Thomas McKeme, 30, 20, 150, 15, 59
G. W. Clark, 30, 77, 300, 10, 140
Joseph Clayton, 35, 100, 405, 30, 185
Henry Boon, 130, 290, 1200, 75, 457
John Clayton, 80, 220, 1000, 200, 432
John French, 60, 80, 420, 10, 120
Pius Hagan, 50, 100, 300, 12, 216

Alegz Hagan, 150, 50, 750, 40, 115
John Hagan, 50, 90, 400, 50, 150
Clement Newton, 80, 130, 1700, 5, 270
Nathaniel Hagan, 15, 59, 650, 8, 107
Willis Ballard, 60, 111, 413, 100, 493
Ignatius Payne, 50, 50, 250, 12, 123
William Roberts, 75, 145, 700, 40, 322
C. T. Ballard, 60, 120, 800, 85, 250
Thomas Spalding, 60, 90, 720, 40, 280
Charles Cissell, 60, 100, 500, 20, 198
S. Winsett, 55, 25, 400, 15, 83
W. R. Nally, 60, 90, 750, 40, 195
Walter E. Downs, 75, 75, 750, 25, 264
L. W. Greenwell, 30, 50, 250, 15, 146
John Downs, 200, 230, 1708, 60, 385
Able Hagan, 130, 150, 5160, 60, 460
John Holtsthowser, 80, 67, 500, 45, 407
L L. B. Payne, 80, 70, 500, 50, 147
John Payne, 75, 145, 1400, 50, 209
F. C. Nall, 100, 250, 2500, 150, 364
Alexander Reid, 100, 200, 2000, 100, 335
J. P. Ballard, 20, 34, 80, 10, 182
William Rapier, 40, 125, 1700, 30, 316
Linus Cissell, 50, 110, 800, 15, 211
James Rapier, 65, 60, 625, 75, 188
Saml. Gilkey, 15, -, 150, 5, 139
Edward Hagan, 38, 30, 300, 75, 160
E. B. Nall, 75, 175, 2800, 60, 358
W. Holsthouser, 30, 60, 300, 25, 141
Hillery Cissell, 75, 170, 2200, 40, 91
Thomas Wood, 80, 90, 1500, 65, 252
Robt. Wimsett, 80, 90, 1000, 80, 308
James Mattingly, 55, 45, 800, 100, 153
William Rapier, 200, 56, 2550, 100, 827
Thomas Ballard, 125, 175, 1200, 50, 478
Bennet Wheler, 100, 50, 400, 40, 120
Leonard Eaden, 75, 139, 1000, 150, 365
Joseph Boon, 95, 118, 1065, 75, 380
J. A. Hagan, 300, 200, 5500, 100, 643
Samuel Anderson, 105, 104, 2508, 200, 550
F. Chambrigo, 250, 175, 8000, 1000, 900
Mary E. Mattingly, 210, 200, 2800, 500, 778
George Holsthouser, 200, 80, 4200, 200, 215
Elizabeth Price, 150, 50, 2000, 80, 552
Peter Spaulding, 140, 110, 3000, 20, 225
John T. Mudd, 60, 100, 1300, 120, 335
John Mullican, 200, 140, 2380, 100, 645
William Beam, 150, 132, 2500, 300, 341
William Tutt, 100, 170, 4200, 200, 575
Francis P. Comes, 25, 27, 416, 30, 270
Henry C. Cooper, 150, 224, 2618, 150, 257

Stephen W. Janes (Jones), 27, 25, 416, 12, 53
M. J. Thompson, 60, 60, 840, 50, 225
Nancy B. Johnson, 80, 80, 1440, 150, 395
_. F. Nall, 200, 550, 9000, 100, 841
J. M. Ballard, 60, 60, 1000, 100, 242
George Boon, 80, 40, 2100, 80, 470
Austin Weller, 60, 30, 600, 45, 205
Charles Rapier, 300, 250, 6000, 200, 753
George S. Melton, 100, 67, 1169, 150, 533
Alexander Hunter, 175, 225, 2500, 75, 533
Simeon Lewis, 61, 31, 1104, 100, 787
Asher Johnson, 100, 264, 2548, 50, 340
Simeon Spalding, 100, 120, 1540, 100, 375
W. W. Settle, 50, 90, 1288, 150, 290
Sarah Botts, 40, 60, 1100, 125, 200
D. W. Beam, 125, 125, 3850, 50, 175
John Briney, 50, -, 400, 25, 127
William Ford, 25, 8, 600, 100, 278
C. Fergerson, 200, 120, 4800, 150, 554
R. Shercliffe, 100, 86, 3500, 125, 355
Robert Batsal, 70, 120, 5000, 150, 600
John Phillips, 70, 50, 1500, 150, 279
Nathaniel Batsal, 120, 130, 4500, 150, 928
Ellizabeth Clements, 70, 120, 1200, 120, 230
H. J. Hall, 75, -, 1000, 30, 340
S. Summers, 75, 60, 1540, 150, 405
T. H. Summers, 170, 213, 4596, 200, 800
John Cotton, 80, 30, 1400, 100, 296
Jacob Hill, 70, 88, 1300, 25, 278
J. F. Long, 110, 40, 3500, 50, 440
George Weller, 65, 60, 1280, 100, 438
Thomas Ambrose, 30, 160, 1000, 25, 264
Martin Zewell, 200, 390, 4581, 143, 830
F. G. Murphy, 225, 290, 1400, 300, 2700
J. T. Blandford, 127, 105, 2760, 140, 600
Ben L. McAtee, 200, 127, 7000, 200, 734
Mary McGill, 60, 140, 1200, 100, 210
Mary Coomes, 100, 100, 6000, 50, 650
Joseph Hagan, 180, 147, 5000, 30, 145
Ben Doom, 200, 450, 11375, 200, 810
G. H. Hutchens, 60, 40, 1500, 65, 349
Benj. T. Wightt, 150, 150, 10500, 150, 887
S. S.. Humphrey, 80, 80, 2300, 200, 579
J. H. Hagan, 75, 65, 2500, 125, 412
Solliman Coffman, 25, 77, 4000, 30, 387

Jon Cotton, 75, 57, 2640, 65, 173
John Crumn, 300, 400, 5600, 200, 570
Jane Cotton, 60, 10, 1400, 150, 220
George Marks, 20, -, 200, 30, 340
Henry Lewis, 175, 99, 2700, 150, 1180
George M. Miller, 40, 49, 1586, 50, 212
Joe B. Marshall, 70, 50, 1200, 100, 223
Otho Wood, 250, 150, 8000, 250, 1370
Ellen Duncan, 525, 305, 2000, 300, 2740
Harriet Bland, 175, 100, 5300, 150, 700
Lewis Hayden, 250, 250, 5000, 150, 1600
J. F. Queen Jr., 125, 110, 3525, 300, 1034
R. B. Grigsby, 400, -, 12000, 300, 1600
Sarent Railey, 140, -, 4000, 150, 285
A. B. Branchamp, 200, 152, 7000, 275, 1060
John Bayne, 180, 85, 6000, 250, 440
T. S. Sperd, 227, -, 5675, 275, 667
George Robison, 150, 115, 3180, 100, 579
W. Heavenhell, 150, 100, 3600, 300, 866
Jacob Unsel, 90, 40, 2000, 10, 240
James Duncan, 100, 67, 5000, 300, 1237
John Wood, 125, 40, 3000, 100, 544
Turner Wilson, 550, 250, 16000, 500, 2350
A. Barkhead, 70, 25, 950, 40, 180
J. A. Y. Humphrys, 150, 20, 3400, 175, 606
John Speak, 40, 47, 500, 150, 215
Henry O. Brown, 175, 120, 1580, 100, 312
John Unsel, 60, 70, 1950, 100, 290
John Humphry, 100, 50, 1750, 100, 332
_. A. Talbott, 375, 277, 7164, 300, 898
H. A. Kiertz, 100, 120, 2640, 15, 125
Henry Hiller, 70, 30, 1200, 20, 170
Squire Crumn, 150, 137, 2870, 150, 600
Lee S. Crumn, 60, 20, 960, 70, 150
Squire Crumn Jr., 50, 40, 770, 20, 185
W. Dickerson, 30, 65, 470, 40, 200
Mary Marks, 30, 70, 600, 30, 140
Hannah Tennell, 100, 90, 200, 75, 217
Hillery Dugan, 130, 70, 2000, 300, 635
W. R. Marshall, 75, 55, 1330, 80, 210
A. McMakin, 450, 77, 6700, 300, 1536
J. L. Milton, 90, 25, 1725, 20, 157
C. W. T. Thomas, 386, -, 4608, 100, 1285
Thomas Bedford, 300, -, 3600, 200, 480
Tharson Brownfield, 10, -, 150, 15, 170
M. L. Thomas, 260, 260, 5000, 300, 1905
Baxter B. Thomas, 50, -, 600, 50, 200
Redman Thomas, 150, 200, 4000, 200, 855
Levin Green, 200, 212, 4120, 75, 395
Helery Green, 400, 20, 12600, 300, 1175
James B. Houston, 75, 100, 1150, 9, 75
Allen May, 35, 25, 650, 10, 80
Jefferson Calvert, 140, 115, 2000, 35, 271
John P. Hinkle, 160, 60, 3000, 175, 712
S. D. Roberts, 90, 60, 830, 75, 460
Silas Thomas, 50, 35, 800, 125, 272
Phil Armstrong, 95, 75, 700, 150, 300
Jesse Seveazy, 50, 90, 800, 30, 237
W. J. Reynolds, 40, 100, 1000, 25, 90
Vallorious Seveazy, 45, 225, 1080, 100, 275
John Cotton, 50, 120, 800, 15, 196
Nathan Railsback, 14, 22, 136, 6, 30
Hardin Todesman, 30, 60, 600, 10, 85
Mason Sevrazy, 50, 30, 325, 15, 70
Silas Ashley, 30, 70, 500, 15, 145
Thomas Sevreazy, 40, 40, 330, 15, 90
Peyton Huffman, 50, 60, 550, 20, 80
Jackson Ackerman, 30, 130, 680, 25, 110
Robb Barker, 100, 100, 1000, 150, 550
Richard Calvert, 400, 400, 5000, 150, 475
Garret Calvert, 100, 150, 1750, 20, 250
William Romine, 30, 60, 390, 20, 100
V. Hahn, 30, 100, 650, 15, 85
Thomas Barker, 30, -, 150, 195, 310
Charles Murphy, 40, 100, 600, 20, 269
Bennet Todisman, 35, 125, 640, 20, 137
William Barnard, 15, -, 65, 130, 340
Charles Coin, 30, 70, 500, 15, 150
John McMakin, 35, 140, 775, 5, 86
John Burrus, 100, 86, 930, 100, 7
Isaac Bodine, 120, 130, 3750, 526, -
Wesley Cheatham, 18, -, 100, 15, 35
Robert Terrell, 80, 80, 960, 25, 250
_. C Morgan, 120, 188, 2156, 150, 762
William Hobbs, 150, 220, 2600, 100, 330
George W. Hobbs, 260, 75, 4355, 100, 603
Peyton McMakin, 700, 150, 14000, 200, 1665
R. S. Houtchens, 100, 80, 3600, 100, 838
James Shields, 40, 60, 600, 40, 278
James Hardin, 16, 17, 270, 15, 150
A. Duncan, 150, 100, 9000, 30, 190
James Lefler, 90, 120, 1200, 50, 180
Francis Foster, 240, 56, 2564, 150, 568
Henry Russell, 170, 100, 3240, 125, 930

Washinton Thomas, 125, 35, 2600, 120, 745
Margaret Thomas, 250, 124, 5610, 150, 800
Henson Dugan, 60, 40, 1000, 25, 375
Elipalet Hunter, 200, 90, 4215, 300, 500
Wesley Hews, 12, -, 300, 10, 50
Edward Cheaney, 71, -, 1050, 200, 140
H. E. Stone, 80, 20, 3000, 150, 356
Spencer Minor, 700, -, 18000, 350, 6235
Isaac D. Stone, 500, 100, 22000, 500, 3240
S. J. Stone, 272, 200, 19000, 200, 700
Daniella Bedford, 167, -, 250, 150, 590
A. D. Metcalf, 150, 70, 4500, 200, 795
Hamlet Davis, 200, 22, 5000, 200, 800
A. B. McClaskey, 476, -, 7900, 150, 2251
Nancy Duncan, 200, 100, 6000, 150, 750
John McGraw, 24, -, 288, 25, 175
J. B. Wakefield, 50, 98, 1500, 100, 415
Joseph Sparks, 60, -, 1200, 30, 250
Elizabeth Bodine, 100, 100, 2000, 25, 250
Thomas Heady, 500, 200, 10000, 200, 1320
James S. Carr, 165, 18, 5690, 75, 546
Joseph McClaskey, 280, 20, 7500, 200, 560
Wakefield Glass, 35, 15, 700, 75, 240
Benj. Hews, 55, 34, 2100, 75, 230
Wesley Hews, 20, -, 500, 75, 175
Amos V. Skinner, 300, -, 8000, 400, 660
Henry R. McClaskey, 110, -, 2220, 60, 595
James Mahomey, 100, 150, 7500, 100, 348
Charles Brown, 60, 60, 1000, 60, 205
R. S. Price, 100, 60, 1500, 50, 346
John Price, 50, 150, 2000, 30, 149
M. P. Pottinger, 200, 300, 6000, 100, 892
Henry Bowling, 60, 40, 500, 25, 230
Charles Boon, 75, 150, 1500, 50, 784
Charles Stiles, 200, 200, 3000, 100, 638
Lawrence J. Berry, 26, -, 400, 20, 250
Green B. Marsterson, 60, -, 1000, 30, 225
Anna Miles, 150, 150, 6000, 200, 385
David Miller, 225, 439, 3420, 100, 680
Rebecca Lewis, 80, 200, 2000, 75, 196
Jacob Miller, 130, 170, 1800, 125, 700
Elizabeth Cravens, 50, 50, 600, 25, 160
John Bray, 25, 115, 500, 5, -
Abijah Lewis, 40, 30, 500, 8, 107
Wilford Martin, 50, 50, 500, 25, 415
William Lewis, 25, -, 150, 15, 85
Elizabeth Ellet, 12, -, 80, 10, 60
Lewis Stiles, 300, 300, 4200, 140, 445
John Stiles, 300, 450, 5000, 125, 612
Charles Howell, 5, 75, 2000, 5, 37
Ogden Stiles, 120, 140, 1700, 75, 275
Natl. Owens, 150, 150, 1000, 50, 278
Isaac Gilkey, 30, -, 150, 20, 100
Henry P. Camron, 75, 125, 2000, 20, 185
George Richardson, 35, 65, 250, 20, 225
Joseph Howard, 300, 700, 7000, 160, 548
Rachel Bryan, 15, -, 70, 5, 85
Dabney C. Gibbins, 20, 40, 600, 12, 128
Nancy Johnson, 60, 80, 1500, 12, 300
Michael Spalding, 100, 181, 2500, 60, 400
Mary Newton, 60, 40, 1500, 100, 275
Ellen Burch, 90, 25, 600, 25, 200
Charles O. Bryan, 30, 20, 500, 25, 246
John Dawson, 90, 6, 2800, 145, 257
John Dawson, 100, 100, 1500, -, 290
James Thompson, 170, 130, 5300, 250, 700
Hardin L. Pottinger, 200, 130, 3600, 100, 750
J. T. Weathers, 381, 135, 6000, 174, 1180
Henry Burch, 91, 150, 1602, 75, 469
W. W. Summers, 120, 116, 2000, 20, 300
Simon Humphrey, 60, 50, 1200, 100, 275
Bartin Bryan, 130, 75, 2050, 50, 430
James Bell, 100, 120, 2000, 60, 150
Mary Blandford, 14, 37, 2000, 60, 170
W. R. Pottinger, 240, 280, 3600, 100, 380
Martin Hill, 200, 130, 1500, 100, 320
Joseph Elder, 150, 118, 1200, 200, 300
John O'Bryan, 80, 90, 1000, 15, 296
Joseph Marsterson, 80, 75, 77, 50, 471
Peter Brown, 120, 230, 1400, 200, 426
Charles Thompson, 200, 50, 1750, 100, 530
Francis Peak, 60, 15, 375, 15, 177
Thomas Price, 200, 100, 2500, 150, 1184
T. J. Pottinger, 200, 120, 5000, 2000, 555
G. W. Pottinger, 400, 300, 8000, 150, 1000
Frederick Power, 25, 45, 560, 40, 174
William Head, 100, 270, 2030, 105, 726
Basil Smith, 200, 200, 3200, 150, 650
Francis Bowling, 80, 300, 1140, 30, 270
Silvester Power, 20, 50, 420, 50, 201

W. Bowling, 75, 100, 875, 120, 300
Joseph O'Bryan, 200, 250, 1200, 100, 590
Griffith Willett, 100, 400, 1500, 200, 685
George Cissell, 10, -, 150, -, 12
J. D. Duvall, 80, 134, 692, 25, 138
Amos D. Coy, 9, -, 250, 10, 25
John Norris, 100, 140, 960, 130, 360
S. Cundiff, 70, 76, 600, 50, 250
Joseph Adams, 80, 75, 1600, 60, 172
William Norris, 100, 266, 1500, 20, 348
Richard Head, 230, 300, 3000, 15, 500
Miles Hagan, 300, 400, 7000, 200, 1672
Joseph Nevittz, 100, 230, 2105, 80, 421
Francis Smith, 60, 30, 500, 100, 242
Silas White, 15, 200, 100, 10, 80
Henry Watson, 20, -, 400, 20, 184
Michael Hare, 65, 75, 600, 75, 300
Wm. Napper, 30, 220, 2700, 200, 350
Marshall Brown, 140, 100, 1200, 200, 300
Henry Harned, 300, 200, 3000, 250, 800
F. Johnson, 75, 75, 1000, 100, 400
B. Florence, 95, 105, 1000, 50, 210
Ben Harned, 460, 170, 11500, 200, 810
John F_grear, 16, 9, 230, 100, 90
D. Thurman, 60, 270, 1650, 35, 140
John Harned, 100, 250, 3500, 200, 700
James Aldridge, 70, 60, 600, 20, 230
John Harned, 20, 10, 200, 50, 180
Saml. Crow, 100, 147, 4470, 75, 410
Saml. Pursell, 50, 90, 600, 25, 140
D. Pursell, 70, 130, 2000, 150, 365
Wm. Pursell, 70, 110, 1870, 100, 210
John Sprigg, 250, 450, 6000, 250, 1850
John Lovelace, 150, 85, 2000, 250, 460
L. Farmer, 130, 82, 1484, 150, 230
Saml. Waters, 60, 140, 1200, 75, 200
John Cose (Cox), 60, 340, 1500, -, 450
F. Troutman, 250, 350, 5000, 200, 1000
John Protsman, 120, 20, 1200, 40, 200
N. Carter, 200, 130, 2000, 75, 438
Edward Hughes, 100, 280, 1000, 75, 270
Mary Smith, 100, 120, 1200, 25, 200
Ann Mobley, 150, 150, 1500, 125, 500
C. Terrell, 75, 75, 1200, 75, 180
Thos. Welsh, 100, 300, 2000, 100, 380
S. Lasley, 120, 230, 1250, 155, 350
Walter Cambron, 90, 410, 1500, 25, 240
Anna Lasley, 180, 20, 1000, 25, 790
R. Sorrell, 9, 8, 170, 50, 300
John Jupin (Jussin), 70, 20, 4000, 50, 180
Saml. Lasley, 130, 62, 1920, 150, 300
Saml. Ross, 84, 136, 2200, 150, 320
Catherine Cass (Caps), 35, 18, 530, 100, 160
John Fryrear, 32, 36, 500, 100, 120
Jacob Lasley, 14, 16, 290, 40, 100
M. Kendall, 70, 50, 1200, 150, 320
R. Slaughter, 300, 340, 3000, 150, 450
Alfred Connelly, 170, 40, 4200, 150, 495
Seymour Stone, 300, -, 8000, 150, 650
F. Merrifield, 550, 50, 15000, 500, 1900
John Milligan, 150, -, 4000, 150, 400
T. Jones, 106, -, 2800, 150, 500
J. B. Gurtherie, 395, -, 7800, 250, 714
C. T. Brown, 150, -, 5000, 175, 550
R. Blincoe, 100, 80, 3800, 30, 425
Charles Davis, 100, 45, 2500, 160, 500
H. Hopewell, 35, -, 700, 15, 140
Benj. Downs, 160, 10, 3400, 100, 478
T. Duncan Jr., 240, 130, 10360, 250, 810
John Ash, 385, -, 7700, 150, 600
John Ash Jr., 140, 35, 3500, 120, 500
S. B. Merrifield, 400, -, 8000, 250, 1000
John Stone, 400, 100, 10000, 250, 935
Mary Cooper, 110, 57, 3000, 100, 345
L. P. Hobbs, 230, 170, 8000, 200, 705
David Huston, 240, 45, 5500, 250, 815
John Hammand, 270, 140, 9000, 150, 720
Hannah Bryant, 120, 60, 2700, 125, 600
Mevirell Unis, 100, 88, 3000, 125, 540
Caroline Nicholls, 460, -, 7170, 125, 700
Wilson Bowman, 1000, 550, 22000, 200, 4105
E. Coleman, 100, 90, 2000, 100, 430
Stephen Gray, 260, 255, 7725, 300, 1100
Joseph G. Wilson, 240, -, 6000, 25, 400
William Minor, 700, -, 19500, 300, 1600
N. Wickliffe, 80, 50, 5000, 100, 550
C. A. Wickliffe, 250, 100, 18000, 300, 1800
Abbey Neafus, 75, 50, 1250, 150, 250
S. Cambron, 80, 190, 860, 160, 320
Oliver Rogers, 100, 120, 800, 150, 200
Patrick Terrell, 200, 260, 4800, 200, 1020
John Bryan, 65, 65, 1200, 40, 170
James Terrell (Tewell), 100, 200, 2400, 150, 450
James Ice, 100, 50, 1200, 100, 220
Wm. Hill, 130, 120, 2500, 100, 370
Ellen Able, 50, 50, 1500, 25, 250
J. Strother, 200, 150, 7000, 200, 800
Thos. Barnes, 130, 200, 2400, 100, 250
Z. Wilcox, 130, 195, 1615, 150, 460
F. Winsett, 100, 75, 1000, 120, 600
James Barnes, 120, 90, 2000, 150, 525
Henry Washer, 100, 250, 2500, 150, 470

Wm. Lasley, 60, 54, 600, 100, 230
Wm. Bard, 250, 230, 7200, 300, 700
F. Nealmear, 150, 140, 6000, 150, 370
Sarah Taylor, 75, 50, 2500, 150, 400
Saml. Carpenter, 25, 15, 3000, 20, 150
Thos. Anderson, 200, 300, 3000, 250, 420
Catherine Boone, 110, 190, 1500, 100, 270
C. Boone, 60, 60, 1200, 200, 450
Robert Boone, 45, 95, 1400, 100, 200
Wm. Ritchie, 70, 76, 1460, 50, 350
J. Greenwell, 200, 200, 4000, 150, 550
Jacob Culver, 30, 50, 800, 120, 240
JohnVowels, 150, 310, 2300, 100, 350

Robert Ice, 45, 35, 500, 100, 210
Nancy Ice, 100, 700, 2500, 350, 420
John Tennelly, 98, 15, 1130, 150, 350
James Finch, 215, 215, 4300, 200, 500
Sam. Vittitoe, 100, 75, 2000, 50, 250
John Parish, 25, 35, 600, 15, 160
J. Whelan, 75, 125, 800, 30, 260
John Kindel, 100, 100, 1000, 20, 165
J. Scott, 40, 110, 450, 15, 110
E. Johnson, 300, 321, 6000, 1000, 1035
Henry Younger, 70, 130, 1200, 25, 210
Nicholas Carter, 100, 326, 4000, 150, 645
John Read, 100, 100, 1200, 150, 300

INDEX

___rig__, 49
_nings, 125
_rizue, 104
A___son, 30
Abednego, 7
Abell, 61-62, 65, 67-69, 71, 94
Able, 148, 152
Abner, 46, 59
Abrahamson, 17
Abrams, 48, 51
Ackerman, 28, 150
Acock, 22
Adair, 8, 109, 113
Adams, 1-3, 9, 16-19, 24-25, 37-40, 43, 47, 50, 53, 69, 78, 91, 96, 100-101, 104, 120, 122, 125, 128-129, 132-133, 145, 152
Adamson, 58, 87
Adcock, 33, 140, 142
Addison, 37
Adenson, 103
Adison, 29
Adkerson, 99
Adkins, 44, 130-131, 137
Agee, 48, 54
Agg, 50
Agnew, 6
Aills, 6-7
Aingell, 33
Airstrop, 2
Akers, 114-115
Alcock, 42
Alcorn, 16, 24
Aldrich, 85
Aldridge, 152
Aleans, 11
Aleen, 14
Alexander, 43, 51, 81, 84, 96, 102-103, 118-119, 124-125
Alford, 71, 75
Alfred, 15, 99
Alfrey, 68
Allan, 29
Allen, 22, 38-39, 41, 43, 67, 81-82, 87, 90, 92, 95, 100, 118-119, 121, 124, 126, 133, 135, 145
Allin, 100-101, 103
Allison, 27, 117-118, 137, 145
Allnut, 27
Allnutt, 27
Allstadt, 7
Almorecy, 109
Alornson, 58
Alsbrook, 23-24
Alsop, 106
Alvey, 63, 66-67, 90
Ambergy, 2
Ambrose, 9, 52, 149
Amerine, 56
Amo, 85
Amyx, 128, 130
And, 145
Anderson, 7, 19, 28, 38-39, 49, 53, 58, 70, 73-78, 81, 87, 91-92, 94-95, 99, 101, 104, 117-124, 143, 145-146, 149, 153
Andrews, 18, 87, 110
Angell, 29
Angle, 25
Anthony, 143
Apperson, 122
Applegate, 10-11, 79, 83
Appling, 34
Aranes, 25
Arant, 74
Ard, 145
Arendale, 141
Armani, 52
Armine, 56
Armitage, 129
Armstrong, 7, 29, 38, 56, 97, 104, 150
Arnett, 137
Arno, 85
Arnol, 44

Arnold, 35-36, 76, 92, 118-119, 136, 141, 143
Arnolds, 8
Arshurst, 11
Arterberry, 110
Arterburne, 111-114
Arther, 83, 86
Arthur, 10
Asbel, 48, 51
Asberry, 132
Asbloc, 147
Asgerbright, 22
Ash, 146, 152
Ashby, 107
Ashcraft, 93-94
Asher, 104-105
Ashley, 150
Ashlock, 18, 147
Askew, 28, 30
Aston, 76
Atherton, 147
Atkerson, 98
Atkinson, 32, 136
Atwell, 94
Aud, 145
Austin, 43, 75
Autrey, 111
Avant, 74
Averett, 73-74
Avitt, 61-62
Aydelet, 25
Aydelotte, 93-94
Ayres, 37
B__ass, 52
B__ng, 46
B_ing, 50
B_ten, 104
B_uta), 106
Babb, 33
Bach, 105
Back, 1, 67
Bacon, 41, 79
Bagby, 5-6, 36, 39, 83
Bagee, 58
Bager, 52
Baggerly, 65,

Baggley, 70
Baggot, 143
Bagre, 52
Bailey, 14-18, 36-37, 39, 108, 110, 142
Baily, 15, 76, 102
Baird, 31-32
Baitman, 82
Baker, 2, 16, 31, 46-49, 51, 53, 55-57, 63, 74, 79, 82, 85, 105, 116, 135, 138, 141
Bakin, 48
Balance, 29
Baldwin, 25, 79-80, 86, 103-104, 118, 123
Balenger, 13
Baley, 128
Ball, 8, 17-19, 49, 81, 87, 89, 110-111, 141
Ballack, 47
Ballard, 49-50, 54, 58, 62-63, 105, 123-124, 149
Ballentine, 138
Ballew, 50, 114
Bane, 8, 10
Banes, 49, 52, 113, 123
Banister, 71
Banks, 3, 74
Banner, 44
Bannister, 81
Banta, 99, 101, 106
Bantas, 104
Banten, 104
Barbett, 14
Barbour, 66
Barby, 29
Barch, 15
Barckley, 10-11
Barclay, 80
Bard, 137, 147, 153
Barder, 106
Barger, 147
Barker, 29-31, 35, 37, 80, 129-131, 150
Barkhead, 150
Barlow, 114

Barnard, 150
Barnes, 24-26, 49-50, 52, 59, 71, 91, 117, 146-147, 152
Barnett, 15-16, 19, 24, 32, 49, 74, 118, 123
Barnettz, 122
Barnhart, 74
Barns, 4, 93
Barrett, 7, 15, 23
Barron, 31, 46, 53
Barrow, 116
Barry, 110
Bartlett, 50, 109, 113, 118, 122, 148
Bartley, 109, 112
Basey, 102
Basez, 102
Basinger, 92
Bass, 23, 43, 98
Bassel, 47
Bassell, 7
Baster, 109
Bastin, 15, 19
Bateman, 10, 83
Bates, 2, 54, 70, 139
Batsal, 149
Batsel, 140
Batterston, 58
Batterton, 58
Battey, 102
Baugh, 15-16, 29, 34, 36, 38
Baughman, 14, 17
Bavch, 15
Baxter, 27, 51-53, 55-56, 65, 110, 140
Bay, 68
Bayless, 9, 80, 108
Bayley, 77
Bayne, 150
Bays, 128, 133
Beadles, 64
Beake, 39
Beall, 29, 37, 67
Bealmear, 145
Beals, 114
Bealsmear, 147

Beam, 149
Bean, 63, 85, 117, 119, 146
Bearan, 93
Beard, 24, 64, 76, 145
Beasley, 82, 96, 99
Beasly, 44
Beatty, 30, 55
Beaty, 84, 124
Beauchamp, 31, 65
Beavan, 93
Beaven, 67, 69,
Beaver, 64, 66
Beck, 21
Beckett, 8-10
Beckham, 148
Becroft, 124
Bedford, 109-110, 125, 150-151
Bedinger, 6
Beedin, 87
Beeler, 147
Beem, 63
Beene, 85
Beesley, 18
Belcher, 29, 31, 75, 111, 114
Belford, 120
Bell, 8, 23, 44, 66, 91, 94, 99, 136-138, 141-142, 144-146, 151
Below, 69-70
Belt, 65
Belver, 25
Bender, 143
Benedict, 14, 95
Benett, 32
Benigin, 51
Beningfield, 120
Bennet, 22, 58, 94, 143, 145
Bennett, 32, 79-80, 92-93, 136-137, 145
Benningfield, 71, 120
Bentley, 1-2, 16, 56-59, 94
Benton, 125, 142
Berely, 23
Bergess, 82
Berham, 53
Berma_, 46
Berman, 46

Bermans, 59
Berndon, 92
Berniss, 148
Berrell, 41
Berrgin, 51
Berrill, 44
Berriman, 140
Berry, 15, 25, 43, 53, 55, 65, 83, 85, 124, 151
Berryman, 7, 91
Besely, 23
Beshah, 25
Bess, 49
Best, 62, 88-89
Bethel, 135
Betterworth, 58
Bettis, 82
Bevard, 11
Bevely, 23
Bevil, 108
Bi__ran, 104
Bibb, 32, 38, 125
Bibbert, 111
Bickers, 98
Bicket, 64, 66-68
Bickett, 64-65
Bickley, 85
Bicknel, 47
Bicknell, 46
Bidwell, 110, 136, 140, 142
Bierly, 75
Bigerstaff, 110-111
Bigger, 111-112
Biggers, 67, 71, 88, 112
Biggerstaff, 111
Biggerstafs, 46
Bigges, 123
Biggs, 22
Bigham, 25
Bilderback, 6
Billingsley, 115
Bilyiew, 7
Bilyon, 7
Bingaman, 16
Binge, 113
Binyan, 131

Birch, 120
Bird, 27, 52, 130
Birde, 17
Birdwhistle, 98
Birkley, 125
Birney, 59
Biship, 99, 147
Bishop, 73, 103, 125, 128, 132
Bitsworth, 42-43
Bittington, 41
Biven, 5, 145-146
Bivens, 135
Black, 49-50, 57, 99, 116, 123
Blackburn, 49, 59, 80, 121
Blackster, 101
Blackwell, 58, 137
Blain, 16, 128
Blair, 1, 3-4, 66, 82, 146
Blake, 38, 104
Blakey, 28, 40
Blanchard, 31, 86
Bland, 34, 48, 64, 69, 71, 86-87, 111, 139, 150
Blandford, 144, 149, 151
Blane, 16, 67, 142
Blanford, 63, 68
Blankenship, 6, 128
Blanton, 42, 148
Blare, 62-63
Blecker, 30
Bledsoe, 38, 70, 80
Bleker, 30
Bless, 79
Blincoe, 152
Blivens, 55
Block, 99
Blocklick, 141
Bloomfield, 6
Blythe, 54, 120
Board, 94, 101
Boatman, 52
Boatright, 49
Bobbet, 24
Bodine, 36, 142, 144, 148, 150-151
Bogard, 93

Bogart, 96, 99
Bogee, 58
Boger, 54
Boges, 54
Bogges, 135, 137
Boggs, 3, 8-9, 50-51, 56, 59
Bogue, 58
Bohannon, 22
Bohon, 100, 103, 105
Bolen, 44, 75
Boles, 108
Bolew, 44
Boley, 92
Bolin, 83
Boling, 131
Bolinger, 82, 86
Bolloch, 47
Bolls, 116
Bolton, 13
Bon___, 23
Bonbin, 51
Bondman, 23
Bonds, 44
Bondurant, 75, 118
Bonta, 98
Bontae, 104
Booke, 85
Bookout, 41
Books, 76
Boon, 18, 63, 93, 148-149, 151
Boone, 153
Booten, 83
Booth, 92
Borders, 130
Borggess, 140
Borland, 114
Borro, 95
Bosley, 17
Boswell, 42
Bottom, 99-102
Botts, 117, 120, 122, 124, 149
Bouleware, 57
Boulton, 78
Bouluare, 51
Bouluase, 51
Bourland, 74

Bourman, 90, 106
Bourn, 118
Bournan, 104
Bowders, 22
Bowen, 4, 11, 70, 120, 122, 124
Bowenman, 76
Bower, 96
Bowers, 105
Bowland, 43
Bowles, 27, 113
Bowlin, 4, 120
Bowling, 31, 142, 151-152
Bowman, 65-66, 72, 98, 105-106, 114-115, 152
Boxton, 103
Boyal, 8
Boyce, 37
Boyd, 8-11, 22, 24, 26, 30, 33-34, 113, 127, 143
Boyle, 145
Boyle, 5, 38, 44
Bozal, 8
Boze, 145
Brace, 14
Brackin, 61, 64
Bradfield, 72
Bradford, 62, 71
Bradley, 10, 85, 106, 106, 125
Bradly, 102
Bradshaw, 62, 102, 105-106, 118, 120, 122, 125
Brady, 65
Bragg, 6
Brake, 39
Bramel, 83
Bramell, 83
Branch, 35, 113, 137
Branchamp, 150
Brand, 69
Brandenburgh, 41
Brandon, 115
Brank, 137
Branman, 122
Brannon, 25, 111, 115
Brannum, 122
Branscomb, 136

Brashear, 92
Brashears, 4, 29, 101
Brasheers, 80
Brasher, 122
Bratton, 87
Bray, 113, 115, 151
Brazell, 75
Braziers, 44
Breashear, 146
Breeden, 86
Breeding, 1, 25
Breeze, 83
Brents, 68
Brett, 13
Brewer, 41, 62, 65, 75, 85, 100, 144-145
Briant, 29
Brick, 49, 134
Brickett, 65
Brickles, 147
Brickley, 102
Bricky, 102
Brid, 52
Bridges, 22, 27, 35, 76, 119
Brien, 77
Brierly, 79
Brigg, 36
Briggs, 9,, 148
Bright, 13-14, 17-18, 62, 105
Brightman, 5
Briney, 149
Bring, 48
Brinjan, 131
Brinton, 30, 61, 69
Bristo, 43
Bristol, 122
Britt, 37
Britton, 78, 99
Broaddus, 18, 37, 53-56, 60
Brock, 59
Brockman, 46
Broderick, 79
Bronston, 49
Brooks, 28, 32, 41, 53, 56, 89, 125, 141
Broomfield, 53

Brothen, 119
Brothers, 34
Brough, 89
Browder, 38-40
Brown, 3, 7-8, 13, 15, 19, 22, 24, 32, 38, 41, 43-44, 61-62, 68-71, 73, 75-76, 90, 92-94, 97-99, 103-105, 108-114, 127-132, 137, 142, 145-147, 150-152
Brownfield, 9, 150
Browning, 31, 35-36, 50, 63, 65, 70, 83, 87-88, 115, 128, 134
Brownlee, 6
Broyles, 43
Bru__, 59
Brubacker, 98
Brubacler, 98
Bruce, 5, 17-18, 42, 139
Brull, 44
Bruner, 22, 100, 124
Bruta, 106
Bruton, 118-119
Bryan, 43, 151
Bryant, 9-11, 15, 17, 19, 24-25, 39, 63, 106, 131, 145, 152
Buchanan, 38
Buchannon, 141
Buckersaw, 90
Buckhannon, 23-24
Buckler, 66, 90, 95
Buckles, 147
Buckman, 64, 70, 91
Bucks, 104
Buford, 19, 47, 94
Bulez, 94
Bulford, 110
Bullock, 6, 63, 72, 84-85, 125, 139
Bumgardner, 130
Bunch, 42
Bundle, 103
Bunger, 91, 95
Bunton, 30, 34
Burch, 93-94, 134, 146-147, 151
Burchell, 36
Burchett, 40

Burd, 73
Burden, 143
Burdett, 64
Burel, 64
Burford, 96, 103
Burger, 91
Burgery, 1
Burgess, 24, 47, 82-83, 89
Burgin, 52, 57
Burgiss, 57
Burhop, 125
Burk, 47
Burkes, 114
Burkhurt, 92
Burks, 31, 36-37, 70, 98, 106
Burnet, 38, 58, 91, 115
Burnett, 47, 63, 139
Burnham, 74-75
Burningham, 76
Burnold, 85
Burns, 4, 43, 65, 71, 97-99, 133
Burr, 7, 27, 30, 33, 37, 53
Burrel, 104
Burress, 9-10
Burris, 6, 52, 54, 97-99
Burriss, 5-6, 97
Burroughs, 125
Burrows, 36, 116
Burrus, 52, 150
Burton, 15, 22, 30, 54-55, 81, 87, 103-105, 133
Busby, 11, 101, 141
Buse, 52
Bush, 53, 57, 109, 114
Bushong, 108, 112
Buslip, 44
Butcher, 105
Butchett, 105
Butler, 23, 35-36, 55, 108, 117
Butner, 51, 54
Butram, 115
Butt, 118
Butts, 35
Byman, 54
Byrd, 44
Byrne, 90, 95

Cable, 110-111
Cade, 23
Caffe, 71
Caffrew, 8
Cagle, 51
Cahill, 86
Cain, 91
Caine, 137
Caines, 6
Cake, 145
Cal_houn, 75
Caldwell, 14-15, 23, 49, 61
Calhoun, 9, 65
Calhoune, 43
Calihan, 2
Calks, 118
Callaghan, 118
Callis, 29, 32
Callumber, 87
Caloway, 49
Calvert, 82-84, 139, 141, 143, 150
Calvery, 9
Calvin, 17, 93
Cambell, 47-48, 50-51
Cambron, 68, 152
Camden, 15
Campbell, 5, 10-11, 14, 29, 33, 35, 83-84, 87, 92, 106, 114, 139
Camper, 125
Camron, 151
Canada, 42-43, 59, 102
Canida, 55, 58
Cannon, 94, 100, 106
Cantril, 130
Canu__, 74
Cany, 102
Cape, 73
Caps, 152
Card, 103, 106
Carder, 105, 113
Cardingly, 12
Cardwell, 99, 102
Care, 59
Carey, 115, 136
Carington, 23
Carlile, 67

Carlisle, 32,
Carneal, 35
Carpenter, 8, 15-16, 39, 50, 58, 129, 153
Carr, 7, 10, 12, 23, 30, 33, 37, 48-49, 52, 55, 103, 105, 151
Carrice, 66, 69
Carries, 41
Carrington, 8-9, 117, 119
Carruthers, 42
Carry, 102
Carter, 14-17, 34, 67, 69, 99, 106, 109, 112-113, 123-124, 129, 131-132, 152-153
Cartez, 29
Cartmill, 145
Carty, 79
Case, 61, 87, 97
Casebier, 140-142
Casey, 74, 140
Cash, 27, 30, 136-137
Caskey, 127-130, 132
Casky, 62
Cass, 64, 152
Cassaday, 4
Cassity, 128-129, 132
Castleberry, 75
Cates, 142
Cathens, 81
Catlin, 64, 68-69
Caudill, 1-4
Caw, 103
Cawfield, 141
Caywood, 119
Ce_s_a, 137
Cely, 95
Cenna, 66
Centers, 120-121
Cessna, 140
Chaffin, 90-91
Chamberlain, 79, 83-84
Chamberlin, 68
Chambers, 59-60, 99
Chambrigo, 149
Champion, 22, 24-26
Champs, 53

Chandler, 17, 29, 61, 68, 71, 73, 76, 79, 84, 136
Chankston, 85
Chanslor, 81
Chapel, 125
Chapell, 92
Chapman, 45, 74, 111-112
Chappell, 21, 73
Chapsline, 103
Charleton, 109
Charlton, 68
Charney, 52
Charston, 86
Chastain, 37
Chatham, 101
Cheaney, 151
Cheatham, 117, 123, 125, 150
Chempsey, 45
Chenault, 51-52, 57-58, 124
Chess, 113
Chick, 28, 33
Childers, 1, 36, 42, 132
Childes, 81
Chiles, 92, 94
Chilf, 70
Chills, 55
Chilten, 85
Chinn, 82-83, 102
Chism, 54, 86, 92-93, 108, 113
Chlbert, 55
Choat, 118
Choice, 43
Christopher, 17-18, 53
Christson, 101
Christy, 133
Chumley, 98
Cissell, 62-68, 72, 148-149, 152
Cl___, 130
Clair, 103
Clark, 5, 7, 9, 11, 16, 18, 22, 25, 27-28, 31, 34, 42, 54, 57, 65-66, 75, 77, 80, 93, 98-99, 102, 117, 119-12-, 122-123, 127, 137, 142, 146, 148
Clarke 32, 41, 66-67, 71-72, 80, 82-83, 86-87, 137, 146

Clarkson, 90-91
Clarrady, 26
Clary, 10
Claunch, 100
Claybrook, 89
Claybrooke, 80
Clayton, 29, 66, 75, 148
Clearinger, 38
Cleaver, 68
Cleenat, 21
Cleland, 96
Clem__, 51
Clements, 62-63, 69, 92, 149
Clemm, 121, 123-124
Clemons, 112
Click, 56
Clift, 46, 81, 83-84, 87
Clinton, 36
Close, 86
Cloyd, 14, 99
Clutter, 82
Coake, 82
Coale, 82, 86
Coates, 84
Coats, 73
Cobb, 57-59, 85, 135, 143
Coburn, 80-81, 88
Cochran, 30, 49
Cock, 130-131
Cockerel, 132
Cockram, 24
Cockran, 21-22
Cockrell, 57, 123
Coddle, 52
Cody, 93
Coe, 110
Coffe, 71
Coffee, 41, 81, 116, 127-128, 130
Coffey, 55
Coffield, 23, 25-26
Coffman, 28, 30, 38, 138-139, 143, 149
Cofman, 101
Cogan, 5
Coghill, 28, 102, 105
Coin, 150

Coines, 7
Coke, 144-145
Cokendolpher, 148
Coker, 22
Colburn, 85
Coldiron, 3
Coldwell, 81
Cole, 7, 75, 86, 97-98, 104, 128
Coleman, 22, 25, 95, 103, 105, 136-137, 152
Colier, 17
Colin, 17
Colingham, 8
Coliver, 117, 119
Collier, 3-4, 29, 37, 43, 100
Collins, 1-2, 4, 9-10, 26-27, 31, 37, 45, 51, 53-56, 79, 83, 86-88, 123, 141
Colman, 101
Colter, 58
Combes, 86
Combess, 87
Combs, 3, 29, 56, 109, 119, 124-125, 129, 138-139
Comer, 115
Comes, 5, 149
Comett, 3
Comingore, 101
Comstock, 8
Con, 131
Conally, 147
Conant, 26
Condey, 144-145
Congleton, 116, 132
Conkin, 109
Conley, 120-121, 127-128, 130, 133, 144-145
Conn, 21, 33, 90
Connelly, 152
Conner, 14, 119, 122, 145
Conts, 24
Conway, 10, 37, 84
Conwell, 124
Cook, 18, 33-34, 72, 105-106, 123, 135
Cooke, 85

Cooksey, 32
Cooley, 53, 61
Coombs, 142
Coomes, 144, 146, 149
Coon, 7, 21
Coonrad, 16
Coons, 124-125
Cooper, 6, 9, 14, 16, 22, 27, 30, 51-52, 62, 64, 67-68, 70, 84, 123, 133, 149, 152
Copaso, 109
Copass, 111, 114
Cope, 73
Copel, 91
Coppage, 70-72
Coram, 23
Corbin, 31, 33
Corcoran, 113
Cordell, 133
Cordery, 78
Core, 61
Corhorn, 48
Corn, 100
Cornelison, 47-48, 50-51, 57, 60
Cornelius, 36-38
Cornell, 38
Cornett, 2-3
Cornish, 101
Cornn, 97
Cornwell, 124, 131
Corselus, 94
Cortez, 29
Corzell, 84
Cosby, 48, 52, 54, 71, 95
Cose, 145, 147, 152
Cosnett, 2
Cottle, 127, 132-133
Cotton, 54, 86, 146, 148-150
Couchman, 121
Coulter, 83
Council, 44
Counts, 115
Coursey, 31, 38
Courtney, 56
Courtrery, 56
Couts, 24

Covert, 96, 103
Covington, 21, 23, 30, 55, 57, 77
Cowling, 44
Cown, 143
Cox, 7, 9, 11, 30, 32, 46-47, 50, 55-56, 59, 76, 92, 94, 98-99, 103, 123, 130-132, 145, 147, 152
Coy, 54, 152
Coyle, 23, 48, 55
Cozatt, 101
Cozine, 102
Cozy, 64
Craft, 2
Craig, 31, 42, 79, 81, 99, 104, 121-124, 128-129, 137-138
Crain, 32, 132
Crane, 125
Cranford, 68
Crass, 73
Crassfield, 104
Cravens, 67, 117, 119, 126, 151
Crawford, 8-10, 23-24, 33, 46, 68, 100, 109-111, 115, 125, 144-145
Craycraft, 87
Craycroft, 87, 91
Creagh, 102
Creek, 114-115
Creekmore, 34
Creel, 70
Crenault, 50
Crenshaw, 76
Creson, 74
Crew, 112
Crews, 61
Crindson, 29-30
Crist, 95
Criswell, 7
Croak, 95
Cronore, 148
Cronwill, 39
Crook, 56, 95
Croome, 92
Cropper, 9
Cropsey, 79
Crosby, 80
Crose, 129

Cross, 42-43, 64-66, 73-75, 77, 131
Crosser, 9
Crossey, 79
Crossfield, 104
Croucher, 50, 55
Crow, 12-13, 18, 48, 120, 152
Crowder, 65
Crowel, 74
Cruise, 97
Crumbaugh, 39
Crume, 91, 145
Crumn, 150
Crumpecker, 138
Crumpton, 114-115
Cruse, 51, 59
Crusee, 59
Crutcher, 11, 46, 90, 105
Culbert, 53
Culbertson, 18, 79
Cullen, 108
Culp, 75-76
Culver, 147, 153
Cummin, 100
Cummings, 88, 93, 99
Cummins, 19, 58, 101, 103-105
Cundiff, 61, 140, 142, 152
Cunidiff, 67
Cunningham, 39, 64, 97-98, 103-104, 108, 112, 115
Cupp, 85
Curd, 102, 106
Currans, 103-104
Currence, 38
Currens, 88
Curry, 97, 120
Curtice, 109, 114-115
Curtis, 17, 37, 84-85, 88-89
Curts, 94
Cusenberry, 34
Cushing, 71
Cushman, 89
Cyrus, 37
Dabney, 119
Dacon, 146
Dacore, 146
Dacy, 13
Dailey, 93
Dale, 118-119, 125
Daley, 72, 129
Dalton, 23, 39, 59, 78
Dame, 138
Dan___, 103
Dane, 102
Daniel, 39, 44, 63-64, 68, 102, 105, 116, 118, 120-124
Daniels, 109, 113
Danitts, 89
Danles, 142
Dannel, 76
Danner, 139
Dantz, 37
Daries, 105
Dariess, 106
Daris, 103, 105-106
Darnall, 67, 74-75, 117-118
Darnel, 76
Darnold, 81
Daros, 18
Darring, 10
Darrington, 112
Darritts, 89
Dashier, 56
Daugherty, 14, 62, 64, 67-69, 83
Davenport, 19, 97-99, 137
Davidson, 14, 32, 44
Davies, 105
Daviess, 106
Davis, 6-8, 19, 21-28, 32, 36, 43, 47-48, 51-53, 58, 62-63, 74-75, 77, 81-82, 86, 93, 95-97, 100, 103, 105-106, 118, 127, 129-131, 133, 136, 139, 142-143, 147-148, 151-152
Daviss, 101
Dawson, 13, 28, 31, 34, 39, 148, 151
Day, 1-3, 8, 10-11, 106, 127-128, 130-132
Deal, 127
Dean, 71, 99, 103-104, 123, 129
Dearin, 98

Dearing, 140
DeAtley, 9, 11
Deaver, 143
Debame, 98
Debaun, 98
Debell, 9, 11
Deck, 78, 142
Decker, 23, 111
Dedham, 59, 96-97
Deemis, 7
Deer, 104
Dehat, 131
Deisler, 85
DeJarnett, 49, 52
Delaney, 19
Demaree, 99
Demit, 84, 85
Demitt, 147
Dempsey, 140
Den, 98
Denham, 108-109
Dening, 106
Dennis, 103, 129, 131, 137, 140-141
Denny, 34, 100
Dent, 44, 74
Denton, 110, 118
Dents, 147
Depayster, 142
Depear, 13
Depoisterson, 140
Deringer, 99
Derlin, 100
Dernott, 105
Derrett, 41
Derring, 58-59
Deshazer, 97, 101
Dethridge, 51-52
Devany, 147
Devenport, 69
Dever, 71
Devire, 88
Dewitt, 141
Dewl__, 113
Dexter, 139
Dicker, 22, 111

Dickerson, 31, 146-147, 150
Dickey, 123
Dickson, 1, 7, 83-84, 112
Dicus, 77
Diehart, 131
Digman, 85
Dike, 76
Dillard, 33
Dillin, 27
Dillingham, 55, 64, 70, 136
Dillman, 143
Dillon, 36, 55, 88-89
Din_, 23
Dinbar, 11
Dinning, 36
Dinsmore, 119
Dinwiddie, 15-16
Dishan, 17
Dishong, 123
Dispinnett, 97
Ditto, 95
Divine, 99-101, 117
Divitz, 124
Divne, 117
Dixon, 8, 11, 24-26
Dobbs, 142
Dobbyns, 119
Dobyns, 81-83
Dockeray, 48
Dodd, 22, 106
Dodds, 22
Dods, 22
Dodson, 83, 147-148
Doggett, 105
Dolleris, 18
Dollin, 15
Dollins, 100
Donaho, 143
Donahoo, 117, 119, 124
Donaldson, 39, 87
Donathon, 89
Donavan, 100
Donaway, 19
Donekey, 24
Donivan, 85
Donley, 39

Donly, 14
Donohoe, 138
Donohoo, 122, 148
Donovan, 79
Donoven, 87
Dooley, 24, 26, 94, 117, 119, 141
Doolin, 49
Doom, 149
Doone, 23
Doontain, 84
Dority, 108
Dorroh, 76
Dorsey, 64
Doshier, 51, 58
Doss, 28-29, 39, 113
Dosseth, 138
Dossett, 44, 143
Dotry, 55
Dotson, 67
Dougherty, 14, 16
Doughett, 56
Douglass, 72, 79, 87, 142
Douthett, 118
Dow, 95
Dowden, 79
Dowdin, 47
Dowell, 91
Downey, 99
Downing, 76-77, 80, 114, 132
Downs, 66-67, 72, 124, 139, 144-145, 149
Downy, 100
Doyle, 39, 43
Dozier, 7, 51, 141
Draffen, 77
Dragoo, 147
Drain, 68-69
Drake, 10, 86, 108, 135, 139-141, 143
Dran, 33
Drane, 29, 31
Draper, 33
Drapper, 77
Dreon, 37
Drew, 37
Drewry, 66, 68

Driskel, 22
Driskil, 21
Driskill, 21, 80, 98-99
Drury, 142, 144
Dryden, 85, 87
Drye, 71
Du___, 48
Duckworth, 118-119
Dudderas, 18-19
Dudderow, 19
Dudgeon, 64
Dudley, 46
Dufman, 57
Dufornaw, 57
Dugan, 147-148, 150-151
Duharey, 61
Duke, 19, 83, 142
Dukes, 135, 137
Dully, 10
Dunahoo, 67, 129
Dunaway, 44
Dunbar, 53, 57
Duncan, 28-30, 33, 35, 38, 47, 49, 52, 55, 70, 82, 119, 122, 145, 148, 150-152
Dunlap, 109
Dunlop, 22
Dunn, 19, 28, 30, 35, 43, 52, 56-57, 71, 75-77, 96-97, 103, 105, 114, 135
Dunner, 147
Dunning, 26
Dunscomb, 36
Dunson, 54
Duparey, 61
Durall, 143
Duren, 50
Durham, 41, 61, 137
During, 104
Durje, 88
Durren, 58
Durye, 88
Duval, 146
Duvall, 34, 38, 135, 137, 152
Dye, 9, 44, 81-83, 86-87, 101
Dyer, 6, 23, 25, 72, 130, 138

Eadens, 19
Eades, 57, 134-136, 138
Eakers, 53
Ealers, 53
Earl, 134
Earle, 42, 137
Early, 82
Easley, 23
Easter, 56
Easterling, 127-128, 130, 132
Eastin, 48
Eastrs, 47
Eaton, 99
Eaves, 136-137
Edele, 66
Edelen, 61, 68, 72
Edens, 74
Edmonds, 92
Edmondson, 62, 64-65, 69, 118
Edmons, 21, 69
Edmonson, 36, 95
Edmunds, 94
Edward, 68
Edwards, 17, 22, 36, 38, 40, 43-44, 46-47, 62, 67, 74, 76, 97, 123, 128, 135, 139, 148
Egbert, 97
Eggner, 76
Egnew, 44
Egrinls, 22
Egunls, 22
Eidson, 29
Elam, 49, 51, 127-129, 131, 133
Elaw, 51
Elder, 151
Elder, 65-66, 90, 93
Eldridge, 1
Elkin, 18
Elkins, 57, 135
Ellder, 16
Ellers, 55
Ellerson, 51
Ellet, 151
Elliet, 32
Ellington, 56, 128-130

Elliott, 5, 53, 69-70, 76, 91, 118, 129, 131, 137, 148
Ellis, 27, 56, 70, 72, 105, 136, 138
Ellison, 139, 143
Elmore, 51, 54
Elrod, 44
Ely, 28, 30, 36, 75
Emberton, 108-109, 114-115
Embry, 50, 54, 57, 59
Emby, 55-56
Emerine, 25
Emmert, 109
Emonds, 98
Emoy, 6
Enders, 44-45
Endsley, 44
England, 106, 113, 115
Englart, 42
Engleman, 17, 103
English, 73, 75-76
Enloe, 42
Enson, 83-84
Eog__, 56
Eperson, 106
Epes, 61
Eply, 30
Epperhart, 128
Ervin, 100
Erwin, 75
Erydelot, 22
Esery, 65
Esham, 10
Eshan, 8
Eshorn, 8, 10
Essed, 8
Estap, 121
Estep, 82
Estes, 15, 56, 75, 77
Estil, 59
Estill, 6, 50, 56-57
Estis, 121
Estrone, 8
Estus, 3
Etherton, 91, 93
Ethington, 138

Eubank, 109, 111, 113-114
Eubanks, 20
Evans, 7-8, 24-25, 28, 38, 42, 55-56, 58, 88, 102, 108, 117, 125, 127, 131, 135, 139-140, 144
Everett, 5, 116
Everhart, 65
Everly, 139
Everman, 120
Evesin, 93
Evridge, 2
Ewell, 43
Ewing, 1, 31, 34, 69, 71, 78, 120-121
F__d, 53
F__r, 54
F__s, 57
F_ger, 23
F_grear, 152
Fagan, 11
Fail, 86
Fair, 15
Faith, 138
Fancey, 11
Fandane, 44
Fannin, 128-130, 132
Fantin, 53
Farah, 74
Farchild, 4
Farel, 118, 124
Farley, 17, 24
Farmer, 32, 152
Farmr, 52
Farnier, 76
Farrar, 8
Farrell, 74
Farris, 48, 50
Farron, 84-85
Farrow, 85
Farthergill, 52
Farthing, 36-37, 39
Faughn, 76
Faul, 118, 124
Faulkner, 41, 68
Feagans, 9
Feagin, 35
Feans, 123
Fearis, 10
Feaster, 29
Fedor, 56
Feland, 18
Fellers, 9
Felts, 27, 29, 32-33
Fennell, 144
Fennich, 10
Fenny, 58
Fenston, 82
Fentress, 143
Fenwick, 64, 66
Feony, 102
Feor_y, 102
Feran, 58
Fergerson, 149
Ferguson, 31, 38, 108-109, 112, 117-118, 127-128, 130, 133, 140, 142, 148
Feris, 58
Fern, 18
Ferrell, 24, 26, 62
Ferrer, 58
Ferrier, 109
Ferril, 54, 58
Ferrill, 26, 63-64, 66
Ferris, 47
Ferry, 55
Fetch, 95
Ficklin, 103, 121-123
Field, 52
Fielder, 56
Fields, 3, 42, 74, 77, 87, 104, 147
Fiest, 43
Fifee, 58
Fike, 33
Filce, 33
Filch, 7
Finach, 29
Finch, 34, 53, 77, 83, 93, 117, 153
Findley, 85
Fingerson, 30
Finley, 30, 112, 135
Finnel, 106
Finnell, 97

Finney, 56
Fires, 22, 25
Firman, 121
Firnst, 51
First, 35
Fise, 54
Fishback, 13
Fitch, 8, 10-12
Fite, 21
Fitts, 27, 29, 31-33
Fitzgerald, 81-82
Fitzhugh, 36
Fitzpatrick, 5, 7, 48, 65, 119
Flanigan, 47, 65
Flanigher, 92
Flannary, 131
Flanters, 147
Flarigher, 82
Flarrell, 74
Fleece, 62, 67, 70, 104
Fleming, 2, 24-25, 38, 88, 138
Flemings, 141
Fletcher, 49, 116, 120, 122, 124
Fletchers, 39
Fliett, 74
Flint, 15
Flippen, 114-115
Florence, 152
Flournoy, 43
Flowers, 29, 37, 113
Floya, 61
Floyd, 14, 16, 68
Fluty, 117
Flynn, 120
Fogle, 67, 69-70
Foley, 49, 78
Follin, 34
Follis, 97
Followell, 71
Fontain, 140
Fontuer, 140
Fonwell, 44
Fonworthy, 145
Fookes, 76
For_ush, 51

Ford, 28, 36, 58, 71, 74, 83, 109, 135, 137, 148-149
Forehand, 134, 136
Foreman, 10, 64
Forler, 35
Forman, 79, 81, 83, 85-86, 89, 120, 145
Former, 81
Forrester, 136
Forsythe, 96-97
Fort, 8, 26
Fortan, 114
Forter, 35
Fortner, 32, 38, 121
Fortney, 143
Fortune, 117, 124
Foster, 6, 22-24, 38-39, 48, 52-53, 80, 118, 124, 131, 137, 139, 148, 150
Fouchee, 91-93
Fouler, 47, 85
Foulks, 36, 38
Foulton, 80
Fourquerson, 34
Fowler, 26, 47, 51-52, 57, 62, 147
Fox, 21, 24, 46, 57, 59, 78, 81, 113, 115, 123-124
Foxworthey, 8
Fracy, 120
Frakes, 118
Fraley, 111, 131
Frame, 114, 121-122
France, 2, 138-139
Francis, 11, 42, 46, 49, 51, 58
Frank, 43
Franklin, 49, 100, 120
Frans, 93
Frayee, 78
Frazee, 89
Frazier, 2-3, 23, 52, 113, 119-120, 125
Fredy, 118
Free, 75
Free___, 94
Freeman, 30, 33, 59
Freeze__, 74

French, 55, 90, 116, 120, 122, 148
Fresdl, 24
Frezzell, 74
Friends, 139
Frish, 32, 34
Fristoe, 84, 86
Fritz, 47
Frizzell, 5, 7, 73, 75-76
Frogg, 82
Frost, 42, 121
Fry, 9-11, 36, 63, 102, 141
Fryrear, 152
Fugett, 127, 129-130
Fulcher, 73, 86, 118
Fulenweden, 93
Fulkerson, 7, 144
Fuller, 11, 127
Fulton, 92
Funk, 30, 64-65, 69
Funwell, 54
Fuqua, 28-31, 34-35
Furgerson, 22, 105
Furgeson, 64
Furguson, 41, 43
Furrwell, 54
Futcher, 118
Futrell, 42-43
Gabback, 47
Gabbert, 51, 100
Gabbs, 85
Gabehart, 70
Gabhart, 98, 100
Gaines, 40
Gains, 103
Gaither, 83
Gaity, 79
Galaspie, 11
Galbreath, 81, 87
Galeskill, 125
Galispa, 85
Gallagher, 88, 94
Galloway, 104
Galoway, 93, 102
Gamble, 35
Gambrel, 73
Gandee, 5

Ganer, 75
Ganes, 75
Gardiner, 145-146
Gardner, 73-74, 92, 118, 133
Garland, 7
Garmon, 111
Garner, 63, 67
Garnett, 76, 102
Garret, 19, 120, 122, 132, 140
Garrett, 102, 116, 118, 120, 125
Garrison, 55-56, 79-80
Garst, 136, 138, 143
Gartin, 62, 68, 71
Garvin, 14, 50
Gasaway, 6
Gash, 85
Gast, 100
Gates, 135, 142
Gateskill, 125
Gatewood, 39, 74, 105, 117, 119, 126
Gault, 64, 88-89
Gautier, 38
Gay, 23, 62, 121
Gearhart, 71
Gebhard, 86
Gebhart, 112
Geddings, 111
Gee, 108, 110, 112
Geffy, 31
Gelvin, 119
Gentry, 13, 15, 17-19, 47, 50, 52, 54-56, 59, 110-111, 113, 115
George, 26, 121
Georynn, 147
Gerald, 109, 113
Geralds, 109-111
Gerani, 85
Gerow, 15
Gervin, 139
Gholson, 42
Gibbins, 151
Gibbons, 78
Gibbs, 31, 35-36, 114, 129-130, 132

Gibson, 15, 23, 29, 44, 98, 103, 142
Gidding, 11
Giddings, 10
Gilbert, 11, 13-14, 28-29, 32-33, 35-36, 39, 60, 73-74, 145
Giliam, 32
Gilkey, 123, 125, 149, 151
Gilkie, 126
Gill, 8, 39-40, 80, 83, 89, 95, 136
Gillam, 29
Gilleland, 93
Gillem, 28-29
Gillespie, 119, 131-132
Gilliam, 34
Gilliams, 6
Gillispie, 50
Gillman, 30, 117
Gillmore, 117, 131-132
Gillum, 29, 34, 130
Gilly, 2
Gilman, 81
Gilmore, 132
Gilpin, 94
Ginn, 10
Ginnings, 54
Ginter, 69
Gintry, 46
Ginty, 59
Gipson, 23, 75, 112, 118, 123
Gish, 134, 138-140, 143
Gist, 22, 109, 118
Givens, 10, 13-16, 40
Giving, 30
Gladdish, 28, 42
Glascock, 148
Glase, 25
Glasgo, 146
Glass, 25, 151
Glasscock, 61, 65-67, 71, 85
Glassgow, 28
Glazebrooks, 61-62, 69
Glenn, 81, 140, 142
Glover, 121, 125
Goad, 115
Goar, 44

Gobb, 19
Goddard, 83, 85
Gode, 124
Godfrey, 106
Goding, 47
Godman, 142
Godwin, 24
Goggin, 89
Gohenn, 73, 75
Goldens, 52
Gollady, 37
Gomez, 5, 7
Gooch, 15, 19-20, 36
Good, 14, 16
Goodall, 114
Goode, 69-70
Goodloe, 58
Goodman, 103, 111, 114
Goodnight, 97, 143
Goodpaster, 129
Goodrum, 64-65, 72
Goodwin, 6, 29
Goodyard, 24
Goraty, 90
Gordan, 24, 26
Gorden, 72, 102, 121
Gordon, 31, 79, 88
Gore, 43, 74, 144-146
Gorham, 27-29, 31, 33-34
Gorin, 35
Gornes, 7
Gorsech, 85
Gose, 124, 129, 133
Gosech, 84
Gossett, 139, 143
Gough, 38, 93
Gowen, 76
Gowin, 14
Grable, 36, 138, 141
Grace, 21, 109, 135
Graddy, 76-77, 143
Graham, 11, 17, 19, 30-31, 35, 61, 64, 67-68, 70, 80, 95, 99, 103-104, 148
Grainger, 28
Gramblin, 115

Grant, 19, 63, 83, 145
Gravel, 18
Graves, 43-44, 63, 65, 76, 100, 102, 110, 119, 143, 148
Gray, 20, 37, 64, 82, 91, 96, 99, 102, 152
Grayson, 33
Greanes, 91
Greatehouse, 147
Greathouse, 84
Green, 8, 13, 15, 19, 26, 33, 46, 53, 55-56, 63, 69, 73-74, 93-94, 98, 105, 119, 121, 124-125, 136, 145, 150
Greenleaf, 114
Greenup, 113
Greenwade, 123
Greenwalt, 92
Greenwell, 63, 66, 92-94, 146-147, 148, 153
Greenwood, 85, 93-94, 137
Greer, 23, 43, 94, 145
Gregory, 22, 64, 71, 76-77, 139
Gremidy, 62
Grenwell, 93
Grey, 44
Grice, 23
Grider, 114
Grief, 42
Grier, 31
Gries, 42
Griess, 49
Griffe, 95
Griffin, 19, 60, 83, 116
Griffith, 42-43, 74-75, 83, 142
Grigg, 25
Griggsby, 11
Grigsby, 116, 123, 144, 150
Grimes, 11, 19, 39, 41, 105
Grims, 83
Grindstaff, 109
Grines, 83
Grinstead, 56, 118
Grinter, 29, 35, 38
Gritton, 97-99, 105
Gromer, 22

Groom, 113
Grooms, 25, 122
Gross, 3, 139, 143
Grove, 139
Grove, 83
Groves, 81, 100
Grubbs, 36-37, 76, 117-118, 124, 117
Grubs, 74
Grundy, 42, 68, 139
Gryman, 77
Gu___, 32
Guest, 17, 43
Guin, 7-8
Guion, 32
Gullet, 24
Gullett, 128, 133
Gully, 6, 54
Gum, 113-115
Gunn, 365
Gunneral, 81
Gunter, 71
Gupton, 36
Gurd, 81
Gutherie, 152
H_bin, 32
Ha_therly, 55
Hackert, 59
Hacket, 59
Hackett, 59
Hackley, 17
Hackworth, 7
Haddeen, 116
Haddox, 37, 132
Haden, 27-29, 48
Hadin, 27
Hadon, 140
Hadox, 28
Hagan, 64, 66, 68, 109, 114, 145-149, 152
Haggard, 118
Haggerly, 66
Hagin, 57
Hagler, 111
Haguely, 59
Hahn, 150

Hailgen, 103
Haily, 14
Haines, 17
Halbert, 8, 11
Halcomb, 31
Hale, 37, 99-101, 121-122, 135, 145
Haley, 46
Hall, 1-3, 27, 32-33, 38, 42, 44, 64-65, 67, 84, 87, 92-93, 100, 115, 120-121, 124, 128-129, 149
Halley, 57
Hallowell, 141
Halls, 33
Hally, 33
Halsell, 110
Halsey, 121
Ham, 44, 58
Hambleton, 130
Hamelton, 22-23, 59, 64-68, 70, 94
Hames, 22
Hamilton, 6, 29, 55, 63, 65-66, 92, 109, 112, 125, 130
Hamley, 76
Hamlin, 5, 28
Hamline, 118
Hammand, 152
Hammands, 146
Hammer, 30, 108-112
Hammon, 128
Hammonds, 128
Hammons, 2, 127-129, 132-133
Hampton, 1-2, 11, 29, 32, 82, 125
Hamrick, 9
Hanbill, 4
Hance, 74, 102
Hancock, 15, 62, 69, 135, 139
Handby, 2, 117
Handi, 122
Handley, 70
Handy, 106
Haney, 133
Hankins, 24
Hanks, 74, 118, 120-121, 124-125, 130, 132

Hannah, 8
Hannum, 35
Hansbrough, 37-38
Hansford, 17, 19
Hany, 3
Harald, 32
Harber, 58, 86
Harbor, 51,, 87
Harbour, 54
Hardaway, 39
Harderson, 38
Hardester, 66-67
Hardesty, 92, 94
Hardeway, 91
Hardin, 14, 23, 30, 41, 66-67, 93, 102, 111, 144, 150
Harding, 29, 34
Hardison, 36
Hardman, 54, 117
Hardwick, 106, 120
Hardy, 145
Hardy, 27, 35, 37-39
Hare, 152
Harget, 89
Hargis, 1-2
Hargroves, 76
Harkins, 146
Harkreader, 33
Harley, 23
Harling, 109, 111-112, 115
Harlow, 47
Harm, 52, 102
Harman, 21, 65
Harmon, 69, 71, 97
Harnason, 54
Harned, 91, 152
Harnes, 22
Harness, 19
Harnmans, 18
Harp, 67
Harper, 29-30, 34, 43-44, 59, 76, 102, 111, 134, 140
Harrell, 74
Harris, 3, 14, 21-22, 25, 32-33, 35, 38, 42, 47, 49-51, 54, 56-58, 60, 100, 106, 108-109, 117, 136

Harrison, 8-12, 25, 46, 69-70, 74, 78, 93, 98, 108, 119, 143
Harriss, 103
Harriston, 10
Harrow, 118, 125
Harry, 3
Harston, 14
Hart, 47-48, 56, 117, 119
Harvell, 118
Harverson, 35
Harvey, 52, 108, 112
Harvy, 10, 54, 58
Hasbro, 50
Hase, 57
Haskins, 47
Hasley, 23
Hasling, 115
Haslow, 47
Hastend, 109-110
Hasuck, 24-25
Hatch, 102
Hatcher, 114
Hatchet, 101
Hathaway, 119
Hathemore, 52
Hathenson, 48
Hatherman, 48, 52
Hathermore, 52
Hatly, 116
Hatten, 53
Hatterston, 57
Hatton, 120
Haughey, 79-80
Hauserman, 141
Haveline, 118, 120, 122-123
Haven, 130
Havens, 129, 131
Hawkins, 37, 40, 57, 65, 87, 96, 98, 102, 122, 124
Hawley, 9
Hawn, 106
Hawthorne, 114
Hay, 18, 142-143
Hayden, 18, 91, 144, 146, 150
Haydock, 77
Haydon, 34, 69-71, 97

Hayes, 109, 111-113, 115, , 118
Haymes, 73
Haynes, 13, 44, 62, 91-92, 94, 102-103, 147
Hays, 14, 43, 62, 64, 66, 68
Hazelburst, 92
Hazelwood, 41
Hazelwrigg, 122-123, 125, 144
Head, 36, 73, 148, 151-152
Headrick, 109, 113
Heady, 151
Heageman, 88
Heal, 147
Heally, 148
Hearn, 41
Hearter, 36
Heath, 6, 8, 73, 77
Heavenhell, 150
Heck, 88
Hedge, 117, 119
Hedger, 124
Hedgerman, 88
Hedges, 97, 121-122, 124
Hedrik, 79
Heelman, 42
Hefley, 146
Heflin, 84
Heifner, 141
Heins, 78
Heiser, 79
Helm, 13-14, 16
Helms, 41
Helpmirstrill, 53
Helsley, 142
Hemdley, 61
Hemgate, 100
Henderson, 5, 9-10, 30, 33, 42-43, 73, 83
Hendley, 61
Hendrem, 103
Hendren, 98-99
Hendrick, 94
Hendricks, 139, 143
Hendrickson, 11
Hendrix, 47, 134, 138
Hendson, 42

Henly, 33
Henning, 69
Henry, 35, 41, 94, 102, 119, 129, 132, 143
Hensley, 121, 123-125, 128, 142
Henson, 74-77, 128, 131
Herbes, 44
Herd, 62
Herer, 5
Hern, 7
Herndon, 28, 37-39, 91-92, 126, 143
Heron, 136
Herral, 148
Herrick, 10
Herrigan, 61
Hersey, 147
Hervard, 118
Hesneton, 33
Hessey, 145, 147
Hester, 42
Hethley, 135
Hews, 151
Hewson, 41
Hiage, 23
Hiater, 22
Hiatt, 16-17, 50
Hibbitts, 108, 115
Hibbs, 26, 146
Hice, 10
Hick, 21, 140
Hickerson, 92
Hickey, 69
Hickman, 18, 42, 81, 125, 144-145
Hicks, 11, 62, 124
Hieatt, 79
Hiett, 73
Higbee, 95
Higdon, 145
Higgins, 2, 4, 17, 79
High, 108, 112-113
Highberger, 103-104
Highland, 78, 120
Hightower, 29-30
Hildebrand, 31, 36

Hilgas, 81
Hill, 5, 14, 16, 18, 35, 41, 43, 47, 50, 53-54, 56, 65, 67-68, 72, 88, 94, 110, 130, 135, 139, 141, 149, 151-152
Hiller, 150
Hillis, 5
Hilterbrand, 8
Hinchen, 34
Hindes, 121
Hinds, 123
Hindson, 58
Hines, 9, 11-12, 35, 39
Hinkle, 138, 150
Hinson, 87-88
Hintern, 25
Hinton, 5, 37, 43, 63, 95
Hisel, 47, 56-57, 60
Hite, 33, 36, 38
Hitt, 87
Hix, 108-109
Hoards, 129
Hobbs, 41, 145, 148, 150, 152
Hocker, 14-16, 56, 61
Hockerdy, 48-49
Hodge, 23-26, 36, 81, 118-119, 124
Hodges, 145Hodges, 37, 74, 78, 145
Hoffman, 11, 94, 119
Hogan, 39-40, 109
Hogg, 2-3
Hoglan, 69
Hogland, 95
Hogue, 70, 104, 106
Hohn, 121-122
Holbock, 131
Holderby, 131
Holebrooks, 2, 4
Holeman, 24, 102, 104
Holiday, 52
Holiman, 58
Holladay, 80
Holland, 11, 35, 38, 41, 64, 66, 76-77, 111, 115
Hollbrook, 11

Holley, 120, 122-123
Hollins, 34
Holloday, 87
Holloman, 141
Holloway, 35, 111-112
Holly, 22, 57, 115
Holmes, 75, 120-121
Holsclaw, 100, 105
Holsthouser, 149
Holton 79
Holtsthowsr, 149
Holtzclaw, 18
Homes, 19
Hood, 64, 109, 112-113, 126
Hooe, 102
Hooker, 14-16, 120
Hooper, 77, 82, 103
Hoover, 8-9
Hope, 141
Hopewell, 152
Hopkins, 37, 144
Hopper, 8, 41, 56, 83
Hord, 81, 83, 85, 112
Horley, 69
Horn, 37, 99-100, 140
Horsely, 6, 94
Horten, 130
Horton, 130
Hosins, 47
Hotson, 41
Hottsly, 135
Houchins, 105
Hourigan, 61
Hourisan, 69
House, 33
Houser, 43-44
Housman, 23
Houston, 150
Houtchens, 150
Hove, 102
How, 81
Howard, 7, 14, 37, 50, 53, 57, 66, 76, 78, 83, 87, 91, 109, 112-115, 116-117, 122, 126, 128, 130-131, 151
Howe, 88

Howell, 120, 151
Howerton, 127, 130, 140-141
Howman, 106
Howser, 75, 115
Hrase, 23
Hubbard, 6, 124
Hubble, 16
Hudnall, 32
Hudson, 41, 47-48, 85, 97-98, 101, 121-122
Huff, 90
Huffman, 18, 112, 150
Huffner, 44
Hugh, 37
Hughes, 5, 10, 13-14, 17, 36, 39, 42, 61, 65-66, 96, 109, 112, 114, 129, 139, 142, 144, 147, 152
Hughs, 2, 31, 34, 36-37, 102
Hughy, 21
Huguely, 59
Hull, 84, 110
Hultz, 122
Hume, 55-56
Hummer, 36
Humphrey, 42, 91, 130, 135, 139, 143, 147, 149, 151
Humphreys, 79, 84
Humphrys, 150
Humwell, 21
Hundley, 64
Hungate, 102
Hunley, 140
Hunn, 102
Hunt, 32, 48, 67, 75, 102, 114, 129, 134, 141
Hunter, 25, 40, 47, 55, 58, 67, 89, 131, 144, 146, 149, 151
Huntsaker, 42
Hurley, 23-24
Hurly, 24
Hurst, 6, 48, 51, 97, 130
Hurt, 34, 73, 117
Husten, 14-15
Huston, 15, 139, 148, 152
Hutchens, 40, 111, 149
Hutchenson, 105

Hutcherson, 30
Hutcheson, 31-32
Hutchins, 33, 63, 111, 148
Hutchinson, 19, 106
Hutchison, 42, 97
Hutly, 116
Hutsler, 21
Hutson, 24
Hutton, 106
Hyeren__s, 106
Hynes, 95
Ice, 152-153
Ighly, 137
Igo, 121
Imbler, 136
Ingle, 3
Inglehat, 143
Ingles, 143
Ingraham, 121
Ingram, 15, 71, 125, 129, 135
Inman, 75
Innman, 64, 69
Ireland, 6
Irvin, 8, 10, 47, 50, 59, 134, 147
Irvine, 97
Irwin, 5-6, 8, 36
Isaacs, 46, 51, 62, 64, 71
Isbell, 136
Iseley, 113
Isenbergh, 114
Isenburg, 114
Isom, 3, 53, 130-131
Isrell, 24
Ivey, 39
Jack, 11
Jackman, 17
Jackson, 9, 18, 29, 46, 51, 53, 57, 63, 69, 108-109, 112-114, 117, 119, 128, 135, 140-141
Jaco, 142
Jagoe, 138
Jaley, 22
James, 16-17, 25, 27, 36, 49, 56, 58-59, 83, 97, 99, 103-105, 125, 137, 149
Jameson, 25, 125

Jamison, 118
Jarboe, 62, 65, 67-68
Jarboo, 70
Jarman, 24, 46-47
Jarmore, 47
Jarnaa__, 46
Jarrett, 134
Jarvis, 7, 135-137
Jee, 146
Jefferies, 40
Jefferson, 86-87, 102
Jeffreys, 6
Jeffries, 114-115, 119, 122, 125
Jenkins, 15, 47-48, 77, 85, 91, 95, 97, 99, 102-103, 106, 114-115, 129, 135, 137, 143
Jennings, 49-50, 57, 78, 81, 110, 128, 146-147
Jent, 42
Jernigan, 140, 142
Jesse, 31
Jett, 42-43, 55
Jewel, 105
Jewell, 145
Jimeson, 25, 31
Jines, 135
Jobe, 109
Jobin, 93
John, 123
Johns, 29, 37, 123
Johnson, 1, 3, 5-8, 18, 22, 27-29, 32, 38, 42, 47-49, 51, 53, 55, 57-58, 61, 69, 74-77, 79-80, 83, 86, 91, 93, 95, 99, 102, 112-114, 117-120, 122, 127, 131-132, 135, 138-139, 143, 146-149, 151-153
Johnston, 19, 57, 87, 97, 115
Joiner, 40
Jolley, 23
Jolson, 103
Jones, 6, 9, 11, 14-15, 16, 18, 21-22, 28, 31, 40, 42-46, 51-52, 74-76, 82, 89, 91, 94-95, 101-106, 109-110, 113, 116-119, 123, 125, 128-129, 132-133, 135, 137, 139, 141-142, 149, 152

Jordan, 17
Jorden, 84
Jourdan, 91, 98, 114
Jourden, 112
Jud, 11
Judis, 48
Judy, 117, 120
Jupin, 146, 152
Jussin, 152
Justkins, 31
K_utzer, 52
Kan, 19
Kapnall, 101
Kapp, 9
Karr, 19
Kash, 129, 131-132
Kates, 22
Keas, 106
Keatch, 98
Keath, 8, 117
Keathley, 121
Keel, 32
Keen, 112-113
Keene, 58-59
Keeton, 127-128, 130
Keith, 79, 95, 138, 141
Keley, 108
Kellen, 22
Keller, 102, 104
Kelley, 8-10, 124
Kellow, 13
Kelly, 7, 11, 15, 47, 96, 117
Kemp, 94
Kemper, 81-82, 118, 125
Kenada, 98
Kenaday, 91-92
Kenard, 9, 133
Kenby, 13
Kendall, 90, 92, 94, 128, 130-132, 147, 152
Keneday, 53
Kennaday, 104
Kennady, 87
Kennard, 6-7, 87
Kennedy, 17, 34-36, 76
Kenner, 39

Kennerly, 35-36
Kenueda, 97
Kerbey, 49
Kereener, 23
Kereewer, 23
Kerr, 79, 110
Kerrick, 92
Kevin, 14
Key, 80, 86, 88, 104
Keyes, 111
Keykendall, 77
Keys, 110
Ki__, 106
Kidman, 14
Kidwell, 55, 57, 111
Kiertz, 150
Kile, 84
Kilgore, 133
Killamon, 110
Killgore, 10, 88
Killien, 22
Kimball, 50, 64
Kimberlin, 64
Kimmel, 141
Kimmell, 43, 141
Kincade, 122
Kincaid, 47, 49-50, 53, 55, 57, 67
Kinchloe, 148
Kinchlow, 139
Kindel, 153
Kineby, 22
King, 15, 19, 28-29, 33-34, 38-39, 76, 83-84, 94-95, 106, 114, 123, 125, 145
Kingsey, 113
Kingsley, 141
Kinkaid, 77
Kinkead, 106
Kinnard, 47, 49
Kinnen, 84
Kinner, 84
Kinnett, 71
Kinser, 3
Kinsey, 75-76
Kirbey, 48, 59
Kirby, 13, 97, 115

Kirk, 10, 63, 70-71, 9-81, 88-89, 122-123, 125, 128
Kirkendall, 57
Kirkland, 100
Kirkpatrick, 14, 110, 120-122
Kirtley, 123, 140
Kison, 1
Kitchens, 116
Kittenger, 140
Kittinger, 139-140, 143
Kneatzer, 52
Kneel, 139
Kneuazter, 53
Knott, 64, 67-68, 70, 78
Knox, 43, 121
Knutzer, 48
Koffett, 124
Kornes, 5, 7
Kr__tzer, 58
Kruser, 86
Krusor, 87
Krutzer, 48
Kull, 65
Kurtz, 146-147
Kyle, 101, 135, 137
L_____, 103
Lacefield, 111
Lackey, 18-19, 49
Lackney, 51
Lacy, 41, 81, 86-87, 127, 132
Lafon, 102
Lagree, 50
Lague, 50
Laguee, 50
Laine, 55
Lake, 71, 86
Lakes, 50-51
Lam, 129
Lamb, 21, 32, 39, 47, 55, 86, 94, 107, 125
Lambert, 52
Lambertson, 120
Lamily, 103
Lampkin, 65
Lamptor, 3, 91
Lanarman, 21
Lanarum, 21
Lanastrich, 22
Lancashire, 44
Lancaster, 63, 65-67, 90, 102, 106, 144
Lance, 123
Land, 48, 50, 52, 54, 143
Landers, 69-70, 94, 100
Landran, 140
Landrem, 103
Landson, 130, 132
Lane, 80, 95, 108, 113-115, 125
Langford, 110
Langley, 134, 141
Langsby, 141
Langsford, 144
Langston, 51-52
Lanham, 62, 68-69, 72
Lankford, 47, 71-72
Lapsley, 104
Laramore, 53, 75
Larkin, 44
Larnon, 31
Larue, 37
Lashbrooke, 84
Lasley, 152-153
Lasman, 31
Lassie, 105
Latham, 11, 28, 79
Laughlin, 44
Lauk, 48
Laurence, 122
Laurenson, 120
Law, 17
Lawless, 87
Lawrence, 18, 29, 62, 64, 69, 111-112
Laws, 46
Lawson, 36, 40, 95, 101, 121, 124, 129
Lawton, 43, 139
Lay, 24, 43, 53, 99
Layne, 50
Laytham, 83
Layton, 83
Lazewell, 112

Leach, 20
Leak, 67
Leasley, 56
Lee, 8, 14-15, 34, 40, 63, 71-72, 78, 80, 84, 86, 108, 112-113, 115, 121, 128, 137
Leech, 44
Lefler, 150
Legate, 119
Leich, 15
Leigh, 25
Leitch, 5
Lemasters, 130
Leming, 22
Lemonis, 101
Lenard, 33
Lents, 73
Lentz, 147
Leonard, 99, 101
Lerry, 139
Leslie, 90, 94, 109
Lester, 110-111
Lewis, 3, 5, 7, 14-15, 27, 36, 67, 81, 94-95, 100, 103, 105, 114, 127-128, 130-133, 136-137, 145, 147-151
Libers, 71
Lidener, 119
Lieuman, 9
Light, 44, 97
Lights, 44
Lile, 57, 136
Liles, 6
Lillard, 96, 102
Lilley, 57
Lilly, 44, 145
Lily, 53
Lime, 63
Liming, 24
Lin_ley, 140
Linby, 8
Lindon, 132
Lindsay, 84
Lindsey, 34, 61, 72, 76, 83
Ling, 106
Lingle, 102

Linly, 24
Linsby, 140
Linsley, 8, 140
Linsy, 106
Linthicum, 138, 144
Linton, 138, 148
Linville, 87
Linzey, 42
Lipscomb, 59
List, 8
Litrel, 128
Little, 59, 109, 112, 131-132
Littlejohn, 82
Littles, 98, 139
Litton, 25
Livers, 146-147
Livings, 30
Lloyd, 114, 144, 147
Lock, 85, 131
Lock_and, 122
Locken, 94
Lockeridge, 43
Lockridge, 120, 125
Loften, 44
Logan, 6, 13, 15, 18, 34, 64, 66
Logsdon, 94
Logstone, 58
Loney, 136
Long, 18-19, 35, 37, 40, 54, 58, 62, 102, 105-106, 149
Looney, 26
Loony, 104
Lord, 143
Lorton, 111
Lott, 136, 139
Louis, 47-48
Louisuoris, 55
Loury, 57
Love, 23, 110
Lovel, 136
Lovelace, 42, 152
Loveley, 140
Lovell, 136
Lovett, 76
Low, 35
Lowber, 148

Lowery, 52, 96
Lowry, 32
Loyd, 23, 79-81, 84, 88
Lucas, 2, 63, 65
Luce, 140
Luch, 21-22
Lucket, 61, 67, 70, 95
Luckett, 36, 65, 143
Ludwick, 100, 144, 146
Luister, 100
Lumsford, 81
Lunnan, 8
Lunsford, 18
Luper, 22
Luster, 100
Lutser, 94
Luttrall, 82
Lutz, 146
Lykins, 127-129, 133
Lyle, 51
Lyles, 74, 76
Lynch, 41, 64
Lynd, 37
Lynn, 17, 44, 138
Lyntheam, 15
Lynx, 51
Lyon, 28, 33, 35, 40, 78-80, 103-104, 132
Lyons, 11, 16, 66, 98-99, 111
Lyttle, 17
M__ain, 49
M_blick, 56
Mabin, 32
Mac__n, 104
Maccum, 106
Mackay, 144
Madden, 65, 79
Madocks, 4
Madole, 28
Mafford, 141
Magee, 104
Maggard, 3
Magill, 14
Magoffin, 96
Magohan, 103
Magowan, 119, 123

Magre, 52
Magree, 48
Mahan, 25, 76
Mahomey, 151
Mahon, 62
Mailkelo, 25
Malidy, 23
Malioty, 23
Mallory, 38
Malone, 73, 109-110, 137
Mangon, 123
Manguson, 136
Manica, 147
Manin, 77
Manion, 114
Manly, 76
Mann, 7, 62, 100
Mannen, 86, 89
Mannin, 129
Manning, 131
Manpin, 50
Manse, 99
Mansen, 78
Mansfield, 30-32, 57, 121
Mantlo, 33
Manuel, 11
Manzey, 48
Maple, 62
Marbin, 47
March, 34, 52
Marchall, 30
Mark, 120, 125
Markland, 7-8
Marks, 91, 147, 150
Marple, 70
Marrion, 47
Marrs, 108, 115
Marry, 144
Mars, 28, 32, 104
Marsh, 47, 80
Marshall, 6, 8, 30-32, 82-83, 86, 104, 109, 113, 150
Marslo, 70
Marsterson, 151
Mart, 39
Marten, 72

Martenson, 119
Martin, 7, 9, 14-15, 22, 24-25, 28, 48, 52-54, 59, 64-65, 68, 75, 79, 91, 98, 100-103, 110-111, 113, 115, 117, 120-123, 129, 136-137, 151
Mary, 127
Maryman, 144
Maskey, 26
Mason, 15, 27, 35, 37, 49-50, 88, 119, 123, 130-131, 145
Massey, 93, 97
Masterson, 16, 78, 80
Mastin, 48
Matheny, 104
Matherly, 101
Mathews, 22, 81
Mathey, 107
Mathis, 75
Matier, 117
Matingly, 68
Matlock, 34, 41
Matthews, 110, 137
Matticks, 48
Mattingly, 63-68, 70, 72, 83-84, 139, 147, 149
Mattrickes, 48
Maupin, 50-51, 55-56, 59, 120, 125
Maury, 35, 38
Mause, 99
Mausson, 120
Maux, 99,
Maxey, 108-110, 131
Maxfield, 120
Maxwell, 22, 29, 32, 67-68, 123
Maxy, 103
May, 11, 14, 25, 38-39, 69, 97, 101, 103, 132-133, 150
Mayberry, 113
Mayhugh, 84
Mays, 68
Mayse, 51
McAfee, 96-97, 104-105
McAlister, 5
McAllister, 17-18, 66

McArty, 64
McAtee, 65, 69-70, 79, 86, 144, 149
McBowen, 70
McBridge, 77
McCain, 66, 75
McCainley, 23
Mccaium, 102
McCall__, 37
McCallister, 17
McCamon, 42
McCandless, 23
McCann, 5, 7
McCarley, 27, 29, 34
McCarney, 30
McCarter, 23
Mccartha, 101
McCarthy, 82, 88
McCarty, 30, 34, 95
McCauley, 66
McClain, 11, 140
Mcclain, 128
McClanahan, 49, 128
Mcclard, 75
McClaskey, 151
McClean, 39
McClelland, 27, 33
McClendenon, 29, 44
McCleskey, 148
Mcclure, 124, 128
McClure, 17, 85, 116, 130
Mccollum, 63
McComas, 111
Mcconn, 97
McConnel, 142
McCord, 51, 53
McCormack, 26
McCormick, 7, 9, 15, 27, 82, 122
McCown, 32, 141
McCoy, 60, 81, 102
McCrackin, 95
McCrary, 58
McCrath, 74
McCray, 2, 99
McCreddy, 30
McCroy, 2

McCubbins, 69
McCuddy, 28, 30
McCue, 79
McCulloch, 39
McCullough, 116, 124
McCurdey, 23
McCutchen, 35-36
McDaniel, 9-11, 23-24, 104, 106, 128, 135
McDonald, 11, 35, 65, 87, 92, 121, 124
McDonough, 144
McDowell, 7
McEldowney, 10
McElier, 43-44
McElmurry, 24
Mcelrath, 74
McElroy, 24, 62, 68-70, 72
Mcelvain, 134
McElvain, 34-35
McElya, 42
McFarland, 31
McFatridge, 96
McGanegal, 22
McGaregal, 22
McGaw, 145
McGee, 96, 146
McGehee, 91
McGill, 14, 149
McGinnis, 95, 97, 134
McGlassin, 79
McGlorthlons, 92
McGoodwin, 29
McGraw, 88, 102, 151
McGregory, 74
McGrilber, 30
McGuinis, 101
McGuire, 128, 130
McHenry, 47, 103
McIlvain, 83
McIlvaine, 85
McIntire, 30, 92, 98-100, 143
McIntosh, 33-34, 44
McJ___, 88
McJames, 17
McKay, 145

McKee, 66, 116
McKeme, 148
McKenebee, 31
McKenly, 50
McKenney, 42, 59
McKenny, 31, 57
McKenzie, 127
McKiney, 25
McKinney, 5-6, 13-14, 43, 77, 79, 125
McKinny, 99
McKinsy, 11
McLane, 142
McLaughlin, 81, 85, 122, 136, 138
McLean, 38, 43
McLemore, 28-29, 32-33
McLeod, 74, 76
McMakin, 150
McManis, 74-75
McMichael, 104
McMickin, 25
McMillen, 28-30, 108, 110-111
McMillin, 78
McMinerney, 104
McMininly, 104
McMordie, 96
McMullen, 94
McMullin, 15, 19-20
McMullins, 15, 30
McMurry, 62
McMurtrey, 111
McNary, 136
McNeal, 43-44, 93
McNeil, 105
McNeld, 123
McNiece, 109, 115
McNitt, 9, 11, 79
McNulty, 85
McNutt, 85
McPeat, 114
Mcpherson, 137-138
McPherson, 18, 30-31, 38, 108-109, 112, 141
McQueenny, 18
McQuinn, 132

McQuire, 127, 133
McRenny, 42
McRoberts, 14, 17-18
McRuinolds, 28
McRunnels, 35
McWhirter, 28
McWilliams, 47-48, 50-52
Meaden, 94
Meadow, 113, 115
Meadows, 10, 120, 133
Means, 9-10, 109-110, 121, 123
Meaux, 97
Medberry, 42
Medley, 68, 72, 90, 93
Medlock, 35
Meeks, 26, 94
Meenach, 5
Meese, 69
Megowan, 124
Meherran, 110
Meitchell, 79
Meker, 56
Melbourn, 91
Melton, 148-149
Menifee, 19
Mercer, 65, 68, 109, 136
Mercune, 51
Meredith, 6
Meris, 104
Merrell, 120
Merrifield, 145, 152
Merrill, 79
Merrit, 39
Merryman, 102
Messick, 102
Metcalf, 151
Michel, 22
Michell, 24-26, 135
Middleton, 9, 14, 17, 19
Miers, 43
Mifford, 33, 86
Milam, 36, 110
Milburn 64
Milem, 35
Miles, 23, 70, 72, 90, 146-147, 151

Milks, 59
Millard, 139, 143
Millegan, 145
Miller, 5-7, 10, 13, 15, 17-18, 21, 29, 31, 36-37, 39, 49-50, 55, 57, 65, 67, 71, 74, 76, 86, 92, 102, 106, 109, 113, 121, 124-125, 134, 136, 138-140, 142, 145-147, 150-151
Milligan, 44, 140, 147, 152
Milligen, 44
Million, 47-48, 50, 53-54, 99
Millions, 49, 52
Mills, 23, 38-39, 61-62, 65-69, 92-94
Milton, 150
Mims, 39
Minifee, 14
Minler, 75
Minor, 64, 151-152
Minsels, 26
Minter, 75
Mirac, 81
Mires, 64
Misar, 81
Mise, 75
Mitchel, 48, 76-77, 101
Mitchell, 2, 5-7, 10, 23, 28, 49, 67, 70, 78-79, 81, 83-84, 86, 90, 103, 117-119, 125, 136-137, 141
Mo_ford, 78
Moberly, 48-50, 54-57, 118
Mobley, 63, 69, 117, 146, 152
Moden, 1, 2
Modman, 54
Moize, 35
Molehorn, 70
Molerg, 102
Molerly, 102
Monahan, 88
Monarch, 63
Monasch, 92
Monday, 30, 48, 51, 97
Mondy, 99
Monks of Gethsemanae, 148
Monroe, 27, 103

Montgomery, 10, 18, 104, 128, 133
Montgoy, 119
Moody, 32, 46, 111
Moon, 39
Moor, 147
Moore, 1, 6-9, 12, 14, 21, 29, 36, 38-39, 43, 47-53, 55-57, 70-72, 78, 100, 102-104, 108-110, 115, 118-119, 125, 137-138, 140
Mooreman, 94, 139
Moorman, 92
Moran, 46, 48, 58, 75, 79-81, 87
Morehead, 17, 35, 38, 106, 112, 139, 142
Moreland, 23
Moreman, 94-95
Morgan, 1, 6, 19-20, 25, 28-29, 31-35, 44-45, 69, 73-76, 85, 87, 94, 97, 109, 131, 136, 150
Morgeson, 65
Morguson, 61,, 68
Morrer, 116
Morris, 13, 26, 31, 43-44, 56, 63, 65, 82-83, 86, 97, 105, 116, 122, 134, 148
Morrison, 6, 9, 16, 46, 50, 78, 144
Morrow, 32, 39-40, 42-43, 80
Morton, 27, 31-33, 57, 118, 121
Mosby, 99, 103
Mosehead, 139, 142
Moseley, 37, 145
Mosley, 96
Moss, 7, 23, 28, 32, 48, 82, 124
Mossbarger, 95
Motsinger, 38
Mott, 42
Mountjoy, 85
Mourneau, 58
Mouser, 61-62, 64
Mower, 9
Moxley, 22, 24, 117
Mozee, 85
Mozell, 85
Muclemdon, 130
Mudd, 63, 65, 67-69, 72, 146, 149

Mukes, 97
Muldrow, 71
Mulkey, 109-110
Mullakin, 86
Mullican, 149
Mullick, 106
Mullins, 2-3, 43, 70-71
Mulvany, 93
Mulvary, 93
Munday, 105
Murksey, 22
Murphey, 26
Murphy, 15, 17, 21, 71, 105-106, 111, 114, 131-132, 146, 148-150
Murrah, 31
Murray, 120
Murrell, 15, 28
Murry, 66
Music, 87
Musick, 31
Muskey, 22
Musselwhite, 3
Musson, 71
Myers, 11, 17, 128
Mynett, 110
Mynhiem, 127, 129
Myres, 121-122, 124, 141
Myrick, 24, 26
Mysick, 24
N_beris, 19
N_orris, 19
Nailer, 64
Nal, 148
Nall, 100, 139-140, 143, 149
Nally, 64, 70, 149
Nane, 85
Nanney, 142
Napier, 18
Napper, 145, 147, 152
Narre, 85
Nash, 8-9, 24, 35, 62, 64, 68, 82, 100
Neafus, 92, 94, 152
Neal, 44, 80, 114
Nealmear, 153
Nebit, 95

Neel, 34, 106
Neely, 34, 74
Neff, 101
Negley, 105
Neile, 145
Nelson, 17, 25-26, 44, 64, 73-75, 85, 94, 104, 108-109, 116-117, 125, 145
Nevel, 95
Nevit, 95
Nevittz, 152
Newbolt, 62
Newboult, 146
Newcomb, 81
Newcome, 65, 71
Newland, 16, 18, 47, 52, 102
Newman, 25-26, 36, 38-39, 43-44, 114-115, 138, 140, 147
Newton, 40, 42, 49, 62-63, 102, 105, 149, 151
Nibbs, 87
Nicholas, 104
Nicholls, 142, 144, 152
Nichols, 16, 21, 42, 75, 101, 104
Nicholson, 101
Nickel, 127, 130
Nickell, 127-129, 131-132
Nicker, 56
Nicks, 19
Nifeng, 105
Nimmo, 76
Nindson, 8
Nine, 21
Nisehart, 91
Noab, 103
Nobles, 52
Noe, 36, -37
Noel, 29, 103, 105-106, 122
Noffsinger, 142
Nofsinger, 139, 143
Noland, 57, 59, 121
Nolin, 6, 88
Nooch, 50
Norman, 25, 74, 112, 137
Norris, 6, 49, 57, 65, 67, 80, 88, 90, 122, 147, 152

Norsworthy, 73
North, 42
Northcut, 118-120, 125
Norther, 27
Norton, 97, 99
Norval, 99
Norvel, 101
Norvell, 118
Nourse, 28, 32
Nowland, 49
Nuby, 47-48, 52-53
Null, 32
Num, 49
Nunn, 49
O'Bryan, 63-65, 91, 93, 146-147, 151-152
O'Daniel, 72
O'Neel, 69
Oakley, 128-129
Oaks, 17
Oates, 136-137
Oatts, 28
Obanion, 115
Oden, 118
Offutt, 30-31, 34, 40
Ogden, 38, 78, 81
Ogg, 50, 56-57
Oglevie, 41
Ohain, 131
Old, 53, 55
Oldfield, 131, 133
Oldham, 14, 51, 55-56, 59, 111, 116, 123
Oliphant, 146
Oliver, 7, 105, 121
Olvey, 46
Onings, 125
Oran, 30
Orark, 44
Orcall, 5
Orear, 117, 123-125
Orey, 43
Orimie, 148
Orins, 87
Orinz, 87
Orndorff, 31, 36

Orsburn, 129, 132
Ortkriss, 13
Osbore, 111
Osborne, 81
Osbourn, 81
Osburn, 146
Osburn, 6
Oscall, 5
Overale, 146
Overhouse, 134
Overhutts, 139
Overstreet, 98, 103
Overton, 95
Owen, 136
Owens, 8-10, 22, 30, 53, 59, 83-84, 86-87, 89, 151
Owings, 93, 118
Owsley, 16-19
P_lant, 54
P_mgo_, 56
P_tt, 57
Pace, 22, 73-74
Padgett, 19-20, 105
Page, 15, 27, 33-38, 40, 73, 76, 111-112
Paget, 67, 91
Pain, 63
Painter, 7
Paisley 36
Palmer, 49, 138
Palmore, 111
Panet, 26
Pankey, 102
Parchar, 43
Pardue, 113
Pare, 114
Pargess, 82
Parish, 153
Park, 55, 75
Parke, 112
Parker, 5-6, 8, 12, 23-24, 42, 48-49, 82, 85, 115, 128
Parks, 8, 29-30, 47, 52, 55-56, 59
Parm__, 23
Parmer, 77, 82
Parmley, 24

Parn, 93
Parr, 115
Parret, 26
Parriot, 115
Parrish, 47-48, 52, 59, 123
Parry, 86-87, 89
Parson, 59
Parsons, 3, 35, 37, 59, 62, 67, 70, 99
Pase, 114
Pask, 145
Passman, 119
Passmore, 102, 119
Pate, 95, 111, 112, 143
Paterson, 28
Patrick, 132-133
Patten, 29, 81
Patterson, 11, 26, 42, 48-49, 58, 101, 105, 147
Pattison, 115
Patton, 15-16, 28, 32, 79, 81, 120
Paul, 87, 118
Paulter, 97
Paxton, 135
Paylon, 87
Payne, 64, 66-67, 69, 72, 91-93, 95, 102, 112-113, 117, 149
Payton, 15, 132
Peach, 14
Peak, 63, 65-66, 90, 95, 148, 151
Peanl, 16
Pearce, 69, 79, 127, 129
Peared, 16
Pearsin, 106
Pearson, 36, 106
Peart, 34
Peay, 74
Peck, 74, 78, 80, 132
Peckenpauh, 94
Peddiword, 81
Peden, 109
Peder, 109
Peed, 81-82, 84
Peel, 74
Peeler, 113
Peeveler, 100

Pegram, 41
Peler, 73
Pelet, 123
Pelfrey, 130
Pelham, 85
Pell, 6-7, 9
Pellet, 73
Pelltemorr, 44
Pellterman, 44
Pence, 148
Pence, 19, 29-30, 118
Pendergast, 115
Pendleton, 17-18
Peneck, 37
Penick, 61
Penington, 109-110
Penn, 70
Pennebaker, 147
Pennel, 93
Pennington, 17, 29, 31, 72, 109
Penny, 92
Penrod, 8, 36, 38, 142
Penroot, 31, 36
Pepes, 93
Pepper, 89
Pepples, 18
Peratt, 129, 132
Perine, 105
Perkins, 3, 19, 29, 47-48, 50, 52-53, 92, 128, 133
Perran, 17-18
Perrie, 80
Perrin, 18, 27, 34
Perrine, 79-80
Perrington, 17
Perry, 34, 42, 127-129
Person, 23
Peterman, 110
Peters, 95, 117
Peterson, 21, 63, 67, 72, 74
Petiford, 52
Petter, 43
Petters, 19
Pettit, 73
Petty, 74
Peveler, 100

Pew, 18
Peyton, 14-16, 58, 121, 128
Phelps, 29, 31, 34, 38, 52, 58, 76, 119
Phepps, 124
Pherigo, 102
Pherrel, 42
Philips, 103, 105, 122, 134, 136, 138, 144-145
Phillips, 54, 63, 67, 69-70, 83, 98, 122, 132, 149
Philly, 76
Philpot, 113
Phipps, 2, 128-129, 133
Pickens, 42, 113
Pickett, 80
Pickrell, 112
Pierce, 79-80, 118, 122
Pierman, 95
Pierson, 75
Pigg, 122
Pigman, 2
Pike, 66, 92-93, 95
Piland, 111
Pilchen, 95
Pilcher, 95
Pile, 80
Piles, 21, 86
Pillon, 33
Pillow, 33
Pingsey, 113
Pinkard, 85
Pinkston, 55, 59
Piper, 11, 42
Pippin, 23
Pirvis, 51
Pitcock, 108, 11-112
Pitt, 41, 137, 144
Pitts, 7, 85, 124
Plain, 139, 143
Plato, 77
Pleasant, 16
Plumlee, 44
Plummer, 9, 10-11, 42, 80, 93
Poe, 87-88
Pogue, 82-83

Poindexter, 33, 41, 110
Pollard, 7, 17
Pollett, 9-10
Pollit, 85
Pollitt, 84
Pollock, 88
Polly, 2-3, 9-10
Pomfrey, 65
Pompelly, 87
Pond, 58
Pool, 5-6, 42, 140, 142
Poor, 35, 38
Pope, 17
Popham, 94
Porr, 27
Porret, 26
Porter, 14, 18, 23, 28, 63, 80, 131, 145, 147
Porterro, 25
Porterwood, 56
Portwood, 56, 58-59
Postwood, 56
Poter, 124
Potter, 2, 44
Pottinger, 148, 151
Poulter, 99
Pounter, 122
Powel, 100
Powell, 16, 39, 44, 46-47, 53, 56, 59, 79, 92, 120
Power, 4, 86, 129, 131, 151
Powers, 10, 71, 145
Powyers, 8
Praibourn, 58
Prater, 127-128, 132-133
Prather, 81, 85, 87-88, 92, 122
Pratt, 1
Preston, 82, 103
Preuitt, 127
Prewit, 95
Prewitt, 62, 69-70, 116
Preyor, 71
Price, 27-28, 31, 33, 37-38, 67, 73-74, 138, 149, 151
Prickeral, 81
Priest, 118

Prime, 57
Primty, 55
Prince, 39, 57, 123
Pringle, 24
Pritchet, 2
Procter, 29, 32-33, 79, 105-106
Proctor, 24, 27, 32-34, 80, 89
Prophet, 109
Protsman, 152
Pruett, 54
Pruitt, 54
Pruse, 136
Puckett, 32
Pud, 81
Pulley, 58
Pulliam, 102
Pullin, 70
Pullins, 18, 54
Purbin, 93
Purcell, 9, 45
Purdrim, 86
Purdum, 69
Purdy, 35, 63, 67-72
Puritt, 101
Purman, 95
Purnell, 10
Pursell, 152
Pusy, 95
Putman, 11
Pypock, 110
Quarles, 77
Queen, 7, 150
Quesenberry, 42
Quillen, 2
Quilos, 101
Quin, 47, 50, 115
Quine, 33
Quinn, 18, 63, 96, 100, 113
Quisenberry, 59, 125
Quisenbery, 140
Quitt, 50
R__s, 55
Rabourn, 116
Raburer, 6
Rachford, 92
Rader, 84

Ragan, 116-117
Raganthne, 11
Ragen, 34
Ragland, 34, 41, 71
Ragsdale, 39
Raibourn, 47
Raibourne, 59
Railey, 150
Railsback, 150
Raily, 102
Rainey, 17, 102
Rains, 84
Rainwater, 36
Rakes, 71, 98
Raleigh, 3
Raley, 61-62, 66, 68-71
Ramage, 24-26
Ramase, 22-23, 25
Ramey, 125
Ramsey, 35, 59, 62, 65, 118, 131
Ranch, 22
Randall, 98, 120
Randene, 25
Randolph, 122, 136
Raney, 70
Rankins, 10
Ransdall, 97-99
Ransdell, 96
Rapeter, 8
Rapier, 149
Rapolee, 25
Ratcliff, 124
Ratcliffe, 41, 43, 77
Ratliff, 67, 130
Ray, 24-26, 28, 35, 64-65, 67-70, 74, 80, 87, 90, 104, 109, 113, 138
Raymes, 25
Rea, 10
Read, 15, 153
Rebelin, 119
Rector, 36
Red, 11
Redd, 19
Redden, 7
Reddin, 6
Reddish, 145

Reden, 73
Redman, 95, 102, 117, 122, 125
Reece, 87
Reed, 7-9, 42, 53, 62, 70, 74, 78, 80-81, 83-84, 87, 89-90, 97, 99, 100, 102-103, 116, 118-120, 130, 133, 139-140, 143
Reeder, 74-75
Rees, 86, 88
Reese, 83, 102
Reeson, 95
Reesor, 41, 95
Reeve, 80
Reeves, 75, 87-88
Refet, 123-124
Reffert, 124
Regle, 44
Reid, 16, 74-75, 79, 149
Remey, 148
Remick, 41
Rene, 143
Renfro, 104
Renfroe, 48
Renfrow, 19
Renick, 16
Reno, 136-137
Reston, 135
Reuter, 42
Reynolds, 15-16, 20, 55, 57, 81, 89, 119-120, 135, 137, 150
Rhea, 32, 108
Rhoades, 140, 142
Rhodes, 50, 56, 90, 92, 94, 140
Rian, 31
Ribb, 75
Rice, 21, 24, 33-34, 44, 50, 62, 71, 78, 101, 105, 133, 135-137
Rich, 109-110
Richard, 15
Richards, 11, 38
Richardson, 35, 37, 44, 51, 57, 61, 64, 92, 94, 101, 110, 123, 135-136, 151
Richie, 42
Richmond, 25
Rickard, 136, 138

Ricken, 70
Ricket, 64
Rickets, 68, 140
Rickett, 70
Ricketts, 79, 124
Riddle, 50, 93
Ridge, 66
Ridgeway, 77
Rife, 29
Rigdon, 78
Riggin, 85
Riggs, 8, 63, 66, 71, 87-88, 118
Right, 97
Riker, 101
Riley, 8, 39, 46, 51, 56, 61-62, 69-70, 75, 83, 98-99, 146
Rinehart, 64-65, 69
Riney, 62, 95
Ring, 44
Ringo, 118, 123, 144
Ringstaff, 21
Rinolds, 54
Rise, 29
Rish, 38
Risle, 53
Risner, 128, 133
Ritchie, 95-96, 147, 153
Ritter, 114
Rivers, 50, 52, 55-56
Roach, 44, 53, 75, 103-104
Roark, 11, 44, 135-136
Rob__, 59
Robards, 98, 103
Robb, 5, 42, 82, 87
Robbins, 106
Robelto, 38
Roberson, 51, 80
Roberts, 19, 22-24, 32, 36, 47-48, 51-52, 54, 68, 72-73, 93, 95, 106, 117-118, 120, 125
Robertson, 21-27, 30-32, 61, 65, 80, 91, 102, 117, 137, 140, 147-150
Robinson, 17-18, 32, 47, 57, 81, 84-88, 91, 104, 106, 109, 119, 122, 132, 141-142

Robison, 113, 150
Robourny, 10
Robucks, 53
Roby, 144, 146
Rochester, 17
Rockford, 92
Rodes, 61, 65-66, 88, 143
Rodgers, 98, 119-120
Roduster, 17
Roe, 6, 85, 131
Rogan, 145
Rogard, 145
Rogers, 33, 51, 56, 71, 102, 128, 143, 152
Roher, 34
Rolands, 10, 52
Roll, 142
Rollen, 61
Rollins, 43, 61, 66, 68, 71
Rollison, 43-44
Roly, 145
Romine, 150
Roney, 70
Ronkwright, 123
Roof, 43
Roomes, 145
Roots, 62
Rose, 6, 39, 51, 75, 105, 118, 121, 125, 132, 140, 142
Roser, 42
Ross, 21-23, 34-35, 43-44, 48, 53-54, 58, 73, 75, 82, 87, 91, 111, 141-142, 152
Rossel, 47
Roten, 109
Roth, 140
Rothruck, 141-142
Rothwell, 43
Rouark, 85
Rouse, 31, 43, 94
Rousey, 14
Rouso, 94
Rout, 13
Row, 135, 139
Rowans, 56
Roward, 3

Rowe, 25
Rowland, 47, 69, 73, 75
Rowntree, 70
Royalty, 99
Royce, 128
Royston, 55
Ruark, 8
Rucker, 21-22, 105
Ruckles, 63, 66, 68
Rudolph, 42-44, 120
Rue, 100, 105
Rufearn, 33
Ruggles, 5, 7-10
Ruh, 55
Ruley, 66
Rumford, 85
Rummons, 10
Run, 55
Runnels, 47
Runner, 147
Runyon, 79, 86
Rurr, 53
Rush, 90, 95, 108-112
Russ, 55
Russel, 14, 16
Russell, 21, 36-37, 62, 66-67, 69-70, 72, 78, 109, 117, 125, 150
Rust, 32, 39, 136
Rutherford, 33, 36-37, 99
Rutter, 26
Ryan, 101, 117
Ryherd, 109, 112-113, 115
Rymers, 121
Rynerson, 97
Ryon, 68
Rys, 80
Sabens, 113
Sabin, 94
Saddler, 35-36
Saffrons, 38
Sails, 29
Sale, 98
Salk, 53
Salle, 54, 58, 88
Sallee, 106
Sallie, 97
Sally, 62, 100-101
Salmon, 101
Saloman, 105
Salyers, 76
Samens, 52
Sammons, 32
Sample, 77
Samples, 87
Samuels, 47, 146-147
Samwood, 32
Sand, 52
Sandels, 26
Sanderford, 38
Sanders, 148
Sanders, 6, 21, 52, 92, 97, 100, 148
Sandifer, 16-17
Sandridge, 14, 81
Sandusky, 69
Sanford, 80, 82-83, 97, 128
Santer, 55
Sapp, 65, 68, 70-71
Sappington, 123
Sargent, 77, 128, 131
Sarret, 50
Sarrinson, 120
Sartain, 111
Sately, 99
Sater, 19
Saterfield, 75, 77
Satfield, 102
Satterfield, 104
Satum 28
Saunders, 35, 37-38
Savage, 69, 71, 88, 110
Sawyer, 28, 30, 32-33
Saxton, 5
Sayer, 28
Sayers, 105
Saylor, 141
Scarbrough, 32-33
Scheeling, 70
Schiffert, 47
Schillion, 77
Schneckler, 81
Schooler, 58

Schooling, 70
Scipworth, 135
Scobee, 117-118
Scott, 6, 14, 18, 22, 34, 42, 48-49, 57, 65, 67, 79, 95, 102, 11?, 117-118, 136, 139, 153
Seaborn, 51
Search, 55
Searcy, 52, 59
Seard, 114
Searens, 102
Sears, 29, 37
Sebastian, 133
Secrest, 9
Selch, 105
Selecman, 148
Sells, 24
Senter, 15
Sentry, 59
Sergent, 3
Serrell, 103
Settle, 41, 148-149
Seveazy, 150
Sevreazy, 150
Sewell, 93
Sexton, 1
Seymore, 39
Shackenoy, 63
Shackleford, 37, 57, 83, 95
Shacklett, 90-93
Shackofford, 102
Shafer, 86
Shain, 92
Shanecy, 148
Shank, 134
Shanklin, 82
Shanks, 17
Sharp, 71, 98-99, 142
Shaver, 134, 138, 143
Shaw, 5-6, 69, 73
Shawler, 147
Shawley, 121
Shearnes, 53
Sheets, 95
Shehan, 64, 68, 147
Shelby, 16, 23

Shell, 24
Shelton, 23-24, 29, 82, 99, 135, 137-138, 142
Shepherd, 22, 44, 85, 90, 93
Shercliffe, 149
Sherfield, 135
Sherley, 99, 109, 145
Sherman, 94
Sherod, 136
Sherrell, 42
Sherril, 91
Sherrill, 94
Sherrin, 42
Shicklett, 7,12
Shield, 35
Shields, 150
Shifflet, 47,
Shifflett, 55, 59
Shinkliff, 95
Shipley, 83-84
Shipman, 16
Shipton, 58
Shirt, 104
Shopstaugh, 147
Short, 35, 70, 76, 102, 104, 114, 134, 137-138, 141
Shot, 70
Shoultz, 122
Shouse, 106, 116, 118
Showalter, 79
Shrans, 53
Shrieves, 69-70
Shro_, 57-58
Shrom, 58
Shronr, 47
Shroot, 53
Shropard, 49
Shrum, 53
Shubert, 121, 124
Shuck, 63, 69-70
Shutt, 135, 137-138
Shy, 104
Sidener, 117
Sidwell, 79-80
Sight, 44
Sights, 44

Silcox, 101
Sills, 24
Silvey, 9-10, 115
Simmon, 50
Simmons, 28-29, 31-32, 36, 38, 58, 82, 90, 101, 114, 141, 146
Simms, 53, 146
Simpkins, 121
Simpson, 18, 30, 56, 61-62, 64, 101, 103, 111-112
Sims, 20, 51, 62-63, 66, 71, 99-100, 108, 110
Singer, 10
Singleton, 15-17, 19-20, 57
Sirk, 44
Sisk, 138
Sisson, 83, 85
Skaggs, 44, 131
Skelman, 94
Skelton, 25
Sketo, 143
Skiner, 61
Skinner, 46, 61, 68, 151
Skipworth, 137
Slack, 88-89
Sladen, 24
Slanning, 26
Slatton, 38
Slaughter, 15, 73, 94, 104, 106, 112, 146, 152
Slead, 76
Sloffer, 123
Smack, 63
Small, 40, 83, 86
Smally, 73
Smart, 102
Smawley, 118
Smedlens, 24
Smedley, 21-22, 129
Smethers, 62
Smith, 1-2, 6-8, 10, 18, 22-24, 30, 33, 35, 37, 39-41, 43-44, 46-47, 49-50, 53-54, 57-58, 63, 65-66, 69, 72, 75-78, 84, 88, 92-99, 102-106, 109-111, 113-115, 117-118, 120, 122-125, 127, 130-131, 134-135, 137-138, 140-144, 148, 151-152
Smither, 82, 148
Smithy, 98
Smity, 96
Smock, 63, 66, 93, 105
Smoot, 79-80
Smothers, 67
Sneed, 106
Snell, 24
Snelland, 104
Snow, 26, 95
Snyder, 43-44
Soats, 87
Somars, 6
Sonimous, 55
Sonny, 57
Sons, 123
Soot, 87
Sooter, 94
Sootes, 94
Soots, 87
Sorrell, 152
Sorreny, 52
South Union Farm, 28
South, 53
Soward, 81
Sowber, 148
Sowell, 125
Spain, 39
Spalding, 65, 67-69, 71-72, 144, 149, 151
Sparkes, 11
Sparks, 5, 7-8, 42-43, 151
Sparren, 64
Spaulding, 61, 149
Speak, 150
Speakman, 114
Speaks, 146
Spears, 16, 110, 142
Spell, 24
Speller, 119
Spellman, 102
Spence, 8-9, 11, 44, 142
Spencer, 30, 33
Spense, 85

Sperd, 150
Spinks, 76, 94, 136
Spires, 19, 70, 92
Spoonamore, 18
Spraggins, 62
Spratt, 18, 64, 113, 122
Spres, 71
Sprigg, 152
Springate, 98
Springer, 62
Springin, 8
Springs, 75
Sprout, 29
Spry, 118
Spurlin, 136
Spurrier, 138
Stacy, 131, 133
Stafford, 6, 131
Stagg, 98, 106
Staggs, 6, 8
Stagner, 58
Stakeley, 125
Stallcup, 28
Stallings, 7, 71
Stallion, 75
Stamper, 1-3, 132
Stampers, 6
Stampson, 127
Standiford, 104
Standley, 137
Standly, 137
Stanfield, 68
Stanley, 31, 43, 136, 145
Stanly, 21
Stanton, 68
Staples, 93, 135, 138
Stapp, 48, 52-53
Starks, 31, 34, 37, 73
Starnes, 120
Starr, 25, 45
Staten, 70
Staton, 76-77
Staughn, 58
Stayton, 68, 70
Steagall, 130-131
Stean, 112

Steel, 74, 100
Steell, 23
Steelman, 94
Steen, 114
Steenbergen, 106
Steens, 84
Stemmons, 39
Step, 147
Stephens, 6, 23, 41, 43, 48, 60, 88, 109, 111, 121-122, 124-125, 131
Stephenson, 17-19, 87-88
Stephes, 104
Stepp, 52
Sterret, 95
Steth, 91-92, 95
Stevens, 80
Stevenson, 9, 27, 119
Steward, 139, 142
Stewart, 55, 93, 101, 121, 124, 137
Stice, 74, 76
Stifers, 75
Stiff, 92
Stiger, 44
Stiles, 88, 92-93, 151
Still, 77, 79
Stilwell, 6
Stiner, 119
Stines, 98
Stinnel, 90
Stinnet, 90, 106
Stinson, 48
Stith, 118
Stitt, 79
Stivens, 52
Stobaugh, 134, 136, 138
Stockwell, 82
Stokes, 31, 79-80
Stone, 6, 18, 23, 41, 50-51, 54, 58, 76, 106, 117, 122, 124, 145, 148, 151-152
Stoner, 146
Story, 21, 76-77
Stotts, 58
Stout, 6-7, 19, 86

Stovall, 35, 42
Stowe, 58
Strand, 21
Strange, 122
Straten, 81
Stratton, 36, 38, 98
Street, 98
Streete, 147
Streeton, 98
Stringer, 21-22, 74, 117, 138, 143
Strode, 10-11, 84, 108-109, 111-112
Stroder, 137
Strong, 4, 138
Stroser, 42
Strother, 152
Stroud, 89, 139-140, 143
Stroup, 43
Strow, 73
Strut, 98
Stuart, 23, 120, 146
Stubblefield, 85
Stull, 118
Stult, 117
Stultz, 128
Sturgill, 3
Styers, 75
Sublett, 28
Suddath, 27, 30, 32, 34
Suddeth, 18
Sudeth, 30
Sugg, 105
Sulivan, 6
Sullivan, 78, 80, 139-140
Sullivant, 21
Sulman, 44
Sulterfield, 104
Summers, 23, 27, 33-34, 116, 122, 137, 141, 146, 149, 151
Summons, 94
Sumner, 1
Sutherland, 28, 32, 74, 146
Sutser, 94
Sutten, 36
Suttles, 66
Sutton, 17, 19, 31, 35, 67

Swailes, 24-25
Swan, 61, 68, 90
Swango, 131-132
Swearingen, 5, 7, 29
Sweatnam, 132
Sweatt, 32
Sweeney, 71, 75, 101
Sweeny, 100
Sweets, 67
Swizer, 17
Swope, 17, 19, 120
Sydner, 39
Syne, 35
Sypes, 91
T__ble, 117
Tabb, 78, 88-89
Tacket, 131
Tade, 110
Taggert, 138
Tailer, 83
Talbott, 146, 150
Talery, 21
Talley, 25
Tallis, 105
Tally, 38, 102-103
Tankersley, 147
Tannehill, 32
Tanner, 28, 49
Tarber, 39
Task, 145-146
Tate, 16
Tatum, 28, 30
Taylor, 9, 11, 22, 34, 47-48, 53-57, 61, 70-71, 91, 100, 105-106, 108, 113-114, 141, 145, 153
Tegar, 9-11
Temple, 35
Temple___, 38
Templeman, 128
Tenel, 48
Tennell, 150
Tennelly, 153
Tennis, 88
Teplett, 119
Terel, 92
Terhune, 79, 98-101, 105

Terrel, 76
Terrell, 48, 147-148, 150, 152
Terrence, 7
Terry, 17, 25, 36, 39, 117, 131, 137
Teters, 54
Tetterton, 137
Tewell, 147
Tharp, 24, 55, 60-61, 70, 120
Thatcher, 7
Thibble, 50
Thist, 32
Thomas, 6-10, 34, 44, 48, 50, 52-53, 55, 60, 63, 67, 69, 71, 79-80, 82-84, 95, 101, 105-106, 111, 113-115, 118, 120, 128, 144, 150-151
Thompson, 6, 8, 11, 15, 19, 23, 25, 31, 43-44, 46, 49, 63-68, 70, 72-74, 77-78, 81-82, 85, 91, 97, 99, 103, 105-107, 110-111, 117-119, 125, 136, 145-147, 149, 151
Thoogerman, 10
Thornberry, 39, 42
Thornsbury, 147
Thornton, 62, 71, 119
Thorp, 54, 56
Thrailkeld, 23-24
Threldkeld, 97
Threldkill, 97-98
Thull, 17
Thurman, 13, 34, 64, 79, 152
Tichenor, 144-145
Tichnor, 144
Tilb_ny, 24
Tilery, 51
Tine, 78
Tinen, 76
Tinsley, 16, 135
Tipton, 32, 51-53, 117, 123-124
Tivis, 13
Todd, 26, 28, 46, 49-51, 54-56, 50-60
Todisman, 150
Tolbert, 140-141
Tolbort, 135

Toler, 39
Tolle, 8-9, 84-85
Tomlinson, 117, 121
Tompkins, 105
Toncrey, 10
Tooley, 110-111, 135
Torplett, 94
Townsend, 30-31, 33, 36, 39, 121
Trail, 25
Trauber, 29-30, 33, 35
Traughber, 141
Travis, 29, 58, 76, 140
Traylor, 32
Treadaway, 116, 119
Trease, 74-75
Treford, 106
Treit, 24
Trent, 93
Tresler, 97
Treul, 9
Tribble, 55, 57
Trible, 13, 59
Trice, 38
Trigg, 87
Trimble, 25, 33, 121-122, 124, 127, 131-132
Trimbo, 129
Triples, 80
Triplett, 94
Triplitt, 82
Trobridge, 16
Tromble, 98
Troupe, 78
Trout, 38, 76
Troutman, 93, 146, 152
True, 78, 81
Trueth, 11
Truill, 7
Truitt, 6
Truman, 95
Trusdale, 8-9, 11
Trussell, 8
Trusty, 15
Tucker, 13, 19, 22, 50, 56-57, 62, 65-66, 70, 85, 89, 101, 147
Tuder, 54, 56

Tudor, 54, 135
Tuggle, 73
Tull, 81
Tulley, 9
Tully, 10, 38, 120
Tumey, 98
Tumy, 99, 101
Turley, 117, 119, 124
Turner, 5-6, 39, 49, 52-55, 57-58, 70, 79-80, 103, 113-115, 123, 133-135, 137-138, 141
Turpin, 52, 55, 59, 119
Tutt, 130-132
Tutt, 149
Twetah, 30
Tyler, 85
Tyre, 4, 54
Tyson, 137
Ulett, 6
Umphreys, 36
Underwood, 134-135
Uneil, 141
Unis, 152
Unsel, 150
Unsell, 147
Uptegrove, 113
Uptigrove, 15
Utley, 73, 98, 101, 106, 135-136
Utterback, 128-129
Uzzle, 136-137
Valentine, 38
Van, 63
Vanarsdale, 96-98, 101
Vanarsdall, 97-98, 100-102, 105
Vanausdale, 15-16
Vancamp, 87
Vance, 11, 41, 103, 108
Vancleave, 66, 70, 138
Vanderipe, 99
Vanderisse, 99
Vandevier, 100
Vandike, 70
Vandiver, 97
Vandivere, 98, 102
Vandover, 110
Vandyke, 97, 99

Vanfleet, 100
Vangilder, 79
Vanhice, 101
Vanhook, 15
Vanlandingham, 140-141
Vanmeter, 90-91, 95
Vanobor, 2
Vansant, 131
Vansickles, 65
VanWinkle, 47, 51
Vardeman, 17, 104
Varnell, 21
Varner, 25
Varnon, 17
Varster, 111
Vauaughlen, 102
Vaugh, 61
Vaughn, 8, 16, 18, 49, 55, 62, 68, 122, 147
Vaught, 140, 143
Vawters, 110
Venleyke, 105
Ventress, 95
Verbel, 47
Verion, 105
Veriou, 105
Veris, 103, 106
Vermillion, 4
Vernausdable, 33
Verses, 106
Vesis, 106
Vest, 72, 129
Vick, 24, 30, 36, 136
Vickers, 76, 136, 138-139
Vincen, 135
Vincent, 82, 134, 136
Vinson, 54
Violett, 62
Vishage, 25
Vitaloe, 64
Vititoe, 146
Vittitoe, 147, 153
Vivian, 106
Voiers, 8
Vorbel, 47
Vorheis, 97

Vorhiss, 96
Voris, 99
Vowells, 66, 148
Vowels, 153
Vower, 49
Vowes, 49
Vratch, 100
Vriers, 7
Wadby, 26
Waddle, 10
Wade, 64, 67, 75, 112-113, 125
Waden, 82
Wader, 82
Wadington, 21
Wadkins, 143
Wage, 70
Wageman, 148
Wager, 55
Wages, 133
Waggoner, 105
Wagle, 46
Waid, 74
Wainscott, 49
Wakefield, 148, 151
Walbert, 114
Walch, 109, 115
Walden, 105, 109, 112, 116
Waldren, 109, 112
Waldrup, 76
Walker, 5, 9-10, 16, 21, 34, 37-38, 42, 49, 51, 54, 57, 59, 63, 72, 76, 82-83, 89-91, 110, 117, 121, 124, 135, 137, 139, 145, 147
Walkup, 49
Wallace, 13, 19, 21, 48, 54, 58-59, 78, 106, 141
Wallen, 4
Waller, 26, 75, 82, 86, 121
Wallingford, 9, 11, 83-84
Wallis, 74-75
Walls, 15, 22, 82, 98
Walsh, 130
Walston, 61-62, 68
Walten, 62
Walter, 100
Walters, 44, 74, 89, 132

Waltman, 43
Walton, 89
Waner, 100, 102
Wantland, 34
Ward, 23, 35, 56, 61, 63, 74, 83, 86, 101, 129, 140, 142
Warde, 81
Warden, 86
Warder, 81, 86
Wardlow, 17
Ware, 122
Warfork, 50
Warmoth, 54
Warmsley, 121, 124
Warner, 55, 106, 117
Warren, 13, 16, 26, 53-54, 63, 68, 75, 79, 104, 117, 146
Warring, 6
Warston, 136
Washam, 31, 112
Washburn, 28, 74, 76
Washer, 152
Washhan, 75
Water, 13
Waters, 13, 15, 38-39, 52, 56, 85, 152
Wathen, 69-70, 93, 144, 146
Watkins, 32, 39, 64, 139, 143
Watson, 25, 27, 34, 37, 43, 56, 81, 87, 108, 114, 125, 131, 147, 152
Watt, 95, 113
Watters, 132
Wattman, 43
Watts, 8, 26, 49, 59, 65, 95, 98
Waugh, 85
Wayle, 46
Wayman, 72
Wayne, 68, 145
Waytan, 26
Weatherford, 62, 141
Weathers, 140, 151
Weaver, 43, 86, 145
Webb, 2-3, 32, 59, 94, 109, 113, 139
Webber, 47

Webster, 93, 118-119
Weddington, 131
Weeden, 88
Weis, 140
Welborn, 138
Welch, 16-17, 19, 53, 62, 120-122, 138, 143
Weller, 146-147, 149
Wellington, 145
Wells, 39-40, 71, 81-82, 85, 88, 114, 122, 124, 127, 129, 132-133, 135-136, 144-146
Welsh, 152
Wemp, 94
Werdson, 30
West, 9-10, 24, 29, 48, 53, 55-56, 59, 114, 138
Westbrook, 122
Westerfield, 100-102
Westry, 31
Weterway, 21
Wetherow, 110
Wethers, 146
Wethrow, 68
Whaley, 35, 85
Whalin, 91
Wheat, 97-98
Wheatley, 66, 70-71, 82
Wheatly, 90, 102
Wheeler, 14, 54, 69, 86-87, 97, 100
Whelan, 144-145, 153
Wheler, 149
Whipps, 88
Whitaker, 36, 138
White, 21, 23, 31-32, 49, 51, 53-55, 57, 59, 80, 85-88, 94, 101, 108-109, 112, 116-117, 120, 122-123, 125, 128, 130, 152
Whitecotton, 66
Whitehead, 148
Whitehead, 36, 63, 74-75, 98, 114
Whitehouse, 64, 71, 142
Whiteker, 2
Whiteneck, 98
Whitenhill, 97
Whitenick, 98
Whitescarver, 35, 86, 139
Whiteside, 110
Whitfield, 67
Whitley, 109
Whitlock, 67
Whitmer, 138-139
Whitmore, 134, 139
Whitsett, 116
Whitson, 35
Whitsworth, 42
Whitt, 130
Whorey, 11
Whorton, 19
Wickersham, 98, 100
Wickliffe, 140, 142-143, 152
Wicks, 103
Wickwise, 34
Wiett, 74-75, 77
Wiggins, 86-87, 139
Wight, 147
Wightt, 149
Wilborn, 141
Wilbourn, 143
Wilburne, 113
Wilcox, 42, 138, 142, 152
Wiley, 25, 48, 54
Wilfred, 42
Wilgus, 35
Wilhelm, 38
Wilhoit, 13
Wilkerson, 34, 46, 55-56, 140
Wilkins, 18, 43-44, 75, 137, 139
Wilkinson, 62, 116, 118, 145
Wilks, 59, 103
Willaby, 53
Willett, 65, 91, 93, 148, 152
Willham, 97
William, 100
Williams, 2, 9-10, 14-16, 20, 23, 32, 34-39, 42-43, 46-48, 50-53, 56, 59, 64-66, 68, 70, 73-76, 80, 82, 85, 88, 90, 94, 96, 98, 101-102, 105, 110-111, 116-118, 120-122, 125, 127-128, 130, 132-133, 135-136, 141-142, 148

Williamson, 40, 82, 96, 100
Willin, 8
Willis, 24, 50, 58, 101, 118
Willitt, 82-83, 86
Willoughby, 15, 83, 116, 121-123
Wills, 37, 55, 59, 120-121, 123-124, 145
Willson, 9-10, 81
Wilson, 3, 7, 21-24, 27, 31, 33, 35-37, 47, 52, 53, 63, 65, 70, 82, 85-86, 89, 91-, 93, 98, 102-104, 110-113, 117-119, 122-124, 129, 132-135, 139, 144, 146-147, 150, 152
Wimsatt, 66, 70
Wimsett, 149
Winfrey, 76
Wing, 137
Winkle, 43
Winlock, 29-30
Winsatt, 67
Winsett, 149, 152
Winstead, 82
Winter, 81
Winters, 73
Wise, 71
Wiseheart, 146-147
Wiseman, 25
Wisenheart, 147
Wiser, 72
Withers, 17-18, 32, 95, 105
Withrow, 69
Witney, 140
Witt, 47, 50
Witty, 7
Wood, 7, 17, 23, 28-29, 32, 36-38, 44, 59, 75, 80, 86, 88-89, 109, 119, 123, 136, 141-142, 149-150
Woodall, 75
Woodard, 122
Woodford, 28
Woods, 16, 57-58, 96-98, 102, 109, 137, 148
Woodson, 31, 46
Woodward, 28, 67, 88
Woodworth, 6
Wooflin, 14
Wooldrige, 105
Woolerry, 55
Woolery, 55
Woolfolk, 92, 94
Woolney, 55
Woolwine, 51
Wooner, 99
Wootton, 144
Word, 104
Words, 23
Worgat, 24
Worth, 23
Worthington, 41, 79, 88-89, 105, 136, 143
Wren, 118-119, 125
Wright, 2, 14, 27, 34, 41, 50-52, 59, 70, 77, 85, 91-92, 97, 120-121, 125, 134, 138, 142-145
Wyatt, 44, 124, 141
Wykoff, 122
Wyley, 41
Wymer, 123
Yaliey, 18
Yances, 23
Yancey, 31
Yancy, 21, 58, 82
Yankey, 101
Yantes, 102
Yarbin, 39
Yariety, 18
Yates, 35, 49-51, 60, 70-71, 76, 97, 117, 125, 146
Yeagen, 95
Yeager, 95
Yeagler, 105
Yeast, 100
Yelum, 122
Yerser, 14
Yersin, 14
Yocam, 13
Yocum, 15, 22, 97, 121-123, 129
Yongs, 140
Yonts, 2, 142-143
Yopp, 44
York, 32, 73-74

Yost, 35
Yoste, 97
Young, 3, 6, 13, 15-16, 19, 28-30, 37-40, 42, 59, 72, 79, 98, 122, 126, 140-142, 145, 147
Younger, 33-34, 43, 153
Yount, 15
Yountsten, 92
Yowell, 61, 69, 71
Zewell, 149
Zokeley, 108
Zolson, 103
Zornes, 7

Other Heritage Books by Linda L. Green:

1890 Union Veterans Census: Special Enumeration Schedules Enumerating Union Veterans and Widows of the Civil War. Missouri Counties: Bollinger, Butler, Cape Girardeau, Carter, Dunklin, Iron, Madison, Mississippi, New Madrid, Oregon, Pemiscot, Petty, Reynolds, Ripley, St. Francois, St. Genevieve, Scott, Shannon, Stoddard, Washington, and Wayne

Alabama 1850 Agricultural and Manufacturing Census: Volume 1 for Dale, Dallas, Dekalb, Fayette, Franklin, Greene, Hancock, and Henry Counties

Alabama 1850 Agricultural and Manufacturing Census: Volume 2 for Jackson, Jefferson, Lawrence, Limestone, Lowndes, Macon, Madison, and Marengo Counties

Alabama 1850 Agricultural and Manufacturing Census: Volume 3 for Autauga, Baldwin, Barbour, Benton, Bibb, Blount, Butler, Chambers, Cherokee, Choctaw, Clarke, Coffee, Conecuh, Coosa, and Covington Counties

Alabama 1850 Agricultural and Manufacturing Census: Volume 4 for Marion, Marshall, Mobile, Monroe, Montgomery, Morgan, Perry, Pickens, Pike, Randolph, Russell, St. Clair, Shelby, Sumter, Talladega, Tallapoosa, Tuscaloosa, Walker, Washington, and Wilcox Counties

Alabama 1860 Agricultural and Manufacturing Census: Volume 1 for Dekalb, Fayette, Franklin, Greene, Henry, Jackson, Jefferson, Lawrence, Lauderdale, and Limestone Counties

Alabama 1860 Agricultural and Manufacturing Census: Volume 2 for Lowndes, Madison, Marengo, Marion, Marshall, Macon, Mobile, Montgomery, Monroe, and Morgan Counties

Alabama 1860 Agricultural and Manufacturing Census: Volume 3 for Autauga, Baldwin, Barbour, Bibb, Blount, Butler, Calhoun, Chambers, Cherokee, Choctaw, Clarke, Coffee, Conecuh, Coosa, Covington, Dale, and Dallas Counties

Alabama 1860 Agricultural and Manufacturing Census: Volume 4 for Perry, Pickens, Pike, Randolph, Russell, Shelby, St. Clair, Sumter, Tallapoosa, Talladega, Tuscaloosa, Walker, Washington, Wilcox, and Winston Counties

Delaware 1850–1860 Agricultural Census, Volume 1

Delaware 1870–1880 Agricultural Census, Volume 2

Delaware Mortality Schedules, 1850–1880; Delaware Insanity Schedule, 1880 Only

Dunklin County, Missouri Marriage Records: Volume 1, 1903–1916

Dunklin County, Missouri Marriage Records: Volume 2, 1916–1927

Florida 1850 Agricultural Census

Florida 1860 Agricultural Census

Georgia 1860 Agricultural Census: Volume 1 Comprises the Counties of Appling, Baker, Baldwin, Banks, Berrien, Bibb, Brooks, Bryan, Bullock, Burke, Butts, Calhoun, Camden, Campbell, Carroll, Cass, Catoosa, Chatham, Charlton, Chattahooche, Chattooga, and Cherokee

Georgia 1860 Agricultural Census: Volume 2 Comprises the Counties of Clark, Clay, Clayton, Clinch, Cobb, Colquitt, Coffee, Columbia, Coweta, Crawford, Dade, Dawson, Decatur, Dekalb, Dooly, Dougherty, Early, Echols, Effingham, Elbert, Emanuel, Fannin, and Fayette

Kentucky 1850 Agricultural Census for Letcher, Lewis, Lincoln, Livingston, Logan, McCracken, Madison, Marion, Marshall, Mason, Meade, Mercer, Monroe, Montgomery, Morgan, Muhlenburg, and Nelson Counties

Kentucky 1860 Agricultural Census: Volume 1 for Floyd, Franklin, Fulton, Gallatin, Garrard, Grant, Graves, Grayson, Green, Greenup, Hancock, Hardin, and Harlin Counties

Kentucky 1860 Agricultural Census: Volume 2 for Harrison, Hart, Henderson, Henry, Hickman, Hopkins, Jackson, Jefferson, Jessamine, Johnson, Morgan, Muhlenburg, Nelson, and Nicholas Counties

Kentucky 1860 Agricultural Census: Volume 3 for Kenton, Knox, Larue, Laurel, Lawrence, Letcher, Lewis, Lincoln, Livingston, Logan, Lyon, and Madison Counties

Kentucky 1860 Agricultural Census: Volume 4 for Mason, Marion, Magoffin, McCracken, McLean, Marshall, Meade, Mercer, Metcalfe, Monroe and Montgomery Counties

Louisiana 1860 Agricultural Census: Volume 1 Covers Parishes: Ascension, Assumption, Avoyelles, East Baton Rouge, West Baton Rouge, Boosier, Caddo, Calcasieu, Caldwell, Carroll, Catahoula, Clairborne, Concordia, Desoto, East Feliciana, West Feliciana, Franklin, Iberville, Jackson, Jefferson, Lafayette, Lafourche, Livingston, and Madison

Louisiana 1860 Agricultural Census: Volume 2

Maryland 1860 Agricultural Census: Volumes 1 and 2

Mississippi 1850 Agricultural Census: Volumes 1–3

Mississippi 1860 Agricultural Census: Volume 1 Comprises the Following Counties: Lowndes, Madison, Marion, Marshall, Monroe, Neshoba, Newton, Noxubee, Oktibbeha, Panola, Perry, Pike, and Pontotoc

Mississippi 1860 Agricultural Census: Volume 2 Comprises the Following Counties: Rankin, Scott, Simpson, Smith, Tallahatchie, Tippah, Tishomingo, Tunica, Warren, Wayne, Winston, Yalobusha, and Yazoo

Missouri 1850 Agricultural Census: Volumes 1–5

Montgomery County, Tennessee 1850 Agricultural Census

New Madrid County, Missouri Marriage Records, 1899–1924

North Carolina 1850 Agricultural Census: Volumes 1–4

Pemiscot County, Missouri Marriage Records, January 26, 1898 to September 20, 1912: Volume 1

Pemiscot County, Missouri Marriage Records, November 1, 1911 to December 6, 1922: Volume 2

South Carolina 1860 Agricultural Census: Volumes 1–3
Tennessee 1850 Agricultural Census: Volumes 1–5
Tennessee 1860 Agricultural Census: Volumes 1 and 2
Texas 1850 Agricultural Census, Volume 1: Anderson through Hunt Counties
Texas 1850 Agricultural Census, Volume 2: Jackson through Williamson Counties
Texas 1860 Agricultural Census, Volumes 1–5
Virginia 1850 Agricultural Census, Volumes 1–5
Virginia 1860 Agricultural Census, Volumes 1–4
West Virginia 1850 Agricultural Census, Volumes 1 and 2
West Virginia 1860 Agricultural Census, Volume 1–4

www.ingramcontent.com/pod-product-compliance
Lightning Source LLC
Chambersburg PA
CBHW080541170426
43195CB00016B/2637